AF403558

TRAITÉ

ÉLÉMENTAIRE

DE ZOOLOGIE.

ROUEN. F. BAUDRY, IMPRIMEUR DU ROI,
RUE DES CARMES, NO. 20.

TRAITÉ

ÉLÉMENTAIRE

DE ZOOLOGIE,

OU

HISTOIRE NATURELLE

DU RÈGNE ANIMAL;

PAR

F.-A. POUCHET,

D. M. P.,

PROFESSEUR D'HISTOIRE NATURELLE AU JARDIN BOTANIQUE ET AU COLLÉGE ROYAL
DE ROUEN, MEMBRE DE L'ACADÉMIE ROYALE DES SCIENCES, BELLES-LETTRES
ET ARTS ET DE LA SOCIÉTÉ LIBRE D'ÉMULATION DE CETTE VILLE, ETC.

ROUEN,

E. LE GRAND, LIBRAIRE, RUE GANTERIE, No. 26;
PARIS, F.-G. LEVRAULT, RUE DE LA HARPE, No. 81;
STRASBOURG, MÊME MAISON, RUE DES JUIFS, No. 33.

1832.

A Monsieur

HENRI DUCROTAY DE BLAINVILLE,

CHEVALIER DE LA LÉGION-D'HONNEUR,

MEMBRE DE L'INSTITUT,

PROFESSEUR AU JARDIN DU ROI ET A LA FACULTÉ DES SCIENCES, ETC., ETC.

Comme une faible marque de la reconnaissance de l'Auteur.

FÉLIX POUCHET.

Préface.

———

C'est en rendant les sciences élémentaires qu'on en propage le goût ; il est telle personne qui se distingue dans une des branches des connaissances humaines, et qui l'eût dédaignée si ses premiers pas y eussent d'abord trouvé des obstacles.

Persuadé de ces vues, j'ai entrepris ce *Traité de Zoologie*, dans lequel je me suis efforcé de rendre la science facile et agréable, en la présentant simple dans sa partie technique, et en réunissant dans un ouvrage de cette nature le plus de faits qu'il m'était possible, sous le rapport historique.

Dans ces élémens de zoologie, j'ai décrit toutes les familles du règne animal, et, parmi elles, j'ai fait l'histoire de chacun des genres dans lesquels il se trouve quelque être intéressant à connaître, soit par sa structure anatomique, sa physiologie ou ses mœurs, soit enfin par les rapports qu'il peut offrir avec l'homme ; de manière que presque tous les genres de Linné se trouvent décrits dans ce traité, ainsi qu'un grand nombre d'autres qui ont été créés depuis le génie de la Suède. Dans chaque groupe générique, j'ai eu soin de citer, et quelquefois de décrire succinctement l'espèce la plus intéressante, celle qui est la plus commune dans notre pays ou dans les collections des amateurs ; de manière que, soit au milieu de nos campagnes, soit dans les cabinets des curieux, on puisse appliquer ces principes de zoologie à la nature, et apprendre à connaître les animaux que l'on est le plus à même d'observer, et à trouver leur nom et leur famille, de telle façon que ce traité soit toujours un guide pour le naturaliste qui franchit le seuil de la science, et puisse, en quelque sorte, lui servir de Faune pour les espèces les plus répandues.

J'ai adopté, dans cet ouvrage, la méthode de mon savant maître M. De Blainville, parce qu'elle me semble la plus facile à appliquer et qu'elle offre l'avantage, si les classes y sont un peu plus nombreuses que dans les autres systèmes, de ne coerce dans chacune d'elles que des êtres dont les analogies sont incontestables, et que, par cela même, les grandes divisions de cette méthode peuvent se caractériser plus rigoureusement et plus succinctement. Une autre espèce d'avantage que présente encore la classification de ce professeur, c'est qu'avec elle le naturaliste peut en rester aux travaux de Linné, ou à ceux de Blumembach, ou bien avancer avec Lamarck ou Cuvier, ou enfin suivre les zoologistes modernes, qui ont tant abusé des méthodes en faisant des divisions et subdivisions à l'infini.

La lecture de cet ouvrage indiquera assez les sources où j'ai puisé ses différens matériaux; mais je dois surtout mentionner, comme m'ayant servi spécialement pour plusieurs des classes du règne animal, les ouvrages érudits de M. De Blainville, si remarquables par la fidélité des descriptions. Pour les insectes, j'ai suivi les travaux de M. Duméril, en y introduisant quelques modifications; sa méthode, simple et facile, m'a paru la plus avantageuse pour les personnes qui commencent l'entomologie.

Autant que j'ai pu, je n'ai fait usage que des caractères différentiels; les autres sont inutiles à y joindre dans un traité élémentaire, car on ne peut jamais, sans de longs et minutieux détails, donner une idée exacte d'un animal que l'on ne voit pas, et si l'on entremêle ses attributs propres avec quelques autres, ces derniers ont non seulement l'inconvénient de ne servir à rien, mais encore d'embrouiller et de perdre, en quelque sorte, les caractères fondamentaux au milieu de ceux qui ne sont qu'accessoires, et de les environner de telle manière que l'on ne sait plus sur lesquels s'arrêter. Mais comme nulle part la nature ne passe d'un ordre de choses à un autre d'une manière brusque, cela fait qu'il est quelquefois embarrassant de trouver des caractères différentiels tranchés et rigoureux ; c'est dans ces circonstances seulement que nous avons été forcés d'alonger les descriptions génériques. Les auteurs ont quelquefois donné aux animaux des caractères physiologiques ; nous avons pris le soin de les écarter, car le sujet que l'on étudie peut être trouvé mort, et alors de semblables différences génériques n'étant plus perceptibles, il n'est pas possible de le classer.

Dans les animaux quadrupèdes, nous avons donné, en général, le nom de main à l'extrémité des membres antérieurs, et celui de pied à celle des postérieurs ; cela ne doit point paraître plus étrange que les dénominations de cuisse, de tarse, que l'on donne à certaines parties des membres des insectes, où ces organes ont bien moins de rapports avec ceux que l'on nomme ainsi chez l'homme, que les extrémités des animaux dont nous parlons. Cette acception nous donnait l'avantage d'être plus concis dans nos descriptions.

Traité élémentaire

DE ZOOLOGIE.

CLASSE I.

MAMMIFÈRES.

Animaux vertébrés vivipares, pourvus de mamelles et de poils.

Anatomie et physiologie. — Les mammifères sont dispersés dans les différens milieux du globe : la plupart s'agitent à la surface de la terre ; d'autres se creusent des cavernes dans son sein ; beaucoup vivent continuellement sous l'eau, à l'instar des poissons ; enfin quelques-uns, pourvus d'ailes membraneuses, ont une existence aérienne analogue à celle des oiseaux.

Les formes de ces animaux sont extrêmement variées, et se trouvent en rapport avec leurs mœurs ; les espèces aquatiques, comme le remarque De Blainville, sont généralement plus alongées que les autres, et finissent même par devenir tout-à-fait ichtyoïdes si elles sont constamment plongées dans le liquide, ce qui les avait fait regarder anciennement comme de véritables poissons.

Les mammifères marins se trouvant dans un milieu dont la densité égale presque celle de leur corps, peuvent s'étendre énormément, tandis que ceux qui sont organisés pour le vol, et ne pourraient élever dans l'air des masses pesantes, n'offrent que peu de développement.

La peau des mammifères est en général épaisse et douce; elle offre constamment des poils à sa surface, ce qui a fait proposer à De Blainville de nommer ces animaux *pilifères*. Quelques-uns, comme les pangolins, paraissent au premier abord avoir une peau uniquement protégée d'écailles; d'autres, tels que les cétacés, semblent présenter une surface cutanée nue : mais ce ne sont que de fausses exceptions, et l'attention fait découvrir que l'enveloppe squammeuse solide des premiers est formée par des poils agglutinés, et que la peau des autres est revêtue d'un système pileux protecteur ayant l'aspect d'une croûte épidermique. Dans la classe que nous décrivons, on remarque ordinairement deux sortes de poils : les uns soyeux, les autres laineux. Les premiers sont plus abondans dans les pays chauds, les seconds se trouvent d'autant mieux fournis que les animaux habitent davantage vers le nord, et demandent une protection plus efficace contre le froid. Dans quelques espèces, ces productions, en devenant raides et dures, sont transformées en de véritables armes offensives, et figurent des épines abondantes et redoutables[1]. La coloration du pelage montre assez de diversité; mais, dans les mammifères, on ne trouve point cependant cette richesse et cette variété de teintes que nous offrent si profusément les oiseaux, et un seul présente un pelage

1 Porc-épic, hérisson.

chatoyant qui reflète quelques étincelles de l'éclat métallique dont brille si souvent le plumage de ceux-ci. Le coloris du système pileux peut subir de puissantes modifications selon les influences auxquelles il se trouve soumis. La domesticité est une des plus puissantes, et elle produit une foule de variétés qui rendent souvent les espèces primitives méconnaissables ; mais, passagère comme l'asservissement, la livrée de l'esclavage s'efface bientôt si l'animal est rendu à la liberté. Deux modifications principales se présentent dans toutes les espèces, c'est l'albinisme et le mélanisme : la première consiste en une teinte blanche qui envahit la surface cutanée et ses productions ; la seconde en une transformation en noir. L'une et l'autre paraissent dues à des influences extérieures. La mutation *albine* est plus fréquente dans les pays froids. Le mélanisme, au contraire, s'observe plus communément dans les régions équatoriales.

Presque tous les mammifères jouissent des cinq sens que les physiologistes ont reconnus chez l'homme : parmi eux, l'odorat et la vue sont les seuls qui manquent dans quelques espèces. Les sensations sont perçues à l'aide de modifications de la peau où viennent se rendre des nerfs spéciaux.

Le siége du goût se trouve sur la langue, masse charnue considérable, mobile, attachée à un os nommé hyoïde ; c'est à la membrane qui recouvre cet organe que paraît confiée la fonction gustative. On y trouve ordinairement, à cet effet, des saillies ou des enfoncemens auxquels on a donné indistinctement le nom de papilles, et dont l'usage est fort différent. Les unes sont pointues, molles, situées à l'extrémité de la langue et sur ses bords ; elles paraissent vasculaires et nerveuses, destinées à la sensation : on les nomme papilles coniques, à cause de leur forme. Parmi elles on en trouve parfois qui sont revêtues d'une espèce d'étui corné, analogue à un petit ongle, dont le développement est d'autant plus considérable que le mammifère est plus carnassier, et qui semblent destinées à déchirer sa proie et à faire suinter le sang en la léchant. D'autres saillies papillaires ont reçu le nom de fongiformes, à cause de leur figure analogue à celle des champignons ; enfin l'on découvre les papilles caliciformes, qui sont situées ordinairement à la base de la langue, et composées par des anfractuosités destinées à une sécrétion qui favorise sans doute l'action chimique des saveurs.

L'odorat a pour siége les fosses nasales situées dans l'épaisseur de la face ; un nerf spécial, l'olfactif, qui sort du crâne par le crible de l'os ethmoïde, préside à cette fonction. Ce sens paraît être fort obtus chez certains mammifères aquatiques où ses cavités rétrécies sont continuellement traversées par des flots d'eau marine, et ne présentent qu'une membrane peu vaste pour le contact des odeurs. Selon MM. Jacobson et De Blainville, les particules odorantes agissent chimiquement sur la membrane olfactive, pour opérer la sensation, et de là on conçoit que celle-ci sera d'autant plus parfaite que la surface sentante sera plus développée, et que les cornets qu'elle tapisse offriront plus d'anfractuosités et de circonvolutions.

La coloration des corps est dévoilée par l'œil, organe ordinairement globuleux et formé à l'extérieur d'une enveloppe fibreuse, blanche, opaque, nommée sclérotique, offrant en avant un trou que remplit la cornée transparente. A l'intérieur, on découvre une membrane vasculaire portant un enduit foncé, c'est la choroïde; sur elle se trouve la toile nerveuse blanche, appelée rétine, qui forme une surface sur laquelle viennent se peindre, comme dans une chambre noire, les images en miniature du monde extérieur, ainsi que le prouve une expérience de Descartes; de là elles sont ensuite transmises à l'ame par l'intermède des nerfs optiques. Cet appareil de la vision représente un véritable instrument de dioptrique, dans lequel les rayons lumineux éprouvent des réfractions en passant successivement dans l'humeur aqueuse, qui s'y trouve contenue antérieurement; en franchissant la pupille, espace noir qui se découvre au milieu de la membrane colorée que l'on nomme iris; enfin, en traversant le cristallin, corps transparent, solide, suspendu derrière lui, et l'humeur vitrée qui remplit la majeure partie de cette arrière région de l'œil que les anatomistes nomment chambre postérieure. L'organe de la vue est protégé par les cavités osseuses de la face, et en outre par les paupières, espèces de voiles membraneux qui balaient sa surface des corpuscules que l'air y dépose, et y étalent, en nappe unie, les larmes qui les dissolvent ou les entraînent.

L'oreille se compose ordinairement d'un appareil externe, ou conque, formé par des replis membraneux placés sur les côtés de la tête, et disposés de manière à recueillir les ondes sonores des corps vibrans. La caisse du tambour, qui se trouve située à l'intérieur, n'est qu'un organe d'unisson et de renforcement borné au dehors par la membrane tympanique, et contenant dans sa cavité une chaîne solide formée par quatre osselets appelés marteau, enclume, os lenticulaire et étrier, à cause de la ressemblance que les anatomistes leur ont trouvée avec ces instrumens. Après, se découvrent les parties de perfectionnement acoustique, ce sont les canaux semi-circulaires et le limaçon qui se contourne en spirale, et ne mérite cette dénomination que chez les mammifères ; enfin, on voit la partie essentielle de l'audition ou le vestibule, cavité remplie d'une matière subgélatineuse dans laquelle viennent se résoudre des filets du système nerveux. La physiologie démontre que l'oreille et ses annexes constituent un organe acoustique où les parties de perfectionnement sont disposées d'une manière favorable pour l'impression des ramilles du nerf auditif, qui sont destinées à percevoir les ondulations sonores qui frappent nos sens.

Le cerveau est cette substance molle qui se trouve dans la boîte osseuse que forme le crâne ; il est remarquable dans les mammifères par son volume, par la réunion des deux hémisphères dont il est formé, et aussi par la présence d'une masse plus petite que l'on nomme cervelet. La moelle est la partie qui se prolonge dans le canal osseux, formé par les vertèbres ; c'est d'elle qu'émane ce grand nombre de nerfs qui vont se distribuer dans le tronc et les membres, pour y répandre la sensibilité et le mouvement. Les branches nerveuses crâniennes sont ordinairement en même nombre dans ces animaux : la première paire, ou les nerfs *olfactifs*, va s'évanouir dans la membrane des cellules nasales. La deuxième, ou nerfs optiques, sort du crâne pour aller s'étaler dans l'œil et présider à la vision ; elle manque chez les mammifères qui vivent constamment dans des lieux souterrains obscurs, où le sens de la vue devient inutile. Les troisième, quatrième et sixième paires vont se répandre dans les muscles des yeux qu'elles animent de mouvemens variés. La cinquième, ou nerf *trijumeau*, qui contribue puissamment à l'exercice de différens sens, va se distribuer aux mâchoires et à l'appareil oculaire. Les nerfs *facial* et *auditif* constituent la septième et la huitième paires : le premier porte l'expression et la sensibilité aux diverses régions de la face ; l'autre se termine dans les canaux osseux de l'oreille, pour transmettre les ébranlemens de l'air à l'intellect. La neuvième, ou *pneumogastrique*, fournit une foule de divisions qui vont se rendre dans les organes les plus essentiels à l'existence, et inondent à la fois de leurs ramilles les poumons, le cœur et le tube intestinal. La dixième paire, ou nerf lingual, vient animer l'organe du goût et en fait éprouver les impressions. La onzième s'y rend également, tandis que la dernière, ou douzième, va se ramifier dans les muscles du cou.

Le système osseux de ces animaux est composé principalement d'une réunion de pièces, nommées vertèbres, occupant la partie supérieure du canal digestif, et formant là une charpente solide, ou axe osseux, d'où s'échappent les côtes qui, en se réunissant en avant au sternum, constituent une cage protectrice aux organes pulmonaires et abdominaux.

La colonne vertébrale se termine en haut par la tête, dont certains anatomistes modernes, parmi lesquels se trouvent Goethe, Spix et De Blainville, regardent le système solide comme formé par plusieurs vertèbres considérablement développées. Les pièces osseuses qui entrent, soit dans la structure du crâne, espèce de boîte dans laquelle se trouve le cerveau, soit dans celle des cavités faciales affectées à l'exercice des sens, sont dans l'homme les suivantes : le basilaire, le frontal et l'ethmoïde sur la ligne médiane ; sur les côtés, les pariétaux et les temporaux, dont le concours forme la grande anfractuosité cérébrale, et contribue plus ou moins à la conformation de la face, qui offre les os maxillaires supérieurs, les naseaux, les jugaux, les lacrymaux, les palatins, les cornets, qui sont doubles, et le vomer et la mâchoire inférieure, qui sont uniques.

Le cou renferme sept os vertébraux, il n'y a qu'une exception à cette loi : ils lui donnent une configuration et des mouvemens qui varient selon leur développement ; ainsi, tandis qu'ils sont longs et supportent la tête, dans quelques-uns, à une élévation considérable, dans d'autres, au contraire, ils sont excessivement minces et soudés. Un ligament, nommé *cervical*, se trouve à leur partie supérieure et va s'attacher au crâne ; il paraît destiné à soutenir la tête, car on voit qu'il est d'autant plus développé que celle-ci est plus pesante et son articulation avec les os du cou plus reculée ; chez l'homme, dont la station est verticale et où la masse céphalique s'équilibre parfaitement sur son axe, il est presque inapparent. Le nombre des vertèbres qui se trouvent aux autres régions du corps est variable. C'est surtout dans les vertèbres caudales que l'on observe les plus grandes différences, la queue offrant elle-même des usages bien variés, selon les groupes où on la considère ; dans quelques-uns elle se trouve transformée en un véritable organe de locomotion [1] ; chez d'autres elle sert comme une espèce de main pour saisir les corps [2], ou bien elle est réduite à l'état rudimentaire.

[1] Cétacés

[2] Singes.

La classe des mammifères est celle où les membres se présentent dans leur plus ample développement, et où ils offrent des différences plus remarquables, mais toujours en rapport avec les habitudes. Il y en a ordinairement quatre. Les antérieurs, qui sont composés de l'épaule, du bras et de la main. L'épaule est formée ordinairement par deux os, l'omoplate et la clavicule, qui s'articule avec le tronc dans les animaux qui ont l'habitude de diriger fréquemment leurs membres antérieurs au devant d'eux, soit pour exécuter le vol, soit pour prendre leurs alimens [1], mais qui n'existe que rudimentairement et sans articulation sternale chez ceux dont les membres sont uniquement ambulatoires. Le bras n'a qu'un seul os, l'humérus ; l'avant-bras en présente deux, le cubitus et le radius, très-distincts et mobiles l'un sur l'autre dans les mammifères qui saisissent leurs alimens avec les mains [2] : ils se soudent intimement dans ceux où leur fonction se réduit à la progression [3]. La main, suspendue à l'extrémité du bras, se compose de trois parties qui peuvent se présenter sous une foule d'aspects différens. On trouve d'abord le carpe, qui est formé par de petits os dont le nombre varie, mais qui est de huit chez l'homme, où ils portent des noms tirés de leur forme : ce sont le scaphoïde, le semi-lunaire, le pyramidal, le pisiforme, le trapèze, le trapézoïde, le grand os et l'unciforme. La seconde partie de la main est nommée métacarpe, elle se trouve constituée par des os alongés enveloppés par la peau. Les doigts, ou parties terminales des membres, sont ordinairement formés par trois os isolés, nommés pha-

[1] Hommes, singes, chauve-souris.
[2] Singes, écureuils.
[3] Chameaux, chevaux.

langes, dont le dernier supporte une partie cornée, ou ongle, diversement configurée, selon ses usages.

Le membre postérieur est composé de pièces analogues à celles de l'appendice antérieur : on y trouve le bassin, ou ceinture osseuse qui s'arqueboute ordinairement avec la colonne vertébrale, et est formé par les os iliaques; un seul os, le fémur, soutient les parties charnues de la cuisse; le tibia et le péroné réunis constituent la solidité de la jambe; le tarse, formé de l'astragale, du calcanéum, du scaphoïde, du cuboïde et des trois cunéiformes, le métatarse et les phalanges, sont des parties qui représentent les autres régions de l'extrémité antérieure.

Les extrémités des mammifères varient comme les fonctions qui leur sont confiées, mais sans que l'anatomie cesse d'y dévoiler les caractères du type auquel appartient l'animal. Les uns, relégués au fond des eaux, ont des membres antérieurs rapetissés, dont la forme est devenue tout-à-fait ichtyoïde : les parties rapprochées sous les chairs sont transformées en véritables nageoires[1]; d'autres, dont l'existence est moins aquatique, n'offrent plus que des doigts réunis par des membranes pour faciliter leur translation momentanée au milieu du liquide[2]. Au contraire, dans les espèces volatiles[3], les membres antérieurs se développent considérablement, et leurs longues et grêles phalanges sont tapissées de minces pellicules qui doivent soutenir leur vol pénible et chancelant.

La locomotion est cette fonction particulière au règne animal, à l'aide de laquelle les individus se trans-

[1] Baleines.
[2] Loutres, castors.
[3] Chauve-souris.

portent vers les lieux où le plaisir et la nécessité les guident; elle s'opère à l'aide d'organes charnus, rouges, énergiquement contractiles et nommés muscles, qui forment des faisceaux ou des masses dont les fibres s'insèrent sur des tendons nacrés et resplendissans qui les fixent aux os; ceux-ci sont les organes passifs des mouvemens et forment des leviers heureusement calculés pour unir la rapidité à la force.

Dans cette classe, les quatre membres sont employés pour la station et la progression; l'homme seul se tient et marche constamment sur deux; car, au rapport des voyageurs, il est tels animaux [1] que l'on croyait ne faire usage que des pieds de derrière, qui se servent aussi des membres antérieurs lorsqu'ils sont pressés et qu'ils cherchent à fuir vivement.

Les extrémités opèrent aussi parfois la préhension; les quadrumanes peuvent saisir les corps avec tous leurs appendices, à cause du pouce qui est opposable : les carnassiers l'exécutent simplement à l'aide des doigts; il est des rongeurs [2] qui peuvent même porter l'aliment à leur bouche. Enfin, la queue en s'enroulant autour des objets, la trompe de l'éléphant, qui n'est qu'un prolongement du nez, sont encore des organes préhenseurs.

L'appareil digestif varie comme l'aliment, et la nature offre une série de transitions depuis le mammifère à bouche à peine sensible et privée de dents, qui ne vit que d'insectes, jusqu'au carnassier chez lequel l'appareil dentaire unit tant de force et de solidité, ou à l'herbivore, dont les énormes dents pèsent quelquefois

---

[1] Kanguroos, singes.   [2] L'écureuil.

dix ou douze livres [1]. Ces derniers organes doivent plutôt être considérés sous le rapport de leur forme que sous celui du nombre, car celle-ci donne, au premier aspect, les plus intéressantes notions physiologiques.

Il y a trois espèces de dents chez ces animaux, tantôt simples [2] et n'offrant que deux substances, l'os ou corps central et l'émail ou partie extérieure; tantôt composées, et paraissant formées de plusieurs dents réunies par une substance particulière que l'on nomme *cément* [3] : ce sont les incisives, en avant, dont la couronne mince est heureusement disposée pour couper l'aliment; les canines, qui viennent après, et enfin les molaires, qui sont les plus grosses et se trouvent situées vers les parties profondes de la bouche. Ces dernières ou présentent une couronne plate dont la destination paraît être uniquement de broyer la nourriture, et indique une habitude herbivore, ou, comme chez les mangeurs d'insectes, elles sont hérissées de petites dents propres à briser l'enveloppe cornée de ceux-ci; d'autres fois elles sont tranchantes et anguleuses, se croisent comme des ciseaux, et semblent destinées à déchirer la proie; c'est ce qui était utile et que l'on voit chez les carnivores. Enfin ces molaires peuvent être tout simplement coniques sans se correspondre, et alors, ne pouvant plus servir à déchirer, elles ne paraissent avoir pour fonction que de retenir l'aliment; c'est ce que l'on observe dans quelques cétacés [4]. Beaucoup de mammifères ne réunissent point les trois espèces de dents; ce sont les incisives qui manquent le plus souvent [5]; quelques-uns sont même complétement édentés [6].

1 Mastodontes.
2 Hommes.
3 Eléphans.
4 Dauphins.
5 Eléphans.
6 Baleines, fourmiliers.

Pendant la mastication, la substance nutritive est imprégnée de salive par des glandes dont les canaux aboutissent dans la bouche, et qui sont plus volumineuses chez les animaux qui la mâchent davantage. Un tube, nommé œsophage, conduit le bol alimentaire dans l'estomac, qui est d'autant plus compliqué et plus vaste, que le mammifère est plus herbivore : n'offrant qu'un renflement unique et peu considérable dans les carnassiers, il présente plusieurs cavités et des dimensions énormes chez les ruminans [1]. La dernière portion du tube digestif est formée par les intestins, qui tantôt offrent partout le même calibre, tantôt présentent des renflémens nommés *cœcum* et *colon*. Ces intestins suivent la même loi que l'organe précédent; courts et grêles chez les carnivores, ils sont amples et longs dans ceux qui vivent d'herbes. On conçoit que les animaux qui se nourrissent de chairs, trouvant dans cet aliment des principes presqu'immédiatement assimilables, n'avaient nullement besoin d'offrir une large surface absorbante, tandis que ceux dont le régime est végétal et ne renferme que peu d'élémens réparateurs, devaient présenter de vastes cavités digestives pour élaborer des substances alimentaires si différentes de leur nature et si pauvres en particules nutritives.

C'est dans la cavité stomacale que se passe l'acte fondamental de la digestion, ou la transformation des alimens en une pâte grisâtre acidule que l'on nomme *chyme*. Cette fonction fixa de tous tems les regards des physiologistes, et, tantôt avec Hippocrate et Galien, ils la considérèrent comme une simple coction; la secte des chimistes n'y vit qu'une fermentation ou une dis-

---

[1] Chevaux.

solution, pour laquelle même le célèbre Van Helmont admettait la présence d'une *eau-forte animale* dans l'estomac; d'autres, à cause de la fétidité des excrétions, prétendaient qu'elle était le résultat d'une véritable putréfaction : envisageant seulement la force compressive du ventricule digestif, qui est si puissante dans certains animaux, qu'elle peut broyer les corps les plus durs, la secte des mécaniciens pensa que cet acte n'était qu'une trituration, tandis que l'illustre Haller, d'un autre côté, le rapportait à une cause bien moins active, à une simple macération.

Toutes ces théories furent épurées par les modernes, et, devenant moins exclusifs, ils pensèrent que plusieurs parties de ces actions se réunissaient pour concourir à la digestion, que les lois de la vie, qui dominent dans l'organisme, n'ont point abandonnée aux causes purement physiques. C'est ce qui fit envisager cette fonction, par Chaussier, comme une *dissolution vitale* que venaient seconder la température et les oscillations de l'estomac, et les fluides dont il est abreuvé.

Quand la pâte chymeuse est formée, l'estomac se contracte, et, par des mouvemens ondulatoires, la fait passer dans le tube intestinal; c'est là qu'elle se mélange avec la bile élaborée par le foie, et que, par une nouvelle opération, la substance nutritive se partage en *chyle* ou partie animalisée que des vaisseaux absorbent à la surface intestinale, pendant que les oscillations péristaltiques la promènent dans tout le canal, et qu'elle se transforme en matières fécales qui se trouvent enfin expulsées par le rectum, dernière portion du conduit digestif.

Les urines sont secrétées par les reins, et de là transmises au dehors par des tubes nommés *uretères*, qui, selon De Blainville, se dilatent pour former la vessie où elles séjournent, et d'où elles sont émises au dehors par le canal de l'urètre.

La circulation est constamment double ; et elle s'opère à l'aide du cœur, organe musculaire contractile, divisé en quatre cavités, dont deux nommées ventricules, et deux autres oreillettes. C'est du cœur que naissent les vaisseaux qui transportent le liquide circulatoire du centre vers les extrémités, ou les artères, et c'est dans cet organe que vient aboutir cet autre ordre de tubes vasculaires, nommés veines, qui ramènent le sang de la périphérie vers le moteur central. C'est du ventricule gauche que s'échappe la principale artère du corps, ou l'aorte, qui envoie de grosses branches à la tête, aux bras, descend le long des vertèbres, puis se divise pour les jambes, et dont les ramifications multipliées vont inonder toute l'économie animale en s'y perdant en capillaires déliés. Le sang est rapporté ensuite vers le poumon pour y subir la respiration.

Le cœur fut considéré par quelques physiologistes comme le seul organe de l'impulsion circulaire, et Borelli, par un calcul chimérique, lui accordait à cet effet une force de 180,000 livres ; d'autres, voulant au contraire anéantir son action, essayèrent de prouver sa faiblesse. On est aujourd'hui trop éclairé pour avoir besoin de réfuter les théories mécaniques des fonctions vitales, et l'on s'accorde à penser que c'est le cœur, aidé des constructions du système artériel, qui pousse le sang vers les extrémités où il va nourrir les organes. Le système veineux, secondé de ses valvules et du tissu capillaire, le ramène vers le centre.

L'appareil respiratoire se compose de deux organes volumineux, situés dans la cavité nommée poitrine, qu'un muscle particulier, le diaphragme, isole du ventre : ce sont les poumons formés par un amas de cellules où le sang vient subir l'immersion de l'air ; celui-ci y est apporté par un gros canal, la trachée, qui se divise inférieurement en une foule de petits tubes secondaires, nommés bronches, et présente en haut, à son ouverture, le larynx, qui n'en est qu'une modification destinée à former la voix. Ce sont ces parties qui accomplissent la respiration ou fonction qui régénère la masse du sang. L'air se précipite dans le poumon pendant les mouvemens d'inspiration, et il en reflue durant ceux de contraction. Là, le fluide sanguin, qui était noir, devient rouge, et, pendant cette action, que par une théorie plus brillante qu'exacte les chimistes, depuis Lavoisier, avaient assimilée à une combustion, le gaz atmosphérique perd une portion de son oxigène, qui est absorbée par le sang, et il s'exhale de l'acide carbonique et de la vapeur aqueuse.

Un des phénomènes les plus étonnans que présentent certains animaux de cette classe est une espèce de léthargie hibernale pendant laquelle toutes les fonctions semblent plus ou moins anéanties, et durant laquelle, comme l'ont observé plusieurs savans, la respiration est tour-à-tour suspendue et renouvelée à des intervalles réguliers, et la température soumise à un si grand abaissement, que quelques mammifères qui avaient, en été, trente-six degrés, n'en présentent plus que vingt-un en hiver.

La génération des mammifères est constamment vivipare. Son organe principal, dans la femelle, est nommé utérus ; c'est une cavité communiquant avec l'extérieur par un canal, et avec les ovaires ou amas de germes par des tubes déliés.

Depuis les micrographes Hartsæker et Leeuwenhœk, qui proclamèrent avoir aperçu dans le fluide séminal des animaux mâles des myriades d'animalcules microscopiques, on s'expliqua la fécondation en supposant que ceux-ci se composaient d'un système nerveux qui venait se greffer sur la femelle dont la fonction se bornait à fournir les vaisseaux du nouvel être. Mais beaucoup de savans, qui n'ont pu apercevoir ces merveilles, dues sans doute à des illusions d'optique, que De Blainville explique d'une manière fort ingénieuse, ont pensé que le fluide du mâle n'était qu'un stimulus nécessaire pour déterminer l'évolution des germes de la femelle. Quoi qu'il en soit, aussitôt l'imprégnation, l'embryon opère son développement, et se fixe dans la matrice de la mère dont le système sanguin lui apporte sa nourriture. Après la naissance, les petits sont d'abord alimentés avec le lait qui est secrété par les organes, nommés mamelles, qui forment un des caractères spéciaux de cette classe.

Les mœurs des mammifères sont guidées par un instinct que la puissance de la domesticité ne parvient à vaincre que momentanément; car aussitôt que l'un d'eux repasse à l'état sauvage, après des siècles d'asservissement, ses facultés se réveillent vierges de toute altération. Ces animaux ne sont point en général aussi cruels qu'on le rapporte, et les déprédations des carnassiers ne paraissent pas déterminées par un penchant irrésistible au meurtre; c'est la faim seule qui dicte cette fatale soif du sang, que l'on observe dans beaucoup d'espèces chez lesquelles des armes puissantes, des forces supérieures permettent la destruction et le carnage. Mais les soins, la satisfaction de leur appétit parviennent à changer promptement leur naturel, et à dompter le penchant sanguinaire de ceux qui passent pour avoir la plus redoutable férocité. Il est probable que les loups furent réduits en domesticité par quelques peuples anciens. On a vu des jaguars jouer avec leur gardien. Naguère la France admirait l'audace d'un homme qui, nouveau Daniel, vivait familièrement avec des lions, et exécutait des combats factices contre ces animaux qu'on dépeint sous des couleurs si redoutables. Il est même probable qu'un jour la création ne présentera plus à la puissance humaine d'êtres rebelles à la domesticité.

MAMMIFÈRES MONODELPHES.

Cette sous-classe comprend tous les mammifères à un seul utérus.

ORDRE DE L'HOMME.

Il forme un groupe unique, caractérisé par des extrémités antérieures se terminant seules par un pouce libre, opposable aux autres doigts; le corps se tient verticalement.

Nous nous bornerons à cette simple description zoologique de notre espèce; son histoire philosophique ne pourrait entrer dans un traité de cette nature, et nous passerons sous silence la noblesse de ses formes, où la force et la vigueur s'allient chez l'homme, où la grâce et la beauté brillent chez la femme; et, obligés de nous restreindre, nous ne décrirons pas les différentes races humaines, ni leurs mœurs sous la zone torride dont elles bravent les feux ; ni leurs coutumes dans les régions polaires où elles vivent sous les glaces ; ni cette suprématie intellectuelle de l'homme qui le dote partout du sceptre de l'univers.

ORDRE DES QUADRUMANES.

Quatre membres à pouce libre et opposable aux doigts ; mamelles ordinairement pectorales ; trois sortes de dents.

FAMILLE DES SINGES.

Ouvertures des narines non terminales, très-rapprochées ; vingt dents molaires ; ordinairement des callosités aux fesses.

ORANG. *Pithecus.* Callosités nulles ; aucun vestige de queue.

Deux espèces composent ce genre : l'Orang noir[1] et l'Orang roux[2], dont l'aspect se rapproche des formes humaines. Le premier ne présente un angle facial que de deux ou trois degrés moins ouvert que celui des Hottentots ; il vit en société dans les bois de la Guinée ; son caractère est doux, mais on le voit se défendre vaillamment lorsqu'on trouble son repos. Les hommes et les éléphans qui pénètrent dans les forêts habitées par ces animaux en sont repoussés par eux à coups de pierres et de bâton ; s'irritant facilement quand on les provoque, les orangs noirs sont ordinairement pacifiques, et l'on cite des enfans ou des négresses qu'ils ont en-

---

[1] *P. troglodites.*   [2] *P. satyrus.* Geoff.

levés dans leurs retraites et gardés plus ou moins long-
tems sans jamais leur faire aucun mal. On ne peut
contester le haut degré d'intelligence de ces singes ni
leur perfectibilité : ils se bâtissent des huttes avec du
feuillage , coupent des branches d'arbres pour s'en
faire des armes, et, selon certains voyageurs, ils at-
tisent les brasiers que les nègres abandonnent encore
brûlans sur le lieu de leurs bivouacs, et continuent à s'y
chauffer ; les jeunes semblent avoir surtout l'humeur
sociable ; ils se courbent facilement à la domesticité, et
on les voit préférer boire dans un verre que de laper ;
se coucher dans un lit avec plaisir et le rajuster avec
soin ; servir à table , porter du bois et de l'eau et remplir ces fonctions avec beaucoup plus d'intelligence que
ne le feraient certaines classes malheureusement abru-
ties de la grande famille humaine.

L'Orang roux ou orang-outang, ce qui signifie dans la
langue malaise *être raisonnable* , présente déjà une altération notable des formes de l'homme ; à sa couleur, on
peut joindre l'élongation des bras qui descendent presque jusqu'aux talons , pour le distinguer de l'espèce précédente. Ces quadrumanes se trouvent dans les forêts de
la Cochinchine et de l'île de Bornéo ; ils vivent presque
continuellement sur les arbres, dont ils ne descendent
guère que pour dénicher des œufs, et où, à ce que l'on
dit, ils se fabriquent quelquefois des espèces de hamacs.
Les voyageurs rapportent qu'ils peuvent acquérir plus
de quatre pieds de hauteur, et ils leur prêtent un naturel sauvage et féroce ; mais cette opinion tient peut-être
à la résistance courageuse de ces animaux contre les
chasses cruelles que leur font les navigateurs au milieu
de leurs bois où ils se défendent avec une juste opiniâ-

treté ; car ceux que l'on a observés jeunes étaient aussi dociles que doux et affectueux envers leurs maîtres. Se conformant promptement à nos habitudes, on en a vu qui s'essuyaient les lèvres avec une serviette, prenaient le thé, du vin, et mangeaient avec plaisir de la viande rôtie et du poisson.

GIBBON. *Hilobates.* Fesses calleuses ; queue et abajoues nulles.

Les singes de ce genre n'ont plus la même intelligence que les précédens ; ils vivent en troupes nombreuses dans les forêts de Sumatra, qu'ils font retentir de cris épouvantables quand le soleil se lève ou se couche, et qui cessent bientôt après. L'une des plus grandes espèces est le Siamang [1], qui atteint jusqu'à trois pieds et demi de haut.

GUENON. *Cercopithecus.* Fesses calleuses ; abajoues ; queue.

Ce sont des singes de l'ancien monde, vivant aussi par troupes dans les bois épais et n'y tolérant aucun des animaux qu'ils peuvent en chasser. Un cri d'alarme d'une de leurs sentinelles en faction les rassemble, puis, du haut des arbres, s'élançant de cime en cime, les guenons accablent leur ennemi en lui jetant des branches cassées, des fruits et même jusqu'à leurs excrémens : le Mangabey à collier [2] se fait remarquer à son pelage brun-chocolat sur le dos et à son ventre blanchâtre.

FAMILLE DES SAPAJOUS.

Ouvertures des narines non terminales, très-dis-

---

1 *H. syndactilus.* Cuv.   2 *Simia æthiops.* L.

tantes; ordinairement vingt-quatre molaires; point d'abajoues; fesses sans callosités; queue longue.

Sapajou. *Cebus.* Queue faiblement prenante, entièrement velue.

Ces animaux sont communément apportés en Europe; on les nomme souvent *singes capucins;* leur douceur, la facilité avec laquelle on les apprivoise les font préférer aux singes proprement dits. C'est le Sapajou brun [1], originaire de la Guiane, portant un pelage généralement brunâtre, excepté sous le ventre, où il devient jaune et fauve, que de petits Savoyards exercent, à Paris, à faire grimper aux façades des maisons pour demander humblement l'aumône aux étages élevés; la plus légère irrégularité, le plus petit rebord leur suffit pour s'attacher avec leur queue ou leurs pieds.

FAMILLE DES MAKIS.

Jamais huit incisives; ongle de l'index postérieur pointu, tous les autres ordinairement plats; narines terminales; queue longue.

Maki. *Lemur.* Six incisives horizontales en bas, quatre en haut; tarses proportionnés.

Les makis sont originaires des contrées chaudes de l'ancien Continent où Madagascar semble leur point de réunion; ils se nourrissent de fruits et d'insectes, et vivent par troupes sur les arbres; la saillie aiguë de leur museau les a fait nommer *singes-renards;* ils sont doux et timides, facilement apprivoisables, et ne cherchent jamais à blesser ceux qui les approchent; ce sont de petits animaux très-frileux, aimant le soleil et se réu-

[1] *C. appella.* Geoff.

nissant deux à deux pour dormir, en enlaçant quelquefois leurs bras et se posant ventre à ventre. Le Makis
rouge [1] est un des plus remarquables par la beauté de
son pelage roux-marron très-vif, et ses mains et ses
pieds d'un noir foncé.

FAMILLE DES LORIS.

Jamais huit incisives, les latérales extrêmement
petites, caduques; yeux très-grands, séparés par
une simple cloison osseuse; queue nulle.

LORI. *Stenops.* Museau court.

Ce sont des animaux de petite taille, lents dans leurs
mouvemens, et qu'à cause de cela et de leur analogie
avec les premières familles des quadrumanes, on trouve
souvent désignés sous le nom de *singes paresseux*. Tel
est le Lori tardigrade [2] qui vit dans les Indes orientales.

FAMILLE DES MYSPITHÈQUES.

Quatre incisives, molaires cylindriques; mains à
doigts très-longs, le médius fort grêle; mamelles
inguinales.

AYE-AYE. *Cheiromis.* Genre unique.

On ignore l'usage de la main singulière des aye-ayes;
Sonnerat pense que le doigt grêle est employé, chez ces
quadrumanes nocturnes et paresseux, pour pénétrer dans
les trous de l'écorce des arbres et y chercher des larves
d'insectes; dans l'état de domesticité, on observa qu'ils
s'en servaient pour manger, à l'instar des Chinois, avec
leur baguette. Le nom d'*aye-aye* [3] a été donné à l'espèce

---

1 *L. ruber.* Geoff.   3 *Sciurus madagascariensis.* Gm.
2 *S. tardigradus.*

que l'on connaît à Madagascar, à cause du cri d'étonnement que poussèrent les habitans de cette île, lorsque,
pour la première fois, on leur présenta cet animal
qui se trouve dans ses forêts.

FAMILLE DES GALÉOPITHÈQUES.

Anomaux pour le vol. Trente-quatre dents; doigts
courts, égaux aux pieds et aux mains, à ongles
tous tranchans; membrane parachutale couvrant les
membres, garnie de poils.

GALÉOPITHÈQUE. *Galeopithecus.* Genre unique.

Les animaux qui forment ce groupe habitent l'Archipel indien; leur port est analogue aux singes, et on les
nomme quelquefois *singes volans*, à cause de la faculté
qu'ils ont de se suspendre en l'air à l'aide des replis de
la peau qui recouvrent le membres en les transformant
en une espèce de parachute leur servant à s'élancer
d'arbre en arbre pour chercher leur nourriture qui se
compose de fruits et d'insectes. La seule espèce bien
connue, le Galéopithèque roux [1], gros comme un chat,
d'un beau roux vif en dessus, moins foncé en dessous,
est nocturne; elle s'accroche aux branches avec ses
ongles pendant le jour, et commence à pourvoir à sa
subsistance et à s'agiter au crépuscule.

ORDRE DES TARDIGRADES.

Membres impropres à la marche, disposés pour
grimper; surfaces plantaires tournées en dedans;
membres antérieurs plus longs que les postérieurs.

[1] *Lemur volans.* L.

FAMILLE DES BRADYPES.

Incisives nulles, molaires cylindriques ; estomac à quatre poches ; ongles énormes, arqués.

PARESSEUX. *Bradypus*. Genre unique.

La structure anomale de ces mammifères indique des créatures destinées à vivre sur les arbres ; leur singulier aspect et leur conformation extraordinaire les avaient fait regarder comme des êtres disgraciés par la nature ; mais une observation moins superficielle démontre que leurs formes sont dans un rapport admirable avec leur genre de vie ; ils peuvent à peine marcher, la plante des pieds étant perpendiculaire au sol, et la longueur excessive des bras les forçant à se traîner sur leurs coudes ; mais on conçoit qu'ils n'en grimpent alors que plus facilement, et que, quand ils sont sur les arbres, la surface plantaire touche leur cylindrique surface dans toute son étendue. Un grand excès de force dans les muscles fléchisseurs, des ongles recourbés permettent à l'animal de dormir accroché par ses pattes. L'axe de la tête suit la direction de la colonne vertébrale, et cette structure, défavorable pour paître à terre, devient un avantage pour un bradype qui broute des feuilles suspendues au-dessus des branches qu'il habite.

L'extrême lenteur des bradypes leur a fait donner le nom de *paresseux* ; mais il paraît que leur apathie a singulièrement été exagérée. Des voyageurs ont raconté qu'ils mettaient plusieurs jours à gravir l'arbre dont le feuillage les nourrit, et même que, quand celui-ci était épuisé, ils aimaient mieux s'en laisser lourdement choir que d'en descendre ; on rapportait que la lenteur de leur progression sur le sol était telle, en passant d'un arbre à l'autre, qu'ils ne parcouraient que quelques toises en une journée de tems; mais tous ces détails ne se sont point confirmés dans des observations récentes où l'on vit ces tardigrades monter et descendre, à plusieurs reprises par jour, aux mâts d'un vaisseau. Ils possèdent une résistance vitale fort extraordinaire; on ne les décroche des arbres qu'après les avoir percés de plusieurs coups de fusil; l'intrépide voyageur Delalande essaya vainement, pendant une demi-heure, aidé de son domestique, d'en étrangler un qui, ensuite plongé au fond d'un baril d'esprit de vin, s'y agita encore pendant plusieurs heures.

Deux espèces originaires des contrées américaines se trouvent dans ce genre : l'Aï [1], qui est remarquable par sa lenteur et son organisation, dont le nom vient de son cri, se distingue par ses bras du double plus longs que les jambes, sa couleur grise, ses trois doigts aux pieds et ses neuf vertèbres cervicales; puis l'Unau [2], qui n'a que deux doigts, et sept vertèbres au cou. Malgré leur cavité stomacale multiple, ils ne ruminent point.

ORDRE DES CARNASSIERS.

Trois sortes de dents; articulation maxillaire transversale, serrée; intestin court; pouces non opposables; ongles plus ou moins crochus.

Ces animaux sont, avec les singes, ceux dont l'influence est la plus étendue sur l'économie de la nature; l'examen de leurs organes démontre puissamment les rapports du physique et des mœurs : destinés à chercher

---

[1] *B. tridactylus.* L.   [2] *B. didactylus.* L.

une proie qui fuit, à la terrasser lorsqu'elle est atteinte, la force devait être le partage des carnassiers; aussi, un système musculaire énergique s'y découvre ordinairement; leurs sens, surtout l'odorat, ont acquis un développement extraordinaire; la bouche offre des dents aiguës, tranchantes propres à déchirer : comme ils n'avaient point besoin de mâcher long-tems une nourriture facilement assimilable à leur organisme, les mâchoires n'exécutent que des mouvemens d'élévation et d'abaissement propres à saisir la proie, et l'intestin, court et étroit, ne laisse séjourner que bien peu le résidu d'élémens nutritifs rapidement extraits de leurs alimens.

Cependant, des modifications peuvent se présenter chez certains carnassiers qui sont omnivores et vivent indifféremment d'un régime animal ou végétal, comme l'ours, les blaireaux : alors les molaires ont une surface tuberculeuse; d'autres, qui vivent d'insectes, n'ont point les dents tranchantes sur leur longueur, mais elles sont hérissées de pointes coniques.

** Carnassiers claviculés ou insectivores.*

FAMILLE DES CHÉIROPTÈRES OU VOLANS.

Doigts extrêmement alongés; réunis par des membranes; pouce séparé, onguiculé; pieds à cinq doigts égaux, à ongles crochus; verge pendante; mamelles pectorales.

Ce sont des animaux ordinairement nocturnes, qui, dans les contrées froides, passent l'hiver en léthargie. Dans le jour, ils dorment suspendus, la tête en bas, à la voûte des cavernes et des lieux obscurs; leurs pattes postérieures favorisent cette position d'une manière fort remarquable par les ongles très-arqués et pointus qui les terminent, et il leur suffit de la plus petite irrégularité pour s'accrocher sans effort musculaire. Le vol des chéiroptères est rendu facile par des muscles pectoraux vigoureux qui s'attachent sur une quille saillante du sternum, et meuvent leurs rames aériennes. Cette action est encore puissamment favorisée, dans certaines espèces, par l'énorme développement de la conque auditive en devant, et par celui de la membrane interfémorale en arrière, qui forment une sorte de parachute.

Une perfection remarquable des sens du toucher, de l'ouïe et de l'olfaction, distingue les chéiroptères : la peau, en s'étendant en membrane mince, nerveuse, qui sert à la locomotion, devient un organe de tact parfait sur lequel les plus légères vibrations de l'air peuvent se faire sentir ; l'oreille, en se développant énormément, offre un large cornet acoustique propre à recueillir les ondes sonores, et l'appareil olfactif, formé par de vastes cavités, et quelquefois précédé de membranes diversement découpées, paraît aussi destiné comme les précédens à étendre les rapports extérieurs de ces animaux. Mais ce qui captive encore davantage l'étonnement dans les chéiroptères, regardés parfois comme des être disgraciés, parce qu'on avait méconnu leur admirable structure, c'est que, par une heureuse faculté, ils peuvent soustraire leurs organes aux impressions extérieures, et se délivrer passagèrement d'une perfection sensitive dont ils eussent été accablés. En effet, en repliant leurs membranes autour de leur corps, ils se dérobent aux sensations extérieures ; et, dans certaines espèces, le feuillet interne de la conque vient boucher à volonté l'orifice auditif et en ferme l'entrée comme une soupape mobile ; quelques groupes de cette famille, pourvus de feuilles nasales, présentent la même particularité, ce qui forme à ces deux organes des espèces d'analogues aux paupières ; mais ces perfectionnemens, moins utiles aux espèces frugivores, ne se retrouvent plus chez elles. La forme du canal digestif varie selon la nourriture : les espèces tout-à-fait carnivores l'ont court, et l'estomac simple et petit ; celles qui mangent des fruits offrent une double cavité stomacale et un tube intestinal six fois plus long que le tronc. Ces animaux n'ont ordinairement qu'un petit qu'ils allaitent, et qu'ils portent avec eux en volant.

Roussette. *Pteropus.* Molaires planes ; membrane alaire non latérale ; index onguiculé, à trois phalanges ; nez et oreilles simples.

Les sens n'ont pas ici l'excessif développement que l'on remarque dans le genre suivant : les roussettes vivant ordinairement d'un régime végétal, ils étaient moins utiles. Ces animaux acquièrent une dimension parfois considérable ; quelques-uns ont présenté jusqu'à cinq pieds d'envergure ; ils vivent de fruits, mangent aussi des fleurs, et on leur fait une guerre active à l'Ile-de-France et au Malabar où il y en a beaucoup, non seulement pour éviter leurs dégâts, mais pour les manger ; leur chair a une saveur musquée qui la fait regarder par les Timoriens comme un mets exquis. Ceux-ci chassent ordinairement l'espèce nommée Roussette édule[1], à cause de sa délicatesse ; elle est très-commune dans leur pays.

1 *P. edulis.* Per. et Less.

Chauve-souris. *Vespertilio*. Molaires hérissées de pointes ; membrane alaire latérale ; index inonguiculé, à une ou deux phalanges ; nez simple ou feuillé.

Mammifères vivant d'insectes, et présentant une grande gueule pour les saisir en volant, comme, parmi les oiseaux, les engoulevens. Quelques-uns sucent le sang des animaux, et leur langue hérissée de papilles dures, dentées, dirigées en arrière, est particulièrement propre à faire sortir les fluides épanchés dans les chairs.

Une espèce, le Vampire [1], nommée aussi *sangsue volante*, est devenue célèbre par les contes auxquels elle a donné lieu : on disait qu'elle faisait périr les hommes et les animaux en les suçant pendant leur sommeil. La Chauve-souris commune [2], qui se retire dans les vieux clochers et vient voltiger autour de nos habitations, a le nez non feuillé et des conques auditives proportionnées. Le Fer-à-Cheval [3], tout aussi commun, offre un nez diversement lobé, tandis que l'Oreillard [4] se distingue seulement à ses vastes conques aussi amples que le corps.

FAMILLE DES AMBULIPÈDES OU MARCHEURS.

Membres à extrémités analogues, propres à la progression, à cinq ongles petits, comprimés.

Musaraigne. *Sorex*. Quatre incisives, les supérieures avec une pointe en dedans, les inférieures contiguës aux suivantes ; doigts isolés ; queue longue.

Le système auditif lie ces animaux aux chéiroptères ;

1 *V. spectrum.* L.   3 *V. ferrum equinum.*
2 *V. murinus.*   4 *V. auritus.*

comme ceux-ci, ils ont la faculté de fermer à volonté
l'ouverture de l'oreille, et d'empêcher les sons ou les
corps de pénétrer à l'intérieur, faculté précieuse pour
les musaraignes qui plongent sous l'eau, et peuvent
par là s'y garantir de son action; celles-ci sont encore
remarquables par des espèces de glandes situées sur les
flancs, environnées de poils raides, et d'où s'exhale
un principe d'une odeur musquée, pendant la saison
des amours; c'est ce qui, probablement, empêche
les chats de les manger. Ces mammifères se distinguent
des rats à leur museau excessivement alongé, et par les
dents incisives qui touchent les suivantes. Leurs mœurs
sont assez peu connues; les uns vivent dans des trous de
la terre ou des murailles, près des marais, et s'y livrent
à la chasse des insectes; d'autres semblent préférer les
habitations de l'homme, auquel la petitesse de leur individu les dérobe avec facilité, car ce sont les nains de la
classe des quadrupèdes pilifères, et quelques-uns n'ont
qu'une taille que dépassent même certains insectes.

La Musaraigne vulgaire [1] est grise en dessus et fauve en
dessous, et vit ordinairement dans les bois; seulement,
pendant l'hiver, elle se rapproche des maisons. La
Musaraigne sacrée [2], découverte récemment par le savant
antiquaire Passalacqua dans les tombeaux thébains où elle
était embaumée, est venue confirmer un fait historique
avancé par l'antiquité, qui rapportait que les Égyptiens
révéraient ces animaux.

Hérisson. *Erinaceus.* Six incisives en haut. Corps
couvert de piquans; queue rudimentaire.

A son vêtement épineux, on reconnaît facilement le

[1] *S. araneus. L.*   [2] *S. religiosus.*

Hérisson d'Europe[1], qui se trouve communément dans nos bois et nos haies où il vit d'insectes ou de chair d'animaux morts; car il est probable qu'il ne mange pas de fruits ainsi qu'on le disait, après les avoir ramassés avec ses piques. C'est la nuit qu'il cherche sa nourriture; pendant le jour, il se roule en boule à l'aide des muscles qui se trouvent vers le dos, et il reste blotti dans des tas de pierres ou de feuilles, ou dans des trous d'arbre. Il passe l'hiver en léthargie, englouti dans un terrier, et n'en sort qu'au printems qui est la saison de ses amours.

FAMILLE DES FOSSIPÈDES OU FOUISSEURS.

Membres à extrémités dissemblables; main exclusivement destinée à fouir, ordinairement très-large et à ongles plats; yeux atrophiés.

Taupe. *Talpa.* Museau conique tronqué, en boutoir; main large, tournée en dehors; six incisives tranchantes en haut, huit en bas.

Des clavicules fortes, un sternum qui présente une saillie analogue à la carène des oiseaux, des muscles pectoraux énormes, donnent à ces animaux subterranéens une puissance considérable pour culbuter et fouir le sol avec leurs mains élargies en pelle. Mais, en revanche, la direction de celles-ci et la faiblesse des extrémités postérieures ne leur permettent de marcher qu'avec une extrême difficulté. Toute l'organisation de la taupe offre un aspect particulier; les organes génitaux sont surtout empreints d'anomalies singulières. Par une exception remarquable, les fœtus ne traversent point la ceinture osseuse du bassin; celui-ci est extrêmement

[1] *E. europœus.* L

petit, et comme ses pubis sont distans, les organes génitaux se trouvent dans leur écartement ou au-dessous. Il résulte des observations de Geoffroy Saint-Hilaire que la vulve de la femelle est exactement fermée par une membrane dans le jeune âge, et que le mâle porte à l'extrémité de la verge un petit os très-aigu qui lui sert, il est probable, dans le premier accouplement, à triompher de cet obstacle, et à diviser le voile obturateur de l'autre sexe. La Taupe commune [1] vit, comme tout le monde le sait, sous le sol qu'elle fouille avec une étonnante rapidité à l'aide de ses larges mains et de son museau, qui lui servent de pelles et de tarrière pour percer et rejeter les masses de la terre où ce laborieux et prudent animal creuse ses galeries à multiple issue. Eminemment carnivore, quarante dents favorisent son avidité; vivant de larves d'insectes, elle ne mange jamais de racines de plantes. Si cette bête cause quelques dommages aux moissons en culbutant les champs et y élevant des éminences, elle les compense peut-être en dévorant une foule de vers qui doivent leur nuire, et le seul dégât qu'elle produit dans les graminées consiste simplement en quelques tiges employées pour la construction de son nid, et qu'on la voit enfoncer sous la terre en les tirant par leurs radicules.

CHRYSOCHLORE. *Chrysochloris.* Main à trois ongles longs, comprimés, arqués, tranchans, les externes plus grands.

C'est sur un de ces animaux souterrains, nommé vulgairement Taupe dorée [2], qui se trouve communément au Cap, que l'on découvre seulement ces brillans re-

____

[1] *T. vulgaris.* L.   [2] *T. asiatica.* L.

3

flets métalliques qui décorent si souvent la robe des oiseaux ou la cuirasse des insectes. La Chrysochlore a un pelage cuivré dont le chatoyant éclat vert-doré imite la gorge de certains colibris. L'œil de ce petit carnassier est tout-à-fait imperceptible.

** *Carnassiers non claviculés ou carnivores.*

FAMILLE DES PLANTIGRADES.

Extrémités à cinq doigts, posant la plante entière des pieds sur le sol; cœcum nul.

Ours. *Ursus.* Canines arrondies, très-grosses, douze molaires tuberculeuses, mousses; queue courte.

Ces mammifères d'une extrême prudence sont moins redoutables qu'on le suppose ordinairement : omnivores par la disposition de leurs dents, qui n'offrent point de molaires tranchantes, et en général par l'appareil assimilateur, ils semblent préférer les fruits et les racines, et ne manger des chairs qu'avec moins de satisfaction. Tout décèle ce penchant dans l'ours, et son canal digestif de grandeur moyenne, et ses membres pesans appuyant sur la totale longueur des pieds, et la lenteur de ses mouvemens, qui ne lui permettent que difficilement de se procurer une proie vivante, que, d'ailleurs, ses dents aplaties seraient peu habiles à déchirer; aussi ce n'est que quand la faim le presse qu'il poursuit ou combat les autres animaux. Ces plantigrades sont disséminés dans toutes les régions du globe. Leurs fourrures et l'abondance de graisse qui tapisse les organes leur font faire une chasse active dans les pays où l'on en fait commerce; quelques peuples ne

craignent pas de les attaquer avec un simple épieu qu'ils
leur enfoncent dans le ventre au moment où l'animal
se redresse pour saisir le chasseur et l'étouffer entre ses
bras. Il est très-rare de pouvoir les prendre vivans. On
dit cependant qu'on les enivre quelquefois en arrosant
du miel, aliment qu'ils aiment beaucoup, avec de l'eau-
de-vie, et qu'il est ensuite facile de les enchaîner.

L'Ours brun d'Europe [1], qui est le plus commun et le
plus vulgairement connu, porte un pelage touffu
brun-marron, et offre une tête large en arrière. Il
vit solitairement dans les forêts des montagnes, et ne
fréquente même sa femelle qu'à l'époque des amours.
Recherchant les ruches avec persévérance, on le voit
souvent monter dans les arbres pour en découvrir, et
braver courageusement la piqûre des abeilles afin de
satisfaire son avidité pour leur miel; il paraît aussi
se plaire à manger des fourmis. On le voit encore dévorer de puantes charognes quand sa faim ne trouve
nul autre aliment propre à le rassasier; ce n'est qu'à
cette extrémité qu'il se précipite sur les animaux, et
les attaque avec violence en leur sautant sur le dos.
Sa voracité ne s'effraie même pas, à ce qu'il paraît, des
plus vigoureux mammifères, des bœufs ou des chevaux.
La léthargie qui saisit ces ours pendant l'hiver est d'autant plus intense que celui-ci est plus rigoureux; pour
s'abandonner à ce sommeil, durant lequel toute leur
graisse amassée en été se disperse, ils choisissent un tronc
d'arbre ou un creux de rocher, et quand ils ne peuvent
en trouver, ils construisent une petite hutte avec du feuillage pour s'abriter, et en garnissent soigneusement l'intérieur avec de la mousse. Cette espèce se trouve à la fois

[1] *U. arctos.* L.

dans les Alpes et les Pyrénées, dans la Norwége et la Russie, et sur les sommets de l'Atlas ou des Crapacks.

L'Ours polaire[1], nommé aussi par quelques naturalistes, à cause de sa couleur ou de ses habitudes, ours blanc ou maritime, se reconnaît à la teinte de son poil, à sa tête aplatie, effilée, et en général à un corps alongé qui décèle ses habitudes aquatiques. Sa patrie est la Mer-Glaciale, surtout la Sibérie; cependant, on le voit quelquefois échouer vers les grèves de la Norwége, transporté sur des masses flottantes de glaces. Il passe aussi l'hiver assoupi léthargiquement, mais sans se préparer une litière comme le précédent, et si la crevasse propice d'un rocher ne s'est point offerte à lui, il s'accroupit simplement dans quelque excavation d'un glacier, et s'endort bientôt enseveli sous les avalanches de neige. Cet animal est très-carnassier. On le voit former de nombreuses troupes sous les pôles. Il nage facilement en poursuivant ou bien en combattant avec acharnement les cétacés, les phoques ou les poissons dont il fait sa nourriture. Son audacieuse témérité le porte même à attaquer l'homme, ce que l'autre espèce ne fait jamais, et sa férocité glace de terreur les habitans du Nord, qui en ont souvent été victimes.

L'Ours noir d'Amérique[2] est fort distinct; ses poils sont noirs et brillans. On le trouve communément au Kamtschatka. On découvre des individus fossiles de ce genre dans les cavernes de la Hongrie et de la Franconie.

BLAIREAU. *Meles.* Quatre molaires tuberculeuses; quinze côtes; poche sécrétoire sous la queue.

---

[1] *U. maritimus.*   [2] *U. americanus.* Gm.

Ils sont timides et tristes, habitent les pays tempérés de l'Europe ou de l'Asie, se creusent, à l'aide de leurs ongles, des boyaux tortueux sous la terre, les garnissent d'herbes sèches, et ne sortent que la nuit pour se procurer leur nourriture consistant en lapins, mulots et lézards; mais quand la faim est pressante, ils se contentent de fruits ou de racines. Chacun d'eux est d'une extrême propreté, et l'on dit que, par une ruse singulière, le renard les chasse de l'habitation qu'ils ont laborieusement creusée dans la terre, en déposant ses excrémens à l'entrée.

Une seule espèce de Blaireau est connue[1] : elle diminue chaque jour, à cause des chasses actives qu'on lui fait pour se procurer sa fourrure ou employer son poil à faire des brosses à barbe. On prend cet animal avec des piéges, ou bien en lâchant des chiens bassets dans ses terriers; ceux-ci l'arrêtent tandis que les chasseurs défoncent sa retraite.

Glouton. *Gulo.* Quatre molaires tuberculeuses, des carnassières; seize côtes.

C'est à l'extrême voracité attribuée au Glouton du Nord[2] qu'est due la dénomination de ce petit groupe dont le système dentaire est analogue à celui des martes. On dit que ce mammifère, dont le beau poil est teint de marron-foncé, et qui n'est pas plus gros qu'un blaireau, ne craint point cependant d'exercer sa férocité sur les forts animaux. Du haut des arbres il guette les élans, se précipite sur leur cou, s'y cramponne, et c'est en vain que ceux-ci se roulent à terre, se heurtent violemment contre les rochers, l'assaillant, garanti par l'écartement

[1] *U. meles.* L.   [2] *G. arcticus.* Desm.

de leurs cornes, épuise sa victime qui succombe à la perte de son sang et de ses forces.

FAMILLE DES DIGITIGRADES.

Mammifères marchant sur le bout des doigts.

MARTE. *Mustela.* Corps vermiforme; quatre dents tuberculeuses; membres très-courts; cœcum nul; queue ronde.

Les martes ont reçu le nom de vermiformes à cause de la longueur de leur corps rampant sur des pattes courtes, qui leur permet de s'introduire par les plus petites fentes dans les lieux où elles supposent quelque chose à dévorer. Malgré leur petitesse, les animaux de ce groupe sont les plus sanguinaires de tous les carnassiers. C'est un genre cosmopolite que l'on trouve presque partout, et dans lequel nous devons noter :

La Marte vulgaire[1], qui est brune, à gorge tachée de jaune en dessous; elle fuit les habitations et les lieux découverts, et vit, dans les bois, de petits quadrupèdes ou d'oiseaux; elle déniche aussi des œufs. C'est au printems que la femelle fait sa portée qu'elle a soin de déposer dans le tronc creux des vieux arbres ou dans le nid de quelqu'écureuil après l'en avoir chassé, ou en le dévorant dans son habitation.

La Fouine[2], qui fréquente nos demeures, et y cause de grands dégâts en tuant d'énormes quantités de poules, et emportant dans sa retraite les restes des victimes de ses sanglans repas. Elle est confondue par quelques auteurs avec l'espèce précédente, à cause de la même couleur de son pelage; mais elle en est différenciée à sa tache cervicale, qui est blanche, et par ses habitudes citadines.

[1] *M. martes.* L.

[2] *M. foina.* L.

La Zibeline [1] est une espèce de marte à doigts velus en dessous, célèbre à cause des précieuses pelleteries qu'elle fournit pour la parure de l'opulence. C'est sa toison d'hiver, lustrée de brun et de noir, que la mode préfère. Les chasses que les Sibériens font à cet animal au milieu de leurs solitudes affreuses et glacées, sont des plus périlleuses que l'on connaisse; souvent funestes aux hommes auxquels l'intérêt en fait affronter les dangers, ils y périssent quelquefois engloutis sous les neiges des montagnes ou accablés par le froid et la faim.

Le Putois [2] est d'un brun-noirâtre; ses flancs sont jaune-fauve; il a des mœurs analogues à la fouine, et habite l'Europe. C'est la terreur des volailles; quelques-uns suffisent pour ravager une garenne. Il s'élance comme un trait sur les lièvres, et, s'attachant à leur cou, malgré leur fuite, il ne les abandonne que morts ou épuisés.

Le Furet [3] est jaune, avec des yeux roses, et, selon les zoologistes modernes, n'est qu'une variété de l'espèce précédente qui est défigurée par la domesticité; il vient de l'Espagne et de la Barbarie. Dormant continuellement, il ne se réveille que pour manger. C'est le plus terrible ennemi des lapins; on l'emploie pour les chasser; il pénètre dans leurs terriers, les égorge, et leur suce le sang.

C'est encore à ce genre qu'appartiennent l'Hermine [4] dont la peau, d'une blancheur éclatante, constitue une de nos plus précieuses fourrures : ses mœurs sont analogues aux autres martes; la Bélette [5], qui est teinte d'un roux uniforme en dessus et d'un jaune-roussâtre en dessous, qui vit, comme la fouine, aux dépens de

1 *M. zibellina.* L.
2 *M. putorius.* L.
3 *M. furo.* L.
4 *M. erminea.* L.
5 *M. vulgaris.* L.

nos volailles , détruit leurs œufs , mais compense ses dégâts par quelques services, en tuant les rats et les souris qui se trouvent dans les granges où elle se cantonne l'hiver.

LOUTRE. *Lutra.* Corps cylindrique ; trente-six dents; pieds palmés ; queue déprimée.

La palmature des pieds, si l'on n'avait des considérations d'un plus haut ordre, isolerait nettement ce genre du précédent, avec lequel Linné le confondait, car dans le martes, les pieds ne sont jamais qu'à demi-palmés.

Les loutres ont, par l'extrême longueur de leur corps et la brièveté de leurs pattes, beaucoup de peine à marcher ; mais cette structure est avantageuse pour leur vie aquatique, aussi elles nagent avec facilité en poursuivant le poisson qui fait leur principale nourriture. On dit que, dans leurs pêches, elles ont la prévoyance de remonter la direction de l'eau, afin que, lorsqu'elles sont épuisées de fatigue et reviennent chargées du butin de leur course, elles n'aient qu'à s'abandonner simplement au courant des flots pour regagner le rocher fendu ou l'arbre creux tapissé de mousse, dont elles font leur retraite et où elles dévorent leur proie solitairement.

Il y a un assez grand nombre d'espèces dont le pelage a beaucoup d'analogie et est d'un brun plus foncé en dessus qu'en dessous : telle est celle que nous voyons sur les bords des rivières de la France, la Loutre d'Europe [1], que l'on chasse pour se procurer sa peau, qui était très-employée chez nous il y a plusieurs années. Ces animaux sont intelligens, et l'on raconte que l'on a même pu en dresser pour la pêche, et qu'ils rappor-

[1] *L. vulgaris.* Ex.

taient fidèlement à leur maître le poisson qu'en plongeant ils avaient saisi au fond de l'eau.

CHIEN. *Canis.* Huit dents tuberculeuses; langue douce; quatre doigts derrière, cinq devant; l'interne rudimentaire, élevé.

Ce genre se trouve représenté sur tous les points du globe; il contient les chiens, les loups, les chacals, et les renards. On en a fait deux coupes : les chiens proprement dits, qui renferment les trois premières espèces et se distinguent par des incisives supérieures trilobées, leurs pupilles rondes et leur queue non touffue; et les renards, qui sont seuls et n'offrent point ces caractères. Tout le monde connaît l'intelligence et les mœurs des espèces familières que l'homme emploie à tant d'usages différens, qui contribuent à sa défense, protègent son domaine, et auxquelles, à des époques que l'humanité voudrait rayer de son histoire, on put même enseigner l'art de la guerre et à se lancer sur de pauvres et simples sauvages.

Tous ces mammifères boivent en lapant; ils sont moins carnassiers que les chats et paraissent avoir besoin de nourriture végétale, comme leurs dents tuberculeuses l'annoncent. Leur vie est de quinze à vingt ans.

Le chien domestique ne se retrouve plus libre; il est probable qu'il ne nous vient point d'un seul type sauvage, car il ne serait pas possible d'admettre que tant de formes diverses provinssent toutes de la même souche, du loup ou du chacal, comme on le dit, qui se seraient modifiés par leur séjour au milieu de la civilisation. Dans l'état naturel, il n'aboie pas, et ceux qui s'échappent de la servitude perdent cette faculté; on remarque même que chez eux elle est d'autant plus développée que leur situation est plus au centre des sociétés.

Les Loups vivent par bandes et se rassemblent surtout en hiver pour diriger leurs attaques sur les troupeaux ou se défendre mutuellement contre leurs agresseurs; mais quand le salut commun ne nécessite plus leur réunion, on les voit se disperser. L'espèce vulgaire [1] est d'une couleur fauve avec des raies noires sur les membres antérieurs; elle est répandue dans toutes les zones boréales de l'ancien continent, depuis la hauteur de l'Égypte, et se trouve aussi dans l'Amérique du nord, où il est probable qu'elle a passé à l'aide des glaces. On exagère la férocité de cet animal; son séjour parmi nous change bien vîte son naturel, et il paraît qu'anciennement les Indiens l'avaient asservi à la domesticité. Le Loup noir [2] se distingue à sa coloration; il est plus féroce que l'autre.

Le Chacal [3] est moins développé que les précédens; il vit en troupe et cherche sa nourriture la nuit. C'est sa fréquence dans les pays où les traditions placent ordinairement le berceau de notre espèce, la familiarité que contractent rapidement les bandes de ces animaux que l'on voit s'approcher sans crainte des habitations de l'homme, et divers rapports d'organisation et de mœurs, qui ont fait conclure à certains naturalistes, d'une manière hardie, que ce mammifère était le véritable chien sauvage qui, transformé par la servitude, avait produit cette immense foule de variétés que nous rencontrons aujourd'hui, et dont on ne peut pas admettre que la race ait été exterminée par les hommes ou fondue par

----

[1] *C. lupus.* L.
[2] *C. lycaon.*

[3] *C. aureus.* L.

la domesticité. Ce qu'il y a de certain, c'est qu'ils se ressemblent beaucoup, mais le chien paraît plus courageux, car le chacal est d'une lâcheté qui est devenue proverbiale chez les Orientaux.

Au milieu des immenses variétés que nous offre le Chien domestique [1], il se reconnaît constamment à sa queue relevée. Cet animal est une des plus utiles conquêtes que l'homme ait faites sur la nature ; associé désormais à sa destinée, par son attachement, il en partage, avec constance, les plaisirs ou les travaux. C'est le serviteur empressé du riche et l'ami fidèle du pauvre ; son affection se continue même après la mort, et lui seul, souvent, se désole sur la tombe de la misère. On trouve, dans cette espèce, les plus grandes dissemblances, pour la force et la beauté, depuis le robuste dogue, garde fidèle des habitations, jusqu'au bichon dégénéré, dont la race criarde est reléguée dans nos salons ; depuis le chien courant voué à la chasse, ou la levrette au corsage élancé, aux pattes nerveuses, jusqu'au difforme basset et au modeste et utile chien de berger ; et depuis le chien turc, dont la peau est nue et huileuse, jusqu'à l'épagneul, qui traîne ses poils soyeux à terre.

Certaines races que l'on rencontre chez les Eskimaux, ont des pieds palmés, des habitudes aquatiques, et sont assez robustes pour pouvoir être chargées sur le dos comme des bêtes de somme ; d'autres sont employées par les Kamtschadales pour servir aux traîneaux.

Les Renards se distinguent facilement des groupes précédens par une queue touffue, un museau plus pointu, des pupilles linéaires, et des incisives supérieures rectilignes. Ce sont des animaux poltrons, n'at-

---

[1] *C. familiaris.*

taquant que ceux qui sont bien plus faibles qu'eux; ils vivent dans des terriers qu'ils se creusent. L'espèce commune [1] se trouve dans les latitudes septentrionales des deux continens; il est probable qu'elle vivait en domesticité chez les Lacédémoniens.

Civette. *Viverra.* Quatre tuberculeuses en haut et deux en bas; extrémités pentadactyles; langue hérissée; poche anale.

Un parfum que l'on retire de la bourse glanduleuse qui se rencontre dans ces animaux les rend précieux et les fait quelquefois élever en esclavage; on le recueille lorsqu'à l'aide des muscles de l'organe il est rejeté spontanément; d'autres fois on le retire avec une curette de la partie qui le sécrète. L'espèce connue [2] est cendrée et tachée de noir. Les civettes proprement dites ont la bourse odorifère double; elles habitent les contrées les plus brûlantes de l'ancien continent, et il paraît qu'en Abyssinie on les élève en grande quantité; pour les rendre plus productives, on les irrite dans leur cage, et, par ce moyen, la sécrétion du parfum devient plus abondante. Dans l'état sauvage, elles se nourrissent de gibier; mais quand elles en manquent, leur organisation dentaire leur permet une nourriture végétale.

C'est aussi dans ce groupe que se trouvent les Genettes dont la peau est recherchée et qui ont la cavité odorifère réduite à une simple dépression; les Mangoustes où la poche est unique, grande et percée par l'anus, et dont une espèce, nommée par Hérodote *ichneumon*, connue aussi sous le nom de *rat de Pharaon* [3], était célèbre en Égypte et l'objet d'un culte

1 *C. vulpes.* L.
2 *V. civetta.* L.
3 *V. ichneumon.* L.

religieux déterminé sans doute par le bienfait qu'elle procure en détruisant les reptiles et particulièrement les œufs des crocodiles, mais non, comme quelques hommes trop crédules l'ont avancé, en dévorant les entrailles de ces animaux après s'être introduits dans leur corps lorsqu'ils se sont endormis la gueule béante. Cependant, certaines mangoustes de l'Inde combattent courageusement les serpens qu'elles anéantissent, et l'on raconte que ce sont elles qui ont indiqué aux hommes à se servir de la racine d'une plante[1] regardée comme très-efficace contre la morsure de ces animaux venimeux.

HYÈNE. *Hyena.* Tuberculeuses inférieures nulles ; extrémités tétradactyles ; ongles mousses ; une poche anale ; os pénial nul.

Aristote, dans ses immortels travaux, avait réfuté les erreurs populaires qui environnaient l'histoire des hyènes ; celles-ci, de son tems, passaient pour herma-phrodites, à cause de la poche que l'on découvre dans la région anale et qu'il décrivit rigoureusement ; mais Pline et Élien, amis du merveilleux, débitèrent les plus ab-surdes fables, soit en disant qu'elles changeaient de sexe chaque année, ou bien en racontant qu'elles imi-taient la voix humaine en appelant les chasseurs par leur nom dans la profondeur des bois. Ces carnassiers nocturnes habitent les cavernes des contrées chaudes ; ils sont extrêmement voraces, et, quand ils mangent, les mâchoires se ferment avec tant de force, qu'il est presqu'impossible de jamais arracher leur proie ; aussi l'Arabe, à cause de cette résistance, les regarde comme

[1] *Ophioriza mongoz.* L.

le symbole de l'opiniâtreté. Ils se nourrissent ordinairement de chairs putréfiées qu'ils semblent préférer aux
autres. Ce penchant est très-connu dans quelques villes
orientales où il est parfois utilement employé ; on s'y
contente d'abandonner, dans les rues, les bêtes mortes,
et, pendant la nuit, ils viennent les enlever. Quand
les charognes manquent, ne trouvant point une suffisante nourriture, on voit leur dégoûtante voracité aller
se repaître dans les cimetières ; là, ils culbutent les
tombes, et, à l'aide de leurs ongles fouisseurs, ils ex-
hument les cadavres pour les déchirer, et ce n'est que
quand cette dernière ressource est épuisée qu'ils se
jettent sur les substances végétales.

L'Hyène rayée [1] est celle que l'antiquité connaissait ;
elle est teinte en gris, avec des bandes noires transversales ; sa patrie est la Perse, l'Égypte et la Barbarie ;
quoi qu'on ait dit de sa férocité, ses mœurs farouches
ont été quelquefois vaincues, et l'on a pu l'apprivoiser
chez quelques nations.

On découvre des ossemens de hyène fossiles dans
certaines cavernes de France, d'Allemagne et d'Angleterre ; ils sont mêlés avec des débris de beaucoup
d'autres mammifères rongés par elles ; mais jamais on
ne retrouve, dans ces anfractuosités, d'os humains qu'on
devrait y rencontrer en même tems si l'homme eût été
contemporain de ces animaux antédiluviens. C'est là
une preuve irrécusable de l'introduction récente de
l'espèce humaine dans les créations successive des êtres
animés du globe, où celle-ci n'est apparue que dans ce
dernier période.

[1] *H. vulgaris*. Geoff.

Chat. *Felis.* Tuberculeuses inférieures nulles; quatre petites molaires à chaque mâchoire; ongles rétractiles, courbés, pointus et tranchans.

La nature semble leur avoir prodigué les moyens de nuire; ce sont, de tous les carnassiers, les plus vigoureusement armés; chez eux, d'énormes canines s'engrènent pour fixer la proie, tandis que les molaires, qui se croisent comme des ciseaux et sont apppliquées les unes aux autres par de puissans muscles, coupent les chairs que l'animal dévore avec une force étonnante. Pour terrasser leurs antagonistes, ils ont des ongles qu'un ligament élastique relève vers le ciel, empêche de porter sur la terre et conserve tranchans, acérés; et la substance dure et cornée de ceux-ci ne frappant point sur le sol et ne faisant aucun bruit, les chats peuvent surprendre facilement, durant leur marche silencieuse et nocturne, les faibles animaux endormis. L'organe de l'ouïe, extrêmement développé, favorise aussi le genre d'existence en décélant les pas de la victime qu'ils attendent ou poursuivent pour se nourrir, et que leur œil aperçoit même dans les ténèbres. Le toucher réside dans la racine des poils de leur moustache. Chez ces mammifères, l'intestin, suivant les lois posées, doit être plus court que chez tous les autres carnassiers, et c'est aussi ce qu'on observe.

Ils attaquent ordinairement leur proie par la ruse et la surprise, se mettent en embuscade pour la guetter, mais rarement avec courage; ils ne peuvent courir rapidement pour l'atteindre, la disposition curviligne de leur axe osseux se prêtant mal à cette action et n'offrant pas d'assez solides points d'appui; mais en revanche, ils se tournent, sautent, se glissent et se cramponnent avec la plus grande facilité, et si la faculté de courir leur avait été accordée, la dévastation des continens en fût bientôt devenue la conséquence, eux dont la force n'a point d'égal et qui terrassent le buffle et l'éléphant. Ils vivent isolés; c'est à peine si les plaisirs de l'amour rapprochent un instant les sexes différens; ce sont généralement des animaux dont l'intelligence est obtuse; le soin de leur conservation repose seulement dans leur force. Les plus vigoureux ne se précipitent sur l'homme que pour se défendre, ou quand ils sont pressés par la faim.

Ce genre est un des plus universellement répandus; les espèces intéressantes sont : le Lion[1], qui est le plus fort des carnassiers; il est peint d'une couleur fauve, et remarquable par la crinière qui recouvre les parties antérieures du mâle, et la touffe de poils qui termine la queue. Sa race était dispersée dans les trois parties du monde connu des anciens; mais elle semble considérablement diminuée, si l'on pense que ces animaux, que l'on voit si rarement de nos jours, étaient tellement communs anciennement dans les cirques de Rome, que Pompée en fit combattre jusqu'à six cents à la fois. L'on connaissait aussi alors l'art de les apprivoiser, jusqu'au point de pouvoir les atteler pour les fêtes triomphales : Marc-Antoine se montra même au peuple romain dans un char traîné par des lions. C'est aujourd'hui en Afrique et dans quelques parties de l'Asie que leur espèce semble reléguée.

Le Tigre royal[2], au pelage à fond fauve, vif en dessus, blanc en dessous, avec des barres noires transversales, atteint les dimensions du lion; il vit sur les rivages des fleuves qui arrosent l'Inde : c'est un des plus redou-

1 *F. leo.* L.　　　　　2 *F. tigris.* L.

tables fléaux de ce pays ; quand la faim le presse, il s'élance comme un trait sur sa proie ; d'un coup de sa terrible griffe il éventre un bœuf, puis l'emporte en fuyant ; son agilité et son audace sont telles, qu'il lui est quelquefois arrivé d'enlever un cavalier de dessus son cheval, au milieu d'un bataillon, et d'entraîner sa victime dans les bois, sans pouvoir être atteint. Néanmoins, parfois aussi, il est facile de l'effrayer : un tigre qui était caché dans les bambous du Gange allait s'élancer sur une barque qui contenait plusieurs dames ; lorsque l'une d'elle ouvrit son parasol, il se sauva épouvanté. En général, on a beaucoup exagéré les mœurs sanguinaires de cet animal. Les Romains avaient cependant vaincu sa férocité ; on en voyait de dociles sur leurs spectacles, et dans une représentation du triomphe de Bacchus, Héliogabale parut sur un char traîné par des tigres en liberté ; on a pu même dresser ces carnassiers à différens exercices utiles à l'homme, car l'on rapporte que les empereurs tartares s'en servaient pour la chasse.

Le Léopard [1] est d'un beau fauve, avec des taches annelées plus petites que celles de la panthère. Le Jaguar [2] est le plus beau de tous les animaux de ce genre, après le tigre, dont il a la taille ; sa robe est marquée de taches noires ocellées, sur un fond fauve ; c'est un animal nocturne qui nage avec facilité, se nourrit quelquefois de poisson, et qui, suivant le célèbre voyageur Azara, peut traverser une rivière en emportant un cheval ; il s'élance comme un trait sur sa proie, qu'il fait même d'un bœuf, lui pose une patte sur la tête et lui brise la nuque en un instant. Ces mammifères étaient

[1] F. leopardus. Gm.   [2] F. onca. L.

si communs au Paraguay, qu'on y en tuait anciennement plus de deux mille chaque année.

Le Chat ordinaire [1] se trouve encore communément à l'état sauvage dans nos forêts européennes, dont il est originaire, et où il présente une couleur grise avec des ondes roussâtres, longitudinales sur le dos, transversales sur les flancs. Les variétés de coloration que nous lui découvrons dans nos habitations, sont les signes de sa domesticité. Les Grecs semblent n'avoir connu les chats qu'imparfaitement ; c'est à peine si le père de la Zoologie en dit quelques mots ; mais en Égypte, ils étaient communs dans les tems les plus anciens.

C'est encore à ce genre qu'appartiennent le Lynx [2], animal destructeur que nourrissent les Pyrénées, l'Espagne, et les pays du nord où il est plus commun, et qui est remarquable par l'épaisseur de sa fourrure et ses pinceaux de poils aux oreilles ; puis la Panthère [3], qui est fauve sur le dos, blanchie en dessous, et caractérisée par des taches noires en rosaces, formées par la réunion de cinq à six points sur les flancs ; elle habite l'Afrique.

FAMILLE DES PINNIGRADES.

Corps ichtyoïde ; quatre membres extrêmement courts, en nageoires ; doigts palmés.

Cette famille se rapproche de la forme des cétacés ; déjà son existence est presque tout aquatique ; c'est à peine si les nageoires des pinnigrades peuvent leur servir à ramper sur les rivages où ils viennent seulement pour se délasser au soleil, et allaiter leurs petits ; ayant la faculté de plonger très-long-tems, ils ferment

[1] *F. catus.* L.
[2] *F. lynx.* L.
[3] *F. pardus.* L.

leurs narines par des muscles constricteurs, afin de poursuivre leur proie, ou de la dévorer sous l'eau, sans que celle-ci entre dans les fosses nasales; les membres sont contenus dans les chairs, les seules extrémités en sont saillantes, et servent à la locomotion aquatique.

PHOQUE. *Phoca.* Incisives et canines aux deux mâchoires; canines supérieures proportionnées; point de tuberculeuses.

Connus des anciens qui les désignaient sous un nom analogue à celui que nous leur donnons, souvent mentionnés par les poëtes qui les nommaient les troupeaux de Neptune, les phoques ne furent cependant étudiés avec soin que dans ces derniers tems, où l'on divisa ce genre linnéen en plusieurs groupes, que De Blainville fonda sur le nombre des incisives. Conformés pour vivre dans la mer, ils se trouvent par nombreuses légions vers les glaces éternelles des pôles : on les rencontre aussi sur les rivages équatoriaux, mais ils y vivent isolés et solitaires; leur nourriture consiste en poissons et en crustacés; ils mangent aussi des oiseaux et des plantes marines. C'est au milieu des dangers des plages polaires, que les Anglais et les Américains envoient leurs vaisseaux à la chasse des phoques, pour rapporter les fourrures de différentes espèces qu'ils vendent à la Chine, et de l'huile que l'on consomme en Europe et aux États-Unis. Les Kamtschadales et les Russes leur font aussi une guerre active. Ils en mangent la chair, et leur graisse paraît un mets délicieux aux premiers, qui se construisent des pirogues ou se font des vêtemens avec leur peau et leurs intestins. On assure que les Tunguses se servent même du lait des femelles

4 *

dans certaines maladies de l'enfance. Le Phoque commun [1] offre jusqu'à trois à quatre pieds de longueur ; sa couleur, d'un gris jaunâtre, est nuancée ou tachetée de brun : on le trouve fréquemment sur nos côtes, où ses immenses troupes viennent se reposer. Le Phoque à trompe [2], le plus grand de ce genre, vit dans la Mer Pacifique ; il acquiert d'énormes dimensions, présente jusqu'à une longueur de trente pieds, et pèse plus de mille livres. Cette espèce, reconnaissable à la trompe, longue quelquefois d'un pied, qui prolonge le nez du mâle dans la saison des amours, a été nommée souvent, à cause de cette particularité, *éléphant marin*. Chaque mâle a toujours en sa possession plusieurs femelles, conquises sur ses rivaux dans de féroces combats ; mais, bientôt épuisé par les plaisirs de l'amour, perdant son ardeur et ses forces, il abandonne avec indifférence aux vaincus un avantage dont il ne peut plus jouir. Ces mammifères se réunissent en société ; ils sont doux et se laissent facilement approcher par l'homme. On leur fait la chasse à cause de l'abondance d'huile que fournit leur graisse, et l'on emploie souvent la lance pour les détruire.

Morse. *Trichechus.* Canines supérieures formant d'énormes défenses ; incisives et canines inférieures nulles.

Cette coupe n'est formée que pour une seule espèce qui se trouve par troupeaux formidables vers les rivages frappés de mort du pôle septentrional, où ces animaux promènent leurs sauvages familles sur les amas de glaces qui encombrent la mer. Le Morse [3], connu aussi

[1] P. vitulina L.
[2] P. proboscidea Desm.

[3] T. rosmarus. L.

sous les dénominations de cheval marin , de vache marine, ou d'animal à la grande dent, acquiert un développement considérable : on en a pris qui pesaient jusqu'à
deux mille livres; il vit d'algues, de matières animales,
surtout de coquillages que son système dentaire, qui
semble plutôt fait pour briser des corps durs que
pour broyer des végétaux ou couper des chairs , le
met à portée de pouvoir réduire facilement en bouillie ,
à l'aide des enfoncemens et des saillies des molaires
qui donnent à ces dents la disposition d'un mortier; les
deux canines servent peut-être à détacher les valves
des mollusques des roches. On tue les morses pour en
extraire la graisse ; leur peau et leurs défenses sont aussi
des objets de commerce ; l'abondance de ces mammifères est quelquefois telle , que dans une seule sortie
on en a détruit jusqu'à douze ou quinze cents.

ORDRE DES ÉDENTÉS.

Mammifères privés de dents, ou seulement d'incisives.

On ne peut prendre littéralement la dénomination
d'édentés ; car plusieurs des animaux renfermés dans cet
ordre présentent même un appareil dentaire nombreux
en molaires. Ce nom, à la rigueur, ne s'entend que pour
l'absence d'incisives. Deux sections s'offrent tout naturellement ici : l'une comprend les édentés terrestres ou
les Fourmiliers, qui ont tous quatre pieds pour se
transporter sur le sol ; l'autre les Aquatiques ou cétacés,
dont l'organisation est puissamment modifiée pour le
milieu qu'ils habitent, et qui sont analogues aux poissons par leurs formes.

FAMILLE DES FOURMILIERS.

Corps normal à quatre membres ; mâchoires complétement édentées ou portant des molaires.

FOURMILIER. *Myrmecophaga.* Corps couvert de poils touffus ; maxillaires très-alongées, sans dents.

Un caractère frappant de ces mammifères, c'est l'élongation extraordinaire du museau, et l'étendue de la langue qui s'adaptent singulièrement à leur manière de vivre. Pour se nourrir, ils éparpillent les habitations des fourmis avec les ongles des pattes antérieures qui sont très-forts, puis promènent une langue longue et grêle, couverte d'une salive gluante, dans leur république en désordre, et la retirent chargée de ces insectes qu'ils avalent sans mastication. Ce sont des animaux lents, vivant solitairement, et dont l'intelligence est très-bornée : ils ne font qu'un petit qu'ils portent sur leur dos. Le Fourmilier tamanoir [1] présente un tronc de quatre pieds de longueur, dont la tête, à museau cylindrique, forme le tiers. C'est la plus grande espèce de ce genre. On s'étonne d'abord qu'un aussi fort animal puisse subsister avec une proie si petite ; mais la surprise cesse en pensant aux énormes fourmilières de l'Amérique où il vit, et à la rapidité avec laquelle sa langue agglutinante, qui se contracte et s'alonge deux fois en une seconde, peut aller puiser la nourriture au milieu des Termites s'échappant en désordre de leurs travaux renversés par cet ennemi si redoutable à leur existence et à leur industrie.

[1] *M. jubata.* Buff.

PANGOLIN. *Manis.* Maxillaires complétement édentés ; peau recouverte d'écailles triangulaires,
tranchantes, imbriquées.

Le nom de fourmiliers écailleux fut donné aux animaux de ce petit groupe, à cause de l'analogie qu'ils ont
avec le genre précédent par leur manière de se nourrir ;
mais leur aspect les différencie suffisamment pour empêcher de les confondre avec lui. Les pangolins vivent
dans l'Ancien-Monde, se font des trous pour s'abriter,
attrapent des insectes avec leur langue vermiforme, et
quelquefois se nourrissent de petits lézards.

Le Pangolin de l'Inde [1], que sa forme a quelquefois
fait nommer *lézard écailleux*, fut connu dans l'antiquité
par le naturaliste Élien ; il se distingue à sa queue moins
longue que le corps, et à sa lenteur. Quand il est poursuivi
par quelqu'ennemi, il se roule en boule, et ses écailles,
qui se relèvent dans cette situation, lui fournissent autant de glaives qui produisent de profondes blessures
à ses agresseurs. Le tigre, irrité contre sa résistance,
essaie en vain de l'écraser par le poids de son corps ;
mais l'armure tranchante de cet animal lui ouvrant les
flancs, il est obligé de l'abandonner.

Les pangolins ont trois ou quatre pieds de long. Des
débris osseux, trouvés dans le Palatinat, semblent attester la présence d'individus de ce genre, d'un développement gigantesque comme tout ce qui nous reste des
anciens âges ; car ils indiquent une espèce de plus de
vingt pieds d'étendue, dimension prodigieuse ! quand
on songe à la faiblesse des moyens d'alimentation de
ces édentés.

[1] *M. indica.* L.

Tatou *Dasypus*. Corps recouvert d'un test dur, formant des boucliers sur la tête et le tronc; mâchoires garnies de molaires.

Ces animaux sont nocturnes; ils creusent des terriers obliques et tortueux dans la profondeur desquels ils se réfugient quand leurs ennemis, qui sont les tigres et les léopards, les poursuivent. S'ils ne peuvent atteindre leur souterrain, ils se contentent de se rouler en boule, ce qui leur est rendu possible par les anneaux solides qui fracturent leur enveloppe osseuse. Le Tatou encoubert [1] forme une exception aux caractères de l'ordre, depuis que M. F. Cuvier a reconnu l'existence d'incisives dans les os intermaxillaires; mais pour ne pas rompre les harmonies qui attachent cette espèce à toutes celles du même genre, nous lui conservons sa place ici, où elle est assignée par tant d'analogies; car, malgré son système dentaire différent, il semble avoir la même nourriture que ses congénères, et faire habituellement usage d'herbes, d'insectes, ou de chairs putréfiées; il ronge l'intérieur des cadavres des chevaux ou des bœufs abandonnés sur la terre. Quelques espèces de ce genre, comme le grand Tatou ou Priodonte géant, creusent même les tombes avec leurs ongles, et en ravissent les morts. Au Paraguay, on est obligé, pour les soustraire à ces animaux, d'entourer les sépultures d'un rempart de planches et d'épines.

FAMILLE DES CÉTACÉS.

Forme ichtyoïde; membres postérieurs nuls, les antérieurs aplatis en nageoires; queue déprimée horizontalement, pinniforme.

[1] *D. encoubert.* Desm.

La forme ichtyoïde, imprimée par le milieu que cette famille habite, devient un caractère fondamental; il en résulte que le tronc et la queue sont confondus en un même corps; le sacrum est nul, et la ceinture osseuse du bassin avortée et incomplète. Il est probable que le goût manque aux cétacés, car, malgré leur volumineuse langue, ils avalent leur proie sans la mâcher. Le toucher est fort imparfait; dans quelques-uns, il semble siéger à l'extrémité du museau ; dans d'autres, on le découvre sous l'aisselle où la femelle place son petit pour le transporter quand elle fuit. La couleur de la peau est ordinairement d'un noir ardoisé sur le dos; l'épiderme est imprégné d'une couche huileuse préservatrice, qui lui donne parfois le plus brillant poli, et paraît due à une transsudation de la graisse sous-cutanée qui a jusqu'à vingt pouces d'épaisseur dans quelques baleines. Les cétacés n'ont ordinairement qu'un seul petit qu'ils allaitent. Leur mécanique se rapproche de celle des poissons; les mouvemens s'exécutent seulement à l'aide de la queue, et les nageoires ne servent qu'à l'équilibration.

Dauphin. *Delphinus.* Dents aux deux mâchoires ; front bombé; museau mince, aplati; évent unique; nageoire dorsale.

La plupart des dauphins vivent dans l'Océan Atlantique; on les voit quelquefois remonter les fleuves : ils sont extrêmement carnassiers. Le nombre de leurs dents varie de huit à cent soixante. On dit qu'ils marchent en ordre, se mettent en bataille pour attaquer leurs ennemis; et que c'est le plus ancien et le plus courageux qui est choisi pour commander leurs phalanges. La vîtesse de ces animaux est prodigieuse : aimant à se jouer près des vaisseaux qui sillonnent la mer, on en voit parfois qui plongent pendant toute une journée au devant d'eux, en traversant continuellement leur direction, quoiqu'ils fassent quatre ou cinq lieues à l'heure. Cette habitude d'escorter les navires vient de ce que les petits poissons les suivent ordinairement en troupe pour se nourrir des débris que l'on jette sans cesse à l'eau, et que les dauphins font leur proie de ces bandes voyageuses. L'homme a pris cette conduite, dictée par l'instinct conservateur, pour des marques d'affection que lui témoignaient ces cétacés, et comme ils ne peuvent lui nuire à cause de la disposition de leurs organes, en les considérant comme des êtres amis, il leur a fait une vertu d'une nécessité imposée par les lois de l'organisme.

Le Dauphin vulgaire[1] a le dos noirâtre, les flancs gris et le ventre blanc. Nommé *oie de mer* par les matelots, à cause de l'aplatissement de son museau, il est très-commun près de nos rivages et dans la Méditerranée. C'est lui que les naturalistes pensent être le dauphin si célèbre de l'antiquité, et sur lequel celle-ci a raconté tant de fables singulières. Cette opinion est sans doute fondée sur la dépression du mufle ; mais l'animal que Pline et d'autres anciens décrivent sous ce nom n'est point le cétacé qui nous occupe, et dans les fresques et les sculptures antiques échappées à la destruction des siècles, où l'on observe des productions naturelles fidèlement représentées, le dauphin seul y est singulièrement défiguré et monstrueux ; cela est frappant dans les peintures d'Herculanum ; là on le voit tantôt offrant une

[1] *D. delphis.* L.

immense gueule, d'autre fois élevant verticalement sa queue, tandis qu'il est environné de poissons peints avec une perfection qui approche de celle de nos jours. Ce contraste rend probable que, dans ces tems, on représentait le dauphin sous des formes symboliques convenues.

DELPHINORYNQUE. *Delphinorynchus.* Dents aux deux mâchoires ; évent simple ; front non bombé ; museau très-alongé et grêle ; une nageoire dorsale.

Ce genre, établi par De Blainville, renferme plusieurs espèces que nous voyons quelquefois sur nos côtes ; l'une d'elles a le museau extrêmement effilé [1].

MARSOUIN. *Phocœna.* Maxillaires dentées ; point de bec ; museau court ; évent simple ; une nageoire dorsale.

Le Marsouin commun [2] est noirâtre en dessus et blanc sous le ventre ; c'est le moins développé de tous les cétacés : il n'offre que quatre à cinq pieds de longueur ; beaucoup plus commun que les dauphins sur nos rivages, où il s'y rencontre par troupes qu'on voit surgir à la surface de la mer lorsqu'elle est agitée. On le chasse dans le Nord, soit pour manger sa chair, comme les Lapons et les Groënlandais, soit pour apporter sa graisse en Europe. L'Épaulard [3] appartient aussi à ce genre ; il parvient jusqu'à la longueur de vingt-cinq pieds ; c'est le plus féroce du groupe ; il se bat courageusement avec la baleine, l'attaque en troupe et ne la laisse qu'après lui avoir dévoré la langue quand, exténuée par le combat, elle ouvre la gueule.

---

1 *D. rostratus.* Cuv.   3 *D. gladiator.*
2 *Delphinus phocœna.* L.

CACHALOT. *Physeter*. Tête énorme ; mâchoire inférieure dentée ; dents nulles en haut ; évent simple.

La monstrueuse tête de ces cétacés est formée par de vastes cavités à parois cartilagineuses, remplies d'une substance huileuse qui, en se figeant, devient blanchâtre, diaphane, et que l'on connaît dans le commerce sous le nom de *blanc de baleine* ou d'*adipocire*. Le Cachalot macrocéphale [1] acquiert jusqu'à soixante-dix pieds de long ; c'est le plus terrible dominateur des mers ; sa seule présence effraie les requins et les poissons les plus voraces, qui fuient devant lui et, dans leur trouble, vont souvent se déchirer sur les rochers, où ils trouvent une mort qu'ils s'efforçaient d'éviter. Il est si glouton, que l'on a quelquefois trouvé, au rapport d'Anderson, des carcasses ou des poissons de dix pieds de longueur dans son énorme estomac. Ces animaux se trouvent dans toutes les mers, et on les découvre dans celles qui baignent le Spitzberg glacé comme dans celles des zones tropicales ; mais ils aiment de préférence les plages équatoriales, et, suivant Humboldt et Quoy, c'est là que se trouvent leurs rendez-vous d'amour, ceux du Nord étant dépaysés.

Les Européens équipent des vaisseaux pour la pêche des cachalots ; ils en rapportent l'adipocire, dont quelquefois un seul individu fournit dix-huit à vingt tonneaux : un autre produit fort estimé qu'ils nous offrent encore est l'ambre gris que l'on trouve mêlé à des résidus d'alimens dans les intestins de ces mammifères, et dont la formation paraît être le produit d'une maladie particulière du tube digestif ; leurs dents sont employées à la confection de divers objets.

[1] *P. macrocephalus*. L.

NARVAL. *Monodon.* Mâchoires sans dents; deux longues défenses droites; évent unique.

On observe parfois les deux défenses également développées sur le même narval, ainsi qu'on le voit dans l'Encyclopédie, où Bonnaterre a fait figurer des crânes de ces animaux; ordinairement une seule d'elles fait saillie, c'est celle du côté gauche, mais on découvre les rudimens de son opposée dans les os de la face. Cette espèce d'arme offensive, légèrement tordue, acquiert une longueur qui peut atteindre dix et même quinze pieds; c'est cette proéminence, dont on ignorait l'origine, qui a contribué aux récits inventés sur la fabuleuse licorne de l'antiquité, et c'est aussi à cause d'elle que le Narval[1] a reçu le nom de *licorne marine.* Ce mammifère rappelle les formes des dauphins, sa peau est de couleur grise marbrée; sa longueur, selon Lacépède, varierait de quatorze à vingt mètres, tandis que Cuvier ne l'a porte qu'à quinze ou seize pieds, différence inexplicable.

Ces cétacés se trouvent vers l'Islande et dans les mers qui baignent les rivages du Groënland; là, ils se rassemblent, dans les anses des îles de glace, en troupes si grandes et si serrées, qu'ils sont obligés de mettre leurs défenses sur le dos des individus qui les précèdent, et c'est alors que les harponneurs courageux les attaquent. Leur course est rapide; en s'élançant comme un trait, ils enfoncent leur arme redoutable dans le ventre des baleines pendant les terribles combats qu'ils livrent à ces animaux, et ils ne craignent même pas d'en essayer la force contre la carcasse des vaisseaux. Les dents, plus compactes que l'ivoire, servent quelquefois chez nous à

[1] *M. monoceros.* L.

exécuter différens objets de luxe ; on voit une très-belle canne, formée avec l'une d'elles, au cabinet du roi ; les Groënlandais en font des flèches ou s'en servent en guise de pieux pour construire leurs chétives cabanes.

BALEINE. *Balæna.* Maxillaires sans dents ; fanons ou lames de corne à la mâchoire supérieure ; évent double.

La structure des voies digestives des baleines ne leur permet que de vivre de proies fort petites ; quand elles ouvrent la bouche, elles engouffrent une grande quantité de liquide qui, en se tamisant à travers les fanons, vient ressortir par les évens et donner lieu à des jets d'eau de trente à quarante pieds de haut, que l'on avait, à tort, dit s'exécuter dans l'expiration : ils ne correspondent qu'à la déglutition, et le flot en est si considérable, qu'il peut remplir promptement un canot ; on voit ces émissions d'eau se répéter d'autant plus fréquemment que la mer est plus orageuse, et qu'alors les petites méduses ou les mollusques, qui forment la nourriture de ces cétacés, affluent davantage vers sa surface. Pendant la respiration, ces mammifères ne chassent qu'un nuage de vapeurs et de mucosités par les évens ; ils ont le sang à une température considérable, et il semble que sa chaleur naturelle s'efforce de lutter contre le froid glacial du milieu qu'ils habitent ; plus d'une heure après la mort, ce liquide marque encore trente-huit à trente-neuf degrés : c'est sans doute à cette particularité que leurs tissus doivent la funeste rapidité avec laquelle l'inflammation les envahit et tue ces puissans animaux après la plus légère blessure.

Ces cétacés ne paraissent se plaire que sous les pôles,

dans les régions ténébreuses où toutes les créatures sont frappées de mort, et où le choc des glaces et des vagues fait seul retentir les échos. Nulles créatures n'offrent un plus étonnant intérêt à considérer ; l'énormité de leur développement frappe d'abord l'observateur : sans admettre des fables absurdes enfantées par l'effroi de quelques pêcheurs qui racontent avoir vu des baleines dont le monstrueux corps les glaça de terreur, des auteurs dignes de foi assurent que, quand les siècles n'ont point interrompu leur accroissement, il s'en trouve de trois cents pieds de long et dont le poids excède trois cent mille livres.

Malgré l'obscurité qui vient parfois embrouiller l'histoire des baleines, tout fait croire que ces animaux doivent avoir été observés dès l'enfance de la civilisation : les Hébreux en parlent dans les livres sacrés, mais il est difficile de savoir ce qu'ils désignaient sous leur nom ; Aristote et Pline les mentionnent dans les mers qui baignent leur patrie : Élien rapporte même que, de son tems, on en pêchait dans les parages de Cythère ; mais la dénomination qu'il leur donne était appliquée alors à plusieurs grandes espèces marines. Ce qu'il y a de plus certain, d'après les vieilles chroniques, c'est que les Scandinaves firent la pêche de la baleine, et qu'ils distinguaient déjà, dans le moyen âge, un assez grand nombre d'espèces parmi lesquelles nous reconnaissons celles que l'on trouve aujourd'hui. Il est probable que la station des baleines franches a été constamment vers les pôles dans tous les siècles, et déjà, au neuvième, on allait les y poursuivre, et elles y étaient si communes alors, que des pêcheurs en ont tué jusqu'à soixante en deux jours, au dire d'Other. Il est probable que si ce mammifère eût été répandu sur nos côtes, comme on le rapporte dans quelques chartes monastiques, et l'objet de pêches suivies, la corne de balcine aurait été moins rare et plus utilisée; car c'est à peine si, au treizième siècle, quelques casques de guerriers étaient ombragés de panaches faits en fanons effilés, ce que l'on regardait alors comme un ornement précieux, et par lequel même le seul comte de Boulogne se reconnaisait à la bataille de Bouvines.

C'est en affrontant les dangers des mers glaciales que l'on fait la pêche de ces énormes cétacés qui, sans rivaux, dominaient tranquillement l'Océan avant que nos navires ne vinssent leur déclarer la guerre et disputer leur empire. Déjà célèbre du tems d'Albert-le-Grand, qui en fit l'histoire, cette pêche se faisait alors en harponnant à la main les baleines, ou bien à l'aide de balistes; aujourd'hui les Anglais se servent de fusées à la congrève pour cet effet. Les sauvages floridiens, bien plus audacieux que nous, les attaquent, au rapport de Duhamel, en se précipitant, à la nage, sur leur tête, et en enfonçant, dans leurs évens, des cônes de bois auxquels ils s'attachent intrépidement quand ces animaux plongent et fuient, courroucés par cette aggression singulière, puis ils les suivent ainsi jusqu'à ce qu'ils s'échouent sur le rivage pour y respirer. Dans la méthode ordinaire, quand le harpon est une fois enfoncé dans les chairs par l'homme qui le lance de l'avant d'une chaloupe, on file le câble auquel cet instrument est tenu, et, laissant ainsi ces vigoureux mammifères épuiser leurs forces, on les dépèce aussitôt qu'ils ont succombé, pour en extraire l'huile et les fanons; ce qui se fait après les avoir amenés et attachés au vaisseau pêcheur, à l'aide des petites embarcations que l'on avait lancées à leur poursuite. Les bandes de lard que l'on coupe sont tirées sur le tillac et placées à fond de cale, quand on n'en extrait pas immédiatement l'huile par la cuisson; une seule baleine peut donner cinq mille livres de cette substance, et jusqu'à deux mille pesant de fanons. Ne se contentant pas seulement d'en employer l'huile, les Basques en mangeaient la chair; les Groënlandais regardent la peau et les nageoires comme un mets délicat, et les immenses mâchoires de ces animaux remplacent les boiseries dans la construction de leurs habitations; dans le Nord, on fait des vitres avec leurs intestins.

La Baleine franche [1] n'excède pas soixante pieds de longueur; elle est dépourvue de nageoire dorsale et de plis sous la gorge; c'est ordinairement dans l'eau colorée en vert par d'immenses bancs de petites méduses et de clios, qu'on l'approche le plus et qu'elle paraît se plaire davantage; car ce sont ces fragiles êtres marins qui constituent la nourriture de ce colosse, et ils semblent si bien liés à son existence, que, dans les latitudes équatoriales où ils manquent, celui-ci paraît y dépérir et cesse de se montrer. Cette espèce, dont on a exagéré la vîtesse, peut cependant franchir trois lieues à l'heure.

Le plus grand des cétacés est le Baleinoptère à ventre lisse [2]; il porte une nageoire dorsale, est plus effilé que le précédent, et acquiert plus de cent pieds de longueur. Comme quelques autres de son genre, il poursuit les bancs de harengs; on ne le chasse qu'en

____

[1] *B. mysticetus.* L.　　　　[2] *B. physalus.* L.

l'absence d'autre espèce , parce que son huile est moins abondante. La Baleine rorqual [1] a la gorge plissée longitudinalement ; c'est probablement elle qui fut observée par les naturalistes de l'antiquité.

ORDRE DES RONGEURS.

Mâchoires à deux incisives distantes des molaires; canines nulles.

C'est de la manière dont s'opère la mastication que vient le nom de cet ordre. Les grandes dents antérieures, que l'on a regardées jusqu'à ce jour comme des incisives , mais que Geoffroy Saint - Hilaire pense , d'après de hautes considérations d'anatomie philosophique , devoir être des canines , ne seraient pas propres à déchirer ou à couper les alimens ; mais elles servent efficacement à les ronger. Les condyles du maxillaire, par leur figure et leur mode d'articulation, ne permettent à cet os que des mouvemens horizontaux d'avant en arrière et d'arrière en avant. Les incisives n'ont d'émail qu'en devant, et leur partie postérieure, s'usant rapidement, ces instrumens se taillent en biseau tranchant à l'aide duquel les rongeurs peuvent entamer les corps les plus durs, le bois , l'écorce dont ils se nourrissent quelquefois. Ces dents poussent avec énergie, et se réparent à mesure que leur travail continuel les use. Cela est si remarquable , que quand l'une d'elles vient à manquer , et que son antagoniste n'est plus successivement limée par l'action masticatoire, celle-ci s'alonge considérablement , et vient saillir à l'extérieur.

[1]. *B musculus.* L.

Les rongeurs ont la lèvre supérieure fendue verticalement; leur tube intestinal, très-long, coïncide avec la nature des alimens, qui sont presque constamment puisés dans le règne végétal. Ils sont munis d'un estomac ordinairement simple et presque toujours d'un cœcum fort volumineux. Leurs yeux, gros dans les espèces nocturnes, diminuent d'autant plus que leur vie est plus souterraine. Ce sont des mammifères innocens, ordinairement lucifuges et de petite dimension, fuyant le moindre ennemi, se cachant sous la terre, et auxquels des membres postérieurs alongés donnent communément beaucoup de facilité pour sauter.

Les arcades osseuses où s'insèrent les muscles qui relèvent le maxillaire inférieur sont faibles, et les fosses temporales, non profondes, annoncent le peu d'énergie des mâchoires des rongeurs; la rotation des avant-bras est presque nulle, et ajoute encore à l'infériorité qui se prononce sous tant d'aspects dans cette légion du règne animal. Ils sont prévoyans, et beaucoup se font des magasins de nourriture pour l'hiver, consistant en petits amas cachés de glands, de fruits, de racines; quelques-uns mangent même des animaux en putréfaction. Leur multiplication extraordinaire est un des fléaux de nos campagnes, dans lesquelles ils dévorent le grain et anéantissent quelquefois les récoltes, ou mangent les fruits des espaliers.

Les uns possèdent des clavicules; les autres en sont privés : les premiers peuvent se servir de leurs membres antérieurs pour grimper avec agilité aux arbres, et quelquefois porter les alimens à leur bouche, ou se creuser des habitations souterraines; tandis que les autres, moins favorisés, ne peuvent employer leurs membres que comme de simples supports.

FAMILLE DES GRIMPEURS.

Animaux claviculés, à membres presque égaux ; seize à dix-huit molaires, incisives inférieures tubulées ; ongles courbés, aigus, comprimés ; queue touffue.

Ce sont des animaux agiles, grimpant facilement sur les arbres, où ils établissent leurs nids, qui sont quelquefois très-ingénieusement construits. Ils doivent cette facilité de monter à leurs ongles recourbés et aigus qui se cramponnent fortement aux écorces.

ÉCUREUIL. *Sciurus.* Dix molaires tuberculeuses en haut, huit en bas, incisives inférieures comprimées ; queue distique.

Ils habitent les grandes forêts des deux mondes, et s'alimentent de végétaux ; ils font actuellement de grands dégâts en Pensylvanie, depuis que l'on y cultive le maïs ; mais on remarque aussi que quand les écureuils trouvent quelque nourriture animale, ils ne la dédaignent pas. Ces rongeurs vivent en société ou solitairement par couple, et se bâtissent des nids sur les branches des arbres : ce sont des espèces de petites cabanes ouvertes par le haut, et formées avec de frêles buchettes.

L'Écureuil commun [1] est répandu dans les zônes tempérées et froides du vieux continent ; son pelage change en hiver dans quelques contrées du Nord, et il nous fournit alors la fourrure connue sous le nom de petit-gris. Il n'hiverne pas. Malgré cela, on le voit faire des

[1] *S. vulgaris.* L.

magasins de noisettes, de glands, de noix et d'amandes pour le tems où la terre est dépouillée de ses productions. Ces grimpeurs sont aussi rusés qu'ingénieux. Quand ils voyagent et qu'un fleuve s'oppose à leur course, on voit leurs troupes s'embarquer sur des morceaux de bois ou d'écorce, s'en servir comme de radeaux, et, en étendant leur queue aux vents, naviguer rapidement vers la rive qu'elles veulent atteindre. Ce fait, rapporté dans Linnée, fut observé aussi par notre célèbre poète Regnard pendant son séjour en Laponie.

POLATOUCHE. *Pteromys.* Pieds à appendices osseux soutenant un repli latéral de la peau.

La peau, qui, dans ces animaux, forme un repli étendu des membres antérieurs aux postérieurs, produit là une surface constituant une sorte de parachute, quand ces petits mammifères, qui vivent dans les arbres, sautent d'une branche à l'autre. Une espèce de la grandeur d'un rat, blanche en dessous, gris - cendré en dessus, se trouve dans les forêts de la Russie, et est connue sous le nom vulgaire d'Écureuil volant[1].

LOIR. *Myoxus.* Huit molaires traversées par des sillons à chaque mâchoire, incisives inférieures pointues; cœcum nul.

Ce sont de jolis petits animaux semblables aux écureuils, mais d'une allure plus lourde, ordinairement nocturnes, et grimpant sur les arbres auxquels ils s'accrochent très-facilement. Les loirs vivent de fruits, mangent les œufs des oiseaux, et dévorent quelquefois leurs petits dans le nid. Quand ils sentent les frimats approcher, par prévoyance, ils amassent des provi-

---

1 *P. Sibiricus.* Desm.

sions de graines dans une retraite où ils s'engourdissent lorsque la température devient trop froide, et ne se réveillent que par intervalles pour manger.

Le Loir[1] a un tronc d'environ six pouces. Il est gris-cendré sur le dos et blanc en dessous, vit dans les forêts de l'Europe méridionale, où il se réfugie dans les creux des arbres qu'il tapisse de mousse. C'est cette espèce que l'on pense avoir été très-estimée des Romains, qui l'engraissaient avec un grand soin pour la servir sur leurs tables. Les Italiens ont conservé la coutume de manger ces animaux, qu'ils tâchent de prendre dans les bois, à l'automne, saison où ils sont meilleurs.

FAMILLE DES FOUISSEURS.

Animaux claviculés; membres proportionnés; dents molaires de huit à dix-huit, incisives ordinairement pointues.

Dans un seul genre l'os claviculaire, au lieu de s'étendre de l'épaule à la poitrine, est incomplet, et suspendu seulement entre ces deux parties par des ligamens; mais c'est une exception dans cette famille, et qui devient alors un bon caractère différentiel là où les rapports organiques éclatent de toute part.

MARMOTTE. *Arctomys.* Molaires hérissées de pointes, dix en haut, huit en bas; membres courts, à ongles très-forts; queue rudimentaire.

La structure des dents des marmottes leur permet de faire usage de chairs; aussi les voit-on manger des insectes aussi bien que de l'herbe et des fruits; mais c'est une nourriture végétale qu'elles semblent pré-

1 *M. glis.* Cu.

férer. Leur démarche est lourde et embarrassée ; elles creusent avec facilité des demeures souterraines, consistant en deux galeries terminées par un cul-de-sac, et c'est dans leur profondeur qu'elles viennent s'endormir léthargiquement, quand la saison froide commence et que la température n'est plus qu'à huit ou neuf degrés.

Au milieu des espèces nombreuses que présente ce genre, nous devons surtout distinguer la Marmotte des Alpes[1], qui porte un pelage gris, et habite les montagnes élevées de l'Europe, vers la limite des neiges éternelles. Une apparence stupide cache chez cet intéressant animal une intelligence qui se montre déjà dans ses mœurs, et que l'éducation peut développer d'une manière fort remarquable. Ces petits mammifères se rassemblent en société pour construire des terriers, et former dans leur intérieur des lits de foin sur lesquels la timide troupe doit s'endormir pendant l'hiver. Pour ce dernier effet, ils se réunissent et vont glaner ensemble dans les champs, et quand ce travail est achevé, on dit que l'un d'eux se pose sur le dos, qu'on le charge des herbes laborieusement récoltées, et que les autres le saisissent et le tirent par la queue, en guise de charriot, pour transporter la petite moisson à la retraite commune. On rapporte aussi que quand ces rongeurs se livrent à leurs prévoyans travaux, ou qu'ils se jouent sur le gazon d'été, ils placent une sentinelle sur un rocher voisin pour les avertir des dangers qui pourraient troubler leur sécurité. Ce qu'il y a de plus certain dans tout ce que l'on raconte sur les ingénieuses marmottes, c'est qu'au moment où elles rentrent dans leurs terriers, pour hiverner, elles marchent à reculons, en portant

[1] *A. marmotta.* Gm.

dans leur bouche un gros paquet de plantes qu'elles laissent à l'entrée pour l'obstruer et se garantir de l'air froid. Les montagnards vont les prendre dans leur habitation en hiver, les mangent ou en vendent la chair.

RAT. *Mus.* Six molaires tuberculeuses à racines, à chaque mâchoire; incisives inférieures pointues; queue longue, ronde, écailleuse.

Ce sont des animaux de petite taille, omnivores, et qui même s'entredétruisent quelquefois quand la faim les excite. Les dégàts qu'ils font dans nos habitations, et la figure du Rat [1] proprement dit et de la Souris [2], sont trop connus pour que nous ayons besoin de les décrire. Les espèces en sont répandues dans toutes les régions de la terre, et les îles les plus éloignées en fourmillent également. Cependant, le rat ne paraît pas avoir été observé dans l'antiquité. On le croit originaire d'Amérique. Il semble n'être apparu en Europe que vers le moyen âge. On en trouve quelquefois de réunis ensemble par l'enlacement et la soudure de la queue, ce sont ces phénomènes que le vulgaire nomme *Rois des rats*.

Le Rat-mulot [3] se multiplie quelquefois d'une manière si funeste en Europe, qu'il ravage des provinces entières en détruisant les plantations. Le Surmulot [4] a été introduit tout récemment en France, en 1750, et est parvenu en Russie vers 1766, au rapport de Pallas. Il se trouve communément dans les lieux où il y a des matières en putréfaction; on le voit accourir, et déchirer les cadavres des animaux. Ces petits rongeurs se

[1] *M. rattus.* L.
[2] *M. musculus* L.

[3] *M. sylvaticus.*
[4] *M. decumanus.*

sont quelquefois si abondamment multipliés sur les vaisseaux, qu'ils ont forcé les équipages à les abandonner.

Le Rat géant[1] acquiert un pied de longueur, il fait d'immenses dégâts de grains et de volaille dans l'Inde, qui est sa patrie ; mais son espèce est un peu diminuée par la chasse que les malheureux lui font pour la manger.

RAT-TAUPE. *Spalax.* Nulles traces extérieures d'yeux ni d'oreilles ; incisives saillantes ; pieds pentadactyles ; ongles plats ; queue nulle.

Leur nom vient de leurs habitudes souterraines, qui ont beaucoup d'analogie avec celles de la taupe ; mais ils vivent seulement de racines, et peuvent marcher presqu'aussi facilement en arrière qu'en avant dans les boyaux qu'ils se creusent sous le sol. Le Rat-taupe[2], nommé ordinairement Zemni, est de couleur cendrée ; il a des incisives jaune-orangé ; son corps cylindriforme présente la meilleure disposition pour son genre de vie ; plongé constamment dans les ténèbres, ses yeux devenaient inutiles, aussi sont-ils atrophiés, et il est aveugle. Cet animal vit dans l'Asie-Mineure et vers les rivages du Volga et du Tanaïs.

CAMPAGNOL. *Arvicola.* Douze molaires sans racines, formées de prismes triangulaires ; queue médiocre, velue.

Presque tous ces animaux sont doués de l'instinct des voyages ; mais ils n'émigrent pas, et reviennent constamment vers le lieu qu'ils ont affectionné.

Le campagnol nommé rat musqué, à cause du parfum qu'il émane, a la queue comprimée verticalement.

---

1 *M. giganteus.* L. 2 *M. typhlus.* L.

Il se bâtit d'ingénieuses habitations sur les bords des fleuves que les Indiens désignent quelquefois par le nom de *puants*, à cause de l'odeur qu'il leur communique. Dans celles-ci, on découvre des galeries pour aller à la provision des alimens, d'autres pour rejeter les déjections. Pendant les froids rigoureux, les rats musqués s'enferment à plusieurs dans leurs constructions, et si la gelée vient à les y retenir, ils s'entre-dévorent. Les demeures élevées par ces animaux les ont fait comparer naturellement aux castors par les sauvages; mais, voyant moins de perfection dans les cabanes des premiers, tout en leur reconnaissant un pareil génie, ils disent qu'ils sont nés d'un même sang, mais que le castor est l'aîné, et possède plus d'intelligence.

Le Rat d'eau [1] vit sur les bords des fossés, où il se creuse des trous et mange des racines de plantes aquatiques. Le Campagnol proprement dit [2], véritable fléau des champs, construit des trous dans les terres ensemencées, y fait quelquefois d'énormes ravages, et ruine l'agriculteur.

L'espèce nommée avec raison Économe [3] habite, solitairement ou par couples, des chambres de trois à quatre pouces de hauteur, qu'elle se creuse sous la terre et tapisse de mousse; celles-ci communiquent par des galeries avec des dépôts où elle apporte des provisions de racines diverses ingénieusement taillées, et que l'on dit qu'elle range par analogie. Les magasins de nourriture amassés par la prévoyance d'un ou deux de ces frêles animaux s'élèvent quelquefois à vingt ou trente livres, et ils présentent souvent une ressource

1 *M. amphibius.* L.
2 *M. arvalis.* L.

3 *M. œconomus.* L.

secourable aux peuples nomades des contrées où vit ce rongeur, qui les cherchent et les déterrent pour leur usage. Ces campagnols opèrent parfois d'étonnantes migrations ; ils se rassemblent en troupes immenses, qui demandent jusqu'à deux heures pour défiler, suivent une direction fixe que les lacs ni les montagnes ne changent pas, et traversent jusqu'à des bras de mer. Beaucoup succombent en voyage, se noient, ou deviennent la pâture des animaux carnassiers : heureux pour eux si, au milieu de tant de périls, ils viennent à rencontrer quelques Kamtschadales hospitaliers, qui les protègent, les réchauffent quand ils sont glacés par une longue navigation ; car ceux-ci les regardant comme un présage de bonheur et l'espoir de chasses abondantes de mammifères à fourrure, bénissent leur retour dans leur pays où ils donnent le signal de réjouissances nouvelles.

Les Lemmings[1] font aussi des excursions fort célèbres dans le Nord ; la terre, sur leur passage, est dévastée comme si l'incendie en avait dépouillé la surface. Ils marchent en droite ligne en colonnes parallèles, s'arrêtent le jour, vont jusqu'aux rivages de la mer, et presque tous périssent en chemin, comme si la Providence, pour eux seuls enfreignant ses lois protectrices, les abandonnait momentanément aux caprices d'un aveugle instinct.

Hamster. *Cricetus.* Six molaires simples à chaque mâchoire ; extrémités pentadactyles ; des abajoues ; estomac à double cavité ; yeux grands ; queue courte, velue.

Ils se retirent dans des terriers de six à sept pieds

---

[1] *M. lemmus.* L.

de profondeur, creusés à l'aide de leurs ongles fouisseurs, et où leur prudence pratique plusieurs issues;
ils y amassent des quantités considérables de grains que
l'on a même évaluées à plusieurs boisseaux, et qu'ils
transportent à l'aide de leurs abajoues, qui peuvent,
dit-on, contenir une once et demie de blé. Ces mammifères habitent presque tout le Nord de l'ancien continent. Le Hamster commun[1] préfère l'Allemagne : il est
à peu près de la grosseur du rat, gris-roussâtre en dessus,
ses flancs sont noirs, avec des taches blanchâtres.

CASTOR. *Castor.* Seize molaires composées, plates;
   ongles en gouttière; pieds palmés; queue
   aplatie, large, écailleuse.

Les castors nagent avec facilité, et dans cette action
leur vaste queue, recouverte d'écailles semblables à celles
des poissons, agit d'une manière analogue au mouvement
de l'extrémité des cétacés; les yeux sont préservés du contact du liquide pendant la submersion, par une troisième
paupière transparente. L'espèce connue[2] habite principalement les solitudes de l'Amérique septentrionale,
et se construit pour l'hiver, sur les bords des fleuves et
des lacs, d'ingénieuses demeures, dont la distribution
régulière, admirée par tous les voyageurs, a été décrite
dans les ouvrages les plus éloquens, qui ont rendu
vulgaire l'histoire de cet industrieux animal. Ces rongeurs vivent d'écorces d'arbres que leurs fortes incisives
parviennent à limer d'une manière efficace pour les
soumettre à la digestion, et qu'ils mangent assis, en
tenant leur queue dans leurs jambes. Ils se rassemblent
environ trois cents pour former de petites colonies, ou

---

1 *M. cricetus.* L.   2 *C. fiber.*

travailler à l'établissement des digues, qu'on les voit élever contre les eaux courantes. On trouve aussi des castors sur les bords du Danube et de quelques fleuves de la France, mais ces animaux, dans nos pays, n'élèvent plus leurs singulières communes, ils se contentent de faire des terriers : cette différence d'intelligence, ou cette paresse, ne semble pas trouver sa source dans l'organisation qui est parfaitement la même, ni dans le défaut de sécurité, car on a fait de pareilles observations sur des castors qui vivent dans les solitudes profondes de la Louisiane, où leur intelligence, également dégénérée, ne leur permet plus de créer des constructions, et où ils se contentent de former d'immenses boyaux souterrains, profonds d'un millier de pieds, pour s'abriter et se défendre. On chasse le castor pour sa fourrure et pour une substance odorante particulière, que l'on trouve dans des poches préputiales, qui est employée en médecine, sous le nom de *castoreum*, et dont les femmes des sauvages oignent leur chevelure.

PORC-ÉPIC. *Hystrix.* Corps armé de piquans; clavicules rudimentaires; seize molaires composées, cylindriques.

Les espèces, au nombre de cinq ou six, sont disséminées dans l'Europe méridionale, l'Afrique, l'Asie et la double Amérique. Ce sont des animaux qui vivent dans des terriers, mais dont quelques-uns grimpent aussi sur les arbres, à l'aide de la disposition de leurs pattes et de leur longue queue. C'est à leur museau tronqué et à leur voix grognante que l'on doit la comparaison de ces mammifères aux porcs, et leur nom français. Le Porc-épic d'Europe [1] est répandu dans

1 *H. cristata.* L.

l'Italie, la Grèce et l'Espagne, et dans les États-Barba-
resques. Il vit solitairement dans ses souterrains à issues
multiples, ne mange que des racines, des fruits et des
graines; quand le sentiment de la colère l'anime, ou que
sa défense l'exige, il redresse sa redoutable armure;
mais c'est une absurde croyance que celle que l'on
avait, qu'il lance ses dards contre ses ennemis, et se
dépouille ainsi pour sa défense. L'accouplement se
fait comme dans la plupart des mammifères.

FAMILLE DES SAUTEURS OU RATS SAUTEURS.

Membres antérieurs fort courts, claviculés; les
postérieurs excessivement alongés, portant trois à
cinq doigts; queue très-longue.

La longueur démesurée des pieds de derrière dans
les animaux de cette famille, leur rend la marche ordinaire difficile, et leur locomotion vraiment bipède,
se compose d'une suite de sauts successifs, opérés seulement par les jambes; leur queue offre pour la station un puissant auxiliaire, et fonctionne comme un
troisième membre, car si on la coupe, l'équilibre est
détruit et ils tombent en arrière. La course de quelques espèces est si rapide, que Pallas assure qu'un cheval
ne peut les atteindre. Les sauteurs sont craintifs et
timides, ils se servent souvent de leurs mains pour
porter les alimens à la bouche, et se creusent des terriers où ils passent l'hiver dans un anéantissement
léthargique; pendant l'été ils ne sortent de ces demeures obscures que durant la nuit, pour aller à la recherche de leur nourriture, la lumière vive paraissant
les affecter désagréablement.

HELAMYS. *Helamys.* Huit molaires sans racines à chaque mâchoire; incisives inférieures tronquées; pieds à métatarsiens libres, tétradactyles.

La seule espèce que l'on connaisse [1] n'est grande que comme un lapin; elle habite les environs du cap de Bonne-Espérance. Le nom de *Lièvre sauteur*, qu'on lui a imposé, vient de ses longues oreilles analogues à celles de cet animal, et de son mode de translation.

GERBOISE. *Dipus.* Huit molaires en haut, six en bas; pieds de trois à cinq doigts; métatarsiens moyens soudés.

La singulière structure des mammifères de ce genre avait frappé les anciens, qui leur donnaient le nom de *Rats à deux pieds*. La Gerboise tridactyle [2], qui habite les sables de l'Afrique, a le dos fauve et le ventre blanc; elle s'élance avec la légèreté d'une sauterelle et fait des sauts de sept à huit pieds. Cet animal vit en petites troupes et se nourrit de racines et de plantes bulbeuses. La Gerboise naine [3] n'est pas plus grosse qu'un mulot.

FAMILLE DES COUREURS OU RATS COUREURS.

Clavicules rudimentaires; membres postérieurs longs; deux petites incisives derrière les supérieures; vingt à vingt-quatre molaires lamelleuses; cœcum énorme; queue courte ou nulle.

LIÈVRE. *Lepus.* Douze molaires à chaque mâchoire; oreilles fort grandes; queue courte.

Le Lièvre commun [4], dont la timidité est devenue

---

1 *H. caffer.*
2 *D. tridactylus.* Gm.
3 *D. minutus.* De Blainv.
4 *L. timidus.* L

proverbiale , est trop connu dans ses mœurs et sa nature
pour qu'il soit nécessaire de le décrire : sa chair,
regardée comme excellente par nous, est, au contraire ,
peu estimée des Orientaux, et elle était même défendue
chez les Hébreux par la loi de Moïse. Le Lapin [1], que
nous captivons en domesticité, est originaire d'Espagne,
à ce que l'on prétend, et aujourd'hui il se trouve
répandu dans toute l'Europe.

FAMILLE DES MARCHEURS OU RATS MARCHEURS.

Clavicules nulles ; membres ordinairement proportionnés ; mains souvent tédradactyles et pieds
tridactyles ; seize molaires ; queue rudimentaire.

Les marcheurs se cachent habituellement dans les
lieux épais et ne se creusent point de terriers.

CABIAI. *Hydrochœrus.* Molaires composées de
lames ; doigts demi-palmés ; six mamelles.

La structure de leurs pieds palmés annonce des ani-
maux-nageurs ; en effet, la seule espèce connue, qui est
la plus grande des rongeurs [2], vit en troupes sur les
bords des fleuves de l'Amérique méridionale, et on la
voit se plonger sous leurs eaux au moindre danger. Le
cabiai passe pour un excellent gibier dans quelques
provinces.

COBAYE. *Cavia.* Molaires simples ; doigts libres ;
deux mamelles.

Ce sont de petits mammifères timides et craintifs, qui
vivent sur les terrains secs, où ils passent les journées à

[1] *L. cuniculus.*   [2] *Cavia capybara.* L

l'abri des pierres et des broussailles, et cherchent leur nourriture pendant la nuit. Sans énergie et sans intelligence pour se préserver des races carnivores, les cobayes se conservent plutôt par leur extrême fécondité que par leur force ou leurs ruses. L'espèce que l'on élève en Europe, et qui est connue sous le nom de *Cochon d'Inde* [1], se trouve, à ce que l'on croit, dans les forêts immenses du Brésil; c'est à son odeur, que l'on dit chasser les rats, et aux couleurs variées que lui a imposées la domesticité, qu'elle doit la faveur d'être élevée dans nos habitations, où toute son existence semble bornée à faire l'amour.

ORDRE DES GRAVIGRADES.

Mammifères lourds, à deux incisives en haut, point d'inférieures, canines nulles; mamelles pectorales.

Dans certains animaux de cet ordre, auxquels on a donné le nom de *bidentés*, les incisives forment une saillie considérable à l'extérieur, et constituent des défenses redoutables; d'autres fois elles sont rudimentaires. On peut subdiviser cette coupe en gravigrades terrestres, qui ont la structure normale et présentent quatre membres pour parcourir l'espace, et en gravigrades aquatiques, qui n'ont que deux nageoires.

FAMILLE DES PROBOSCIDIENS.

Quatre membres pentadactyles; incisives saillantes formant des défenses, quatre à huit molaires; trompe très-longue.

[1] *C. cobaia.*

ÉLÉPHANT. *Elephas.* Molaires composées, à couronne plate ; peau presque nue ordinairement.

Le système osseux des éléphans se dessine avec une
énergie remarquable ; mais, ce qui ne mérite pas moins
d'être observé, c'est l'apparente ressemblance que plusieurs de ses pièces offrent avec la charpente humaine,
et qui les a souvent fait prendre, par d'obscurs anatomistes, pour des ossemens de géans, dont on rencontrait
les débris épars dans le sein de la terre : de là vient sans
doute cette croyance propagée chez les nations, par les
théogonies païennes, qu'une race d'hommes gigantesques, dont nous ne sommes que les frêles descendans,
nous précéda sur le globe.

Ces animaux prolongent leur carrière jusqu'à environ
deux siècles ; ce sont des mammifères doux et pacifiques,
ne vivant que de végétaux que leur trompe mobile va
saisir et porte à leur bouche ; ils consomment environ
cent livres d'herbes ou de foin par jour, et douze à
quinze seaux d'eau ; c'est également avec ce tube qu'ils
introduisent celle-ci en le remplissant d'abord du fluide
par aspiration, puis le recourbant pour l'injecter dans
la bouche. Ils nagent avec facilité : M. de Bussy, qui
a demeuré dans l'Inde, rapporte même qu'on les emploie pour passer les rivières, et qu'alors on a pu en
charger de deux pièces de canon de trois ou de quatre,
avec des bagages, indépendamment d'une quantité de
personnes qui s'attachaient à leurs oreilles et à la queue,
mais son récit nous paraît manquer de véracité. Les
jeunes tètent leur mère avec la bouche, et Buffon commettait une erreur en avançant que l'allaitement s'opérait par la trompe.

Tout le monde connaît les services que l'on retire des éléphans. Chez les peuples asiatiques, leur destination varie singulièrement ; tantôt, chargés de tours épaisses renfermant des guerriers, ils sont employés dans les combats ; d'autres fois, affublés de cages élégantes, ils servent à promener les voluptueuses esclaves des princes indiens. Ils portent jusqu'à deux à trois mille livres sur leur dos, et font sans peine vingt ou vingt-cinq lieues par jour, et trente à quarante quand on les presse. Ces animaux vivent ordinairement en troupes, et, pour les chasser, on les concentre vers un endroit où il y a une vaste enceinte qui leur ouvre une entrée, mais d'où on ne les laisse plus sortir.

On a beaucoup exagéré l'intelligence de ces mammifères ; cela vient sans doute de leur physionomie à laquelle cette trompe alongée, ces robustes défenses donnent un aspect assez imposant, et aussi de la figure de leur crâne, qui semble devoir contenir une masse cérébrale beaucoup plus considérable que celle qui s'y trouve en effet. L'antiquité surtout débita les plus absurdes fables sur leurs capacités intellectuelles ou leurs sentimens moraux, et l'on s'étonne que Pline, Élien et Plutarque aient eu la crédulité de les rapporter et d'y croire. On leur prêtait alors des idées et un culte religieux ; on disait qu'ils marchaient en ordre de bataille pour livrer leurs combats, et le naturaliste romain ne craint pas même de rapporter qu'on en vit écrire le grec avec régularité, et que, se rapprochant des affections humaines, il s'en trouva qui devinrent amoureux de quelques femmes égyptiennes. Les siècles repoussèrent ces ridicules contes, mais ils firent croire qu'une haute intelligence régissait les actes de ces animaux.

Cependant Cuvier, qui les a étudiés avec soin, n'a point trouvé que leur capacité surpassât celle du chien. C'est donc bien à tort que Buffon les proclamait *des miracles d'intelligence et des monstres de matière*. Ce qu'il y a d'étonnant, c'est l'éducation qu'on a pu leur donner dans quelques circonstances, surtout chez les anciens, où ces gravigrades étaient l'ornement majestueux des réjouissances publiques. A Siam, à Pégu, on environne de respects et on adore les éléphans que l'albinisme a rendus blancs; on les regarde comme les mânes des souverains de l'Inde qui reviennent sur la terre.

La prodigieuse grandeur des défenses de l'éléphant est vraiment remarquable; Adams rapporte en avoir observé une qui avait quinze pieds de longueur et plus de huit pouces de diamètre à sa naissance. Tout le monde connaît l'importance de l'ivoire qu'on en retire et qui se façonne de mille manières pour les jouissances du luxe.

L'emploi de cette substance précieuse, ainsi que le rapporte l'Écriture sacrée, date du tems de Salomon; et certains prophètes racontent que l'on en faisait un si fastueux usage à Jérusalem, qu'elle contribuait à la décoration et à l'embellissement des maisons et des meubles. Homère, qui en parle vers la même époque, ne parut point connaître l'animal qui la portait; ce fut Hérodote qui, le premier, indiqua son origine.

Les recherches géologiques nous révèlent l'existence d'éléphans fossiles qui habitaient toutes les contrées septentrionales du globe, et dont les rivages de la mer glaciale offrent de si abondans ossuaires, qu'une croyance vulgairement répandue chez les Sibériens, les Tartares-Mantchous et les Chinois, depuis les siècles reculés, rapporte ces immenses débris à un animal souterrain qui abhorrait la lumière. Dans toute l'Asie boréale, les ossemens de cette race anéantie surgissent aussitôt que quelque rocher se déchire ou que l'homme y entame la terre, et tous les fleuves en charrient avec leur limon et leurs eaux ; on trouve même une si grande abondance de squelettes de ce mammifère dans quelques îles des mers polaires, que des voyageurs rapportent que leur sol n'est formé que de sable, de glace et d'os réunis. On ne peut pas admettre que les éléphans ont été jetés accidentellement, par quelque révolution subite, sous le climat rigoureux du Nord, où tout atteste l'antique domination de leur race colossale, car on a retrouvé au milieu de ses glaciers plusieurs individus, dont la charpente osseuse était encore revêtue de parties molles, et dont le corps, observé par Adams, était couvert de poils touffus qui semblaient destinés à le garantir contre l'atmosphère froide de ces zônes presque inhabitables.

Il y a deux espèces vivantes : l'Éléphant des Indes[1], qui a le front concave et les oreilles petites, et l'Éléphant d'Afrique[2], dont le front est convexe et les oreilles grandes. L'une et l'autre vivaient en domesticité chez les anciens, qui les employaient à la guerre, et cette coutume remontait même aux plus nébuleuses époques de l'histoire, car les Indiens s'en servirent déjà dans les combats contre les Assyriens, où ils terrassèrent l'armée de la reine Sémiramis. L'usage s'en continua presque jusqu'à nos jours, où ils furent utilisés, pour la dernière fois, dans les guerres de l'Asie contre le sultan Tipoo. Les premiers éléphans qui virent l'Eu-

[1] *E. indicus.* Cuv. [2] *E. africanus.* Cuv.

rope étaient le fruit des conquêtes d'Alexandre ; ensuite Annibal en amena d'Afrique, leur fit traverser la mer et les Alpes, et ses triomphes les conduisirent jusqu'aux portes de Rome. Plus tard, les armées impériales en possédèrent un nombre considérable ; au tems de Sévère, on leur en comptait même plus de trois cents. L'espèce africaine vivait anciennement sur le revers de l'Atlas, et c'était probablement elle que les Carthaginois employèrent dans leurs campagnes contre les Romains. Ils prenaient et instruisaient eux-mêmes ces animaux, ainsi qu'on le voit dans quelques passages des auteurs latins, où il est stipulé qu'on en fit chasser quand Scipion menaçait d'envahir Carthage ; ce qui prouve irrévocablement que cette ville ne tenait point ces mammifères de l'Inde, et d'ailleurs, comme les Égyptiens se servaient d'éléphans de leur contrée, et que Ptolémée-Philadelphe en avait même établi des chasses régulières, il est rationnel de croire que les seuls Carthaginois ne les tiraient point de pays aussi éloignés. C'étaient aussi ceux d'Afrique qui se trouvaient le plus communément à Rome, si l'on en juge par les médailles de cette nation, où leur espèce se décèle à ses vastes oreilles.

MASTODONTE. *Mastodon.* Molaires couronnées de mamelons coniques ; formes analogues aux éléphans.

La race de ces monstrueux animaux s'est éteinte dans un des derniers cataclysmes du globe. Leurs ossemens disséminés dans le sein de la terre, sont aujourd'hui les seuls vestiges de leur antique existence. Le Mastodonte gigantesque [1], dont la taille égale celle de l'élé-

1 *M. giganteum.*, Cuv.

phant, et dont le système solide offre de plus lourdes proportions, présente de nombreux débris dans l'Amérique septentrionale, qui paraît avoir été spécialement sa patrie; c'est un des animaux antédiluviens qui semblent être le plus récemment disparus de la surface terrestre. Quelques tribus sauvages croient encore à leur existence, et les appellent les *pères des bœufs*; d'autres pensent qu'ils ont été foudroyés par l'Eternel, parce qu'ils dévoraient les troupeaux utiles à l'homme. Le nom d'éléphant carnivore, qu'on leur a donné, et qui semble étayer cette opinion, ne paraît pas exact; tout porte à croire, au contraire, qu'ils se nourrissaient de végétaux, et l'on a trouvé en Virginie le squelette d'un individu, admirablement conservé, qui offrait encore une cavité analogue à l'estomac, et dans laquelle on distingua une masse de graminées, de feuilles et de branches à moitié broyées. Nous découvrons en Europe les débris fossiles de plusieurs espèces de ce genre : ce sont même les dents de l'une d'elles, teintes en vert-bleuâtre par le fer, qui se trouvent sur une montagne du Gers, que l'on vend sous le nom de Turquoises occidentales.

FAMILLE DES LAMANTINS.

Corps ichtyoïde; membres antérieurs en nageoires, les postérieurs nuls.

LAMANTIN. *Manatus.* Incisives disparaissant avec l'âge; trente-deux molaires; nageoire caudale ovale.

Le nom de vache marine, sous lequel on désigne ces animaux, chez certains peuples, leur vient, sans doute, de l'espèce de nourriture dont ils font usage ; les mamelles gonflées de lait des femelles , se rapprochant, pour la situation, de celles de la femme, et la lèvre ombragée de longs poils , que l'on observe chez les lamantins, sont probablement ce qui a trompé des voyageurs, amis du merveilleux , qui ont vu dans ces traits des apparences humaines , et ont cru découvrir des syrènes ou des tritons , et prouver l'origine aquatique de notre espèce. En effet , quand on lit les descriptions d'hommes marins , des auteurs , on voit qu'elles se rapprochent plus ou moins de celles des lamentins, auxquels , par rapport à la similitude éloignée de leurs mamelles , on donne même , dans quelques pays , le nom de *Poisson-femme*. Ces animaux vivent à l'embouchure dès fleuves ; on les chasse avec avantage et facilité , à cause de leur peu de méfiance. Le Lamantin d'Amérique [1] a quelquefois vingt pieds de longueur , et pèse huit milliers. Naturels aujourd'hui de la zône torride , ces gravigrades existaient anciennement dans les mers immenses qui recouvraient l'Europe, car on a retrouvé de leurs ossemens mêlés à nos coquillages fossiles, ce qui prouve qu'ils ont abondé sur la France.

ORDRE DES ONGULOGRADES.

Mammifères appuyant sur des ongles en forme de sabots enveloppant les dernières phalanges ; clavicules nulles.

Cet ordre admet une division bien simple , celle des ongulimpares qui renferme les familles où les ongles sont impairs aux pieds postérieurs comme dans les

1 *M. americanus*. Desm.

familles des brutes et des solipèdes, et celle des ongulipares, où leur nombre est pair comme dans celles
des pachydermes et des ruminans.

Ongulogrades ongulimpares.

FAMILLE DES BRUTES.

Trois ongles aux pieds postérieurs, trois ou quatre
à ceux de devant.

DAMAN. *Hyrax.* Deux incisives en haut, quatre en
bas ; extrémités antérieures tétradactyles.

Une seule espèce grosse comme un lièvre est connue,
c'est le Daman du Cap [1], dont le pelage épais est d'un
gris brun. C'est un animal inoffensif, qui se cache dans
les excavations des montagnes de l'Afrique, où il devient
souvent la proie des oiseaux rapaces.

TAPIR. *Tapirus.* Six incisives à chaque mâchoire,
molaires à deux collines transverses ; mains
tétradactyles ; une petite trompe.

La petite trompe de ces animaux ne se termine point
par un appendice tactile comme celle de l'éléphant. Le
Tapir d'Amérique [2], dont on mange la chair, et qui fut
long-tems la seule espèce connue des naturalistes, vit
près des rivages des fleuves méridionaux du nouveau
continent ; il nage fort bien, son naturel doux et timide,
uni à sa force, firent conseiller de l'employer comme
bête de somme ; sa taille est à peu près celle de l'âne ;
mais elle est beaucoup surpassée par la hauteur du
Tapir gigantesque [3] fossile, dont les dimensions rivalisent
avec celles de l'éléphant.

[1] *H. capensis.* Buff.
[2] *T. americanus.*
[3] *T. giganteus.* Cuv.

PALÉOTHÈRE. *Paleotherium.* Six incisives à chaque mâchoire, deux canines saillantes ; extrémités tridactyles ; trompe courte, charnue.

Les paléothères, sont analogues aux tapirs, mais ils ne se retrouvent plus vivans sur le globe : dix ou douze espèces sont déjà connues, et paraissent avoir habité de préférence les rivages des fleuves ou des lacs de l'ancienne terre, comme le font présumer les coquilles fluviatiles et les débris d'animaux lacustes, découverts dans les mêmes terrains où se trouvent ensevelis leurs squelettes fossiles. Certaines espèces provenant du bassin de Paris, égalent la taille d'un cheval.

RHINOCÉROS. *Rhinoceros.* Une ou deux cornes nasales fibreuses ; pieds tridactyles.

Ces animaux sont remarquables par leurs cornes solides poussant sur le museau et formées par des poils agglutinés. C'est avec ces armes qu'ils combattent leurs ennemis acharnés, les tigres et les lions, et qu'ils cherchent à les éventrer. Les rhinocéros habitent les lieux ombragés et fangeux où ils dévorent des herbes, des branches d'arbres ou des racines qu'ils extirpent, dit-on, avec leurs protubérances nasales. Appartenant à l'ancien continent et plongées toutes aujourd'hui sous les feux de la zône, quelques espèces de ce genre paraissent cependant avoir été modifiées pour peupler les régions polaires, ainsi que viennent l'attester leurs ossemens fossiles que l'on découvre vers le séjour éternel des glaces ; car, en 1771, on trouva, en Sibérie, un cadavre de rhinocéros muni de chairs et revêtu d'un poil abondant [1]. Ce genre était même représenté sur notre

[1] *R. pallasii.*

sol, car on voit en France et en Angleterre les ossemens fossiles de plusieurs espèces, mais ils y sont rares.

L'excellence de la chair de ces brutes leur fait faire
des chasses actives dans les contrées qu'ils habitent, et
où l'on tire aussi parti de leur peau qui fournit un cuir
que l'on dit tellement dur, que les meilleurs instrumens d'acier s'émoussent en le coupant ; enfin leurs
cornes sont aussi recherchées par quelques Indiens
superstitieux qui leur attribuent de merveilleuses
vertus ; ils en font des vases dans lesquels ils pensent
que les poisons anéantissent leurs funestes propriétés.

Le Rhinocéros des Indes [1] ne porte qu'une corne ; sa
peau est d'un gris-violacé ; réduit en domesticité dès sa
jeunesse, il est doux et traitable, mais quand il est âgé,
son naturel sauvage est impossible à vaincre. C'est dans
l'Inde, au-delà du Gange, qu'il se trouve. Cet animal,
oublié ou méconnu d'Aristote, n'apparut en Europe
que sous Pompée ; et Auguste, après son triomphe sur
Cléopâtre, montra au peuple étonné les combats d'un
rhinocéros et d'un hippopotame.

FAMILLE DES SOLIPÈDES.

Un seul doigt apparent et un seul sabot à chaque
pied.

CHEVAL. *Equus.* Six incisives et douze molaires à
chaque mâchoire.

Le cheval est le compagnon de l'homme, c'est lui
qui partage et allège ses travaux ou ses dangers ; la domesticité influe puissamment sur ses habitudes, mais,
rendu à l'état sauvage, il paraît retrouver bientôt sa

1 *R. indicus.* Cuv.

nature, ainsi qu'on l'observe dans les troupes de chevaux transfuges que l'on voit en Amérique, qui se composent quelquefois de plus de dix mille de ces animaux
commandés par les plus courageux mâles, précédés d'é-
claireurs, et manœuvrant en colonnes que la puissance
humaine ne peut rompre, et qui tournent autour des
caravanes pour embaucher les montures qui s'y trouvent.

La patrie originelle des chevaux paraît être les déserts
des environs de la mer Caspienne. Leur physionomie
prend par fois une expression où se peignent les
nuances des sentimens les plus vifs de l'ame; un de nos
peintres immortalise chaque jour son pinceau en représentant les mobiles impressions qui animent leur figure.
Les sens sont en général très-développés chez ces mammifères. Ils voient bien la nuit; leur odorat est un excellent indicateur de l'eau; aussi les Arabes, en traversant les sables, s'en servent-ils utilement pour trouver
des sources; en Amérique, les chevaux creusent même le
sol pour les découvrir; les Hébreux, pendant leur long
exil au milieu du désert, les employaient heureusement
au même service.

Les naturalistes admettent cinq espèces dans ce genre :
Le Cheval, proprement dit [1], qui est de couleur uniforme, et dont la queue est garnie de crins dès son
origine; il semble avoir habité anciennement la grande
Tartarie; mais on croit que ceux qu'on y découvre aujourd'hui sont provenus d'individus échappés à la domesticité; on en juge sur ce qu'ils ont des couleurs différentes et redeviennent facilement domestiques; de
manière que nous n'avons point de notions exactes sur
l'état purement sauvage de cet animal.

[1] *E. caballus*. L.

L'Hémione[1], qui vit par troupes dans les immenses déserts de l'Asie centrale, où les Tartares le chassent pour sa chair et son cuir, en tâchant d'envelopper ses bandes errantes par des manœuvres de cavalerie : mais ils échouent le plus souvent contre leur vitesse incroyable. Celle-ci est même consacrée dans quelques mythologies tartares où l'on explique la rapidité de la foudre, en disant que le dieu du feu franchit les espaces sur un hémione.

L'Âne[2], qui paraît avoir la même patrie que le cheval; sa couleur est connue de tout le monde, et le récit d'Elien, d'ânes à tête rouge, vient de l'habitude des Persans et des Égyptiens, de peindre le devant de ces montures avec cette couleur. Animaux entêtés et capricieux, leur naturel tient peut-être à l'excessive sensibilité de l'ouïe, ce qui leur était utile dans les solitudes qu'ils habitent, mais leur donne, en domesticité, des impressions trop vives ou trompeuses; les Anglais les rendent plus dociles en coupant la conque et en diminuant ainsi leur faculté auditive. Construits pour habiter les montagnes, leur compression verticale et l'étroitesse des pieds favorisant leur passage dans les plus étroits sentiers, c'est un reste d'instinct de localité qui les leur fait encore si souvent choisir. L'assujétissement de ces mammifères remonte aux plus anciens siècles; Moïse et les prophètes en parlent, et ils figurent dans différens événemens de l'histoire sacrée. Les ânes sauvages sont courageux; leurs troupes se défendent vaillamment quand elles sont attaquées; chez les Tartares, ils passent pour un gibier estimé; c'est avec leur peau, et à l'aide d'une préparation, que l'on confectionne le *chagrin*.

[1] *E. hemionis*. Pass.　　　　[2] *E. asinus*. L.

Le Couagga [1], qui porte une espèce de queue de vache et vit pêle-mêle dans les troupes des zèbres avec lesquels on le confondit long-tems.

Le Zèbre [2], dont les formes sont analogues à celles de l'âne, mais qui est rayé de blanc et de noir avec régularité, vient de l'Afrique méridionale. Plusieurs documens historiques semblent indiquer que l'on connaissait cet animal chez les anciens. Dans la *Vie de Septime-Sévère*, on lit que l'infame Plautius envoya des centurions enlever, dans les îles de la mer Érythrée, les chevaux du soleil, semblables à des tigres. Il est probable que ce passage n'indique rien autre chose que des zèbres, dont le pelage a quelques rapports avec celui de ces carnassiers.

** *Ongulogrades ongulipares.*

FAMILLE DES PACHIDERMES.

Pieds à sabots, à deux à quatre doigts; trois sortes de dents; peau ordinairement épaisse et presque nue.

Cette coupe contient des animaux plus ou moins omnivores, aimant, pour la plupart, à se plonger dans l'eau fangeuse. Leur chair est recherchée comme aliment. Ils ne ruminent point. Sous le titre d'ordre, les Pachydermes réunissaient des mammifères offrant des différences énormes : en constituant une seule famille sous ce nom, on peut avoir un groupe formé plus naturellement.

Pecari. *Dicotyles.* Canines supérieures dirigées en bas, incluses; un boutoir; queue très-rudimentaire, plate.

[1] *E. quaccha.* Gm.   [2] *E. zebra.* Gm.

Pachydermes de l'Amérique méridionale , présentant, sur le dos, une poche remarquable à parois glanduleuses, qui exhale une humeur musquée dans le Pécari à collier [1].

SANGLIER. *Sus.* Canines triangulaires, saillantes, recourbées en haut; pieds tétradactyles; doigts latéraux rudimentaires, nuls à la station ; museau en boutoir.

On n'en connaît que deux espèces : l'une qui est répandue dans tout l'ancien monde, et l'autre qui paraît exclusive à l'Afrique méridionale. Le Sanglier [2] est la souche sauvage de notre cochon domestique d'Europe. Il vit de fruits et de racines que son boutoir lui permet de déterrer dans les marécages des forêts qu'il habite ordinairement, et dans lesquels la disposition de ses petits doigts l'empêche d'enfoncer. Il nage très-bien , et l'on voit les cochons sauvages de l'archipel des Papous traverser la mer pour se rendre d'une île à l'autre ; il s'en trouve même qui plongent avec facilité. Attaqués dans nos bois par les chasseurs ou les animaux carnassiers, les sangliers se forment en rond, les moins vigoureux se mettent au milieu, et ils présentent partout leurs redoutables défenses.

HIPPOPOTAME. *Hippopotamus.* Quatre incisives à chaque mâchoire, les inférieures cylindriques, longues, proclives; extrémités à quatre doigts presque égaux.

C'est probablement au nom d'hippopotame, qui veut dire cheval fluviatile , que sont dues différentes erreurs

[1] *D. torquatus.* Cuv.   [2] *S. scropha.* L.

des anciens sur cet animal, que cette seule dénomination les engagea à rapprocher du cheval sous certains rapports, ainsi qu'on le voit dans l'historien de l'Égypte, Hérodote, qui lui donne une queue munie de crins, et dans Aristote et Pline, dont l'un le dépeint orné d'une crinière, et l'autre le croit couvert de poils.

On ne connaît qu'une seule espèce vivante bien constatée de ces mammifères lourds et disgracieux [1]; elle se trouve en Afrique, dans l'Abyssinie, le Sénégal et vers le cap de Bonne-Espérance. Il est probable qu'elle ne fut jamais bien nombreuse dans le cours inférieur du Nil; car les hiéroglyphes, peinture vivante de tout ce qui frappait la vue des Égyptiens, n'en représentent point de figures : une seule y est reconnaissable; et la rareté de ces animaux dans les fêtes des Romains, vient encore ajouter à cette opinion; car on cite comme une chose remarquable l'un d'eux que l'on fit apparaître lorsqu'on célébra le triomphe d'Auguste sur Cléopâtre. Dans une lettre à Aristote sur les merveilles de l'Inde, Alexandre rapporte qu'il y a des hippopotames dans les fleuves de ce pays; d'autres disaient en avoir observé en Chine, et Linnée, sur ces témoignages, les décrit comme également naturels de l'Asie; malgré cela il ne paraît point en exister dans cette partie du monde.

Ce pachyderme vit ordinairement en troupes sur le bord des fleuves, se vautre dans leur limon, ou plonge au fond quand il lui plaît ou que le danger le menace, et marche sous l'eau avec plus de vélocité que sur la terre, ou bien il nage à la surface en laissant seulement ses naseaux dépasser son niveau pour respirer. Quoiqu'on ait dit qu'il poursuivait les barques, les attaquait

[1] *H. amphibius.* L.

et les faisait chavirer pour dévorer ceux qui les montaient, il paraît qu'il n'est nullement carnivore ; car Dampierre rapporte qu'une chaloupe fut renversée, sur la côte de Loango, par le dos d'un hippopotame, et que cet animal ne fit aucun mal aux hommes qui tombèrent dans la mer. Il ne semble pas faire usage de poisson; c'est spécialement de cannes à sucre et de joncs qu'il se nourrit, et il les déracine en fouillant le sol avec ses longues incisives inférieures.

Les dents de ce mammifère sont employées en guise d'ivoire pour la confection de différens ornemens. Dans l'antiquité, leur substance servait même aux sculpteurs pour la représentation des Dieux ; Pausanias rapporte que la figure d'une statue d'or de Cybèle, qui existait à Proconnèse, était ciselée sur des dents d'hippopotame, et c'était sans doute à cause de cet emploi de sa subtance dentaire que celui-ci était quelquefois nommé *éléphant de rivière*.

Depuis long-tems cet animal est adoré par quelques peuples de l'Afrique. Aujourd'hui il est peu répandu sur le globe ; dans l'ancien ordre de choses, ses bornes géographiques avaient beaucoup plus d'extension, comme on peut en juger par les espèces fossiles dont les restes se découvrent en France, en Allemagne et dans beaucoup d'autres lieux.

ANOPLOTHÈRE. *Anoplotherium.* Dents égales, canines incluses ; os métacarpiens séparés ; extrémités didactyles.

Ils forment un genre inconnu à l'état vivant ; leurs ossemens se trouvent dans les alluvions superficielles de la terre, et sont contemporains de ceux des autres races de ces quadrupèdes à sabots qui semblent avoir peuplé presqu'exclusivement le globe à des époques rapprochées de la nôtre. Certains anoplothères, aux contours de gazelle, paraissent avoir été destinés à vivre d'herbes ; d'autres, aux formes aquatiques, ont l'air d'avoir été disposés pour habiter près des rivages des fleuves et vivre dans leurs eaux.

FAMILLE DES RUMINANS.

Rarement trois espèces de dents, incisives nulles en haut ; pieds didactyles ; os métacarpiens et métatarsiens soudés ; quatre estomacs.

Ils ont quatre cavités stomacales qui portent des noms particuliers : la première est la panse, la seconde se nomme bonnet, la troisième feuillet, et la dernière caillette. Tous les ruminans sont exclusivement herbivores. L'aliment, une fois introduit, macère dans la première poche de l'estomac, puis, après avoir été porté dans la seconde, il remonte dans la bouche où il subit une nouvelle mastication, et ensuite il est reporté dans les derniers renflemens de l'organe ; c'est là ce que l'on appelle la *rumination*. La mâchoire supérieure porte un bourrelet calleux qui remplace les incisives. Dans ces animaux, les cornes que l'on observe sont par fois formées par une substance osseuse compacte, et d'autres fois par une réunion de poils agglutinés.

Pour faciliter l'étude de cette grande famille, De Blainville y fait trois coupes : l'une, sous le nom de Caméliens, réunit les ruminans privés de cornes proprement dites ; la seconde, nommée Élaphiens, renferme la légion des ruminans à cornes pleines ; et la troisième, sous le nom collectif de Cérophores, comprend tous les ruminans à cornes creuses.

** Ruminans caméliens.*

Chameau. *Camelus.* Six incisives en bas, des canines aux deux mâchoires, dix-huit ou vingt molaires.

On a fait deux sous-genres dans cette division : les Chameaux proprement dits, qui ont des bosses graisseuses sur le dos et une seconde canine à la mâchoire inférieure, et les Lamas, où ces caractères sont nuls. Les doigts des premiers sont réunis par une lame cornée qui favorise leur progression sur les sables, et qui manque chez les derniers, destinés à vivre dans les rochers. La faim et la soif, que les chameaux peuvent supporter pendant un long espace de tems, les ont rendus extrêmement utiles aux peuples asiatiques, qui les employèrent de toute antiquité dans leurs armées et leurs voyages. Leur longue abstinence de liquide est favorisée par une cinquième poche que présente leur estomac, et dans laquelle se trouvent des espèces d'augets qui peuvent conserver une grande quantité d'eau, et même en secréter, suivant certains auteurs. Daubenton en trouva trois pintes dans un de ces réservoirs, dix jours après la mort de l'animal. Ce fait explique cette coutume barbare des tribus arabes qui égorgent quelquefois un chameau, au milieu des déserts, pour satisfaire la soif ardente qui les dévore. Les éminences dorsales de ces animaux ne sont que des couches épaisses de graisse, qui peuvent être résorbées et leur faire supporter la faim pendant un tems considérable.

7 *

Le Chameau[1] est caractérisé par deux bosses ; sa taille est élevée, ses poils sont brun-marron, crépus. Au tems du rut, qui dure trois à quatre mois, ces ruminans ne mangent point ; aussi, excessivement maigris à la fin de cette époque, leur bosse, dont la graisse a été absorbée, laisse retomber sa peau. Cette espèce se trouve en Asie ; elle vit de sommités de branches d'arbres en hiver ; elle avait réussi en Toscane à se propager.

Le Dromadaire[2] n'a qu'une seule bosse ; sa couleur est blanche ou brune. Ces animaux sont originaires de l'Arabie. Les plus vigoureux portent de douze à quinze cents livres, et les Tartares leur font franchir quarante lieues en un jour. Ils constituent la seule fortune de ces peuples nomades : la chair et le lait les nourrit, et la peau leur offre des vêtemens. Les dromadaires ne semblent avoir été introduits en Afrique, où ils se sont abondamment multipliés, que depuis le troisième siècle de l'ère nouvelle, et pendant les invasions des Sarrazins.

Parmi les Lamas, on doit surtout distinguer l'espèce qui retient ce nom[3], dont la grandeur égale celle du cerf, et qui était nourrie en domesticité au Pérou, lorsque l'on découvrit ce pays ; elle vit dans les Cordilières. Aujourd'hui le mulet lui a succédé ; mais on l'élève encore pour s'en nourrir. Cette bête, qui paraît naturelle à ces montagnes, était tellement employée anciennement, que l'on rapporte qu'il y en avait trois cent mille d'utilisées dans le service des mines de Potosi.

La Vigogne[4] est une espèce timide que l'on chasse pour sa laine, et dont on fait d'inutiles destructions dans les Andes, vers la limite des neiges qu'elle habite.

---

1 *C. bactrianus.*
2 *C. dromedarius.* L.

3 *C. llacma.* L.
4 *C. vicunna.* Buff.

On remarque le lieu que ses troupes fréquentent ; un simple chiffon suspendu à un cordeau suffit pour en arrêter une bande immobile, et donner au chasseur la facilité de les tuer.

Girafe. *Camelopardalis.* Huit incisives, point de canines ; deux éminences en forme de cornes sur le front, dans les deux sexes ; point de larmier ni de mufle.

Le nom latin de ce genre lui vient de la taille de chameau jointe aux couleurs tigrées de son unique espèce. La Girafe[1] est le plus élevé de tous les animaux ; elle acquiert quinze à dix-huit pieds de hauteur. Timides et doux, ces ruminans se défendent cependant avec courage contre les attaques des lions, et, par leurs ruades, parviennent souvent à les terrasser. Les Hottentots les chassent, emploient leur cuir et mangent leur chair. Transportées rarement de l'Afrique qu'elles habitent, en Europe, les premières girafes y parurent, d'après Pline, sous la dictature de César. Dans ces derniers tems, une fut envoyée vivante à la ménagerie de Paris.

** *Ruminans élaphiens.*

Cerf. *Cervus.* Canines ou non ; tête des mâles revêtue de cornes caduques entièrement pleines et osseuses.

Ces animaux ont des formes sveltes et élégantes ; leur course est rapide ; ils ne vivent que d'herbes et de feuilles dans les forêts qu'ils habitent, et où ils offrent de puissantes ressources à l'homme. Les espèces de cerfs sont disséminées dans les deux Amériques, l'Europe et

[1] *C. girafa.* L.

l'Asie ; parmi elles nous distinguerons l'Élan [1], qui, étant commun aux deux mondes, acquiert la grosseur d'un cheval, et dont les bois forment des lames triangulaires à bords dentelés, dont le poids s'élève jusqu'à cinquante ou soixante livres dans l'espèce américaine. Pour éviter les taons, il vit plongé dans les marais pendant les chaleurs de l'été, et ne sort que la tête de l'eau pour respirer. Anciennement, dans la Suède, on l'attelait aux traîneaux. Cette coutume existe encore chez les sauvages de l'Amérique.

Le Renne [2], qui semble se complaire au milieu des frimats et des glaces des cercles polaires; c'est lui seul qui les rend habitables, en fournissant aux peuplades hiperboréennes toutes les ressources que la vie sociale réclame, et ne demandant seulement pour subsister dans ces climats désolés, que quelques mousses ou quelques lichens qu'il va brouter sous la neige. Le plus pauvre Lapon réunit dix ou douze rennes dans sa cabane. Ces animaux étaient sans doute les cerfs apprivoisés, dont parle Élien, qui suivaient les scythes errans.

Le Cerf commun [3], qui habite toutes les contrées boréales et tempérées de l'ancien monde, et sans doute les a peuplées également avant la dernière révolution terrestre; car on retrouve d'abondans ossemens fossiles de son espèce dans ces différentes régions du globe. En général, ils gisent, comme les os des autres animaux de ce genre, avec ceux des éléphans et des rhinocéros dont, sans doute, ils furent contemporains.

Dans ce groupe nombreux nous citerons encore le Daim [4], au pelage brun-noirâtre, tacheté de blanc, et qui

---

[1] C. alces. L.
[2] C. tarandus.
[3] C. elaphus. L.
[4] C. dama. L.

paraît originaire de la Barbarie d'où il a été propagé en Europe.

Le Chevreuil[1], dont la chair est très-estimée, et qui vit par petites troupes dans les hautes forêts de l'Écosse et des Alpes.

CHEVROTAIN. *Moschus.* Tête nue; deux très-longues canines supérieures, saillantes; larmier nul.

Le Musc[2] est l'espèce la plus importante à connaître de ce genre. Indigène de l'Asie, sa grandeur est celle du chevreuil, son pelage est brun-noirâtre; mais c'est surtout une bourse située en avant du prépuce du mâle, et qui contient le parfum nommé musc, qui caractérise cette espèce qui vit solitairement dans les montagnes du Thibet, où elle grimpe ou s'élance de rochers en rochers avec une extrême légèreté. Cette substance odorante avec laquelle les bayadères indiennes croient exciter leurs amans à la volupté, et qui est reléguée chez nous à l'art médical, nous est fournie par les Chinois dont l'avarice en altère ordinairement la pureté. Il y a une espèce de chevrotain qui brave les carnassiers des forêts, se lance sur les arbres quand elle est poursuivie, et s'accroche à leurs branches avec ses canines.

*** *Ruminans cérophores.*

ANTILOPE. *Antilope.* Cornes rondes à cheville osseuse compacte; ordinairement des larmiers; quatre mamelles.

Ce genre très-nombreux a été divisé en groupes basés sur la configuration des cornes; mais on est encore loin d'être arrivé à des résultats exacts. Les animaux qui le

[1] *C. capreolus.* L.　　　　[2] *M. moschiferus.* L.

composent sont particulièrement natifs de l'ancien continent, il s'en trouve aussi dans le nord de l'Amérique.
D'un naturel doux et sociable, ils vivent ordinairement
réunis ; on en rencontre parfois des troupes de dix
mille en Afrique. Dans quelques espèces, quand la
masse se livre au repos, il y a des sentinelles qui restent
éveillées ; mais, malgré l'apparente timidité des antilopes, quand leur vie est menacée par les plus redoutables carnassiers, on les voit se réunir en cercle, se
serrer, et combattre courageusement avec leurs cornes.
Ils ont les organes des sens très-développés.

On trouve sur quelques monumens des Égyptiens de
bonnes figures d'une espèce de ce genre , de l'Orix [1],
dont les cornes sont droites ; et comme on n'y voit
qu'un de ces appendices , l'autre se trouvant situé
dans le même plan, on s'est appuyé sur ces représentations et sur certains dessins semblables de quelques nations africaines, pour soutenir l'existence de la fabuleuse
licorne, dont parlent les anciens, ou bien on a basé cette
croyance sur la rencontre de quelqu'un de ces antilopes
auxquels Aristote ne donnait qu'une corne, d'après de
faux rapports, et qui sans doute n'étaient que mutilés
accidentellement d'un de ces appendices.

Les espèces de ce genre les plus remarquables sont la
Gazelle [2] dont le pelage est fauve en dessus, blanc en
dessous, avec des bandes latérales brunes. Ses troupes
immenses vivent dans l'Afrique où elles sont fréquemment dévorées par les lions. La grâce et la légèreté de
ces animaux sont devenues emblématiques dans les poé-
sies orientales, où les yeux et le corsage élégant d'une
beauté idéale sont souvent comparés à ceux de la gazelle.

<hr>

[1] *A. orix.* Pall.   [2] *A. dorcas.*

La chasse de ces antilopes est un des plus grands plaisirs des Arabes, ils dressent pour elle des faucons qui vont avec leurs ongles attaquer les vaisseaux du cou de ces mammifères, et parviennent à les abattre.

Le Chamois[1] se découvre dans les régions moyennes des montagnes élevées de l'Europe, où il vit en petites troupes, et mange ordinairement les plantes les plus aromatiques; de là naquit sans doute l'idée que son sang était un spécifique salutaire dans quelques maladies. Il n'a point de larmiers, et ses cornes se recourbent en arrière comme des hameçons. Ces ruminans se précipitent quelquefois sur celui qui les poursuit. Leur chair est bonne à manger, et n'est point malsaine, malgré ce qu'en ait dit dans son traité le plus célèbre de tous les chasseurs, ce duc Gaston de Foix, que suivaient de par le monde seize cents chiens, et qui chassait en connaisseur pour se préserver du diable et trouver le salut, ainsi qu'est dit en ses œuvres.

CHÈVRE. *Capra.* Cornes comprimées à cheville celluleuse, dirigées en arrière, arquées simplement; menton à longue barbe; chanfrein droit ou concave; deux mamelles.

Elles vivent par petites familles sur les sommets des montagnes, entre les forêts et la limite des glaciers et des neiges perpétuelles. Là, ces animaux broutent les rhododendrons et les sommités de saules ou de bouleaux rabougris. Quand les chèvres sont poursuivies, elles s'élancent sur les pics et les rochers avec une agilité qui n'a de comparable que la rapidité du vol, et en faisant quelquefois des sauts de vingt à trente mètres, puis, mettant

1 *A. rupicapra.* Buff.

leurs cornes en avant pour atténuer la secousse, elles s'engloutissent quelquefois dans les précipices plutôt que de se rendre au chasseur ; ou bien, revenant contre celui-ci avec une force terrible, il devient souvent victime de leur choc, et se trouve précipité par lui dans quelque glacier ou quelqu'abîme immense.

L'Ægagre ou Chèvre sauvage [1], qui est colorée en fauve-cendré et marquée d'une bande dorsale noire, habite les chaînes de montagnes de l'Asie. Une substance qui a eu une haute réputation en médecine, le bézoard oriental, se trouve dans ses intestins. La conformité de son ostéologie avec notre espèce domestique rend probable que cet animal est la souche d'où sont découlées les chèvres communes, cachemiriennes, d'Angora, etc., si utiles à nos besoins, par la nourriture qu'elles nous offrent et par leurs riches toisons.

Le Bouquetin [2] est remarquable par ses cornes noueuses, énormes pour sa petite taille ; le naturaliste Belon dit en avoir vu de quatre coudées. Il est d'un gris-noirâtre ; ses cornes sont à nœuds saillans, et sa barbe noire et longue. Il habite les pics les plus élevés de tout le vieux continent.

BREBIS. *Ovis.* Cornes spirales, anguleuses, ridées transversalement ; chanfrein convexe ; mufle nul ; barbe nulle.

Les espèces sauvages habitent les montagnes et vivent absolument comme les chèvres, dont leur organisation est tellement rapprochée, qu'il est même parfois assez difficile de les en distinguer, et que, pour cela, on n'a souvent que des caractères de peu de valeur. Nous

1 C. ægagrus. Gm.   2 C. ibex. L.

citerons le Mouflon [1], nommé aussi Mouton de Corse, parce qu'il se trouve abondamment dans ce pays, où il vit en troupes dans les montagnes ; et l'Argali [2], qui habite les contrées froides et tempérées de l'Asie, et dont la taille atteint celle du daim. Ces deux animaux paraissent être la souche primitive de nos moutons domestiques, quoique ceux-ci semblent, au premier abord, par leurs longs poils, leurs formes trapues et leur indolence, s'éloigner considérablement des espèces que nous citons, dont les formes légères et la vivacité se rapprochent des antilopes.

Les moutons sont si dégénérés entre nos mains, qu'ils ne paraissent plus pouvoir repasser à l'état sauvage, et trouveraient la mort par notre abandon. Quelques savans pensent qu'ils ont été exclusivement produits par le mouflon ; d'autres que c'est l'argali qui en est la souche, lui qui vit en troupes fécondes sur les pentes des monts de l'Asie, vers lesquels toutes les théogonies occidentales placent le berceau de l'espèce humaine : et d'après eux il aurait suivi la dissémination des sociétés naissantes, et se serait modifié selon les climats et les circonstances auxquels il aurait été soumis avant de constituer toutes ces variétés indispensables à nos besoins, et parmi lesquelles on doit remarquer principalement le mouton ordinaire, le mérinos qui est très-répandu en Espagne, et le mouton à large queue chez lequel cet organe acquiert un si volumineux développement, que l'animal est extrêmement gêné par son poids ; les Africains l'allègent en mettant derrière lui une espèce de petite brouette pour le supporter.

1 *O. aries fera.* Plin.   2 *O. ammon.*

Bœuf. *Bos.* Cornes lisses aux deux sexes, formant le croissant, à cheville celluleuse ; mufle large ; un fanon.

La race primordiale de notre Bœuf domestique [1] ne paraît s'être anéantie parmi nous, que dans ces derniers tems. Selon Cuvier, ce précieux animal descendrait de ceux dont on retrouve les crânes fossiles dans les tourbières de la France, de l'Allemagne et de l'Angleterre, et l'extinction de ces immenses bœufs n'aurait eu lieu que vers le XVIe. siècle, époque à laquelle on en conservait encore, comme de précieux trophées, plusieurs têtes au château de Varwick, où l'on racontait que ces animaux avaient été tués par les derniers seigneurs de ce domaine ; différens auteurs disent qu'il s'en trouvait alors dans quelques forêts.

Le Zébu [2] n'est qu'une variété du bœuf domestique, qui offre une bosse dorsale graisseuse ; son naturel doux, joint à sa légèreté à la course, le font employer en guise de cheval de monture ou de trait dans l'Inde, où les bramines le révèrent, et il constitue le bétail d'une grande partie de la Perse et de presque toute l'Arabie.

Le Buffle [3] est une espèce de bœuf, originaire de l'Inde, dont le front est bombé et la peau noire et presque nue, et qui prospère aujourd'hui en domesticité en Italie, où elle semble avoir été introduite vers le VIIe. siècle, par Agilulfe, roi des Lombards. Son lait est agréable et aromatisé, on chante pour l'engager à se laisser traire patiemment. Le buffle vit surtout dans les pays marécageux et aime à se plonger dans l'eau.

[1] *B. taurus domesticus.*
[2] *B. bubalus.* Buff.

[3] *B. indicus.*

L'Aurochs, ou Bison des anciens[1], dont les jambes sont longues et les parties antérieures revêtues d'un poil touffu, est une espèce farouche et le plus grand des mammifères européens; il se trouvait dans la Germanie, du teins de César; il est réflué aujourd'hui vers les grandes forêts marécageuses de la Lithuanie; des différences ostéologiques empêchent de le regarder comme la souche de notre bœuf domestique.

Le Bison d'Amérique[2], dont le corps est couvert de poils touffus antérieurement, mais dont les jambes sont courtes, habite le nouveau continent jusque vers le cercle polaire.

Le Bœuf musqué[3] est une espèce fort remarquable à cause de l'odeur de musc qu'exhale sa chair, et qui se communique même fortement aux couteaux qui ont servi à la découper. Celui-ci ne présentant point de mufle, ayant au contraire le museau velu et des poils tombant jusqu'à terre, constitue un intermédiaire aux moutons et au bœuf; et De Blainville en forme un genre spécial sous le nom d'*Ovibos*. C'est avec la queue de ce mammifère que les Esquimaux se font d'horribles bonnets qui garantissent leur figure de la piqûre des mouches, et c'est elle qui se vend aux Persans et aux Turcs, qui l'emploient comme marques distinctives de leurs dignités.

MAMMIFÈRES DIDELPHES.

Animaux offrant un double utérus.

Tous les mammifères de cette division présentent, dans les parois abdominales, deux os particuliers qui

---

[1] *B. ferus.* L.
[2] *B. americanus.* Gm.
[3] *B. moschatus.* L.

s'articulent avec le bassin, et que l'on nomme marsu-piaux.

Beaucoup d'entr'eux offrent une espèce de poche abdominale, dans laquelle se complète le développe-ment du fœtus; dans d'autres elle n'est représentée que par de simples replis; enfin, comme dans la dernière famille, sa trace disparaît entièrement. La reproduc-tion des pédimanes et des phalangers fut long-tems un problème, celle des monotrèmes est encore inconnue : dans ces deux premières familles, on crut d'abord que la génération s'opérait uniquement dans la bourse, et le célèbre Marcgraaff pensait que celle-ci n'était qu'une espèce de matrice ; mais ses idées s'éloignant de toutes les analogies, étaient repoussées unanimement; le doc-teur Barton, dans de curieuses observations, vit que les didelphes mettent bas, non des fœtus où se distin-guent déjà les rudimens des organes, mais des corps gélatineux ne pesant qu'un grain environ chez des ani-maux du volume du chat, et qui, après quinze jours, arrivent à la grosseur d'une souris. Barton conclut de ces faits qu'on peut distinguer deux sortes de gestation : l'une utérine, l'autre qu'il appelle *marsupiale*; l'une où s'ébauche le produit animal, l'autre où il se per-fectionne et se termine.

Les poches utérines de ces mammifères ne représen-tent que de simples canaux où le produit de la con-ception n'étant retenu par aucun col, ne séjourne que pendant un tems fort court; et quand l'émission de l'embryon a lieu, le canal sexuel sort en se retournant comme un doigt de gant, et vient déposer le résultat de la génération dans la bourse que l'action muscu-laire porte elle-même à sa rencontre ; les embryons s'y greffent ensuite et se développent sur un point de sa surface qui, selon De Blainville, fait en cet endroit la fonction de mamelon, la bourse remplissant alors d'office de matrice; plus tard, chez certains didelphes, celle-là devient un organe protecteur; quand quelque danger menace la jeune famille, qui se joue sur la terre, elle remonte avec vitesse dans ce sac, où la mère l'aide à s'entasser; dans quelques autres, les kanguroos, les petits habitent encore la bourse, quoique d'âge à se nourrir seuls; et quand la mère mange, on les voit en sortir leurs petites têtes et s'exercer aussi à paître quelques herbes.

FAMILLE DES PÉDIMANES.

Dents nombreuses, incisives petites, deux canines à chaque mâchoire, molaires hérissées; doigts libres; pieds à pouces opposables, inonguiculés, ordinairement longs.

Le nom de *Pédimanes* a été donné à ce groupe à cause des pouces des pieds qui sont facilement opposables et transforment ces extrémités en une sorte de main qui permet de saisir les corps, et qui contribue à l'action de grimper.

Sarigue. *Didelphis.* Cinquante dents; pouces postérieurs longs; queue prenante.

Les sarigues montent facilement aux arbres, à l'aide de leurs pouces opposables, y prennent les oiseaux, et mangent leurs œufs ou des fruits. Toutes les espèces sont nocturnes; elles marchent difficilement, et l'aspect extraordinaire de leurs oreilles transparentes de chauve-souris, de leurs pattes de singes, et la fétidité que certaines exhalent naturellement et qui est encore renforcée par leur urine dont elles se mouillent comme moyen de défense pour repousser l'ennemi qui les poursuit, en font des animaux qui paraissent disgraciés. Malgré cette odeur, leur chair est quelquefois recherchée par les sauvages, et on lui attribue même, au Paraguay, l'illusoire vertu de guérir les hémorrhoïdes.

La Sarigue à oreilles bicolores[1] est grande comme un chat; son pelage est varié noir et blanc; ses oreilles offrent ces deux couleurs. Cet animal vient la nuit dans les basses-cours pour y dévorer les volailles; les petits sortent et rentrent dans la bourse abdominale, selon leurs besoins ou le danger, et la mère s'enfuit chargée de toute sa jeune famille. Sa queue prenante est très-forte; on a vu des femelles emporter leurs petits entortillés autour d'elles ou cramponnés à différentes parties du corps; les doigts servent au toucher, ou bien à creuser des terriers.

Le Didelphe crabier[2] est bien remarquable par sa manière de se nourrir; il vit sur les grèves maritimes, et spécialement de crabes; on dit qu'il plonge sa queue dans les trous où ils séjournent, pour la leur faire saisir et les retirer à son aide. On a trouvé en France une espèce fossile de ce genre tout américain.

FAMILLE DES SYNDACTYLES OU PHALANGERS.

Deux doigts des pieds réunis, rarement trois; doigts des mains libres.

[1] *D. virginiana.*   [2] *D. cancrivora.*

Il y a deux divisions dans cette famille, l'une comprend les carnassiers, et l'autre les herbivores ; à la première se rapporte le seul genre des phalangers, à la seconde appartiennent tous les autres.

PHALANGER. *Phalangista.* Deux incisives longues, couchées, en bas, six en haut, quatre canines ; pieds pentadactyles à pouce onguiculé ; queue longue, prenante.

La bourse des femelles est ordinairement ample ; les phalangers abondent à la Nouvelle-Hollande et dans les îles de l'Asie, où les naturels les mangent malgré leur odeur repoussante ; ils se trouvent par troupes innombrables sur les arbres et y vivent de petits animaux. Ces didelphes se suspendent tous par la queue quand ils aperçoivent des hommes, et il suffit souvent à ceux-ci, pour les faire tomber, de les regarder fixement.

Le grand Phalanger volant [1] a une fourrure douce, brune en dessus, blanche en dessous ; sa peau offre, entre les membres, des replis qui donnent à cet animal la faculté de se soutenir en l'air en formant une espèce de parachute quand il saute de branche en branche.

KANGUROO. *Macropus.* Canines nulles ; membres postérieurs excessivement longs, tétradactyles ; verge non fourchue.

Toutes les parties postérieures des kanguroos sont richement développées. La patrie de ces mammifères est la Nouvelle-Hollande et les îles voisines ; ils habitent les bois où se trouvent des herbes et des fruits, leur nourriture habituelle ; ils vivent par petites troupes

[1] *Didelphis petaurus.* Shaw.

très-pacifiques, conduites par les plus vieux mâles, et se tiennent ordinairement sur leur train de derrière, en se servant de leur robuste queue pour s'équilibrer dans cette situation. Cet organe, dont le développement est énorme chez eux, ne leur est pas moins utile dans la course que dans les combats : en l'exerçant en guise de ressort, il aide les mouvemens de leurs longues jambes pour exécuter cette suite de sauts qui constituent leur progression ordinaire, et dans lesquels ces animaux peuvent franchir jusqu'à vingt-cinq ou trente pieds de terrain, ou bien cet appendice leur donne encore la facilité de s'appuyer et de lancer de redoutables ruades à leurs ennemis ; pressés par les chasseurs, ils se servent de toutes leurs jambes pour fuir, et n'exécutent des sauts que quand ils rencontrent des obstacles.

Le Kanguroo géant[1] est le mammifère le plus considérable de la Nouvelle-Hollande ; il est de la taille du mouton et brun-roux ; il fut découvert par le capitaine Cook ; sa chair, fort bonne à manger, est analogue à celle du cerf.

PHASCOLARCTOS. *Phascolarctos.* Quatre fausses canines en haut, deux en bas ; pouces des pieds gros, opposables, inonguiculés ; queue nulle.

Le nom de ce genre formé par De Blainville, veut dire *ours à poche* : il vient sans doute des formes lourdes de la seule espèce[2] que l'on connaisse et que ce naturaliste a décrite ; elle est de la grosseur d'un chien médiocre ; son pelage touffu est coloré en brun-chocolat ; on dit qu'elle vit tantôt dans les arbres, dont ses mains saisissent facilement les branches, par l'écartement des

---

1 *M. major.* Shaw.　　　　2 *P. fuscus.*

doigts, tantôt dans des terriers qu'elle se creuse à leur pied.

PHASCOLOME. *Phascolomys.* Deux incisives à chaque mâchoire, canines nulles; pieds pentadactyles à trois doigts réunis; ongles très-longs, fouisseurs.

Ces animaux, dont le nom signifie *rat à bourse*, ont un système dentaire analogue aux rongeurs, mais la disposition de leurs organes génitaux les range naturellement parmi les didelphes.

Le Wombat [1], qui est la seule espèce connue, ressemble à un petit ours; c'est un animal paresseux et lourd qui se nourrit d'herbes et se creuse des souterrains. Son pelage est brun; sa chair est recherchée. La destruction que l'on en fait menace de l'effacer des parages de la Nouvelle-Hollande qu'il habite.

FAMILLE DES MONOTRÈMES.

Orifice unique pour les organes génitaux et digestifs; mamelles?

Cette famille établit le passage aux oiseaux ou aux reptiles, non seulement à cause de l'existence incertaine des mamelles ou de la structure des organes génitaux et des épaules, mais encore parce que les monotrèmes présentent des pieds et un vrai bec d'oiseau. Les mâles ont des ergots cornés aux jambes, qui sont de véritables canaux par lesquels ils émettent un fluide vénéneux sécrété par une glande; suivant quelques auteurs, ils serviraient à retenir la femelle pendant l'accouplement.

[1] *P. Wombat.* Pér.

Dans l'état actuel de la science, on n'a point encore décidé s'ils sont ovipares ou vivipares. Ils avaient été rapprochés des reptiles par Duméril et Éverard Home , mais leur structure générale assigne évidemment leur place , selon De Blainville et Spix, parmi les mammifères, et cette opinion a prévalu. On les croyait généralement dépourvus de mamelles , et la nature cornée de leur bec paraissant peu propre à l'allaitement, on s'était accordé à les regarder comme ovipares ; mais l'anatomiste allemand Mekel , dans ces derniers tems, vient cependant de découvrir les glandes mammaires de l'ornithorhynque , et ses vues acquièrent un grand poids par l'adoption de De Blainville, qui s'est occupé, d'une manière distinguée, de la structure de cet animal.

ÉCHIDNÉ. *Echidna.* Corps épineux ; mâchoires édentées ; museau étroit ; extrémités non palmées.

Ce sont de ces animaux singuliers dont la Nouvelle-Hollande nous offre seule des types, et dont les mœurs ne sont encore qu'imparfaitement connues ; on sait seulement qu'ils se nourrissent de fourmis, qu'ils recueillent avec leur langue extensible et gluante.

L'Échidné épineux [1] est tout couvert de piquans coniques, mélangés à des poils roux ; il est grand comme un hérisson, habite les environs du port Jackson, et se creuse des terriers avec ses ongles fouisseurs.

ORNITHORHYNQUE. *Ornithorhynchus.* Corps velu ; museau large ; huit dents ; extrémités palmées.

L'Ornithorhynque paradoxal de Blumenbach [2] est la

[1] *E. hystrix.* Cuv.   [2] *O. paradoxus.*

seule espèce qui soit bien connue : son corps est alongé d'environ un pied et demi, et son pelage brun sur le dos, est blanc ou roussâtre en dessous; son museau se termine par une espèce de large bec de canard. Cet animal extraordinaire est assez commun dans les marais de la Nouvelle-Hollande ; on dit qu'il nage avec facilité ou parcourt avec vîtesse les plages fangeuses qu'il habite, et tamise leur vase avec son bec pour y trouver sa nourriture. Quand on le prend, il cherche à mordre, mais la faiblesse de ses mandibules cornées rend sa défense inutile ; selon quelques personnes, ses ergots feraient des blessures que leur venin enflammerait promptement : cependant, elles n'ont généralement pas la réputation d'être dangereuses. Dans les pays où cet animal est commun, on ne se doute point de son venin.

Une croyance généralement répandue parmi les naturels, est que les ornithorhynques sont ovipares, qu'ils font leurs nids dans les joncs, et que les femelles ont deux œufs qu'elles couvent avec persévérance.

CLASSE II.

OISEAUX.

Animaux vertébrés, pennifères, ovipares, à circulation double et à sang chaud.

De Blainville, considérant la présence des plumes comme spéciale à cette classe, imposa aux êtres qu'elle contient le nom caractéristique de *Pennifères*.

Ces animaux étant destinés au vol, leurs organes sont modifiés pour cette fonction ; quelques-uns, cependant, vivent constamment attachés au sol qu'ils ne peuvent abandonner en s'élevant, et d'autres jouissent de la faculté de plonger sous les eaux. Le sens du toucher a une bien faible extension dans cette classe où l'enveloppe est garnie extérieurement de plumes qui empêchent l'action immédiate des corps. Quelques espèces portent bien l'aliment au bec avec leurs pattes[1], mais rien n'annonce que cet acte soit opéré pour avoir une induction sur les substances qui vont servir de nourriture. Cependant on conçoit que moins les pieds servent à la marche, plus ils sont aptes à donner la sensation du toucher ; qu'ainsi ils doivent être assez sensibles chez les carnassiers qui marchent peu[2], et au contraire qu'ils sont peu impressionnables chez les marcheurs[3].

[1] Perroquets.
[2] Aigles.
[3] Poules.

Si l'on en juge par la prédilection impérieuse de ces animaux pour certaines sortes d'alimens, le sens du goût doit être très-développé chez eux, puisque quelques espèces se laissent mourir près d'une nourriture que d'autres mangent avec délices.

Malgré la simplicité de l'organe de l'odorat, ce sens n'en acquiert pas moins une extrême finesse chez certains oiseaux ; les carnassiers sont ceux où il se fait principalement remarquer. Si l'on en croit un commentateur d'Aristote, après une bataille livrée par les Grecs, des vautours affamés arrivèrent de plus de cent soixante lieues pour faire la curée. Ce qu'il y a de certain, au rapport de Humboldt, c'est qu'au Pérou, quand on jette un cheval mort ou une vache, l'odeur de leur cadavre attire les vautours de fort loin, et l'on en voit alors apparaître subitement dans les gorges des Cordilières où l'on n'en supposait pas l'existence auparavant. Suivant Scarpa, l'olfaction est au contraire obtuse chez les gallinacées et les passereaux.

Destinés à planer dans les régions aériennes, mais ne devant pas perdre de vue la terre, source féconde de toute nourriture, les oiseaux avaient besoin d'organes visuels parfaits, soit pour apercevoir la proie qui fuit dans les nuages, soit au milieu de leur vol élevé, pour découvrir le reptile ou l'insecte qui s'agitent sur le sol et fondre sur eux ; aussi leur œil est-il proportionnellement beaucoup plus volumineux que celui des mammifères.

On distingue dans le globe oculaire une partie de perfectionnement nommée *peigne*, consistant en un repli membraneux qui se rend du fond de l'œil vers le cristallin, et paraît pouvoir imprimer des mouvemens à ce dernier. Une troisième paupière translucide, par sa mobilité, nettoie l'organe de la vue, ou bien elle lui forme une espèce de voile qui peut le garantir de l'action trop intense des rayons lumineux.

En général, ce sont les carnassiers qui poursuivent une proie vivante, chez lesquels l'œil est le plus développé. Ceux qui restent sur le sol, et les granivores, l'ont communément plus petit. Parmi les ravisseurs, ceux dont la vie est nocturne présentent même une toile nerveuse plus vaste et plus sensible pour recevoir la peinture d'objets qui se dérobent dans l'ombre. Chez les espèces aquatiques qui attaquent leur proie sous l'eau, l'appareil oculaire est analogue à celui des poissons.

Dans cette classe, l'audition s'exerce d'une manière très-parfaite. Les oiseaux s'entendent aux plus grandes distances, mais c'est surtout dans les espèces nocturnes que le sens de l'ouïe devait se trouver plus perfectionné pour être en rapport avec les besoins, aussi c'est ce que l'on observe. Chez elles, on découvre même une conque externe, tandis que cet appareil de recueillement manque dans toutes les autres.

Le crâne des oiseaux renferme un cerveau à deux lobes, et un cervelet. Selon M. Dupont de Nemours, les facultés intellectuelles de ces êtres atteindraient un degré fort remarquable, et ils auraient un langage communicatif que ce savant prétend, dans un mémoire lu à l'institut, qu'il n'est pas impossible à l'homme de comprendre. Il a même publié un fragment de dictionnaire dans lequel il traduit et interprète plusieurs de leurs mots.

La tête présente deux mandibules cornées d'un

aspect très-variable, auxquelles on a donné le nom
de Bec; cet organe, qui offre de bons caractères pour
la science, s'articule par sa pièce supérieure avec l'os
maxillaire et l'intermaxillaire, dont la configuration
détermine la sienne. Souvent sur cette mandibule se
découvrent des parties membraneuses, quelquefois brillamment colorées, que l'on appelle *cire*. La mandibule
inférieure s'unit à la précédente, par un os particulier
nommé *carré*.

Le système solide des oiseaux présente une tête supportée par un cou fort alongé et mobile, composé de
beaucoup de vertèbres. Mais c'est surtout chez ceux
destinés à vivre dans les marais [1], et à trouver leur
nourriture sous la bourbe, que cette élongation se
manifeste d'une manière remarquable; car, dans la tribu
des carnassiers, soit aériens [2], soit aquatiques [3], qui se
jettent avec violence sur leur proie, le cou n'a point
ordinairement cette dimension démesurée qui eût
diminué sa force.

Mais si le cou demandait à être mobile pour diriger
la tête vers un aliment que les pattes ne sont presque
jamais destinées à porter au bec, au contraire, les
régions de la colonne vertébrale qui se trouvent au
niveau du tronc, partie qui supporte les violens efforts
du vol, exigeaient une structure serrée, presque immobile, pour ne pas diminuer l'énergie de ceux-ci par une
défavorable élasticité.

Les vertèbres de la queue, devenues inutiles à la locomotion générale, et assignées seulement aux mouvemens des plumes qui se trouvent à l'extrémité du corps

---

1 Grues, canards.　　　3 Mouettes.

2 Aigles.

et fonctionnent comme une espèce de gouvernail pour coordonner le vol, sont à cet effet assez mobiles.

Le sternum est un des os les plus essentiels à considérer dans cette classe d'animaux ; les modifications qu'il présente sont tellement en rapport avec les fonctions, et si constantes dans les différens ordres, que De Blainville a basé sur sa structure et sa configuration les principales divisions de son système d'ornithologie. Cet organe solide est ordinairement composé de cinq pièces primitives qui se réunissent diversement ; quatre d'entr'elles, dont deux antérieures et deux postérieures, forment une surface bombée sur laquelle s'élève, comme une carène, plus ou moins saillante selon l'énergie du vol, une cinquième pièce que l'on nomme *bréchet*.

Les côtes sont brisées par le milieu, de manière que chacune d'elles forme deux pièces ; c'est sous la protection de ces différens os que se trouvent les viscères les plus essentiels à la vie.

Les clavicules ont été nommées vulgairement *fourchette* ; ce sont elles qui forment, par la soudure de l'une de leurs extrémités, cette espèce de V osseux que l'on trouve au-dessus du sternum ; leur fonction est de protéger le vol en écartant les extrémités des omoplates, os s'articulant fortement avec le sternum dans les oiseaux, et contribuant à former un appui solide et puissant aux muscles moteurs des aîles. A l'aide d'un mécanisme simple, les tendons des muscles fléchisseurs des doigts, par le seul poids du corps, contractent ces appendices qui embrassent la branche sur laquelle l'oiseau se perche pendant son sommeil.

La locomotion aérienne de ces animaux est favorisée

par leur structure. Des muscles vigoureux, insérés sur la vaste surface du sternum, déploient leurs bras emplumés, et la légèreté spécifique des oiseaux est augmentée par des cellules contenant de l'air, pratiquées dans les os, ainsi que par les tuyaux des plumes, qui sont remplis du même fluide.

Les plumes présentent aux ailes une disposition favorable pour fendre l'atmosphère et maîtriser la gravitation ; elles portent au côté extérieur des barbes courtes et raides destinées à couper l'air, tandis que le côté opposé est revêtu de barbes plus longues dont l'enchevêtrement forme une surface concave qui frappe avec force le fluide où ces animaux vivent. Puis, étant sujets à passer brusquement d'une région glacée dans un milieu chaud, en s'abaissant instantanément des hauteurs prodigieuses où ils se trouvent, vers la terre, on observe que les espèces de haut vol ont un duvet épais sur le corps, disposition propre à les abriter contre les variations subites de la température.

Comme tout le monde le sait, les plumes des oiseaux éclatent des plus brillantes teintes ; la richesse de leur coloris égale parfois l'éblouissant effet des diamans et des métaux ; ces animaux sont sujets à des mues pendant lesquelles, au milieu d'une espèce de crise, ils se dépouillent de leur ancien vêtement pour se revêtir d'un plumage nouveau. C'est au printems et à l'automne que se produit la double mue que subit un grand nombre d'espèces, et c'est celle qu'elles éprouvent dans cette dernière saison qui les revêt de leur *robe de noce*, ainsi que la nomment les ornithologistes.

Envisagées sous le rapport de leur terminologie, nous voyons que les plumes ont reçu différens noms, suivant le lieu qu'elles occupent. On appelle *rémiges* les grandes plumes des ailes. Les pennes implantées sur le croupion se nomment *rectrices* ; enfin, le nom de *tectrices* a été donné aux plumes caudales ou alaires, qui, dans ces régions, se recouvrent comme les tuiles d'un toit.

Le canal alimentaire, dans cette classe, est formé ordinairement de trois poches préliminaires par où passe la substance nutritive. La première est le *jabot* qui fait saillie à la partie inférieure du cou, après le repas; la seconde est nommée *ventricule succenturié*, c'est une cavité glanduleuse où la nourriture séjourne ; subit une espèce de macération, et se ramollit en se mêlant aux fluides qui y abondent; la troisième poche est le *gésier*, organe formé de deux muscles épais et vigoureux qui s'insèrent sur des fibres nacrées.

Cette dernière poche, par l'énergie de ses contractions, broie l'aliment; sa force est si considérable qu'elle déforme et brise jusqu'à des métaux ; c'est son action qui avait fourni le principal argument aux physiologistes mécaniciens qui voulaient que l'acte digestif ne fût qu'une trituration. C'est surtout dans les oiseaux granivores que cet organe est épais et musculeux, ce qui leur était utile pour désorganiser les semences coriaces ; dans les espèces carnassières, au contraire, il est mince et membraneux ; la pression produite par le gésier est encore favorisée par des corps durs, de petites pierres, que les oiseaux ont soin d'introduire avec leurs alimens, et que la mère, au rapport de Spallanzani, mêle déjà aux premières becquées qu'elle donne à sa progéniture.

Ces animaux portent ordinairement deux cœcums. La

dernière portion du tube absorbant, le rectum, tombe dans le *cloaque*, espèce de poche où aboutissent aussi les canaux spermatiques du mâle, ou l'oviducte dans les femelles. Il n'y a point d'organes urinaires ; une matière blanche, que les chimistes ont pensé être analogue à l'urine des mammifères, se trouve seulement répandue sur les excrémens, et paraît remplacer cette sécrétion.

Le cœur est semblable à celui des mammifères ; le système respiratoire est en général fort développé dans les oiseaux ; des poumons ordinairement volumineux, situés à la partie postérieure de la poitrine et adhérens aux côtes, reçoivent le sang avec une abondance que l'on n'observe que dans cette classe. La respiration est encore favorisée par les cavités pratiquées dans le système osseux, et dans lesquelles des lobes pulmonaires se prolongent, ou bien par de simples cellules contenant de l'air, double disposition destinée non seulement à aider le vol, comme nous l'avons dit, mais encore à revivifier le sang, et à rendre plus énergique la circulation si nécessaire chez ces êtres pour stimuler des organes musculaires qui doivent déployer une force immense pour les soutenir au milieu de l'air.

Les oiseaux ont deux larynx : l'un qui est situé à l'orifice de la trachée ; l'autre, que l'on nomme larynx inférieur, qui se trouve à la bifurcation de ce canal, et dans lequel se forme la voix ; cet organe est composé à cet effet de parties solides et de muscles qui, par leur jeu, modifient l'air que les poumons chassent, et produisent cette variété et cette étendue de chant que l'on observe dans ces animaux, selon qu'ils veulent exprimer le plaisir ou la détresse, chant qui exécute des concerts harmonieux admirés de tout le monde , et qui d'autres fois ressemble à des cris déchirans.

Les organes génitaux sont simples, ordinairement sans appareil extérieur. L'accouplement ne consiste qu'en une jonction des anus du mâle et de la femelle, et c'est à peine si dans quelques grands oiseaux [1], on découvre une petite verge pour diriger le fluide fécondateur ; les œufs, produit de la génération, sont revêtus à l'extérieur d'un enduit calcaire, et déposés comme on le sait dans des nids presque toujours formés artistement avec des bûchettes, de la mousse ou une espèce de maçonnerie, d'autres fois ne consistant qu'en un simple trou à la superficie de la terre ; en général ce sont les carnassiers qui les construisent le plus mal.

Parmi les faits les plus remarquables de la vie de ces animaux, se trouvent ces étonnantes émigrations qui, chaque année, leur font abandonner le site où ils vivent, pour se transporter en d'autres contrées. La route qu'ils parcourent en voyageant, la patrie qu'ils visitent chaque année, sont presque constamment les mêmes. Dans certains pays, les oiseleurs spéculent sur le passage des becs-fins, et à jour et heure fixes ils se rendent dans les gorges des montagnes où leurs légions, dont le nombre obscurcit la lumière, doivent passer, et rarement ils se trompent.

Chez des oiseaux la cause de ces voyages périodiques est facile à pénétrer : tantôt ce sont les gelées qui, en solidifiant la surface des étangs, empêchent certaines familles [2] d'y trouver leur nourriture et les obligent à se rapprocher du midi ; d'autres fois c'est l'automne, en détruisant les insectes, qui force des légions entières [3] à chercher

[1] Autruches
[2] Échassiers.
[3] Hirondelles.

des climats où cette pâture ne chaume point ; mais dans quelques circonstances il ne nous est pas possible d'expliquer la cause des voyages des êtres de la classe qui nous occupe.

Pour entreprendre leurs longues courses, les espèces voyageuses se réunissent en troupes ou en familles, et suivant le savant ornithologiste Temminck, dans le plus grand nombre des cas, les jeunes et les vieux forment des bandes séparées. Pendant ces migrations les oiseaux s'arrangent dans un ordre qui atteste leur intelligence, et l'on voit que souvent leur disposition géométrique est calculée favorablement pour fendre l'air avec plus d'avantage.

Quelques observateurs, en voyant de petites espèces[1] disparaître subitement des endroits qu'elles habitent, sans qu'on sache où elles se réfugient, pensèrent qu'au lieu d'émigrer elles s'engourdissaient d'une manière analogue aux animaux hibernans, tantôt en se plongeant sous la vase des marais, au milieu de laquelle des personnes assuraient en avoir découvert, tantôt en s'endormant dans les trous de la terre, comme Barrington le prétendait. M. De Montbeillard a exposé les raisons qui doivent faire croire que ces faibles oiseaux se retirent alors vers les pays chauds, et cette opinion a prévalu.

ORDRE DES PRÉHENSEURS.

Quatre doigts aux pieds, deux en avant, réunis, deux en arrière, libres.

Les préhenseurs représentent, dans les oiseaux,

[1] Hirondelles.

l'ordre des quadrumanes des mammifères, par la faculté qu'ils ont de saisir leurs alimens avec leurs pattes, dont les doigts sont opposables, et de les porter à la bouche.

PERROQUET. *Psittacus.* Bec court, gros, bombé; narines percées dans la cire; langue épaisse, charnue.

Ces oiseaux sont colorés brillamment par la lumière de la zône torride, région qu'ils habitent presque tous ; on les voit rarement s'étendre dans de grands espaces ; pour eux, la nature bienveillante a placé près du berceau les fruits dont ils se nourrissent, aussi ils n'avaient point besoin d'ailes rapides ni d'efforts audacieux pour triompher d'une proie qui s'échappe et fuit.

Ce genre nombreux vit souvent par troupes dans les forêts où ses espèces font des dégâts immenses par l'habitude qu'elles ont de gaspiller beaucoup plus d'alimens qu'elles n'en mangent, et malheur si leurs bandes criardes se dirigent vers les plantations que le cultivateur vient d'ensemencer, car pendant leur funeste passage tout est détruit.

Les perroquets passent avec une singulière indifférence de la liberté à l'esclavage, et sans presque paraître s'en apercevoir. Ils se font des nids dans les arbres avec de petites bûchettes et des branches entrelacées avec des herbes et des racines. La femelle pond ordinairement deux à quatre œufs blancs ; le mâle la nourrit pendant qu'elle couve. Tout le monde connaît leur manière de grimper en s'aidant du bec, leur voix désagréable, leur facilité à apprendre des phrases banales qu'ils répètent d'une manière si irréfléchie et si étourdissante.

Le nombre immense des perroquets a fait chercher des moyens de les subdiviser. C'est principalement dans la structure de la queue que Kuhl a trouvé des caractères pour former les six coupes suivantes : 1°. les Aras, dont la queue est longue et étagée et les joues nues : c'est cette division qui fournit les plus grosses espèces ; 2°. les Perruches, également à queue longue, mais dont les joues sont emplumées ; 3°. les Perroquets proprement dits, à queue égale ou carrée, dépourvus de huppe : c'est à ce groupe qu'appartient l'espèce la plus répandue, le Perroquet gris ou Jaco [1]; 4°. les Kakatoës, dont la queue est égale ou carrée, les joues emplumées, et qui ont une huppe mobile ; 5°. les Proboscigères, dont la queue est pareille aux précédens, mais dont les joues sont nues et la huppe nulle ; et 6°. les Psittacules, dont la queue est très-courte et les joues emplumées.

ORDRE DES RAVISSEURS.

Sternum sans échancrures latérales ; bec robuste, crochu ; pieds très-forts, à trois doigts devant, et un derrière, armés d'ongles ordinairement acérés.

Ces oiseaux, nommés par Linnée Accipitres, représentent, dans leur classe, l'ordre des carnassiers dans la précédente. Les ravisseurs se nourrissent ordinairement de chairs palpitantes ; ils déchirent les autres espèces, et ne craignent même pas d'attaquer les mammifères et les reptiles qu'ils combattent avec avantage à l'aide de leur bec redoutable et de leurs vigoureuses pattes, et qu'ils

1 P. erythacus.

enlèvent parfois en fuyant dans leur vol rapide. Ce sont des animaux sauvages et farouches, qui placent leurs habitations sur la cime inaccessible des montagnes, ou dans les monumens que leur vétusté a fait abandonner par l'homme.

Les ravisseurs planent audacieusement dans les plus hautes régions de l'air, et en dominant le globe, ils échappent presque à la vue. M. de Humboldt a observé une des grosses espèces de cet ordre qui était élevée à 3,639 toises au-dessus de l'Océan[1].

FAMILLE DES DIURNES.

Tête comprimée latéralement; bec ciré; yeux dirigés de côté; doigts externes un peu réunis.

Toutes les espèces de ce groupe ont le plumage serré et les ailes puissantes; aimant l'aspect de la lumière on les voit souvent s'élever à d'immenses hauteurs, se perdre dans les nuages et traverser rapidement l'atmosphère en poursuivant en dominateurs tous les oiseaux qui s'offrent sur leur passage.

SECRÉTAIRE. *Serpentarius.* Jambes très-longues; tarses alongés; ongles émoussés.

La dénomination de Secrétaire, que l'on donne à la seule espèce que l'on connaisse encore dans ce genre[2], lui vient, dit-on, des plumes qui se trouvent sur la nuque et qui donnent à sa tête une apparence éloignée de celle de ces écrivains qui ont l'habitude de placer l'instrument de leur attribution derrière l'oreille.

Cet oiseau habite l'Afrique où sa présence est un bienfait, car il détruit une grande quantité de reptiles,

---

[1] *Vultur gryphus.*   [2] *Secretarius reptilivorus.* Daud.

en les poursuivant à l'aide de ses pattes, avec une rapidité qui lui a valu le nom de *messager* qu'on lui donne quelquefois; il les écrase sous ses pieds et les déchire avec son bec, dont un seul coup tue souvent de robustes serpens; on dit même que quand sa proie n'est pas vaincue aux premières attaques, il la saisit et l'emporte dans les hautes régions de l'air, puis qu'il la précipite sur le sol où elle se brise et expire. Les mœurs paisibles de cet animal, ses guerres acharnées contre les vipères, ont fait penser à le naturaliser dans quelques endroits que celles-ci infestent.

Faucon. *Falco.* Tête et cou emplumés; bec fort, courbé dès l'origine; ongles aigus.

Altérés de sang et doués d'une force qui leur permet de satisfaire leur soif insatiable, les faucons font de nombreuses victimes parmi les animaux. Leurs courageux combats, leur noblesse et la beauté de leurs formes, ont fait choisir parmi eux le roi des airs, à la fiction poétique. Solitaires et sauvages, ce n'est qu'avec peine qu'on les apprivoise, et ils perdent rarement l'occasion de recouvrer une liberté pour laquelle ils semblent nés. Ils aiment les rochers et y placent leur aire, où ils font ordinairement de deux à trois œufs.

Les grandes espèces de faucons attaquent les mammifères vigoureux; les autres se contentent de reptiles, de faibles oiseaux ou d'insectes. Comme si l'habitude du carnage étouffait chez eux les douces affections que les animaux doivent à leur progéniture, on les voit dévorer leurs petits, scandale dont les classes granivores n'offrent jamais d'exemples.

L'ornithologiste Temminck, qui a fait une étude

spéciale de ce grand genre linnéen, le divise en huit sections qui sont : les Faucons proprement dits, les Aigles, les Autours, les Busards, les Buses, les Caracaras, les Cymindis et les Milans.

Le Faucon ordinaire [1], qui vit en Europe, appartient à la première de ces coupes que l'on nommait aussi Oiseaux de proie nobles, parce qu'avec des soins on pouvait les instruire à la chasse et qu'ils participaient ainsi aux plaisirs des seigneurs féodaux ; et par opposition les ravisseurs qui ne voulaient point se plier servilement aux travaux de la fauconnerie, étaient injustement appelés Ignobles.

Nous devons aussi distinguer dans ce genre l'Aigle impérial [2], qui habite les montagnes de l'Europe méridionale. L'Orfraie [3], qui est d'un gris uniforme et offre une queue blanche ; cet oiseau vit dans le nord du globe, où il se nourrit de poissons. La grande Harpie, ou Aigle destructeur [4], au plumage cendré, à la huppe noire, dont la force est plus considérable que celle de l'aigle, et que l'on rapporte avoir été quelquefois fatale aux hommes, auxquels on dit même que son terrible bec peut fendre le crâne par ses coups redoublés. Dans son vol, ce faucon enlève fréquemment des faons. Nous mentionnerons, parmi les espèces indigènes, l'Autour [5] qui est tacheté et rayé de brun en dessus, et blanc en dessous ; l'Épervier commun [6], semblable au précédent, mais dont les jambes sont beaucoup plus longues : tous les deux s'emploient dans la fauconnerie ; enfin, le Milan vulgaire [7], qui est fauve,

1 *F. communis.* Gm.

2 *F. imperialis.* Bech.

3 *F. ossifragus.* F.

4 *F. harpyia?...* L.

5 *F. palumbarius.* L.

6 *F. nisus.* L.

7 *F. milvus.* L.

avec des pennes alaires noires, et la Buse ordinaire[1], qui est brune, ondée de blanc.

VAUTOUR. *Vultur.* Tête nue ou à duvet court; cou ordinairement nu; mandibule supérieure droite, courbée vers l'extrémité.

Dans les oiseaux du groupe précédent, la noblesse et le courage tempéraient l'effroi que faisait naître leur voracité, et captivaient l'admiration; mais ici, avec des forces puissantes, les vautours ne démasquent qu'une stupide et lâche férocité; ne vivant que de cadavres putréfiés, ils se gorgent de leurs chairs infectes, et restent ensuite plusieurs semaines sans manger, en attendant une nouvelle occasion de satisfaire leur dégoûtant appétit; jamais ils n'attaquent une proie vivante.

L'odorat des vautours les avertit à d'immenses distances des animaux abandonnés à la putréfaction, et on les voit accourir rapidement pour les déchirer. Dans les villes du Pérou et de l'Egypte, près desquelles ces oiseaux sont communs, on utilise leur affreuse avidité en leur confiant l'enlèvement des cadavres en décomposition, que l'on expulse des habitations et qu'ils viennent aussitôt dévorer.

On trouve les espèces de ce groupe sur tout le globe, mais elles se plaisent mieux dans les régions de l'équateur, où s'élèvent de gigantesques montagnes. C'est sur quelque rocher battu par les vagues, ou près d'un torrent mugissant qu'on découvre ordinairement leur vaste aire où elles nourrissent leurs petits en dégorgeant les alimens de leurs repas.

Le Condor[2], ce géant des vautours, vit dans les

[1] *F. buteo.* L.   [2] *V. gryphus.*

Andes et les Cordilières ; son corps est noirâtre, avec une partie de l'aile cendrée et le cou blanc. Le Vautour des agneaux[1] habite le vieux monde, il se précipite sur les chèvres, les brebis, et combat jusqu'aux chamois ; mais trop lâche pour attaquer ces animaux corps à corps, il les chasse quelquefois en les lançant vers des précipices, et quand ils s'y sont brisés par leur chute, il descend les dévorer ; c'est cet oiseau que les Grecs désignaient sous le nom de *phène*. On dit qu'il a quelquefois enlevé des enfans.

FAMILLE DES NOCTURNES.

Tête large ; bec court ; yeux très-grands, dirigés en avant ; cou court ; doigts entièrement séparés, l'externe versatile.

Habitant les décombres, cette triste légion fuit la lumière qui paraît péniblement affecter ses yeux trop sensibles pour en supporter l'éclat. Les nocturnes ne volent que la nuit et au crépuscule, ils ont des ailes qui frappent l'air silencieusement, et ne les trahissent point aux oiseaux endormis qui doivent devenir leur proie ; ils se nourrissent aussi de souris et de mulots qu'ils chassent dans les vieux bâtimens, et c'est ce qui les a fait nommer chats-volans ou chats-huans dans les campagnes, où généralement leur présence est regardée commme un sinistre présage.

CHOUETTE. *Strix.* Genre unique.

Ce grand genre linnéen comprend les Hiboux, les Ducs et les Effraies ; il a été divisé en deux coupes distinctes :

1 *V. barbarus. Gm.*

Les Chouettes-hiboux qui ont des aigrettes sur la tête, comme le Grand-duc [1], dont le plumage est varié de noir et de fauve-roussâtre, et qui se trouve dans les forêts d'Europe, où il mange jusqu'à des lapins et de jeunes chevreuils ;

Puis, les Chouettes proprement dites, qui n'ont point d'aigrette : tel est notre Chat-huant [2].

ORDRE DES GRIMPEURS.

Sternum à deux échancrures en arrière ; deux doigts devant et deux en arrière, ou trois devant réunis et un postérieur.

La faculté de grimper, que ces oiseaux possèdent et d'où vient leur nom, est facilitée par la structure de leurs pieds qui sont disposés, dans la plupart, pour bien saisir les écorces ou les branches. Leur nourriture consiste ordinairement en fruits et en insectes.

FAMILLE DES HÉTÉRODACTYLES.

Doigt externe versatile, se dirigeant en arrière comme le pouce.

Pour disposer facilement les genres de cette famille, on peut y établir deux sections : l'une nommée des *Latirostres*, où se trouvent les oiseaux à bec large et peu élevé ; l'autre celle des *Altirostres* ou *Cultrirostres*, où se rangerait ceux dont le bec est élevé ou tranchant supérieurement.

[1] *S. bubo.* L.   [2] *S. stridula.* L.

** Hétérodactyles latirostres.*

ENGOULEVENT. *Caprimulgus.* Bouche excessivement grande ; bec déprimé, très-petit, courbé
au bout ; doigts réunis à l'origine ; ongle du
milieu denté.

L'Engoulevent d'Europe[1] est la seule espèce de notre
pays ; c'est un oiseau crépusculaire qui se cache dans
les cavernes, et sur lequel la crédulité a le plus débité
de fables ; tantôt, en le disant issu d'un reptile, on
lui donnait le nom de *crapaud volant;* d'autres fois,
prétendant qu'il suçait le lait des chèvres, on l'appelait
tette-chèvre. Cet animal vit isolé, se nourrit pendant
le vol en ouvrant sa vaste bouche pour prendre des
insectes qui s'engouffrent dedans et adhèrent à ses
viscosités ; et c'est au bourdonnement que produit l'air
en s'entonnant dans sa cavité, qu'est dû le nom de cet
hétérodactyle.

MARTINET. *Cypselus.* Bec court, triangulaire ;
pouce dirigé en avant ; doigts entièrement
divisés, à trois phalanges.

Ce sont des oiseaux voyageurs à vol extrêmement
rapide, qui font leurs nids sur les plus hauts édifices; ils
étaient confondus avec les hirondelles par Linnée. Le
Martinet des murailles[2], dont le plumage est noir, avec
la gorge blanc-sale, se trouve dans les trois anciennes
parties du monde.

COUROUCOU. *Trogon.* Bec court, courbé, à arète
supérieure ; deux doigts en arrière ; ongle médian normal.

---

1 *C. europœus.* L.   2 *C. murarius.* Temm.

Ces oiseaux sont d'un caractère sombre et solitaire; chez eux la beauté d'un plumage à reflets métalliques est la seule compensation que la nature ait accordée à leur stupidité et à leurs formes peu gracieuses. Ils vivent dans les deux continens; une espèce de Couroucou est célèbre dans la mythologie mexicaine.

** *Hétérodactyles altirostres.*

ANI. *Crotophaga.* Bec gros, arqué, sans dentelures, surmonté d'une crête tranchante.

Leur séjour est l'Amérique équatoriale, où on les rencontre par petites troupes; ces hétérodactyles, vivent d'insectes et de graines, et s'abattent quelquefois sur le dos des bœufs dont ils mangent la vermine, ou qu'ils délivrent des mouches importunes. L'Ani des savannes[2] est de la grosseur du merle; il a le plumage noir-irisé.

TOURACO. *Musophaga.* Bec court et fort, dentelé, muni d'une arète; ailes très-courtes.

La beauté du plumage des Touracos les fait rechercher par les collecteurs. Ils viennent d'Afrique et vivent dans les forêts où les nègres vont les chasser. Leur chair est très-estimée; sans doute que l'habitude qu'ils ont de se nourrir des fruits succulens des bananiers contribue à son excellence, et c'est de cette coutume qu'est venu leur nom générique latin. Le Touraco violet[3] a le corps d'un beau bleu et les ailes cramoisi.

---

1 *T. pavoninus.* Temm.　　　　3 *M. violacea.* Vieil.
2 *C. ani.* Lath.

FAMILLE DES ZYGODACTYLES.

Pieds à deux doigts antérieurs, soudés, et deux en arrière.

Elle renferme des oiseaux qui se nourrissent ordinairement d'insectes ou de fruits. La structure de leurs pieds est disposée le plus favorablement possible pour adhérer aux arbres.

Coucou. *Cuculus.* Bec médiocre, légèrement arqué, comprimé; mandibules non échancrées.

La légion nombreuse des coucous, vivant uniquement d'insectes, habite les pays chauds qui lui offrent un aliment continuel; ce n'est que dans l'été que ces zygodactiles se trouvent dans les climats tempérés. Un fait remarquable dans l'histoire des oiseaux s'offre ici, c'est que la femelle du coucou ne fait point de constructions pour déposer ses œufs, et qu'elle les abandonne dans le nid de quelqu'autre espèce qui les couve avec les siens; mais une fois éclos, ces petits étrangers détruisent la progéniture des possesseurs du nid, pour l'occuper seuls.

Le Coucou vulgaire[1] répandu en Europe est d'un gris cendré et a le ventre blanc.

Toucan. *Ramphastos.* Bec énorme, celluleux; mandibules à bords ordinairement dentés.

Le volumineux bec de ces animaux est ce qui frappe au premier aspect. Presque aussi gros que l'oiseau, il semble qu'il doit lui être impossible de vivre avec ce monstrueux appendice; mais, quand on observe celui-ci, on voit que sa pesanteur doit être bien moins considé-

[1] *C. canorus.* L.

rable qu'elle ne le paraît, car tout son intérieur est formé de cellules contenant de l'air; cependant ces fortes mandibules offrent quelques obstacles à la déglutition de l'aliment, et les toucans sont obligés de le lancer en haut pour le recevoir ensuite dans le fond de la bouche; dans le vol ils sont forcés de suivre la direction des vents, afin que la surface du bec ne présente point de prise à ceux-ci, qui contrarieraient leur marche.

Ces oiseaux sont indigènes des contrées brûlantes de l'Amérique; le devant de leur cou est ordinairement peint de couleurs vives, et ses plumes ont souvent servi à la parure des dames de la France et du Nouveau-Monde. Le Toucan[1], type de ce genre, est noirâtre, et son écharpe abdominale est jaune.

Barbu. *Bucco.* Bec arqué, conique, à sommet échancré latéralement, muni de poils raides en dessous.

Les différentes espèces de ce genre vivent dans les contrées brûlantes de tout le globe; là, une brillante lumière les décore d'un riche plumage qui fait oublier par son éblouissant éclat l'abjection de leurs formes. Ils mangent des insectes et des fruits.

Pics. *Picus.* Bec polyèdre, long, droit; langue cylindrique, vermiforme, très-longue, à bout aiguillonné en arrière.

Ce sont des oiseaux d'un naturel sauvage, très-actifs, grimpeurs par excellence, attachés sans cesse aux écorces qu'ils frappent avec leur bec, pour en faire sortir les insectes, ou bien enfonçant leur langue

[1] *R. toco.* Vaill.

extensible dans leurs trous pour les saisir. Ils se creusent des nids au milieu des troncs d'arbres et se retirent dans des excavations pour passer les nuits. Quand la nourriture leur manque, ils vont à l'ouverture étroite des fourmilières enfoncer leur langue, pour la charger de fourmis qui ne tardent pas à s'y coller.

On trouve les pics presque partout ; dans l'hiver ils se retirent vers les régions tropicales. Six ou sept espèces viennent en France ; parmi elles est le Pic vert[1], l'un de nos plus beaux oiseaux.

FAMILLE DES SYNDACTYLES.

Trois doigts en avant, l'externe, presque aussi long que le médian, est uni longuement avec lui.

MARTIN-PÊCHEUR. *Alcedo.* Bec trigone, long, droit, pointu ; queue très-courte.

Ils fréquentent les bords touffus des fleuves, ne vivent que de petits poissons qu'ils guettent avec une admirable patience sur les branches, d'où ils se précipitent dessus lorsqu'ils viennent à la surface de l'eau ; d'autres fois, c'est en volant qu'ils pêchent, et en s'élançant comme un trait vers leur proie qu'ils vont dévorer sur le rivage, si elle est trop volumineuse pour être avalée au moment où ils la saisissent. Ces oiseaux sont solitaires, et se nichent dans les excavations creusées par les reptiles près des fleuves ; ils sont ordinairement décorés des plus brillantes couleurs.

Le Martin-pêcheur[2], qui est la seule espèce du genre, que nous ayons en Europe, est de la grosseur d'un

[1] *P. viridis.*   [2] *A. ispida.* L.

moineau ; il est peint d'un vert-bleuâtre en dessus, et tacheté de bleu d'azur sur la tête.

Guêpier. *Merops.* Bec médiocre, arqué, tranchant, avec une arête élevée.

Leur nom vient de ce qu'on les voit faire un dégât énorme d'insectes de la classe des guêpes ou de mouches ; ils les poursuivent en troupes, et les prennent avec tant d'agilité qu'ils évitent leurs piqûres. Les contrées chaudes leur fournissant seules un aliment toujours en abondance, elles sont aussi les seules où ces grimpeurs vivent.

Cependant le Guêpier commun [1], dont le dos est fauve, le front et le ventre bleu, et la gorge jaune, habite l'Europe et se creuse sur les rivages des trous souterrains où il dépose et couve ses œufs; une espèce est nommée *fournier*, à Cayenne, à cause de la forme de son nid qui ressemble à un four, et qu'elle construit avec de la terre mouillée.

Calao. *Buceros.* Bec énorme, cellulaire, surmonté d'une proéminence ou d'un simple renflement.

L'énormité du bec et sa singulière conformation frappent au premier abord quand on considère ces oiseaux. Tous les genres de nourriture leur conviennent, et ils mangent des fruits, des insectes ou des charognes d'animaux ; on les voit chasser les reptiles et les petits oiseaux, que sans doute leurs fortes pattes leur font vaincre facilement.

Ce groupe, dont le bec rappelle les toucans, en est différencié par la structure des pieds ; il se compose de

____

i *M. apiaster.* L.

grandes espèces du vieux continent, parmi lesquelles on remarque le Calao rhinocéros[1] au plumage noir, au ventre blanc, et dont le bec est surmonté d'une corne considérable, imitant celle du mammifère que son nom rappelle.

ORDRE DES PASSEREAUX.

Sternum présentant ordinairement une échancrure de chaque côté de son bord inférieur ; trois doigts devant et un derrière, les deux extérieurs ordinairement réunis à leur base ; tarse annelé.

L'immense légion des passereaux se nourrit d'alimens variables, de graines, de fruits, d'insectes ou de vers ; quelques espèces, dont le bec est assez fort, tuent même de faibles oiseaux, et quoique d'une vigueur peu considérable, elles se battent courageusement.

En général, les êtres de cet ordre sont d'autant plus granivores que leurs mandibules sont développées davantage, et ils détruisent d'autant plus d'insectes qu'elles sont plus effilées. C'est parmi les passereaux que se trouvent ces légions de chanteurs dont les concerts charment si souvent nos oreilles dans la profondeur des forêts.

FAMILLE DES CULTRIROSTRES.

Bec droit, comprimé, en forme de couteau ; doigts antérieurs un peu réunis.

CORBEAU. *Corvus.* Bec fort, à bords tranchans ; narines recouvertes de plumes raides.

[1] *B. rhinoceros.*

La destinée des corbeaux est bien différente selon les pays qu'ils habitent ; dans quelques-uns on pense qu'ils purgent la terre des insectes qui dévorent les grains, là on les regarde comme un bienfait et on les protège ; dans d'autres, l'animosité s'attache à eux, ils sont considérés comme des oiseaux sinistres, et on les massacre impitoyablement. Doués d'une grande intelligence, ces animaux passent facilement à la domesticité ; où peut leur apprendre à parler. A l'état sauvage, ils vivent en société ou restent sédentaires ; en général le couple qui s'unit habite ensemble jusqu'à la mort.

Parmi les nombreuses espèces de ce groupe on remarque principalement le Corbeau noir[1], qui peuple les grandes forêts de France où il mange des lapins et d'autres petites proies, ainsi que des charognes qu'il sent de très-loin. La Corneille[2], qui est beaucoup plus petite et dont la queue est carrée. Le Geai d'Europe[3], qui vit de fruits, surtout de glands et aussi de racines qu'il déterre avec son bec, et la Pie vulgaire[4], qui est connue de tout le monde.

PARADIS. *Paradisæa.* Bec à narines recouvertes de plumes veloutées ; pennes des flancs singulièrement développées.

Les espèces de ce genre sont vulgairement connues sous le nom d'*oiseaux de paradis* : on les trouve spécialement dans les forêts les plus sauvages de la Nouvelle-Guinée. Ces passereaux se montrant peu aux époques de l'incubation, on racontait qu'ils allaient nicher au paradis terrestre, et de là vint sans doute le

1 *C. corax.* L.
2 *C. corone.* L.
3 *C. glandarius.* L.
4 *C. pica.* L.

nom qu'ils portent, et c'est d'après les vertus imaginaires que les prêtres des contrées où ils vivent leur accordent, qu'on les appelle *oiseau de dieu* chez les Indiens.

Ils ont donné lieu aux plus singulières fables : les naturels barbares du pays d'où ils viennent, ayant l'habitude de leur arracher les pattes et les ailes, pour s'en orner la tête, l'amour du merveilleux fit croire que ces oiseaux vivaient dans l'air où les faisceaux de plumes effilées qui s'élancent de leurs flancs les soutenaient continuellement ; puis, voulant leur donner une nourriture en rapport avec leur prétendue essence aérienne, on répéta qu'ils ne s'alimentaient que de la rosée, ou des suaves parfums qui s'exhalent des fleurs et des fruits ; aujourd'hui on sait positivement qu'ils vivent d'insectes et de graines.

Le plus anciennement célèbre est l'Oiseau de paradis émeraude[1], qui porte de longs panaches de plumes d'un blanc-jaunâtre, qui l'obligent à voler contre le vent pour ne pas être entraîné par sa force, et à ne jamais percher sur la cime des arbres.

FAMILLE DES PLATIROSTRES.

Bec triangulaire, déprimé, toujours très-fendu, courbé à son extrémité.

GOBE-MOUCHE. *Muscicapa.* Bec médiocre, angulaire, à pointe très-courbée et très-échancrée.

C'est à leur vaste tribu que semble confiée la destruction de tant d'insectes dont la multiplication fût devenue un vrai fléau pour l'homme ; répandus sur tout le globe, ces oiseaux passent avec les saisons qui

1 *P. apoda.* L.

leur apportent la nourriture; ils vivent isolés; le nom qu'on leur donne vient de ce qu'ils saisissent leur proie en volant, les grandes espèces dévorent même de petits oiseaux : ce sont elles que Buffon nommait les Tyrans.

COTINGA. *Ampelis.* Bec large, légèrement arqué, échancré à la pointe qui est comprimée.

Une robe brillante décore ordinairement ces platirostres, qui sont sauvages, défians, taciturnes, et vivent dans les régions chaudes de l'Amérique. Le Cotinga bleu[1] se fait remarquer au milieu d'eux, par sa magnifique couleur d'outremer et sa poitrine pourprée.

HIRONDELLE. *Hirundo.* Bec court, fendu jusqu'aux yeux, sans échancrure, à pointe faiblement arquée.

Les anciens, étonnés de la disparition de ces oiseaux aux approches des frimats, avaient pensé qu'ils s'engourdissaient alors dans la vase des marais. Quoique parmi les modernes on ait essayé de prouver cette assertion, il paraît certain que les hirondelles s'expatrient de nos climats, pour aller retrouver sur les rivages africains la chaleur qui nous fuit, et les insectes nécessaires à leur existence.

C'est vers l'équinoxe d'automne que s'exécutent les migrations de ces passereaux; les familles paraissent se réunir sur les rivages de la Méditerranée, puis, après quelques jours de repos, le signal se donne et leurs immenses légions s'envolent pour traverser la mer, heureux si, pendant le voyage, la fatigue et les vents contraires n'en précipitent point une partie dans les

[1] *A. cotinga.* L.

flots, ou si ces faibles oiseaux trouvent quelque vaisseau pour leur offrir une station salutaire.

Une grande harmonie se fait remarquer dans les mœurs
des hirondelles ; on voit qu'elles semblent s'affectionner
mutuellement, et que quand l'une d'elles est menacée
d'un danger, les autres accourent pour la secourir.

Leurs nids sont très-solidement construits avec une
sorte de ciment qui paraît un mélange de terre et de
débris de végétaux gâchés avec la salive. Une espèce de
l'archipel indien, la Salangane [1], bâtit ses demeures en
forme de bénitier, avec une substance analogue à la
colle de poisson, que l'on pense être des débris de
fucus, et que, selon le professeur Reinwardt, elle agglutine avec l'humeur visqueuse qui afflue dans sa bouche.
Ces nids sont recherchés comme un aliment exquis à
la Chine, où il s'en vend tous les ans près de quatre
millions ; ils sont d'un prix si élevé, que le propriétaire
d'une caverne près d'un volcan de Java, retire de celle-
ci plus de cinquante mille florins de Hollande de rente
par année.

Les espèces les plus répandues parmi nous sont l'Hirondelle de cheminée [2], qui est noire, avec la gorge
rousse et le ventre blanc : son nom vient du lieu où elle
construit ses habitations ; l'Hirondelle de rivage [3], qui
est brune avec la gorge blanche, et qui creuse son nid
dans la terre près du bord des fleuves ; enfin le Martinet [4], connu de tout le monde.

FAMILLE DES SUBULIROSTRES.

Bec long, effilé, grêle, sans échancrure, arqué ou
droit.

1 *H. esculenta*
2 *H. rustica.* L.
3 *H. riparia.* L.
4 *H. apus.*

Grimpereau. *Certhia.* Bec arqué, trigone, comprimé, pointu; langue entière.

Les grimpereaux sont de petits oiseaux dont le nom vient de la faculté qu'ils ont de monter avec agilité aux écorces, de s'y suspendre ou d'y glisser pour attraper les insectes des vieux arbres cariés sur lesquels ils font leur séjour de prédilection. Ils vivent dans les zônes froides de l'ancien continent. Le Grimpereau d'Europe [1] est cendré, à stries blanches, rousses et noirâtres.

Colibri. *Trochilus.* Bec long, grêle, droit ou arqué, tubulé, à pointe acérée; langue extensible, profondément fendue.

La nature semble s'être appliquée à orner leur robe des plus brillantes teintes; on y voit à la fois des couleurs douces et veloutées ou les reflets les plus vifs du métal et du diamant. Les espèces de ce genre habitent les régions brûlantes du Nouveau-Monde et se plaisent surtout dans les jardins, où elles voltigent autour des fleurs dont elles puisent le nectar en plongeant rapidement leur langue au fond des corolles; on les voit aussi manger des insectes. L'extrême petitesse des colibris les a fait encore désigner sous le nom d'*oiseaux-mouches*, avec assez de justesse, car le plus petit d'entre eux [2] n'excède pas la grosseur d'une abeille.

Huppe. *Upupa.* Bec très-long, arqué, trigone, presque obtus; mandibule supérieure plus longue; langue entière.

Ces animaux se plaisent dans les marécages; avec le long bec qu'ils portent, ils fouillent la vase pour

1 *C. familiaris. L.*   2 *T. minimus.*

10 *

attraper les petits vers ou les mollusques qui y séjournent. La Huppe commune [1], dont la tête est ornée d'une double rangée de plumes, se trouve en France et en Afrique.

FAMILLE DES LONGIROSTRES.

Bec long et fort, échancré à l'extrémité, ou entier.

Lyre. *Mœnura.* Bec légèrement comprimé et échancré ; ongles obtus, longs comme les doigts ; mâle à queue longue, avec deux plumes en S.

Ce groupe est formé pour une seule espèce de la Nouvelle-Hollande, la Lyre [2], chez laquelle le mâle porte à la queue deux grandes pennes externes recourbées, et douze moyennes, qui, quand on les voit étendues, figurent assez bien l'instrument de musique de l'antiquité dont elle porte le nom.

Merle. *Turdus.* Bec médiocre, tranchant, arqué, échancré ; tarses plus longs que les doigts.

Ils sont disséminés sur tout le globe, et leurs mœurs varient. Dans les individus nombreux que nous offre ce genre, on trouve le Merle noir [3], qui est commun ; la Grive [4], et le Moqueur [5], qui imite le chant des autres oiseaux.

Pique-bœuf. *Buphaga.* Bec robuste, gros, non échancré, à pointe mousse renflée ; ongles à crampons.

1 *H. epops.* L.
2 *M. lyra.*
3 *T. merula.* L.
4 *T. musicus.* L.
5 *T. orpheus.* Lth.

La seule espèce que l'on connaisse est le Pique-bœuf d'Afrique[1], dont la dénomination vient de l'habitude qu'il a de se cramponner sur le dos des bœufs, ou des autres gros mammifères, pour en extirper, en les pinçant avec son bec, les larves qui naissent des œufs que les insectes parasites enfoncent habituellement dans l'épaisseur de leur peau.

LORIOT. *Oriolus.* Bec fort, comprimé horizontalement, échancré, relevé d'une arête ; tarses plus courts que les doigts.

Les couleurs jaune et noire paraissent dominer dans les mâles de ce genre ; les femelles varient du jaune-verdâtre au noir. Le Loriot d'Europe[2], nommé par les Allemands *merle d'or*, est l'un des plus beaux oiseaux de France.

ÉTOURNEAU. *Sturnus.* Bec droit, anguleux, entier, déprimé vers la pointe, faiblement obtus ; mandibule supérieure formant une carène frontale.

Ces oiseaux turbulens et bavards vivent sédentaires ; on les voit tournoyer constamment vers les mêmes localités. Ils sont omnivores. L'Étourneau vulgaire[3] se rencontre souvent apprivoisé dans nos appartemens ; il est connu sous le nom de *sansonnet*.

ALOUETTE. *Alauda.* Bec cylindracé, sans échancrures ; doigts entièrement divisés ; ongle du pouce plus long que son doigt.

Les alouettes habitent toutes les parties du globe, et se tiennent presque toujours sur la terre, à cause de la

1 *B. africana.* Lath.   3 *S. vulgaris.* L.
2 *O. galbula.* L.

conformation de leur ongle. Elles sont recherchées pour nos tables, surtout l'Alouette des champs [1], qui dépose simplement son nid sur le sol, au milieu de nos moissons ou des prairies.

FAMILLE DES TÉNUIROSTRES.

Bec court et fin; doigts antérieurs réunis partiellement ou séparés.

BEC-FIN. *Motacilla.* Bec subulé, grêle, droit, échancré; doigt externe réuni partiellement à l'intermédiaire.

On a admis une foule de coupes pour se reconnaître au milieu de ce genre, mais elles ne divisent qu'imparfaitement ses nombreuses espèces, parmi lesquelles on compte les plus agréables chanteurs de nos bois, le Rossignol [2], la Fauvette vulgaire [3], et le Roitelet [4], connus universellement. La Fauvette des roseaux [5] offre un nid fort singulier : elle l'établit avec des plantes aquatiques autour de trois tiges de roseaux, et il monte ou descend le long de celles-ci, suivant que la superficie de l'eau sur laquelle il repose s'élève ou s'abaisse. Une autre espèce, qui se trouve en Afrique, place sa couvée dans une feuille large qu'elle roule en cornet et dont elle coud les bords avec un brin d'herbe qui lui sert de fil.

MÉSANGE. *Parus.* Bec comprimé, menu, court, entier, à base pileuse; doigts antérieurs séparés; ongle du pouce long, très-courbé.

1 *A. arvensis.* L.
2 *M. luscinia.* L.
3 *M. orphea.* Temm.
4 *M. regulus.* L.
5 *M. salicaria.*

Les mésanges, malgré leur petitesse, sont extrêmement rapaces; quoique vivant ordinairement d'insectes,
elles ne dédaignent point les charognes, et tuent même
de petits oiseaux pour leur manger le cerveau; une
seule suffit pour mettre à mort une volière de paisibles
serins. La Mésange charbonnière [1], dont le nom vient,
dit-on, de l'habitude qu'elle a de suivre les charbon-
niers dans les forêts, est une des espèces les plus communes de notre pays.

FAMILLE DES CRÉNIROSTRES

Bec robuste à mandibules denticulées vers l'extrémité.

PIE-GRIÈCHE. *Lanius.* Bec très-comprimé, échancré, terminé en crochet; doigts séparés.

Ce groupe est composé d'individus courageux qui ne
considèrent ni la taille ni la force de la proie qu'ils
attaquent, et meurent quelquefois embrassés avec
un ennemi expirant, qu'ils n'ont pu vaincre sans
succomber. Certaines espèces se précipitent sur les
lapins, leur fendent le crâne pour en dévorer la cervelle; d'autres, quand elles ont trouvé une trop abondante nourriture, en attachent le superflu à des arbres,
et l'on voit enfilés aux épines de ceux-ci de petits reptiles ou des insectes qu'elles y retrouvent bientôt; tel
est l'Écorcheur [2], dont le dos et les ailes sont fauves et
le ventre blanchâtre.

[1] *P. major.* [2] *L. collurio,* Gm.

FAMILLE DES CONIROSTRES.

Bec conique, épais, robuste, presque toujours sans échancrure.

TANGARA. *Tanagra.* Bec conique, triangulaire, échancré, à arête arquée; ailes courtes.

Habitans de l'Amérique, les tangaras mangent également des graines, des fruits ou des insectes; ils sont ordinairement décorés d'une robe éclatante, et font l'un des plus riches ornemens de nos collections.

BRUANT. *Emberiza.* Bec court, à mandibule supérieure plus étroite, munie en dessous d'un tubercule solide.

Nombreux en espèces, ce groupe ne renferme que des individus de petite taille; ils sont insectivores l'été, et vivent de graines dans l'hiver. Le Bruant commun [1] a le dos fauve, tacheté, et le ventre jaune; on le découvre, en troupes considérables, près de nos demeures, lors des froids rigoureux.

MOINEAU. *Fringilla.* Bec conique, droit, gros à la base; mandibule supérieure renflée.

C'est en vain que l'on a cherché à subdiviser les innombrables légions de ce genre; toutes les espèces qui le composent se lient ensemble sans transition saisissable. Ces oiseaux, que l'on a encore nommés gros-becs, sont essentiellement granivores; ils vivent ordinairement en troupes, qui font un tort considérable aux moissons; la tête du Moineau domestique [2], qui est le plus commun de ses congénères et le plus connu, se

[1] *E. citrinella.* L.   [2] *F. domestica.* L.

trouve mise à prix dans quelques pays où cette espèce est regardée comme un fléau dévastateur des champs. C'est à la même coupe qu'appartiennent le Pinçon [1], le Chardonneret [2], le Serin [3], dont la race nous a été apportée des Canaries.

BOUVREUIL. *Pyrrhula.* Bec arrondi, renflé, bombé en tous sens.

Un passereau de nos bocages, le Bouvreuil ordinaire [4], forme le type de ce genre que l'on peut facilement isoler du précédent. Linnée le confondait à tort dans le suivant.

LOXIE. *Loxia.* Bec fort, très-comprimé ; mandibules crochues à extrémités se croisant.

Nommés aussi *becs-croisés*, à cause de la disposition des mandibules, les loxies vivent dans les zônes froides où se trouvent des arbres de la famille des conifères, car ce sont eux qui fournissent leur principale nourriture, et ces oiseaux savent extraire adroitement, à l'aide de leur bec, les semences cachées au milieu des écailles de leurs fruits ligneux. La Loxie des pins [5] se découvre partout où le sol porte ces végétaux.

ORDRE DES COLOMBINS.

Sternum offrant une grande échancrure de chaque côté ; ailes longues ou courtes.

FAMILLE DES PIGEONS.

Bec variable, comprimé ou déprimé ; tarses nus ou emplumés.

---

1 *F. cœlebs.* L.
2 *F. carduelis.* L.
3 *F. canaria.* L.
4 *Loxia pyrrhula.* L.
5 *L. curvirostra.* L.

Pigeon. *Columba.* Bec comprimé, voûté, à base recouverte d'une peau molle, renflée; doigts divisés.

Le Bizet ou Pigeon de roche[1], qui est teint en gris d'ardoise avec le cou vert-changeant, est l'espèce d'où nous proviennent les immenses variétés qu'on observe à l'état domestique. La Tourterelle[2] est aussi de ce genre, où les mœurs sont très-analogues, et dans lequel on remarque une constance extraordinaire dans les couples qui se sont unis. Tous les pigeons nourrissent leurs petits en dégorgeant dans leur bec les graines dont la digestion a été commencée par le vaste jabot.

Ganga. *Pterocles.* Bec médiocre, comprimé; ailes longues; doigts partiellement réunis, bordés; pouce presque nul.

Ils sont en général concentrés vers les landes tropicales. Le Ganga des sables[3] vient passagèrement dans le midi de l'Europe.

Tinamou. *Tinamus.* Bec long, droit, grêle, très-déprimé, mousse; ailes courtes; tarses emplumés; doigts divisés; queue presque nulle.

Ces animaux, extrêmement communs dans l'Amérique, y remplacent nos perdrix et sont regardés comme un excellent gibier; ils vivent d'insectes et de graines au milieu des broussailles où ils courent avec une vîtesse qui compense la pesanteur de leur vol.

1 *C. livia.* Briss.   3 *P. arenarius.* Temm.
2 *C. turtur.* L.

ORDRE DES MARCHEURS.

Sternum à deux échancrures considérables, à crête tronquée ; fourchette articulée par un ligament ; ailes courtes ; pieds ordinairement tétradactyles, à pouce plus élevé ; doigts antérieurs réunis à l'origine par une membrane dentelée.

Ce groupe renferme la plupart des oiseaux que les auteurs ont nommés *gallinacés*, à cause de leur analogie avec le coq domestique. Les marcheurs se distinguent à leur port lourd ; les échancrures profondes de leur sternum, occupant presque toute son étendue, affaiblissent considérablement les muscles qui opèrent le vol ; aussi, ces animaux restent-ils presque constamment attachés à la terre. Chez eux, les mâles abandonnent à la femelle la construction du nid et l'éducation de la jeune famille, et les petits, à peine échappés de l'œuf, jouissent de la faculté de marcher. La ponte se fait le plus communément sur le sol.

FAMILLE DES LONGICAUDES.

Bec robuste, à mandibule supérieure plus longue, recourbée ; queue longue.

Hocco. *Crax.* Bec fort, à base entourée d'une peau où sont percées les narines ; tête huppée.

Ils sont analogues aux dindons ; on les élève de même en Amérique, d'où ils nous viennent. Le plus répandu est nommé *Mitou-poranga* [1] ; il est noir, à ventre blanc et à cire jaune.

[1] *C. alector.* L.

DINDON. *Meleagris.* Front portant une caroncule pendante ; membrane mamelonnée, flottante sous la gorge.

Malgré le nom de poule-d'Inde que l'on donne souvent à ces longicaudes, ils nous viennent d'Amérique ; les premiers arrivèrent en Espagne après la conquête du Mexique, vers 1524, et ils furent ensuite propagés en Europe par les soins des jésuites. Le Dindon sauvage [1], dont le plumage est brun-foncé et glacé d'azur, est l'espèce que nous élevons en domesticité. Il y en a une autre [2] dont la queue, ocellée de taches de saphir cerclées d'or, rivalise, par son brillant éclat, avec la magnificence du paon.

PAON. *Pavo.* Tête aigrettée ; bec nu à sa base ; mandibule supérieure déprimée ; queue excessivement longue.

Le paon ordinaire [3], qui fait l'ornement de nos parcs, vient, comme le fait supposer le brillant éclat de sa parure, des contrées du globe les plus favorisées par la lumière ; c'est l'Inde qui produit ce bel animal ; il en fut rapporté par Alexandre après ses victoires dans ce pays.

FAISAN. *Phasianus.* Tête dépourvue de crête charnue ; bec dénudé ; joues nues, verruqueuses ; queue tectiforme.

Répandu maintenant chez nous pour les plaisirs des souverains qui s'amusent à le chasser, ou pour les jouissances de nos tables, le Faisan [4] fut anciennement introduit

1 *M. sylvestris.* Viell.   3 *P. cristatus.* L.
2 *M. ocellata.* Cuv.   4 *P. colchicus.* L.

en Europe par les Argonautes qui le ravirent aux rivages du Phase, que son nom rappelle, pour le transporter en Grèce, d'où il se répandit ensuite dans tous les pays tempérés de notre partie du monde; il paraît qu'il se trouve aussi dans les plaines glacées de la Sibérie et sur les sables africains.

Le Faisan doré [1], qui est un des plus beaux oiseaux, se fait remarquer par sa tête couverte d'une huppe peinte en or; il provient de la Chine, et c'est lui, selon Cuvier, que les anciens ont décrit en parlant de leur fabuleux phénix. L'Argus [2] se distingue dans ce genre par les larges yeux qui décorent ses ailes; il vient du midi de l'Asie. Peut-être vaudrait-il mieux en faire un nouveau groupe à cause de ses tarses sans éperons.

Coq. *Gallus.* Tête surmontée d'une crête ou d'un panache de plumes; éperon très-long et recourbé; bec à base garnie de membranes charnues.

L'état naturel des espèces de ce genre s'est tellement altéré par leur longue domesticité, que l'on n'avait aucunes notions sur la race primitive du coq et de sa précieuse femelle [3], qui sont si féconds et si utiles dans nos habitations rurales; mais le voyageur Sonnerat a découvert ces oiseaux, à l'état sauvage, dans les montagnes de l'Inde, qui paraît être leur patrie.

Tétras. *Tetrao.* Bec court, bande nue, ordinairement rouge, sur le sourcil; tarses emplumés jusqu'aux doigts.

Ces longicaudes sont aussi connus sous le nom de

[1] *P. pictus.* L.   [3] *G. domesticus.* Briss.
[2] *P. argus.* L.

coqs de bruyère et de *gélinotes*. Nous en avons deux espèces, dont une acquiert une grosseur supérieure au dindon ; sa robe est ardoisée, noirâtre ; elle vit dans la Russie, la Sibérie, et se trouve aussi en France ; c'est elle que l'on nomme le grand Coq de bruyère [1].

FAMILLE DES BRÉVICAUDES.

Bec court, robuste ; queue très-courte ; tarses nus ; éperons courts ou nuls.

PERDRIX. *Perdix*. Tête emplumée ; bec comprimé ; sourcil nu ; mâle à éperon court, ou simple tubercule.

Les guérets, comme le savent les chasseurs, sont la retraite des Perdrix grises [2] qui sont les plus communes en France. Dans le midi, nous trouvons la Perdrix rouge [3], dont la chair est plus estimée. Ces animaux sont trop connus pour en parler longuement.

PEINTADE. *Numida*. Tête nue, surmontée d'une crête calleuse ; barbillons charnus aux joues ; éperon nul.

Les Peintades vivent sous la domination de l'homme depuis les siècles reculés ; connues d'Aristote, elles semblent s'être anéanties dans la suite, et elles furent rapportées nouvellement de l'Afrique, qui est leur patrie, par les excursions des Portugais dans cette partie du monde. L'espèce vulgaire [4], dont le plumage est gris tacheté de blanc, orne nos basses-cours, d'où son naturel querelleur la fait souvent expulser.

[1] *T. urogallus*. Gm.
[2] *P. cinerea*. Lath.
[3] *P. rubra*. Briss.
[4] *N. meleagris* L.

ORDRE DES COUREURS.

Sternum en bouclier, sans arête saillante ; ailes très-petites, impropres au vol.

Forcés, par leur organisation, à rester sur le sol, tout semble disposé, pour cet effet, dans les animaux de cet ordre ; les muscles moteurs des ailes sont très-faibles, et, au contraire, les jambes sont extrêmement charnues et douées d'une force considérable.

FAMILLE DES AUTRUCHES.

Bec droit ; pieds à deux ou trois doigts, tous ongulés ou non.

Autruche. *Struthio.* Bec déprimé, à pointe onguiculée, arrondie ; pieds didactyles ; doigt externe sans ongle.

Le plus gigantesque des oiseaux, l'Autruche[1], constitue à lui seul ce genre qui porte son nom. Cet animal, relégué aux déserts brûlans de l'Afrique, acquiert jusqu'à huit pieds de hauteur, et pèse environ quatre-vingts livres ; n'ayant qu'un simulacre d'ailes, il lui est impossible d'élever sa masse pesante dans l'air ; mais la rapidité de sa course, que nul mammifère ne surpasse, le dédommage bien de la privation du vol ; ses pattes, d'une force extrême, lui servent puissamment pour se défendre contre les attaques de ses ennemis ; et avec elles, ces oiseaux peuvent aussi, selon Pline, lancer des pierres en fuyant.

Le goût semble presque nul dans ces animaux ; le

[1] *S. camelus* L.

naturaliste Vallisnéri rapporte que l'un d'eux mourut pour avoir mangé une quantité considérable de chaux ; il en est qui avalent, avec gloutonnerie, les substances les plus dures, des fragmens de verre, des pierres ou des métaux. On a trouvé, dans l'estomac d'une autruche morte à Paris, près d'une livre pesant de morceaux de fer ou de cuivre et des pièces de monnaie à demi-usées.

Les organes génitaux de ces coureurs se rapprochent de ceux des mammifères, et ils s'accouplent d'une manière analogue à eux. Leurs œufs sont blancs ; ils ont environ six pouces de diamètre, et l'un d'eux peut suffire pour le repas d'un homme ; les autruches ne les couvent ordinairement que la nuit, la chaleur du climat étant suffisante pour les chauffer pendant le jour, dans les trous, à la superficie de la terre, où les femelles les déposent. Les auteurs arabes, et après eux le navigateur Bougainville, disent que celles-ci ont soin de mettre près du nid d'autres œufs qu'elles ne couvent pas et que leurs petits mangent aussitôt éclos.

La chair de l'autruche paraît agréable aux populations de certains pays, et, malgré que le plus ancien des législateurs la proscrive comme impure, dans la Bible, à l'époque de l'antiquité, quelques peuples, que l'on nommait, à cause de cela, Struthiophages, en mangeaient habituellement, et cette coutume s'est aujourd'hui continuée chez plusieurs tribus africaines. Du tems des empereurs, les Romains faisaient servir cet oiseau sur leurs tables, et il fallait qu'il fût bien commun alors, puisque Héliogabale poussa le luxe jusqu'à en faire présenter six cents cervelles dans un seul repas.

Cet animal subit actuellement le joug de la servitude au milieu de quelques nations, où on en élève des bandes, afin d'en extraire les plumes qui sont recherchées pour l'ornement et la parure des femmes; la peau fournit un cuir employé, par les sauvages, à la confection d'armures défensives et de boucliers. Les autruches se laissent quelquefois docilement monter; Adanson en a vu au Sénégal dont la rapidité surpassait celle des meilleurs chevaux, malgré qu'elles portassent deux hommes. L'historien Strabon mentionne que certains peuples chassaient ces oiseaux en se déguisant avec la peau de l'un d'eux pour les approcher. Aujourd'hui les Arabes les entourent avec des chevaux et des chiens.

CASOAR. *Casuarius.* Tête surmontée d'une éminence osseuse; bec comprimé, caréné; ailes à cinq baguettes sans barbes; pieds tridactyles, ongulés.

On ne trouve encore, dans cette coupe, qu'une seule espèce, qui vit dans l'Inde, et que les Hollandais apportèrent en Europe, pour la première fois, en 1597; c'est le Casoar [1], dont la tête, presque nue, est surmontée d'un casque brun et jaune, formé par un renflement des os crâniens : le corps de cet oiseau est couvert de plumes noires analogues à des crins tombans; sa nourriture se compose de fruits, et, comme l'autruche, il abandonne ses œufs à la chaleur naturelle du sol.

ORDRE DES ÉCHASSIERS.

Sternum caréné, variable; jambes nues en bas; tarses ordinairement fort longs.

Le nom d'échassiers vient de l'aspect de ces animaux,

[1] *C. galeatus.* Vielh.

dont le corps est ordinairement suspendu au-dessus du sol par de faibles et longues jambes.

La plupart des oiseaux de cet ordre fréquentent les rivages, et se construisent des nids avec des bûchettes ingénieusement rassemblées ; ceux-ci sont ordinairement placés sur la cime des arbres. De longues pattes, un cou grêle et alongé, et des doigts partiellement réunis par des membranes, permettent aux échassiers de s'avancer dans les marais pour y chercher leur nourriture. Les espèces dont le bec est fort vivent de reptiles et de poissons qu'elles saisissent dans l'eau, les autres de vers et d'insectes qui se trouvent dans la vase ; rarement elles sont herbivores.

Les échassiers volent en laissant leurs jambes en arrière comme une espèce de gouvernail. Ils émigrent aux changemens de saisons, se réunissent par bandes du même âge pour voyager ; celles qui se composent des vieux partent plus tôt. En général, ce sont des oiseaux rusés et sauvages que l'on approche difficilement.

FAMILLE DES GALLINOGRALLES.

Bec court, médiocre ; pieds à trois ou quatre doigts exigus, ou bien longs et grêles ; ailes courtes ou très-amples.

Outarde. *Otis.* Bec droit, comprimé ; ailes courtes doigts courts, bordés de membranes ; pouce nuls.

Ce sont des oiseaux du vieux continent, volant très-peu et seulement à ras de terre quand quelque danger les menace. La grande Outarde [1], qui est un gibier

[1] *O. tarda.*

excellent, apparaît parfois dans les campagnes de notre pays; elle est plus commune en Italie : c'est à sa démarche grave et lente qu'elle devait la dénomination d'*avis tarda* que lui donnaient les Romains; elle offre une teinte jaunâtre variée de bandes fauves et brunes.

AGAMI. *Psophia.* Cou duveteux; bec courbé, voûté; doigts longs, grêles; un pouce long articulé avec eux.

L'Agami [1], nommé aussi oiseau-trompette, à cause de son cri particulier qui semble sortir de l'anus, est la seule espèce de ce genre. Il est noir, élevé sur de longues jambes, et vit dans les forêts de l'Amérique méridionale.

Se soumettant facilement à la domesticité, cet animal déploie une intelligence que l'on n'observe dans aucun autre de sa classe; il s'attache aux pas de l'homme comme un chien, et l'on peut lui confier la garde des troupeaux à la pâture; il les défend avec un courage qui surpasse ses forces, puis, de retour au logis, il fait encore la police de la basse-cour, et force le bétail à rentrer le soir. Sa nourriture se compose de grains et d'insectes.

KAMICHI. *Palamedea.* Bec court; ailes très-amples, munies d'ergots; pieds courts, tétradactyles; ongle du pouce plus long.

Ils sont très-intelligens, et l'éducation peut en faire de bons gardiens pour les volatiles que l'on élève dans les plantations. Le Kamichi cornu [2] est noir-ardoisé; sa tête est surmontée d'une tige cornée, mobile; il vit, comme ses congénères, dans les marécages du Nouveau-Monde où il se nourrit de plantes aquatiques.

1 *P. crepitans.* L. 2 *P. cornuta.* L.

11 *

FAMILLE DES TAKIDROMES.

Corps de forme très-variable ; doigts ordinairement courts ; pouce rudimentaire ou nul ; sternum bombé, à crête fort saillante, à bords très-convexes.

** Takidromes microrhynques ou à bec fin et peu long.*

BÉCASSEAU. *Tringa.* Bec pas plus long que la tête, déprimé et dilaté au bout, flexible ; jambes médiocres ; pieds tétradactyles.

Naturellement voyageurs, ces oiseaux suivent ordinairement les bords de la mer ou des fleuves, pendant leurs migrations, et ils s'arrêtent dans les marécages qui leur fournissent des larves d'insectes aquatiques, régime habituel de ces takidromes. Le Bécasseau violet [1], dont la robe d'hiver est glacée de reflets pourprés, se trouve sur toutes les côtes européennes.

PLUVIER. *Charadrius.* Bec grêle, plus court que la tête ; narines occupant ses deux tiers ; pieds tridactyles.

Ces volatiles font leur retraite dans les marais fangeux ou sur les côtes maritimes. Ils sont voyageurs, traversent l'air avec ordre, et vivent en société. On a remarqué que quand les troupes de ces échassiers prennent du repos, des sentinelles vigilantes restent éveillées pour les avertir des dangers qui peuvent les menacer. Répandus dans presque toutes les parties de la terre, ils se nourrissent de mollusques et de vers, et sont recherchés comme un excellent gibier. Le Pluvier doré [2], noirâtre, pointillé de jaune en dessus et blanc en dessous, est le plus commun.

[1] *T. maritima.* L.   [2] *C. pluvialis.* L.

ŒDICNÈME. *ŒEdicnemus.* Bec plus long que la tête,
à pointe comprimée, traversé par les narines;
pieds tridactyles; doigts bordés.

D'un naturel sauvage et craintif, ces oiseaux ne cherchent leur nourriture que pendant la nuit, et restent
cachés le jour dans les déserts, où ils se plaisent de
préférence. Ils opèrent des migrations périodiques et
volent vers le nord dans l'été, conduits en troupes par
un chef qui les dirige. On n'en rencontre pas dans le
nouveau continent. L'OEdicnème criard [1], dont la couleur roux-cendré se confond avec les solitudes qu'il
habite, vient visiter l'Europe.

** *Takidromes macrorhynques ou à bec long et ordinairement gros.*

BÉCASSE. *Scolopax.* Tête comprimée; yeux situés
en arrière; bec long, droit, grêle, mou, à
pointe renflée.

Les seuls caractères communs à ce genre, dont les
espèces offrent les plus marquantes différences, sont
l'aplatissement de la tête et la situation postérieure des
yeux. Ce sont des échassiers stupides, recherchant les
lieux sauvages où le sol est constamment humide, et
passant toute la journée à enfoncer profondément leur
long bec dans la terre amollie, pour se procurer les
vers qui forment leur régime habituel.

La Bécasse ordinaire [2], qui est variée de couleur roussâtre, de jaune et de noir sur le dos, puis jaunâtre, irrégulièrement rayée de brun et de noir en dessous, et qui
vit dans tous les pays; la Bécassine [3], qui est plus petite,

1 *ŒE. crepitans.* Temm.   3 *S. gallinago.* L.
2 *S. rusticola.* L

et quelques autres espèces de ce genre, font l'ornement de nos tables et sont fort recherchées.

Ibis. *Ibis.* Tête ou cou partiellement nus; bec arqué, grêle, obtus, à base presque carrée, profondément sillonné jusqu'au bout; pouce posant sur le sol.

Les oiseaux de ce groupe vivent en société dans les deux mondes, où leurs espèces sont également répandues; ils exécutent des migrations périodiques.

L'un d'eux, l'ibis sacré, était l'objet de la vénération des anciens Égyptiens; ils le nourrissaient dans leurs temples, et après sa mort, sa dépouille était embaumée, et on la confiait à la sépulture avec de pompeuses cérémonies.

Les antiquaires qui voulurent expliquer l'origine de ce culte, égarèrent les naturalistes en avançant que celui-ci exprimait la reconnaissance nationale pour le bienfait que l'ibis procure à l'Égypte, en dévorant une multitude de serpens qui infestent ses campagnes. Cela fit que, malgré les descriptions exactes que l'antiquité nous avait laissées de cet oiseau dans les œuvres d'Hérodote, et dans les livres d'Élien sur les animaux, on ne voulut voir l'ibis que dans les espèces ophiophages, et les hommes les plus célèbres de la science, entraînés par cette opinion, tels que Linnée, Buffon et Blumenbach, n'eurent que de fausses idées à l'égard d'un être aussi remarquable.

Ce fut l'intrépide voyageur Bruce qui, le premier, nous donna des notions exactes sur cet échassier, dont on apporta ensuite des momies en France. Cuvier fixa alors nos connaisseurs à ce sujet, et fit voir que l'ibis des anciens ne vivait point habituellement de reptiles, mais seulement de petits poissons, de vers et d'insectes. Ce fait rendrait probable l'opinion de M. Savigny, qui pense que cet oiseau était révéré, non parce qu'il détruisait les serpens, mais à cause du présage favorable de son apparition qui annonçait, chaque année, aux nations égyptiennes, l'époque de la crue du Nil fécondateur.

L'Ibis sacré[1] est blanc avec le bout des ailes noir glacé de violet, le bec, les pieds et le cou de la même couleur; il se trouve dans toutes les parties de l'Afrique. L'Ibis rouge[2] est un bel oiseau de l'Amérique, d'un rouge vif avec le bout des ailes noir.

Huitrier. *Hœmatopus.* Bec cunéiforme, droit, comprimé, fort; pieds tridactyles; doigts bordés.

C'est à leur habitude de manger des huîtres et d'autres mollusques bivalves qu'est due la dénomination de ces oiseaux; ils enfoncent leur bec robuste, disposé favorablement en coin, entre les battans de ces coquilles, les ouvrent violemment et en dévorent l'animal. Leur séjour est le bord de la mer dont ils suivent les flots, pendant les mouvemens des marées, afin de s'emparer de ce qu'ils laissent à découvert; ces takidromes déchirent même le ventre des poissons abandonnés sur la plage, pour y trouver leur aliment. L'Huîtrier commun[3] est noir, avec du blanc à la gorge, au ventre, aux ailes et à la queue, et c'est cette coloration qui le fait nommer *pie de mer* par les habitans des rivages du nord des deux continens, où il est également répandu.

1 *I. religiosa.* Cuv.   3 *H. ostralegus.* L.
2 *Scolopax rubra.*

ÉCHASSE. *Himantopus.* Bec cylindrique, grêle, long, effilé; jambes excessivement longues et grêles; pieds tridactyles; ongles plats.

L'extrême hauteur et la faiblesse des jambes de ces échassiers, qui peuvent à peine les soutenir, est ce qui étonne, au premier abord, le naturaliste qui les considère; c'est une anomalie dont la raison n'est pas encore suffisamment connue. Pour manger, ils choisissent les endroits vaseux des marécages où peuvent s'enfoncer leurs longs tarses, ce qui rapproche le bec de la bourbe où se trouvent les insectes, les vers ou les mollusques que ces volatiles semblent particulièrement aimer. L'Échasse à manteau noir [1], dont les parties inférieures sont blanches et les longues jambes rouges, se trouve à la fois en Europe et au Sénégal.

AVOCETTE. *Recurvirostra.* Bec recourbé en haut, déprimé, très-long, grêle; pieds subpalmés; pouces rudimentaires élevés.

Le singulier bec de ces animaux est employé à fouiller la vase où ils trouvent leur aliment. Sur les quatre espèces renfermées dans ce groupe, une est d'Europe, l'Avocette à nuque noire [2], dont le plumage est blanc et les pieds plombés.

SPATULE. *Platalea.* Bec très-long, terminé par un disque aplati, spatuliforme.

Les espèces de ce genre répandu dans toutes les plages habitées du globe, vivent en petites troupes sur les rivages maritimes qui leur offrent l'ombrage d'arbres élevés. Les spatules quittent ces retraites pour venir sur

---

[1] *H. melanopterus.* Mey.   [2] *R. avocetta.* Gm.

les grèves où battent les flots et saisir les poissons, que ceux-ci y apportent continuellement. Quand cette proie manque, on les voit vivre de reptiles, d'insectes ou de coquillages.

Une température constamment égale, semble nécessaire à ces animaux, et pour se la procurer, ils accomplissent des migrations en se joignant aux troupes de cigognes qui vont retrouver, pendant notre hiver, la douce atmosphère de l'équateur; mais ils reviennent chaque été dans les climats septentrionaux. On peut facilement soumettre ces échassiers à la domesticité.

La Spatule blanche[1], dont le cou est jaune, est un des beaux oiseaux de l'Europe; elle fréquente tous les parages de cette partie du monde.

TANTALE. *Tantalus.* Face nue; bec très-long, recourbé en bas, à dos arrondi; dilaté à sa naissance.

Ces échassiers ophiophages sont très-avantageux pour les endroits où ils séjournent, parce qu'ils détruisent beaucoup de serpens. D'un naturel stupide, on les voit rester immobiles à l'approche du chasseur, dont l'arme ne paraît pas les effrayer. C'est, en général, vers les contrées chaudes qu'on les trouve. Le Tantale d'Amérique[2] présente la taille de la cigogne; son plumage est blanc avec du noir irisé aux ailes et à la queue.

*** *Takidromes hétérorhynques ou à bec anomal.*

PHÉNICOPTÈRE. *Phenicopterus.* Bec gros, subitement courbé, denté; mandibule inférieure demi-cylindrique, la supérieure plate; pieds palmés.

___

[1] *P. leucorodia.* L.   [2] *T. loculator.* L.

La méfiance domine dans les mœurs des phénicoptères; ils vivent en troupes, ne se reposent, pour chercher leur nourriture, que sur les plages humides et découvertes, où ils placent des sentinelles qui peuvent facilement les avertir des surprises que l'on pourrait tenter contr'eux tandis qu'ils prennent leur repas. Ces gros oiseaux établissent leurs nids dans les endroits déserts; ils les construisent sur le sol, avec de la vase ou de la terre, et leur donnent une élévation suffisante pour que les longues jambes de la femelle restent pendantes au dehors, quand elle y séjourne pour couver : la forme de ces nids est pyramidale, et à leur sommet, qui est tronqué, se trouve la cavité où sont déposés les œufs.

Une espèce de phénicoptère vient visiter l'Europe, c'est le Flammant ou Flambant[1], dont les parties supérieures sont d'un rouge empourpré et les ailes roses. Ses troupes voyageuses traversent l'air rangées en triangle, puis descendent en décrivant des spirales régulières, et s'abattent sur les prairies en y groupant symétriquement leurs bandes flamboyantes, que l'on voit parfois remonter jusque dans nos latitudes.

FAMILLE DES CICONIENS.

Corps généralement gros; quatre doigts assez longs, les antérieurs un peu palmés; sternum en bouclier, large, court, très-bombé, à une seule paire d'échancrures peu profondes, au bord postérieur.

GRUE. *Grus.* Bec droit, obtus, peu fendu, fortement cannelé, à arête élevée; pouce effleurant le sol.

[1] *P. ruber.*

Ce sont les oiseaux voyageurs par excellence; lorsqu'ils se disposent à quitter quelque région, ils se réunissent en troupes et partent ensuite, sous la conduite d'un chef, en formant, dans l'air, des files parallèles, à la tête desquelles celui-ci se trouve. Par une prévoyance que dicte sans doute leur faiblesse, c'est ordinairement la nuit que les grues opèrent leurs translations, pour éviter les espèces rapaces dont elles deviennent quelquefois la pâture. L'ordre de leurs bandes et leur passage régulier par les provinces de la Grèce avaient rendu ces échassiers célèbres dans l'antiquité.

Tout peut servir pour alimenter ces animaux : tantôt ils mangent des vers, des reptiles ou du poisson, d'autres fois ils ne vivent que d'herbe ou de graines. Ils bâtissent leurs nids dans les joncs touffus des marais et sur les hauteurs des édifices.

La Grue cendrée[1], dont le nom indique la coloration, a le devant du cou et l'occiput noirâtres; c'est une espèce assez commune en Europe, où sa stupidité est passée en proverbe.

SAVACOU. *Cancroma.* Bec très-déprimé, comme formé de deux cuillères; mandibule supérieure terminée en crochet.

Les vastes savannes de l'Amérique équatoriale sont le séjour du Savacou cochlearia[2] qui est la seule espèce connue. Sa tête porte une huppe flottante qui se hérisse pendant la colère; son dos est gris et son ventre roux. Cet animal, patient et silencieux, se tient souvent sur les vieux troncs d'arbres des rivages, d'où il s'élance sur

1 *G. cinerea.* Bech.　　　　2 *C. cochlearia.* Lath.

les poissons ou les mollusques qui viennent près de lui ; quelquefois il mange des crabes.

Héron. *Ardea.* Bec très-long, conique, comprimé, sillonné, pointu, fendu jusqu'aux yeux ; mandibules tranchantes ; ongles longs, le moyen à bord tranchant, dentelé.

La facilité avec laquelle ces oiseaux supportent le froid, et l'étendue de leur vol, les ont propagés par toute la terre. On les voit solitairement vivre sur les bords des fleuves et des marais, où, patiemment posés, ils guettent les poissons ou les reptiles qui sont leur pâture préférée, et sur lesquels ils lancent leur bec avec agilité pour les saisir au passage.

Le Héron commun [1] porte une huppe noire, et le devant de son cou grêle est parsemé de larmes pareilles sur un fond blanc ; il dépeuple les rivières et les étangs. On doit aussi remarquer, dans ce genre, la grande Aigrette [2], qui est d'une blancheur éclatante, et le Butor d'Europe [3]; qui porte un gros cou et est peint en fauve doré avec des points noirs : c'est sa voix retentissante qui lui a mérité ce nom.

Cigogne. *Ciconia.* Bec ordinairement droit, gros, pointu, à mandibule supérieure arrondie, sans sillons ; fosses nasales courtes ; ongles courts, sans dentelures ; pouce entièrement sur le sol.

Les services que nous rendent les cigognes, en détruisant les reptiles, ont été reconnus par beaucoup de nations chez lesquelles on leur accorde non seulement une protection assurée, mais encore où on les entoure

---

[1] *A. major.* L.
[2] *A. alba.*
[3] *A. stellaris.*

quelquefois d'un respect religieux. Ces animaux, rendus confians par cet accueil, sont devenus, dans certains pays, les familiers des demeures de l'homme; en Hollande, où leur utilité est appréciée, on construit des bâtisses sur les cheminées et vers le sommet des édifices, pour inviter leurs familles à s'y établir; là, dans les villes comme au milieu des campagnes, on rencontre communément de ces nids offerts par notre industrie, et dans lesquels, de tems immémorial, des couples viennent passer l'été chaque année, et qu'ils n'abandonnent que pendant la saison froide, quand les reptiles, frappés d'engourdissement, ne se montrent plus.

Il paraît que ces oiseaux soignent leur progéniture avec une constance que rien ne peut ébranler. On rapporte, comme un fait avéré, que, dans l'incendie de Delft, une femelle aima mieux périr dans les flammes, que d'abandonner sa jeune famille encore inhabile à voler.

La Cigogne blanche [1], dont les ailes sont noires et le bec rouge, est l'espèce la plus commune en France, où l'on trouve aussi la Cigogne noire [2], qui est noirâtre, irisée supérieurement, et dont le ventre est blanc.

Jabiru. *Mycteria.* Bec très-fort, courbé en haut; tarses réticulés.

Ces échassiers ont la plus grande analogie physique avec les cigognes; ils leur ressemblent aussi par les mœurs. Le Jabiru d'Amérique [3] est blanc avec le cou noir et nu.

---

[1] *C. alba.* Belon.
[2] *C. nigra.* Belon.

[3] *M. americana.* L.

Bec-ouvert. *Anastomus.* Bec à mandibules ne se joignant point au milieu.

Naturels aux contrées de l'Inde, ces oiseaux ont aussi les plus grands rapports avec les cigognes; les mandibules seules les différencient. Le Bec-ouvert à lames[1], dont la robe est noire, irisée, est surtout remarquable par ses plumes qui se terminent par une lamelle cornée.

FAMILLE DES MACRODACTYLES.

Doigts des pieds robustes, excessivement longs, entièrement séparés; sternum très-étroit.

Rale. *Rallus.* Bec droit, ou médiocrement incurvé, cylindrique à la pointe, sans écusson, sillonné; ailes sans éperons.

Les râles se plaisent au milieu des joncs, se nourrissent de plantes des marais aussi bien que d'insectes et de crustacés; ils plongent et nagent malgré que la disposition de leurs pattes ne soit pas propice à ces exercices. D'un naturel sauvage, leur vie est solitaire; ne volant que quand le besoin les y force, ils courent avec facilité.

Le Râle aquatique[2] est commun dans nos prairies coupées d'eau; coloré en roux-brunâtre en dessus, ses flancs sont noirs, rayés de blanc. Le Râle des genêts[3] est aussi nommé *roi des cailles*, parce qu'il accompagne ces oiseaux, se montre et disparaît avec eux, ce qui avait fait croire qu'il les gouvernait dans leurs voyages.

Poule-d'eau. *Fulica.* Bec terminé en écusson recouvrant le front; ailes sans éperons; doigts légèrement bordés.

---

[1] *A. lamelliger.* Temm.
[2] *R. aquaticus* L.

[3] *R. crex* L.

Il est difficile d'offrir des généralités sur ce groupe que les méthodistes ont fait singulièrement varier dans la composition. Cependant ses espèces paraissent ordinairement se complaire dans les marécages ; elles nagent ou plongent facilement, et se dérobent avec adresse aux regards des chasseurs, au milieu des plantes aquatiques, leur séjour de prédilection. Telle est la Poule d'eau commune[1], qui est peinte en brun-obscur en dessus et en gris-ardoisé en dessous, avec du blanc.

ORDRE DES NAGEURS.

Sternum fort alongé, à une échancrure de chaque côté, ou un trou fermé par une membrane ; tarses courts, comprimés ; doigts entièrement réunis, rarement lobés.

On nomme aussi les oiseaux de cet ordre *palmipèdes*, à cause de la structure des pieds ; l'implantation postérieure des pattes favorise leur vie aquatique ; ils nagent et plongent même parfois avec la plus grande aisance ; le long cou de certaines espèces leur permet de saisir la nourriture au fond des eaux peu profondes, en parcourant leur surface. Le plumage des nageurs est garni d'un duvet épais et il se trouve lustré par une substance huileuse qui le garantit de l'action de l'élément où ces êtres passent leur vie.

FAMILLE DES MACROPTÈRES.

Bec ordinairement édenté, tranchant et courbé ; ailes très-longues.

[1] *F. chloropus.* L.

Mouette. *Larus.* Bec fort comprimé; mandibule supérieure courbée à la pointe, l'inférieure anguleuse, renflée; narines percées à jour; pouce libre, élevé.

Les mouettes vivent près des rivages; ce sont ces beaux oiseaux dont on voit les nombreuses légions apparaître sur les flots orageux, ou dessiner leurs blanches ailes sur les sombres nuages des tempêtes. Ces animaux ont des mœurs qui contrastent singulièrement avec leur aspect; sous l'apparence de la douceur, avec un vol gracieux et une robe d'une blancheur éblouissante, qui séduisent les regards, ils cachent une dégoûtante férocité. Ne se repaissant que de charognes pestilentielles que la mer rejette sur les rochers, on voit ces palmipèdes se combattre à outrance pour s'en arracher les lambeaux, puis ils se gorgent de ceux-ci avec une telle voracité, qu'ils en avalent en même tems les ossemens; mais bientôt après, ils vomissent ces substances rebelles à la puissance digestive.

Il est probable que cette habitude de se bourrer d'alimens est dictée par une prévoyance nécessaire à ces nageurs qui font de si longues excursions maritimes; après un copieux repas, ils restent quelquefois huit jours sans manger. Les mouettes préfèrent les latitudes froides, un manteau épais leur permet d'en braver la rigueur; elles ne quittent les pôles que quand les glaces envahissent tout et leur dérobent les derniers vestiges de nourriture : dans ces lieux, elles se plaisent particulièrement sur l'affreuse nudité des rochers, les font retentir de cris importuns, et déposent leurs œufs dans les enfractuosités qu'ils offrent.

Des naturalistes ont établi des divisions dans ce genre ; ils nomment goëlands les grosses espèces, et conservent le nom de mouettes ou mauves, aux plus petites, mais on ne peut pas admettre une distribution si arbitraire.

La Mouette appelée par les marins Bourguemestre [1], que l'on rangeait parmi les goëlands, a le dos et le manteau d'un gris-bleuâtre clair et le reste du plumage blanc.

La Mouette rieuse [2], dont le nom vient de son espèce de cri, a sa robe d'hiver cendré-bleuâtre très-clair, la tête et le cou d'un blanc parfait ; elle habite les rivages européens. Certaines espèces sont appelées stercoraires, parce que l'on prétend qu'elles mangent avec avidité la fiente de leurs congénères ; tel est le Stercoraire à longue queue [3].

ALBATROS. *Diomedea.* Bec très-fort, subitement courbé à la pointe, qui semble une pièce articulée ; mandibule inférieure tronquée ; pouces sans vestiges.

Les albatros habitent les mers et les côtes australes, où, malgré leur énorme grosseur, on les voit effleurer légèrement la superficie des flots agités qui roulent les poissons dont se compose leur nourriture, et saisir ceux-ci avec agilité. Parfois entraînés dans une trop longue course, ils viennent se reposer sur la mâture des vaisseaux, et si leur chair n'était désagréable, ils contribueraient souvent aux repas des marins qui traversent les tropiques, parages qu'ils fréquentent communément.

[1] *L. glaucus.* Gm.
[2] *L. ridibundus.* Gm.
[3] *L. parasiticus.* Gm.

La voix de ces oiseaux est forte, elle est aussi désagréable que celle de l'âne, à laquelle on l'a comparée dans certaines espèces. C'est sur les grèves désertes qu'ils font leur nid; ils l'élèvent de quelques pieds au-dessus de la rive, et l'argile est seule employée pour sa construction.

On ne connaît que trois espèces; l'une d'elles, l'Albatros commun[1], se rencontre en abondance vers les rivages méridionaux de l'Afrique, où les navigateurs le nomment ordinairement *mouton du cap*, à cause de son volume et de la coloration de son pelage qui est généralement blanc et seulement tacheté d'un peu de noir. Les Anglais l'appellent *vaisseau de guerre*.

Bec-en-ciseaux. *Rhynchops.* Bec à mandibules aplaties en lames, la supérieure beaucoup plus courte; pieds petits.

Le nom de ces nageurs vient de la forme de leur bec; on les connaît aussi sous la désignation de *coupeurs d'eau*, parce qu'ils ont l'habitude, en volant, de tenir leurs mandibules ouvertes et de plonger l'inférieure dans la mer où elle trace une espèce de sillage : c'est par ce moyen que ces oiseaux prennent les petits poissons qu'ils mangent. Vivant sur les rivages escarpés du nouveau continent, c'est là qu'ils viennent chercher le repos; car on ne les voit pas, ainsi que les autres palmipèdes, se délasser en nageant à la superficie de l'eau. Leurs nids sont formés avec des plantes marines négligemment arrangées.

Le Bec-en-ciseaux noir[2] est le mieux connu ; il habite les Antilles ; il est brun-noirâtre en dessus et blanc par dessous.

[1] *D. exulans.* L.

[2] *R. nigra.* L.

PAILLE-EN-QUEUE. *Phaeton.* Bec droit, pointu, denticulé ; narines perforantes ; quatre doigts totipalmés ; queue à deux pennes très-longues.

Appelés ainsi à cause des deux pennes pendantes de leur queue, qui, de loin, ressemblent à des pailles, ces palmipèdes vivent en troupes dans les parages de la zône torride où paraît être spécialement leur patrie ; et de là, sans doute, leur est venu le nom d'*oiseaux des tropiques*, que les navigateurs leur donnent ordinairement.

Le vol des paille-en-queue est rapide et soutenu ; ils se transportent à de grandes distances de terre ; ces nageurs s'élèvent aussi dans les hautes régions atmosphériques, et de là, ils se laissent tomber près de la surface de la mer, pour s'élancer sur les poissons. Quand la nuit les surprend au milieu de leur course et qu'ils ne peuvent regagner le rocher, leur abri ordinaire, on dit qu'ils s'endorment, en sécurité, sur les flots de l'Océan.

Le Paille-en-queue à brins rouges [1], dont le plumage est généralement blanc, est commun.

FAMILLE DES SIPHORHINIENS.

Bec à narines proéminentes, tubuleuses, crochu à l'extrémité.

PÉTREL. *Procellaria.* Bec tranchant, à mandibule inférieure tronquée ; ongle acéré remplaçant le pouce.

Ce sont les palmipèdes qui s'éloignent le plus des terres. Comme ils se trouvent souvent obligés de chercher un abri sur les vaisseaux quand le gros tems

1. *P. phœnicurus.* Lath.

approche, les marins leur donnent le surnom d'oiseaux des tempêtes.

L'existence des espèces de ce genre se passe presque uniquement sur les flots; c'est à peine si elles viennent momentanément se reposer sur quelque creux de rocher pour y pondre l'œuf unique qui constitue toute leur progéniture. Le nom de pétrel (petit Pierre) a été donné à ces oiseaux, parce qu'ils se soutiennent sur les vagues en les frappant de leurs pieds et en s'aidant de leurs ailes, et qu'ils rappellent ainsi la course miraculeuse de l'apôtre Pierre sur les flots orageux du lac de Génésareth.

Les pétrels vivent d'animaux marins, souvent de cadavres de cétacés; ils nourrissent leur petit en dégorgeant dans sa bouche des portions de leur repas à demi digérées et transformées en matière huileuse, et quand ils jugent que celui-ci est capable de trouver seul sa nourriture, il est chassé de force de son nid par ses parens.

Parmi ce genre, dont les êtres se complaisent spécialement dans le nord, nous trouvons quelques espèces sur nos côtes. La plus commune est le Pétrel des tempêtes [1], qui est noir en dessus et à croupion blanc; son apparition sur les navires indique, mieux que tous les instrumens, qu'on est menacé d'un ouragan. Le Pétrel damier [2], qui vit dans les mers australes, est connu de tous les marins.

FAMILLE DES CRYPTORHINIENS.

Bec à narines linéaires à peine visibles; peau de la gorge extensible; pieds tétradactyles, ordinairement totipalmés.

[1] *P. pelagica.* L.   [2] *P. glacialis.*

Elle renferme des espèces très-voraces, véritables fléaux pour les étangs qu'elles dépeuplent rapidement; plusieurs se perchent dans les arbres, malgré la structure palmée de leurs pieds.

PÉLICAN. *Pelecanus.* Bec excessivement long, droit, très-déprimé, terminé par un onglet; sac membraneux sous la mandibule inférieure.

Ce genre renferme de gros oiseaux qui pêchent les poissons d'une manière aussi bruyante que drôle. Lorsqu'ils en aperçoivent un à la surface de l'eau, ils s'élancent dessus, battent le liquide à coups redoublés avec leurs grandes ailes, et saisissent ensuite leur proie étourdie par ce tumulte inaccoutumé; puis, la mettant dans leur poche, ils vont la dévorer sur le rivage.

La mère en alimentant ses petits, leur dégorge une partie de la nourriture qu'elle vient de prendre, et comme, pendant cette opération, elle tache quelquefois de sang sa gorge d'une blancheur éblouissante, l'ignorance inventa que, par dévoûment, les femelles de ces animaux se déchiraient les flancs pour nourrir leur jeune famille.

Le Pélican blanc[1] est de la grosseur du cygne; son plumage est lavé de rose. Il se voit près de toutes les mers. On a cru le reconnaître pour l'un des oiseaux dont la chair, regardée comme trop lourde, était proscrite, par les lois sacrées, chez la nation hébraïque.

CORMORAN. *Hydrocorax.* Bec comprimé, crochu au bout; mandibule inférieure tronquée; sac guttural très-petit; doigt médian denté.

Les cormorans vont jusqu'au fond de l'eau saisir les

---

1 *P. onocrotalus.* L.

poissons; ils les prennent avec une patte, tandis qu'en nageant avec l'autre ils regagnent la surface; arrivés à cet endroit, ils jettent leur proie en l'air et la reçoivent dans le bec pour la dévorer. L'habileté que ces oiseaux déploient à la pêche les faisait autrefois employer, en Angleterre, à cet exercice. On les dressait exprès; un anneau qu'ils portaient au cou était le sûr garant de leur retenue. Placés sur le devant d'une barque dirigée par leur maître, de là ils s'élancent sur les poissons et rapportent fidèlement ceux qu'ils parviennent à attraper. Ces animaux sont encore élevés à cet effet dans l'Asie. Le grand Cormoran [1], au manteau d'un brun-brouzé, avec des plumes noires-verdâtres, se trouve dans nos campagnes.

FRÉGATE. *Tachypetes.* Mandibules courbées; ailes très-longues; doigts demi-palmés; queue four-chue.

Les ailes immenses de ces oiseaux peuvent les soutenir pendant des journées entières, mais elles leur défendent de se reposer sur les eaux d'où il leur serait ensuite impossible de les déployer; aussi les frégates se contentent d'effleurer la surface de la mer pour saisir des poissons volans. Leurs doigts, imparfaitement palmés, les rendent inhabiles à plonger; mais, plus ingénieux qu'adroits, ces oiseaux savent employer la violence pour arracher à d'autres espèces la capture qu'elles viennent de faire. C'est ainsi qu'on les voit battre les Fous [2] pour les contraindre à dégorger leur proie.

La grande Frégate [3], dont tout le plumage est noir-

[1] *Pelecanus carbo.* L.
[2] *Pelecanus bassanus.* L.

[3] *T. aquila.* Niell.

irisé, vient dans les mers du Sud; c'est la plus remarquable.

FAMILLE DES COLYMBIENS.

Pieds à quatre doigts ordinairement; bec droit,
à bords dentés ou lamelleux, quelquefois courbé
vers le bout.

** Colymbiens ailés.*

Canard. *Anas.* Bec droit, large, déprimé, à bout
obtus, onguiculé et à bords dentelés en lames.

Les lamelles placées transversalement sur les mandibules, paraissent destinées à laisser écouler l'eau qui
entre dans la bouche en même tems que l'aliment.

C'est à ce genre, un des plus considérables qu'il y ait
en espèces, qu'appartiennent le Cygne à bec noir, ou
sauvage [1]; le Cygne à bec rouge ou domestique [2], qui
orne les bassins des parcs; l'Oie ordinaire [3], et le Canard
domestique, dont les variétés se sont multipliées à l'infini; enfin la Maquereuse commune [4], sur laquelle on a
débité tant de fables ridicules.

Harle. *Mergus.* Bec cylindrico-conique, grêle,
très-crochu et onguiculé au bout; mandibules
à dents aiguës dirigées en arrière; narines
perforantes.

Ce sont des nageurs analogues aux canards; ils vivent
dans les étangs et y font un tort considérable en diminuant leur population. Quoique naturelles du nord des
continens, plusieurs espèces nous viennent l'hiver. Le
Harle vulgaire [5], dont le plumage varie, est une de
celles qui nous visitent le plus souvent.

1 *A. cygnus.* L.   4 *A. nigra.* L.
2 *A. olor.* L.   5 *M. merganser.* L.
3 *A. anser.* L.

*** Colymbiens subailés.*

PLONGEON. *Colymbus.* Bec étroit, comprimé, très-
pointu ; pieds tétradactyles, totalement palmés.

C'est à l'étonnante facilité avec laquelle ces oiseaux
plongent sous les eaux, pour suivre les poissons qui
les nourrissent, qu'ils doivent leur nom ; peu habiles
à la marche, à cause de leurs pieds palmés, les plon-
geons fuient les rivages habités par l'homme, et ne se
réfugient que sur les plages arides et désertes du nord,
où ils pondent ordinairement deux œufs brunâtres.

Le grand Plongeon [1] qui atteint deux pieds et demi
de longueur, a le dos brun-noirâtre piqueté de blanc,
et le ventre blanc.

PINGOUIN. *Alca.* Bec à dos tranchant, très-comprimé et courbé vers la pointe, ordinairement
sillonné en travers ; pieds tridactyles.

Ce sont des oiseaux du nord qui ne viennent à terre
que pour couver ; malgré la brièveté de leurs ailes, ils
volent encore assez bien, et on les voit nager et plonger
avec la plus grande facilité. Le Pingouin macroptère [2],
une des deux espèces que l'on connaît, a le manteau
noir et le ventre blanc ; il fréquente quelquefois nos
côtes en hiver.

*** Colymbiens inailés.*

MANCHOT. *Aptenodytes.* Bec un peu fléchi à l'extrémité ; mandibules à pointes égales ; ailes à
plumes rudimentaires ; pieds tétradactyles totipalmés.

Ces colymbiens offrent quelques rapprochemens avec

1 *C. glacialis.* L.   2 *A. torda.* L.

les poissons; ils ont leur lenteur et présentent la disposition la plus favorable pour plonger sous l'eau et y poursuivre les animaux dont ils se nourrissent. Les manchots ont des ailes incapables de les soutenir dans l'air; elles sont tout-à-fait analogues à des nageoires, et se trouvent revêtues d'espèces d'écailles; cette conformation, ainsi que la forme effilée du corps qui est muni de pattes largement palmées, doit surtout favoriser la translation aquatique. Ce sont des oiseaux stupides, dont les bandes, presque sans défense et sans courage, ne pouvant fuir sur le sol à cause de leur démarche embarrassée, se laissent assommer à coups de bâton par les marins qui visitent les parages du sud; c'est tout au plus s'ils se resserrent les uns contre les autres et cherchent à mordre les jambes de leurs agresseurs. Ne venant presque à terre que pour faire leurs œufs, ils se nichent alors dans les enfractuosités des rochers creusés par les vagues, et se jettent à la mer au moindre danger.

Le grand Manchot[1] se trouve vers les Terres Magellaniques. Son dos est cendré, le ventre est blanc; il porte un collier jaune.

[1] *A. patagonica.* Gm.

CLASSE III.

REPTILES.

Animaux vertébrés, ovipares, écailleux, à circulation incomplète ; cœur à deux oreillettes ; métamorphoses nulles.

Les animaux connus anciennement sous le nom de reptiles ont été divisés en deux classes par De Blainville : l'une, que ce savant nomme classe des *squammifères* ou reptiles proprement dits, et que nous allons décrire ; l'autre, appelée par lui classe des *nudipellifères* ou des amphibiens, et dont nous nous occuperons immédiatement après. L'organisme des êtres de la première de ces divisions se rapproche du modèle des oiseaux ; la structure de ceux de la seconde paraît au contraire tenir des poissons.

La nature semble avoir épuisé ses ressources pour varier les formes des reptiles ; ils nous présentent à la fois toutes les dispositions organiques et toutes les conditions physiologiques que l'on peut supposer. Il en est qui nagent dans le sein de la mer ; d'autres, excessivement alongés, rampent sur le sol, ou se traînent péniblement dans le limon des marécages ; enfin certains autres, au contraire, marchent avec agilité, et leur existence, presque aérienne, se passe sur la cime des arbres; peut-être même que, dans les âges écoulés, il y avait des reptiles doués d'immenses ailes qui leur servaient à s'élever dans l'air.

Beaucoup de reptiles sont enluminés de couleurs resplendissantes, et ils charment l'œil malgré le danger qui les environne; d'autres nous repoussent par leurs formes hideuses; mais en général on se méfie injustement des êtres de cette classe; car s'il en est de cruels et qui distillent un venin léthifère, il s'en trouve un bien plus grand nombre qui sont innocens et timides.

Les sensations des reptiles sont très-obtuses; le cerveau de ces animaux est proportionnellement petit, et il semble jouer un bien moins grand rôle dans leur économie que chez les classes précédentes. Certains squammifères continuent quelquefois fort long-tems leurs fonctions après l'extirpation de la masse cérébrale, et le célèbre Rédi rapporte qu'une tortue survécut six mois à cette opération.

Malgré le peu de développement de l'organe intellectuel des reptiles, il paraît que plusieurs d'entr'eux sont susceptibles de recevoir une espèce d'éducation. Les anciens Marses de l'Arabie et les Psylles de l'Inde avaient acquis une grande célébrité par la servitude qu'ils imposaient aux serpens; ces animaux obéissaient à leur voix. Ce prestige s'est continué dans quelques cabanes du Malabar, où l'on voit encore élever familièrement des ophidiens [1] que les femmes mettent parfois dans leur sein pour se procurer de la fraîcheur, si agréable sous le ciel brûlant de ce pays.

Le toucher doit être fort imparfait chez les êtres qui nous occupent, leur superficie étant garnie d'écailles.

1 *Coluber domicella.*

qui interceptent l'action des corps extérieurs ; cependant les serpens, en embrassant ceux-ci par leurs circonvolutions, doivent en concevoir une idée confuse. Quelques reptiles dont la queue saisit les objets [1], d'autres, chez lesquels les doigts sont mous et élargis [2], peuvent encore éprouver quelque sensation tactile.

La langue des reptiles est en général très-peu développée ; cependant, chez ceux qui semblent goûter et mâcher leur nourriture, elle est assez épaisse et charnue [3], tandis que ceux qui l'avalent gloutonnement ont à peine une saillie linguale [4].

Les squammifères n'ont pas été plus richement partagés sous le rapport des organes de l'olfaction ; les cavités nasales sont petites et l'odorat imparfait ; aussi, doit-on choisir une opinion mixte entre celle de Pline et d'Aldrovande, qui n'admettaient pas ce sens dans beaucoup d'individus de cette classe, et celle de Bonnaterre, qui avance que certains ophidiens [5] flairent avec la perfection du chien et poursuivent les animaux à la piste.

L'organe de la vision se dégrade sensiblement dans les reptiles ; c'est avec celui des oiseaux qu'il présente le plus d'analogies. Dans les serpens, l'appareil oculaire offre une structure remarquable ; la peau passe au-devant de l'œil, mais sans lui adhérer, et elle est là tout-à-fait transparente.

L'organe de l'ouïe est simple ; il n'y a nulle conque auditive. Cependant, ce sens est un des plus développés dans la classe dont nous traçons l'histoire ; on sait avec quelle rapidité le moindre bruit fait fuir les lézards.

1 Caméléons.
2 Gecko.
3 Tortues.
4 Crocodiles.
5 Devins.

ertains ophidiens écoutent le chant des oiseaux pour
élancer vers les lieux d'où il part : il en est qui sont
ttirés par les sons d'un instrument musical. L'illustre
uteur du *Génie du Christianisme* vit un Canadien
paiser la colère d'un serpent à sonnettes en jouant d'une
spèce de flûte, et ensuite se faire suivre par cet animal
ui paraissait sensible au charme de l'harmonie.

Le nombre et la disposition des organes locomoteurs
arient considérablement dans les reptiles ; beaucoup
l'entr'eux ont quatre pattes, disposées pour courir ou
rimper sur la terre et les arbres [1], ou bien elles sont
platies en nageoires [2] et destinées à voguer dans la mer.
Quelques-uns n'en ont que deux [3], tandis que d'autres
ont totalement privés de ces appendices et condamnés
à ramper sur le sol [4].

Quelques squammifères mangent des végétaux, mais
our la plupart ils sont carnivores. L'appareil digestif
st très-simple dans ceux qui vivent de chair : il s'y
éduit parfois à un tube presque droit. L'assimilation
st extrêmement lente, ainsi que l'avait déjà remarqué
Aristote, et beaucoup d'espèces ne ressentent la faim
qu'à des intervalles de plusieurs semaines ; on a vu des
ortues rester des mois et jusqu'à une année sans manger. Il s'en trouvait une au jardin du Roi [5] qui jeûna
pendant six ans. Les vipères que les pharmaciens con-
ervent, résistent quelquefois aussi plusieurs années sans
ourriture.

Il est des reptiles qui avalent leur proie avec une
extrême voracité ; d'autres ne la font passer dans les
cavités digestives qu'avec lenteur. Les serpens sont

1 Caméléons et lézards.
2 Tortues marines.
3 Bimanes.
4 Serpens.
5 Emyde.

dans ce dernier cas; et malgré qu'ils ne ressentent la faim qu'à des intervalles éloignés, et que leur corps cylindrique n'offre qu'un faible diamètre, ils font souvent leur pâture de mammifères d'un volume considérable. C'est ordinairement après avoir brisé les os de leur énorme proie, en la serrant contre quelque roc ou quelque tronc d'arbre, que les ophidiens l'engloutissent. Ensuite ces animaux tombent dans un état de torpeur pendant lequel s'opère la digestion.

Pline avait avancé que dans l'Inde il y avait des serpens qui mangeaient des cerfs entiers; des voyageurs modernes ont vérifié ce fait, et l'on a trouvé de ces mammifères et des porcs-épics, armés de leurs cornes ou de leurs dards, dans le ventre de gros boas. On a vu ceux-ci dévorer des femmes enceintes; à Amboine, il en est même qui font leur repas d'un buffle.

Le cœur des reptiles a deux oreillettes et un seul ventricule; ses vaisseaux sont disposés de manière qu'ils n'envoient au poumon qu'une portion du sang qui afflue dans les cavités droites, et que le reste de ce fluide va de nouveau inonder les organes sans avoir subi l'action pulmonaire.

A tout âge la respiration ne s'opère que par le poumon, et le sang de ces animaux, n'étant que partiellement régénéré, n'a qu'une action peu stimulante sur les appareils vitaux, et ce liquide, ne puisant pas dans la respiration le calorique qu'il y trouve dans les mammifères et les oiseaux, reste constamment froid, et entretient l'organisme à sa température.

Cette apathie de la fonction pulmonaire explique pourquoi les reptiles peuvent résister long-tems sans respirer, soit qu'ils plongent sous l'eau, soit qu'on les privé d'air, comme l'a fait le physicien Boyle, dans le vide de la machine pneumatique.

C'est vers le printems qu'à lieu l'accouplement. Cet acte dure souvent plusieurs heures; il se prolonge des journées entières chez certains serpens que l'on voit alors se tenir étroitement enlacés. Des tortues le continuent parfois, selon M. H. Cloquet, jusqu'à vingt ou trente jours. Dans la classe qui nous occupe, le mâle opère la fécondation à l'aide d'une verge simple ou double, et la femelle présente deux ovaires et autant d'oviductes.

Les reptiles émettent des œufs pourvus d'une enveloppe solide ou coriace; ils sont, comme on le dit, ovipares; quelquefois cependant le fœtus se débarrasse de sa tunique dans l'oviducte et apparaît vivant.

Chaque femelle dépose ses œufs dans quelque endroit de prédilection, mais elle ne les couve point, car le contact de son corps glacé n'eût fait qu'y engourdir le principe vital; la plupart les abandonnent dans les lieux échauffés par le soleil.

Le froid paralyse les fonctions des squammifères; dans les climats tempérés, ils s'engourdissent vers l'automne, les uns après s'être enfoncés dans la terre ou les souterrains [1]; d'autres, sous des tas de pierres ou de décombres [2]. Alors la torpeur qui les saisit est si profonde, que les sons les plus aigus, et souvent les blessures, ne les réveillent pas. Quelques espèces de crocodiliens peuvent même être hachées sans donner de signes de sensibilité [3].

Certains reptiles, à quelques époques de la vie, se

[1] Orvets.
[2] Vipères.
[3] Caïman à museau de brochet.

dépouillent de leur enveloppe épidermique. Pour opérer cet acte, les serpens commencent par séparer les
écailles qui bordent la bouche en les frottant contre
une matière dure; puis ils terminent la fonction en
passant leur corps entre deux branches d'arbre rapprochées ou deux pierres qui, en serrant le fourreau
épidermique, le forcent à s'enlever et à rester en arrière.
On dit que l'animal va ensuite se cacher pour donner
le tems à sa nouvelle peau de se durcir.

Si nous envisageons la distribution géographique des
reptiles, nous voyons leur nombre augmenter à mesure
que l'on s'avance vers les parallèles équatoriales. Là se
trouvent les colosses de cette classe; d'énormes tortues
pullulent dans des eaux échauffées par un soleil brûlant;
et c'est aussi là que les crotales et les serpens dangereux distillent les plus redoutables venins.

Les squammifères fossiles ne sont ordinairement que
des chéloniens et des crocodiliens; les ophidiens sont
très-rares.

ORDRE DES PTÉRODACTYLIENS.

Mains à deuxième doigt excessivement alongé,
remplissant la fonction d'aile.

Les êtres extraordinaires qui composent cette division furent contemporains d'une foule de reptiles
gigantesques; ils marquent une des phases les plus prodigieuses de la formation de l'écorce terrestre. Leur
création apparaît comme le prélude par lequel la puissance organisatrice s'essayait à passer à des formes plus
élevées.

La destruction des ptérodactyles coïncida vraisemblablement avec celle des ichtyosauriens et des plésiosaures, dont l'existence antédiluvienne ne nous est révélée que par les masses de la terre où se rencontrent, de nos jours, leurs débris, fracassés par les vagues de l'ancien Océan.

PTÉRODACTYLE. *Ptérodactylus.* Genre unique.

Ces animaux ont des caractères ostéologiques qui tiennent des reptiles et des oiseaux; aussi, lors de leur découverte, on oscilla pour trouver la place qu'ils devaient occuper dans le règne animal, et on les rangea successivement dans ces deux classes; leurs ailes et la forme de la tête paraissent les rapprocher des oiseaux, mais la bouche garnie de dents des ptérodactyles, doit évidemment leur assigner une place parmi les reptiles.

Les ptérodactyles devaient très-bien voler, et leur membrane alaire, probablement analogue à celle des chauves-souris, ne se trouvait soutenue que sur un seul doigt, les autres restant libres. Ces reptiles étaient nocturnes : on en juge par la grandeur de leurs orbites, qui paraissent destinés à contenir de gros yeux. Les débris ou les seules empreintes que nous connaissions de ces êtres singuliers ont été trouvés dans des schistes calcaires de l'Allemagne.

Le premier fossile de ce genre que l'on découvrit fut nommé Ptérodactyle antique [1]; il est de la grosseur d'un corbeau. Le Ptérodactyle géant offre un développement bien plus considérable; le peu de fragmens qu'on en a retrouvés peuvent faire supposer un animal de plus de cinq pieds d'envergure.

[1] *P. antiquus.* Cuv.

Cette dimension se rapprocherait assez de celle que donnaient aux ailes de leurs fabuleux dragons les poètes et les mythologistes de l'antiquité; et il ne serait peut-être pas déraisonnable d'admettre que ces fantastiques animaux, dont on voit tant de descriptions émanées des siècles héroïques, tant de représentations dans les hiéroglyphes ou les sculptures des nations primordiales, ont puisé la source de leur histoire dans les ptérodactyles, dont les dernières races se montrèrent peut-être encore du tems des premiers hommes, et laissèrent, de leur effrayante apparition, un souvenir que les traditions répandirent chez les peuples.

Dans la suite, les images des dragons ayant été fréquemment répétées sur les monumens des arts naissans, ou consacrées par les légendes pieuses, familiarisèrent l'esprit avec l'existence de tels êtres, qui fut attestée par une foule de personnes inspirées, d'historiens et de savans, qui décrivirent ces reptiles insidieux dans leurs œuvres, et même les y représentèrent avec des formes bizarres enfantées par leur imagination. Telles sont les figures de ces animaux que l'on voit sur les peintures et les porcelaines chinoises, comme sur les bannières féodales européennes, et dont les naturalistes Aldrovande et Séba, si rapprochés de nos jours, bigarraient encore leurs immortels ouvrages.

ORDRE DES CHÉLONIENS OU TORTUES.

Corps recouvert d'une carapace; mâchoires édentées, ordinairement cornées; quatre membres; pénis unique.

Les reptiles de cet ordre sont protégés par deux

espèces de boucliers osseux : l'un, situé sur le dos, est formé par le développement et la soudure des côtes, c'est à lui que l'on donne le nom de *carapace*; l'autre, ou le *plastron*, placé sous le ventre, ordinairement concave chez les mâles, est dû à l'extension du sternum.

Les tortues jouissent de la faculté de rentrer plus ou moins complétement leur tête et leurs membres sous l'espèce de toit protecteur que forment les boucliers, et là, de pouvoir défier leurs ennemis. Quelques-unes cependant, au lieu d'une carapace solide, ne présentent qu'une espèce de cuir très-dense.

L'estomac de ces reptiles est épais et susceptible de digérer les corps les plus durs, tels que des crustacés et des mollusques, mais, pour la plupart, ils sont herbivores; ceux qui vivent dans la mer, mangent des algues. Les côtes étant soudées et ne pouvant se dilater pour admettre de l'air dans les poumons, des physiologistes ont pensé que les chéloniens avalaient ce gaz par une espèce de déglutition ; d'autres, avec plus de raison, prétendent que ce sont les muscles qui ferment l'ouverture postérieure des boucliers qui font l'office d'organes inspirateurs et expirateurs.

Les œufs de ces animaux sont fort bons à manger ; ils présentent la forme ronde. Les tortues marines viennent quelquefois, d'une distance de plusieurs centaines de lieues, gagner le rivage, sur lequel elles déposent le produit de la génération ; c'est ordinairement dans un creux, qu'elles pratiquent dans le sable, qu'on les voit abandonner leurs œufs à l'influence du soleil, après les avoir recouverts d'un peu de ce terrain.

C'est souvent pendant ce moment que les marins vont à la chasse de ces animaux, dont la chair leur offre une ressource précieuse dans les grands voyages, car elle est d'un goût exquis.

Tortue. *Testudo.* Carapace très-bombée, pouvant contenir complétement les extrémités; doigts soudés en moignon.

On découvre de fort grosses tortues vers les tropiques, où leur forme, extrêmement bombée, les fait vulgairement désigner sous la dénomination de *carrosses ;* elles offrent jusqu'à trois pieds de longueur et presque deux de haut. C'est avec ces grandes espèces que l'on voit jouer des enfans dans l'Inde et l'Amérique; elles y acquièrent une force si considérable, qu'elles peuvent les porter sur leur dos.

Ces chéloniens sont terrestres; leur nourriture se compose principalement d'herbes. Pendant l'hiver, ils se creusent des souterrains pour s'y engourdir; on les voit en sortir au retour de la belle saison.

Une espèce de ce genre, très-commune en Europe, est la Tortue grecque [1], qui se trouve sur tous les pays qui forment le bassin de la Méditerranée. On l'élève fréquemment dans les jardins de l'Italie, parce qu'elle détruit une grande quantité de limaçons et d'insectes nuisibles. Ce reptile est fort souvent mangé dans les contrées où il vient; sa longueur est de cinq à six pouces; ses écailles sont granuleuses au centre, striées aux bords et marbrées de noir et de jaune.

Emyde. *Emys.* Doigts distincts, mobiles, peu palmés; ongles pointus, cinq à la main, quatre au pied.

Ces reptiles, dont la nourriture se compose de plantes,

[1] *T. græca.* L.

de mollusques et même de petits poissons, vivent ordinairement dans les marais des contrées chaudes.

Une espèce, l'Émyde d'Europe [1], abonde au fond de quelques-uns de nos fleuves méridionaux ; elle aime les eaux bourbeuses ; on la mange dans quelques provinces françaises ainsi qu'en Allemagne ; son dos est noirâtre, semé de points jaunes, rayonnés ; sa longueur est d'environ dix pouces.

Plusieurs espèces de ce genre ont le plastron formé de deux battans mobiles qui peuvent se rapprocher, à la volonté de l'animal, quand il a rentré sa tête et ses membres dans sa carapace, et, à l'aide de ce moyen, il enferme exactement toutes ses parties extérieures. Ce sont ces reptiles que l'on nomme *tortues à boîte*.

TRIONYX. *Trionyx.* Carapace incomplète, molle aux bords ; doigts distincts, très-palmés, trois au plus en arrière.

Ces chéloniens, nommés aussi tortues molles, se distinguent de tous les autres à la faiblesse de leur enveloppe protectrice. Les côtes ne sont réunies entre elles que dans une partie de leur étendue, et elles n'atteignent pas la circonférence de l'animal. On découvre les individus de ce groupe dans les fleuves de la Caroline et de la Guyane ; là, ils se tiennent en embuscade pour saisir des reptiles, et dévorer les canards ou les oiseaux domestiques qui viennent se plonger dans l'eau.

La Tortue molle du Nil [2] acquiert jusqu'à trois pieds de longueur ; sa couleur est verte, avec des mouchetures blanches. Elle rend d'immenses services à l'Égypte, en purgeant son fleuve d'une grande quantité de petits

[1] *E. europœa.* L.　　　　[2] *T. ægyptiacus.* Geoff.

crocodiles qu'elle mange au moment où ils sortent de l'œuf.

CHÉLONÉE. *Chelonia.* Carapace ne pouvant cacher les extrémités ; doigts immobiles, réunis en nageoires.

Toutes les espèces marines sont comprises dans cette coupe : c'est elle qui renferme les géans de l'ordre. La Tortue franche [1], qui porte treize écailles verdâtres non imbriquées, est surtout celle dont les dimensions sont les plus remarquables ; on en a trouvé de six à sept pieds de longueur et du poids de sept ou huit cents livres. C'est probablement avec la carapace de cette immense chélonée que certaines peuplades des rivages de la Mer-Rouge, construisaient des nacelles ou couvraient leur demeure, ainsi que le racontent Pline et Diodore de Sicile. De nos jours on emploie son enveloppe dans les colonies pour baigner les enfans.

Les tortues franches abondent sur les sables des rivages des deux continens et principalement dans les parages équatoriaux ; on les voit parfois, poussées par la tempête, remonter vers le nord ; il en fut pêché une du poids de huit à neuf cents livres, à Dieppe, en 1752. On rencontre de ces chélonées à cinq ou six cents lieues en mer, distance d'où elles viennent déposer leurs œufs à terre : ceux-ci sont au nombre de plus de cent.

L'île de l'Ascension est un des lieux de rendez-vous de cette espèce ; on y en prend des quantités considérables. Sa chair est surtout recherchée ; dans les colonies, elle se vend sur les boutiques. Plusieurs vaisseaux viennent prendre de ces reptiles aux îles du Cap-Vert,

[1] *C. mydas.* Brong.

pour les saler et les débiter en Amérique. A la Jamaïque, on en élève qui sont destinées à la consommation, et c'est de cette île que des navires, disposés à cet effet, les apportent en Angleterre pour les besoins de ce pays. La graisse peut donner de l'huile à brûler.

On prend les tortues franches en les retournant sur le sable dans le moment où elles viennent y abandonner leur ponte, ou on les pêche en pleine mer, soit avec des filets, soit en les harponnant. L'amiral Anson rapporte que des plongeurs de la mer du Sud sont assez courageux pour aller les saisir dans l'eau par leur carapace, pendant le sommeil, et les amener vers les embarcations.

Le Caret [1] offre une chair qui passe pour malsaine; elle produit, dit-on, des vomissemens, et fait apparaître une éruption à la peau; mais, en revanche, c'est lui qui nous fournit la plus belle écaille employée dans les arts. A l'île de Célèbes, on en fait un commerce considérable; on dit que ses habitans enlèvent cette substance précieuse du dos des tortues, et qu'ils les rendent ensuite à la mer, dans l'espoir que ces animaux en fourniront de nouvelles.

Le Luth [2] se trouve très-communément dans la Méditerranée; il a jusqu'à huit pieds de long; sa cuirasse, analogue à un cuir épais, est dépourvue d'écailles; elle présente seulement trois arètes longitudinales. Cette chélonée était connue des Grecs, et l'on raconte que ce fut d'une carapace de son espèce, desséchée par hasard sur le rivage, et où restaient encore quelques filamens tendineux raidis par le tems, que l'idée de la lyre prit naissance. Cette origine acquiert de la probabilité par

[1] *C. caretta.*   [2] *C. lyra.*

les médailles et les sculptures que nous a léguées l'antiquité, où cet instrument se voit avec sa simplicité primitive ; c'est à cause de cela que la tortue luth était consacrée à Mercure, que l'on regardait comme l'inventeur de la lyre.

CHELYDE. *Chelys.* Mâchoires plates, non cornées ; nez en trompe ; doigts mobiles, palmés.

La Matamata [1], qui vient dans la Guyane, est la seule espèce de ce genre ; on la nomme aussi tortue à gueule, à cause de sa bouche, qui n'a point de bec de corne et qui est fendue transversalement.

** Genre anomal.*

PLÉSIOSAURE. *Plesiosaurus.* Tête très-petite ; cou excessivement long ; dents inégales, pointues ; carapace nulle ; membres en nageoires.

De hautes considérations zoologiques engagent à placer les plésiosaures à la suite des chéloniens, quoiqu'au premier abord, par leur extraordinaire configuration, ils en paraissent très-différens. Ces animaux ne se retrouvent qu'à l'état fossile, et dans les mêmes localités que les ichtyosaures ; comme eux, ils semblent avoir précédé les dernières catastrophes du globe, et avoir vécu, mêlés avec les crocodiles, à l'époque où les eaux commençaient à découvrir les premières langues de terre.

Ces énormes reptiles ont un cou qui présente plus de vertèbres qu'aucun autre animal ; les côtes s'articulent avec un sternum alongé. Le plésiosaure connu pouvait avoir neuf mètres de longueur.

[1] *Testudo fimbria.*

ORDRE DES ICHTYOSAURIENS.

Mâchoire munie de dents; point de carapace; membres en nageoires; un sternum.

Ces reptiles, dont les races se sont éteintes, présentent leurs débris fossiles dans les couches secondaires et dans les côtes de pierre marneuse ou de marbre grisâtre remplies d'ammonites et d'autres mollusques, dont ils paraissent avoir été contemporains.

La structure des ichtyosauriens s'éloigne de tout ce que l'on rencontre dans la nature vivante, et leur museau de dauphin avec des dents de crocodile, leurs pattes de cétacé avec des vertèbres de poisson, un sternum et une tête de lézard, sont des anomalies qui frappent d'étonnement l'observateur. Il a été découvert de ces reptiles à l'embouchure de la Seine.

ICHTYOSAURE. *Ichtyosaurus.* Tête grosse; narines non terminales; cou court; extrémités formées par des os nombreux.

L'Ichtyosaure commun [1] est la plus grande des quatre espèces qui composent ce genre; il a jusqu'à trente pieds de longueur.

ORDRE DES ÉMYDOSAURIENS OU CROCODILES.

Cuirasse supérieure formée de plaques osseuses; mâchoires à un seul rang de dents; pénis simple; anus longitudinal; clavicule nulle; mains pentadactyles; pieds tétradactyles.

Dans les émydosauriens, les écailles forment, sur le

[1] *I. communis.*

dos, de fortes saillies, et elles se prolongent en crêtes sur la queue ; leur substance est si dure, que les balles glissent souvent dessus, et que les nègres emploient la peau de ces reptiles pour faire des casques qui peuvent défier la hache. Les narines sont ouvertes à l'extrémité du museau, et quand l'animal plonge, elles se ferment à l'aide d'une petite valvule.

Les crocodiliens sont extrêmement voraces ; plusieurs sont redoutables pour l'homme ; on dit qu'ils préfèrent les noirs : à Cayenne, ceux-ci en sont souvent victimes ; les femmes égyptiennes qui vont puiser de l'eau dans le Nil, se trouvent quelquefois entraînées sous les eaux par ces épouvantables reptiles.

Lorsque ceux-ci mangent, ainsi que l'avait annoncé Aristote, la mâchoire supérieure s'élève. Jamais leur proie n'est avalée dans l'eau ; ils la noient, et ensuite la placent dans quelqu'excavation, puis ne la dépècent que quand elle commence à se putréfier. Les œufs des émydosauriens sont à peu près de la grosseur de ceux de nos oies domestiques, leur coque est dure.

La marche des crocodiles est grave ; ils ne peuvent se détourner facilement de la ligne droite, à cause d'espèces de fausses côtes existant au cou, et qui se touchent dans les mouvemens latéraux ; mais dans l'eau, ils nagent quand ils le veulent avec une rapidité prodigieuse.

Ces reptiles vivent ordinairement dans les eaux douces des fleuves ou des lacs ; on en rencontre parfois près des rivages de la mer, et quelques-uns résistent au milieu des eaux thermales presque bouillantes de la Floride.

Ils sont peut-être moins cruels qu'on ne le pense en

général. Dans l'antiquité, on en apprivoisait, et dans des pays visités par le capitaine Cook, les habitans élevaient familièrement des crocodiles dans leurs cabanes. On lit dans l'*Histoire générale des Voyages*, que les nègres des bords de la rivière de San-Domingo prennent soin de nourrir ceux de ces animaux qui fréquentent ses rives, et qu'ils deviennent si dociles, que les enfans en font leur jouet et montent sur leur dos.

Les crocodiles doivent être rangés parmi les êtres les plus anciennement introduits dans la création; de nombreux individus fossiles se trouvent dans les bancs de marne pyriteuse grisâtre, antérieure à la craie et aux couches contenant des mammifères.

CAÏMAN. *Alligator.* Tête large et courte; dents inférieures perçant la mâchoire supérieure; jambes arrondies, non dentelées; pieds demi-palmés.

Tous les reptiles de ce genre appartiennent à l'Amérique: ils pullulent dans ses fleuves et ses lacs marécageux; quelques espèces sont tellement abondantes dans certains parages, qu'on en voit les eaux couvertes, et qu'elles y gênent la navigation.

Les jeunes caïmans n'aiment que les petits animaux vivans, même les insectes; devenus adultes, ils se précipitent sur tous ceux qu'ils peuvent attraper; les cochons, les bœufs ne sont même pas à l'abri de leur voracité; on prétend qu'ils les saisissent ordinairement par le museau au moment où ils vont boire, afin de les entraîner au fond de l'eau pour les noyer.

D'après les voyageurs, les caïmans se font des trous sur les bords des marécages qu'ils habitent; là, ils passent l'hiver; dans la Louisiane, on rapporte qu'ils hivernent dans la boue.

Quoi qu'on ait dit de ces animaux, il paraît résulter des observations de Bosc qu'ils n'attaquent pas l'homme; ce savant voyageur en attirait quelquefois vers lui, et jamais ils ne cherchèrent à lui faire aucun mal; seulement, la femelle défend courageusement ses œufs lorsqu'on tente de les lui enlever; elle protége également ses petits tandis les premiers mois qui suivent leur naissance, en même tems qu'elle fait leur éducation. Le premier acte était d'autant plus essentiel, qu'il paraît que les mâles les dévorent impitoyablement.

Le Caïman à lunette [1], dont les bords orbitaires sont réunis par une saillie transversale qui rappelle l'instrument dont il porte le nom, est très-commun dans la partie méridionale du nouveau continent. Ces émydosauriens fourmillent tellement dans quelques marécages, que quand ceux-ci se dessèchent, on n'aperçoit plus à leur surface que leur dos et leur queue qui remuent la bourbe d'une manière effrayante.

CROCODILE. *Crocodilus.* Tête longue; dents inégales, les inférieures reçues seulement dans des échancrures; jambes dentelées; pieds palmés.

Le Crocodile vulgaire ou du Nil [2], auquel les habitans des rivages de ce fleuve donnaient le nom de *chamsès*, est celui sur lequel l'antiquité raconta tant d'histoires, et que les Égyptiens honoraient comme une divinité.

A Memphis, le crocodile consacré était nourri dans le sanctuaire d'un temple; il avait ses prêtres et ses

1 A. sclerops. Cuv.   2 C. chamses. For.

sacrificateurs attitrés ; on l'ornait profusément de bijoux, et l'on dit que, sous l'empire des soins qui lui étaient prodigués, il perdait sa férocité, au point qu'on pouvait le faire contribuer à la pompe des cérémonies religieuses. Après sa mort, cet individu était soigneusement embaumé, et on le déposait dans la sépulture des rois. Qui croirait que dans ce pays, d'où jaillit tant de lumières, le fanatisme s'honora quelquefois d'avoir eu un parent ou un fils dévoré par ces effroyables dieux ?

Pour expliquer l'origine de ce singulier culte, les érudits prétendent qu'il prit sa source dans la reconnaissance du peuple pour les barrières redoutables que ces animaux formaient contre les voleurs arabes, qui, sans eux, auraient souvent traversé le fleuve et dévasté le pays.

La couleur du chamsès est d'un vert bronzé ; il offre six rangs de plaques dorsales. Commun autrefois vers l'embouchure du Nil, où il passait l'hiver en s'engourdissant dans les cavernes, au rapport des anciens naturalistes, cet animal s'est maintenant retiré vers la source de ce fleuve ; on prétend qu'il en existe de trente pieds de long. La femelle de ce crocodilien, bien moins attachée à sa progéniture que celle des caïmans, n'en prend aucun soin et abandonne ses œufs dans le sable.

Malgré la vénération que la vieille Égypte portait aux chamsès, cela n'empêchait pas qu'à Éléphantine, au rapport d'Hérodote, on mangeait leur chair, de laquelle émane une forte odeur musquée qui se communique aux eaux qu'ils habitent ; on la regardait comme un mets délicieux. Les nègres de certains pays, pour s'en procurer, poussaient l'audace jusqu'à attaquer ces reptiles, corps à corps, au fond de l'eau.

Quelques auteurs prétendent, au contraire, que le

culte des Égyptiens avait pour objet l'espèce nommée Suchos [1], dont on a trouvé une tête embaumée dans une grotte de Thèbes; ce crocodile, selon eux, était timide et craintif.

GAVIAL. *Gavialis.* Museau excessivement alongé, grêle, cylindrique; dents presque égales; pieds dentelés et palmés.

La disposition de la bouche ne permet pas à ces émydosauriens de dévorer de grosses proies; ils ne peuvent s'attaquer à l'homme; aussi le gavial, uniquement relégué aux fleuves asiatiques, passait déjà, chez nos ancêtres dont il était connu, pour être innocent.

Le Gavial du Gange [2], qui devient d'une grosseur considérable, porte, près des narines, une proéminence cartilagineuse qui avait fait dire aux premiers observateurs, qu'il se trouvait, dans le fleuve de l'Inde dont il porte le nom, des crocodiles qui avaient une corne.

Deux espèces de ce genre, encore indéterminées, se trouvent dans les terrains de la Normandie.

ORDRE DES BISPÉNIENS.

Corps non cuirassé, ordinairement à écailles minces; membres quatre, deux, ou nuls; pénis double; anus transversal.

Les reptiles de cet ordre sont presque tous terrestres; les rapports organiques des serpens et des lézards ont fait réunir ces animaux dans un même groupe par le savant naturaliste dont nous suivons la méthode.

----

[1] *C. suchus.* Geoff. [2] *G. gangeticus.*

PREMIER SOUS-ORDRE. — SAURIENS.

Presque toujours quatre membres à doigts onguiculés ; des omoplates ; un sternum ; deux poumons.

Ce n'est que dans un fort petit nombre que l'on voit es membres réduits à deux ou manquer tout-à-fait ; nais alors, comme témoins qu'ils entraient dans le plan le formation de ce groupe d'êtres, on s'aperçoit que les bremiers os qui soutiennent ces appendices locomoteurs e retrouvent sous la peau, et l'on est bien alors obligé le rapprocher ces reptiles apodes des sauriens à quatre battes. Par ce moyen, on suit exactement la marche de a création, et l'on passe aux vrais serpens qui sont ntièrement privés de membres.

Tous ces animaux sont carnassiers, ou du moins insecivores, et ils présentent ordinairement une langue ourchue extensible.

FAMILLE DES GECKOÏDES.

Corps déprimé ; palais édenté ; langue non extenible ; quatre membres à doigts presque égaux, ordiairement élargis ou ailés, garnis en dessous de plis ransversaux.

Leurs grands yeux permettent aux geckoïdes de voir endant les ténèbres ; ce sont des animaux nocturnes et nnocens qui vivent souvent dans les habitations, et ullulent aussi bien au milieu des décombres que dans es somptueux appartemens ; car, selon M. Bory, c'étaient es espèces de cette famille qui foisonnaient dans le

palais du roi Salomon, et, malgré leur hideuse enveloppe, osaient se montrer à sa cour.

La disposition des plis de la face inférieure des doigts
des geckoïdes leur donne une si étonnante facilité
d'adhérer aux corps, qu'on les voit souvent marcher
avec aisance sous les plafonds. Leurs mouvemens lourds
et l'aspect disgracieux de leur peau, qui est chagrinée
ou couverte de tubercules, les firent accuser d'être
venimeux, mais c'est à tort.

GECKO. *Gecko.* Doigts à extrémité dilatée, aplatie,
à dessous strié en éventail, muni d'une fissure
pour l'ongle.

Le Gecko des maisons [1] est l'une des espèces de reptiles les plus anciennement observées ; il se trouve
communément en Égypte, parmi les pierres. Quand il
repose sur la peau, bientôt il y fait naître de petites
inflammations qui sont dues, non à un venin qu'exha-
leraient ses pieds, comme on le suppose, mais à la
finesse de ses ongles qui pénètrent la surface cutanée.

La répugnance qu'il inspire aux habitans du Caire le
fait nommer, par eux, *le père de la lèpre*, parce qu'ils
pensent que ce reptile communique cette maladie en
empoisonnant les alimens qu'il touche.

PHYLLURE. *Phyllurus.* Doigts non élargis ; queue
aplatie, cordiforme.

Les phyllures ont été recemment rapportés de la
Nouvelle-Hollande par les navigateurs ; encore peu
connus, ils sont remarquables par le rétrécissement de
leur queue.

[1] *C. lobatus.* Geoff.

FAMILLE DES AGAMOÏDES.

Palais édenté ; langue ordinairement extensible et simplement échancrée ; quatre membres ; queue cylindrique.

Deux divisions simples partagent cette famille : l'une comprend les agamoïdes qui ont la structure ordinaire de l'ordre ; l'autre, ceux dont certains organes s'en éloignent beaucoup.

** Agamoïdes normaux.*

STELLION. *Stellio.* Tête large en arrière ; queue à écailles épineuses, verticillées.

Il paraît que l'on vendait, dans les officines anciennes, les excrémens du Stellion du Levant [1], et qu'ils étaient autrefois employés en médecine. Les Mahométans font une guerre acharnée à cet animal, parce qu'ils prétendent qu'il les imite dérisoirement en inclinant sa tête comme eux, quand ils se prosternent pendant les prières de la mosquée.

AGAME. *Agama.* Tête renflée ; queue sans crête, à écailles non verticillées.

Ils sont tous exotiques. Dans certains momens, ces sauriens, dont la gorge n'est pas ordinairement renflée, se forment cependant un goître en y accumulant de l'air.

*** Agamoïdes anomaux.*

CAMÉLÉON. *Chamæleo.* Corps comprimé ; dos tranchant ; langue vermiforme très-extensible ; doigts soudés en deux paquets opposables ; queue prenante.

[1] *Lacerta stellio.* L.

Le corps anguleux des caméléons, leurs yeux recouverts par la peau et s'agitant en sens inverse, et leurs pates, destinées à saisir les branches, et qui sont analogues à celles des perroquets, forment une réunion d'anomalies qui donnent à ces animaux la plus singulière figure.

Ces agamoïdes vivent surtout de mouches qu'ils attrapent pendant qu'elles volent, et en dardant sur elles leur langue longue et gluante pour les saisir au passage. Dans ces reptiles, les poumons sont si vastes, que le corps paraît transparent quand ils sont remplis d'air. C'était cette particularité qui avait fait dire aux anciens qu'ils se nourrissaient de ce fluide.

Lorsqu'ils sont irrités ou bien qu'ils changent de situation, on les voit revêtir des couleurs différentes, et de là, les caméléons sont devenus, chez nous, l'emblème de la versatilité et de l'hypocrisie. Ce phénomène peut s'expliquer par le grand développement du système vasculaire de la peau, système qui éprouve des modifications selon les influences excitantes ou débilitantes auxquelles ces animaux sont soumis.

Le Caméléon vulgaire [1] vient de la Barbarie ou de l'Égypte; il se trouve aussi en Espagne.

DRAGON. *Draco.* Premières côtes transversales droites, supportant des espèces d'ailes latérales; un fanon.

Au nom de ce genre, on croirait qu'il contient ces animaux si célèbres dans les fastes héroïques; mais les dragons sont de très-petits sauriens vivant innocemment sur les arbres, où ils chassent les insectes en sautant

[1] *C. vulgaris.*

avec facilité de branche en branche, à l'aide de leurs membranes latérales, qui forment une espèce de parachute, et dont ils se servent aussi pour nager. C'est dans les contrées brûlantes de l'Afrique ou dans les îles de l'Inde que ces faibles êtres se plaisent spécialement.

Le Dragon vert[1] est le plus commun ; c'est lui que l'on désignait aussi sous le nom de dragon volant, quoiqu'il n'ait pas plus cette faculté que ses congénères.

FAMILLE DES IGUANOÏDES.

Palais muni de dents ; langue charnue, épaisse, non extensible, seulement échancrée ; quatre membres à doigts inégaux.

IGUANE. *Iguana.* Dents dentelées ; dos muni d'une crête ; goître comprimé ; doigts non dilatés.

Un des reptiles de ce genre est assez commun dans les pays brûlans du nouveau monde, c'est l'Iguane ordinaire d'Amérique[2], dont le dos est bleu, changeant du vert au violet ; quand il est en colère, il enfle son goître ; sa vie se passe ou sur les arbres ou dans l'eau. La chair de cet animal est très-recherchée et se vend un prix élevé dans les marchés ; on dit même qu'on nourrit cette espèce, dans certains endroits, pour les besoins de la table. Un conte ridicule attribuait cependant à son usage l'origine de la maladie vénérienne.

BASILIC. *Basilicus.* Dents sans dentelures ; crêtes dorsale et caudale, soutenues par des saillies vertébrales ; queue comprimée.

Les siècles d'ignorance ont été féconds en contes

absurdes sur les basilics, et la crédulité et le charlata-
nisme propageaient à l'envi les erreurs débitées sur ces
reptiles innocens. On racontait entr'autres que leurs
regards lançaient la mort, et que les hommes sur lesquels ils tombaient expiraient subitement; mais que,
par un bienfait de la Divinité, le venin émané de leurs
yeux devenait également funeste à ces animaux s'il était
réfléchi sur eux. De là, les chasseurs, disait-on, pouvaient les prendre avec un miroir, et aussitôt que ces
sauriens y rencontraient leur image, ils tombaient
empoisonnés.

On voyait, dans les cabinets du moyen âge, des
représentations grossières de prétendus basilics que des
charlatans formaient avec des poissons desséchés, et
qu'ils vendaient aux amateurs, curieux de se procurer
un animal regardé comme l'image du dragon, et dont
les mœurs s'entouraient de tant de merveilleux.

Le Basilic à capuchon [1], dont la tête est surmontée
d'un appendice comparé à cette coiffure, fut le plus
célèbre. Nos devanciers, considérant son exubérance
comme une espèce de couronne, donnèrent à ce reptile son nom générique, qui signifie *royal*. Il habite le
bord des eaux; sa queue doit servir probablement à
nager; on s'étonne que le collecteur Séba ait pu croire
qu'elle était destinée au vol.

FAMILLE DES TUPINAMBIS.

Quatre membres à doigts séparés inégaux; palais
édenté; cuisses sans pores; queue comprimée.

_____

[1] *B. mitratus.* Daud.

TUPINAMBIS. *Tupinambis*. Écailles craniennes et ventrales petites; dents aiguës, tranchantes.

Le Tupinambis du Nil [1] avait une certaine célébrité chez les peuples riverains de ce fleuve, car on le voit représenté sur beaucoup de leurs monumens.

Le Tupinambis du désert [2], qui se trouve communément dans les sables, fut désigné anciennement, par Hérodote, sous le nom de Crocodile terrestre. Il est commun en Égypte, où les baladins, après avoir extirpé les dents, lui font faire des tours sur les places publiques du Caire pour amuser le peuple.

FAMILLE DES LACERTOÏDES.

Langue extensible, ordinairement terminée par deux longs filets; dans la plupart, palais denté, et quatre membres à cinq doigts cylindriques, inégaux, libres.

Cette famille rassemble des êtres qui, au premier abord, paraissent disparates; cependant l'on voit, quand on porte le scalpel sur leurs organes, qu'ils sont analogues et qu'il est essentiel de les rapprocher.

** Lacertoïdes tétrapodes.*

MONITOR. *Monitor*. Écailles craniennes et ventrales grandes, non carénées; dents dentelées; palais édenté; des pores aux cuisses; queue comprimée.

La dénomination de monitor, ou de sauve-garde,

[1] *T. niloticus*. Daud. [2] *T. arenarius*. Geoff.

donnée aux individus de ce groupe, vient de ce que l'on prétendait qu'ils restaient habituellement près des crocodiles, et que, par leurs cris, ils avertissaient bienveillamment les voyageurs de la présence de ces fléaux des rivages.

Lézard. *Lacerta.* Palais dentifère; un collier d'écailles larges; écailles carénées; des pores aux cuisses; quatre membres; queue ronde.

Ces lacertoïdes vivent sur la terre et ne vont jamais dans l'eau; ils sont vifs, agiles, élégans et reflètent souvent les plus belles teintes; ils recherchent les contrées chaudes et s'engourdissent l'hiver. Ordinairement monogames, on les trouve généralement par paires. Ce sont des animaux répandus partout; on peut les aprivoiser facilement.

La plus belle et la plus grosse des espèces, le Lézard vert ocellé[1], se rencontre vers le bassin de la Méditerranée; il se voit également dans le nord; ses anneaux noirs, imitant une broderie, le font facilement distinguer. Ce reptile n'est nullement venimeux, ainsi que l'ont prouvé les expériences de l'erpéthologiste Daudin; c'était son innocente langue qu'il darde vivement qui avait inspiré de fausses craintes.

Les Kamtschadales, par une singulière superstition, le considèrent comme un espion des génies infernaux qui fréquente leur cabane pour révéler leurs fautes; aussi, ils lui font une guerre perpétuelle, et on les voit tomber dans le désespoir quand celui de ces sauriens qu'ils ont aperçu, parvient à s'échapper à leur vengeance.

Le Lézard vert piqueté[2] vient dans nos bois; mais

---

[1] *L. ocellata.* Daud.

[2] *L. viridis.* Daud.

Je plus commun est le Lézard gris des murailles [1], qui court sur les espaliers des jardins. Il est tellement abondant en Autriche, qu'il pourrait, selon le naturaliste Laurenti, servir à la subsistance des pauvres, sa chair étant agréable. La disette a quelquefois forcé les classes malheureuses à s'en nourrir presque exclusivement. Les médicastres anciens conseillèrent cet aliment dans quelques maladies, entr'autres le cancer.

Scinque. *Scincus.* Corps alóngé, cylindrique ou fusiforme, à écailles partout uniformes, imbriquées ; palais dentifère.

Les êtres rassemblés sous cette dénomination ont déjà l'apparence serpentiforme par l'élongation de leur corps, leur tête sans renflement en arrière, ainsi que par la distance des membres qui soutiennent le tronc.

On doit remarquer le Scinque des pharmacies [2], au tronc jaunâtre, traversé de bandes noires ; il était regardé, par les docteurs arabes, comme doué de vertus énergiques dans les affections cutanées, et surtout comme puissant aphrodisiaque.

*** Lacertoïdes dipodes.*

Bipède. *Bipes.* Corps serpentiforme ; membres antérieurs nuls.

L'organisme se simplifie manifestement dans ce petit genre qui constitue un des points de transition entre les lézards et les serpens. Il n'y a plus de membres antérieurs saillans dans les bipèdes ; mais quand on dissèque ces animaux, on découvre, sous la peau, les os de l'épaule qui marquent là l'intention créatrice.

[1] *L. agilis.*   2 *S. officinalis.* **Laur.**

Le Bipède de Pallas [1], observé près du Volga par ce naturaliste, a plus de trois pieds de longueur.

*** *Lacertoïdes apodes.*

OPHISAURE. *Ophisaurus.* Palais dentifère; tympan visible; queue conique.

On ne connaît qu'une seule espèce dans ce genre, l'Ophisaure ventral [2], qui se trouve aux États-Unis, où les Français le nomment *serpent de verre*, à cause de la fragilité excessive de sa queue.

ORVET. *Anguis.* Palais édenté; tympan caché; écailles uniformes partout.

Ce sont les plus innocens des reptiles; la douceur de leur œil, le poli métallique dont ils sont ornés attirent la confiance et les font admirer. Comme les précédens, ils sont extrêmement fragiles et se brisent quelquefois en se raidissant; comme eux aussi ils ont encore des vestiges d'épaules.

L'Orvet commun [3] est très-répandu dans toute l'Europe; il a environ un pied; sa couleur est d'un gris plombé luisant; il vit d'insectes ou d'animaux fort petits, car ses mâchoires ne sont pas dilatables comme celles des vrais serpens.

SECOND SOUS-ORDRE. — OPHIDIENS.

Corps anguilliforme; membres presque constamment nuls; un seul poumon ordinairement; cœur situé très en arrière; sternum nul.

Dans la plupart des ophidiens, la mâchoire infé-

---

1 *Lacerta apoda.* Pall.   3 *A. fragilis.* L.
2 *O. ventralis.* Daud.

rieure est composée de deux branches qui ne sont unies que par un ligament ; cette disposition leur permet de dilater considérablement la bouche et d'y introduire des corps qui, comme nous l'avons dit, sont tout-à-fait disproportionnés à sa dimension habituelle. La mâchoire supérieure peut aussi s'écarter dans beaucoup de serpens.

Tous les ophidiens ont la gueule garnie de dents, mais celles-ci ne servent pas à mâcher, et leur destination paraît seulement propice à retenir la proie. Dans la plupart, il y a des dents au palais. Chez ceux qui sont venimeux, on remarque en plus des espèces de dents ou crochets très-longs, traversés par un canal qui distille le liquide empoisonné dans la plaie, et qui communique, à son origine, avec la glande sécrétoire, où se forme le venin.

-Les serpens vivent ordinairement sur la terre ; quelques espèces, dont la queue est aplatie, ont des habitudes aquatiques et nagent avec facilité [1].

Une des particularités notables de la vie des ophidiens est cette espèce de fascination qu'ils exercent sur quelques oiseaux ou sur de petits quadrupèdes, à l'aide de laquelle ils les attirent, et que l'on voit quelquefois tomber des branches et venir s'engouffrer dans leur gueule par l'effet de la peur.

Le danger de la morsure des serpens est l'unique source de l'horreur qu'ils inspirent; malgré cela, au berceau de la civilisation, des nations ignorantes se prosternèrent devant quelques ophidiens redoutables, et élevèrent des autels à ces génies du mal. Des peuples plus avancés multiplièrent l'image de ces animaux dans

[1] Hydres.

leurs représentations symboliques, ainsi qu'on le voit sur les monumens indestructibles de l'Egypte, où ces êtres furent souvent considérés par l'homme comme l'emblème vivant du tems et de l'éternité.

FAMILLE DES DIPODES.

Deux membres en avant; point de membres postérieurs.

BIMANE. *Chirotes.* Corps cylindrique; écailles semblables partout; langue peu extensible.

Le Bimane cannelé [1], répandu dans les environs de Mexico, est la seule espèce connue. Son organe pulmonaire est analogue à celui des serpens; il n'a qu'un grand poumon; seulement on découvre les vestiges d'un autre petit.

FAMILLE DES APODES.

Membres nuls; point de vestiges d'épaules, ni de sternum.

* *Apodes sans dents venimeuses.*

AMPHISBÈNE. *Amphisbœna.* Corps cylindrique, mâchoires non dilatables; côtes faisant presque le cercle; une rangée de pores devant l'anus.

Les deux extrémités du corps des amphisbènes se ressemblent à peu près, aussi ils peuvent se transporter en avançant l'une ou l'autre indifféremment; c'est pour cette cause qu'on les nomme *doubles marcheurs*. Ils sont innocens et vivent seulement de proies très-petites;

[1] *C. mexicanus.* Desm.

les deux branches du maxillaire inférieur étant soudées, elles s'opposent à cette étonnante dilatation de la bouche, que l'on observe chez les autres serpens.

Ces reptiles se creusent des trous dans la terre ; on les découvre souvent au milieu des grandes fourmilières de l'Amérique, seule partie du monde où ils se rencontrent. L'Amphisbène blanche [1] ressemble, au premier abord, à un énorme lombric.

COULEUVRE. *Coluber.* Tête aplatie, mâchoires dilatables ; écailles uniques transversales au ventre, doubles à la queue ; pas d'ergot près de l'anus.

Ce genre, excessivement nombreux, est disséminé partout ; on a été obligé d'y introduire des coupes, afin de pouvoir l'étudier.

Ces ophidiens ont une taille très-différente, car, tandis que certaines espèces ne s'alongent jamais au-delà de quelques pouces, on en connaît qui dépassent plusieurs toises. Si l'on ne veut pas repousser le témoignage historique de Pline, il est probable que ce fut une de ces grandes Couleuvres [2], et non un boa, qui arrêta l'armée de Régulus près de Carthage, frappa ses soldats de terreur, et que l'on fut forcé d'assiéger avec les machines de guerre. La dépouille de cet énorme animal, suspendue dans un des temples de Rome, comme un trophée de la victoire, avait, dit-on, cent vingt pieds de longueur.

Dans quelques campagnes, on mange des couleuvres ; leur chair est considérée comme excellente ; c'est cet usage qui leur a valu le nom d'anguilles de haie. A Juïda, au contraire, quelques espèces sont

---

1 *A. alba.* Lac.   2 Python. Daud.

proclamées inviolables, par les souverains; la peine de mort atteindrait leur meurtrier. On les adore, et un fanatisme odieux leur sacrifie parfois de jeunes vierges.

Les principales espèces de France sont la Couleuvre à collier [1] qui est très-commune et dont la dénomination vient d'une tache qu'elle porte autour du cou; son corps est brun d'acier. On la nomme aussi serpent d'eau, parce qu'elle se trouve souvent dans les mares, où elle nage avec autant de grâce que de facilité.

La Couleuvre commune [2], que l'on voit si fréquemment dans nos bois où elle monte aux arbres, est susceptible d'éducation, et Valmont de Bomare la nomme, à cause de cela, serpent familier.

La Couleuvre vipérine [3] se reconnaît à ses écailles carénées et à ses taches en zigzag sur le dos.

Enfin le Serpent d'Esculape [4], que tant de fois les sculpteurs anciens ont représenté sur les statues du dieu de la médecine, est encore une couleuvre. On rencontre ce reptile dans le midi de notre patrie, et, selon le savant Cuvier, il est probable que le serpent d'Épidaure appartenait à cette espèce.

Boa. *Boa.* Écailles inférieures transversales, de la largeur du corps, simples partout.

Certains savans prétendent que le mot boa fut donné à ces animaux à cause d'une croyance anciennement répandue qu'ils suivaient les troupeaux de vaches, et se pendaient aux mamelles de celles-ci pour en sucer le lait.

C'est dans cette section que se trouvent les plus grands serpens connus de nos jours. Les boas vivent en

1 *C. natrix.* L.

2 *C. viridiflavus.* Lat.

3 *C. viperinus.* Lat.

4 *C. Æsculapii.* Shaw.

Amérique; ceux de l'ancien continent, auxquels on donnait ce nom, ne sont en général que des couleuvres; quelques-uns ont une longueur de cinquante pieds, et leur diamètre égale celui de la cuisse d'un homme.

Ce sont les ennemis déclarés des bestiaux; ils se tiennent près des marais où les mammifères vont s'abreuver. Là, roulant leur immense corps en spirale, ils attendent, immobiles, la victime que le hasard doit leur livrer; d'autres fois, ils se placent, à cet effet, dans l'eau, ou bien on les aperçoit montés et suspendus aux branches élevées des arbres d'où ils s'élancent avec fureur sur les animaux, en leur sautant au cou. Ils étranglent leur capture en l'enveloppant de leurs nombreuses circonvolutions; brisent ensuite ses os, l'inondent d'une salive gluante et fétide pour faciliter son passage, puis ils l'avalent avec lenteur.

Pendant la digestion, les boas appesantis sous l'énorme proie qu'ils ont dévorée, et engourdis par la fatigue des organes, sont alors très-faciles à vaincre et n'offrent nulle résistance. Aussi, c'est durant ce moment que les chasseurs indiens vont les attaquer sans crainte. Leur chair, qui est estimée, se vend par tronçons dans les marchés de différentes villes.

Le Boa devin [1], auquel sa beauté et sa force ont valu l'épithète de roi des serpens, est le plus colossal de son genre; c'est un animal de la Guyane.

Les serpens que, sous le nom de devins les noirs de la côte de Mozambique ont déifiés, et que l'on avait confondus avec des boas, sont de grandes espèces de couleuvres.

---

1. *B. constrictor.* L.

** *Apodes à dents venimeuses.*

VIPÈRE. *Vipera.* Point de fosse derrière les narines ; plaques caudales inférieures doubles ;
grelots nuls.

Nous devons d'abord citer dans ce genre la Vipère
commune [1] dont l'aspect est aussi connu de tout le
monde que les accidens qu'elle fait naître, et dont la
morsure, mais heureusement dans des cas rares, peut
donner la mort à l'homme ; cette espèce devient chaque
jour moins nombreuse chez nous, mais elle se multiplie
considérablement dans quelques contrées du nord, surtout en Sibérie, où la superstition proclame que celui
qui tue une vipère s'expose à la vengeance de toutes les
autres.

Le Naïa [2] ou serpent à lunette, qui doit ce dernier
nom à un de ces instrumens qui est assez exactement
dessiné sur le renflement de son cou, est plus redoutable que la vipère ; il eut le sort de tant d'autres reptiles
dangereux auxquels la peur érigea des autels ; dans l'Inde,
les naïas ont encore à cette époque des prêtres et des
temples, et malgré les malheurs qu'ils suscitent, on les
traite en amis ; le Malabare qui trouve un de ces ophidiens dans sa cabane le prie religieusement d'en sortir ;
s'il s'obstine à rester, on appelle un bramine pour lui
réitérer les exhortations. Quelques indiens vont même
porter des alimens à ces serpens à l'entrée des forêts, et
par cette dégradante superstition protègent les fléaux
qui déciment leurs enfans.

Changeant brusquement de sentimens à l'égard des
naïas, on voit dans d'autres contrées l'homme en faire
son jouet ; fréquemment sur les places des plus chétives

1 *V. berus.* Daud. 2 *V. naja.*

ourgades des rivages du Gange, il se trouve des bate-
eurs qui prétendent rendre ces serpens dociles; à leur
oix, ils les font s'entrelacer, accomplir une espèce de
anse et ils semblent défier leur morsure, devant une
multitude ignorante qui ne sait pas que toute la magie
de ces misérables, consiste à mutiler cette espèce de ses
dents à venin.

Le serpent que les anciens décrivent sous l'épithète
l'aspic d'Egypte est la Vipère haje [1] qui abonde dans
es déserts qui bordent le Nil; c'est cette espèce que
es écrivains de Rome désignèrent aussi sous le nom
l'aspic de Cléopâtre, parce que ce fut avec elle que
ette célèbre reine des Egyptiens se donna la mort.

Les jongleurs du Caire, imitant leurs prédécesseurs
le Memphis, profitent d'une singulière habitude qu'a
l'haje de se raidir et de rester immobile comme un
bâton, quand on lui presse la nuque, pour tromper la
rédulité, ou amuser le public avec cette vipère. Tel
fut le miracle des magiciens de Pharaon qui transfor-
maient subitement leurs verges en serpens sous les yeux
de Moïse. La coutume que ces reptiles ont de se raidir
spontanément dans les champs, les avait fait regarder par
es premiers habitans de l'Egypte, comme l'emblème de
divinités protectrices, et les temples et les obélisques de
cette nation en représentent fréquemment de sculptées.

Le Céraste [2] ou serpent cornu est un des reptiles les
plus dangereux des déserts de l'Afrique, sous les sables
lesquels il s'enfonce durant le jour. Les charlatans le
montrent comme le précédent, il a deux cornes sur la
tête. Déjà célèbre dans les époques héroïques, on trouve
le céraste figuré sur les ruines des rivages du Nil. Les

1 *V. haje*. Geoff.   2 *V. cerastes*.

nations des bords de ce fleuve racontaient qu'une inva
sion de ces redoutables serpens avait suffi pour dépeu
pler entièrement quelques contrées de l'Egypte.

CROTALE. *Crotalus*. Écailles inférieures transver
sales, simples partout; queue munie de gre
lots cornés, emboités.

L'épouvantable activité du venin des crotalès les
rendus célèbres depuis la découverte de l'Amériqu
qu'ils habitent uniquement. Ils inspirèrent tant d'effro
à quelques voyageurs que ceux-ci proclamèrent que ce
ophidiens forceraient d'abandonner les contrées où il
sont communs.

Les crotales ont reçu le nom de *serpens à sonnettes*
à cause des espèces de grelots qui terminent leur queu
et font un petit bruit lorsqu'ils s'agitent. Excepté le
cochons qui les mangent, tous les animaux les craignent
et ceux qui sont surpris par eux se trouvent quelque
fois tellement épouvantés, qu'au lieu de les fuir on le
voit se précipiter sous leurs terribles dents : tels son
les écureuils, les rats, les oiseaux. Cependant, comm
ces ophidiens exhalent une odeur très-fétide, quelque
mammifères tels que les chevaux et les chiens n'en
approchent pas. Ils n'attaquent l'homme que quand il
sont provoqués.

L'énergie redoutable du venin des crotales est tell
que l'on assure que les piqûres d'un seul font périr de
chevaux et des bœufs presque instantanément. Le poisor
de ces reptiles, quoique dissous dans l'esprit de vin, o
desséché, ne perd pas pour cela son action. On cite qu'ur
homme ayant succombé après avoir été mordu par ur
serpent à sonnettes, dont les crochets étaient restés dan

les bottes, sa chaussure se trouva vendue successivement à deux autres personnes, et qu'elles expirèrent en un tems assez court par la blessure que leur firent les dents venimeuses qui s'y trouvaient encore attachées.

Les différentes espèces de ce genre vivent exclusivement dans l'Amérique, elles diminuent à mesure que l'on s'avance vers le nord; ces serpens s'engourdissent seulement un peu, durant l'hiver, dans les régions froides, car, sous la zône torride, ils s'agitent toute l'année.

Ce fut probablement la terreur qui arracha d'abord à quelques hordes sauvages les respects religieux dont elles environnèrent les crotales, à la conservation desquels elles veillaient avec sollicitude; car plus tard, reconnaissant l'inutilité de leurs sacrifices et s'acharnant avec fureur contre les objets de leur culte, on les vit leur faire une guerre d'extermination. Les colons aident également de leur côté cette destruction, aussi ces animaux diminuent-ils considérablement.

Les nègres mangent leur chair avec autant de plaisir que celle des autres ophidiens.

Palissot de Beauvois assure que le serpent à sonnettes surpris au milieu de ses petits, les soustrait au danger en les recueillant dans sa bouche, et que, quand ses craintes sont bannies, il les rejette.

Le Boïquira[1] est l'espèce la plus commune et celle dont le venin est le plus terrible. Au Mexique on lui donne le nom de Reine des serpens, sans doute en faisant allusion à sa puissance létifère. Il est très-abondant à la Caroline.

[1] *C. horridus.* L.

HYDRE. *Hydrus.* Queue très-comprimée ; point de plaques inférieurement ; toutes les écailles petites.

Ces reptiles sont fort communs dans la mer des Indes. La compression de leur queue leur donne une grande facilité pour nager. L'espèce que l'on trouve le plus fréquemment est l'Hydre bicolor [1], qui est très-venimeux. Cependant sa chair se mange.

[1] *H. bicolor.* Schn.

CLASSE IV.

AMPHIBIENS.

Vertébrés ovipares à peau nue ; cœur à une seule oreillette ; circulation incomplète ; des métamorphoses.

Ces animaux présentant une organisation toute différente de celle des reptiles proprement dits, ils devaient former une classe à part, et c'est avec raison qu'en l'instituant, De Blainville lui donna le nom de classe des *Nudipellifères*, car ces vertébrés sont remarquables par leur peau qui est dépourvue de tout appendice protecteur. Les êtres compris dans cette division forment le passage des reptiles aux poissons, et ils ressemblent parfaitement, dans le jeune âge, à ces derniers, par leur respiration et leur circulation.

Dans les nudipellifères les fonctions-sensoriales sont fort obtuses, et l'action du cerveau peu considérable sur les phénomènes de la vie, car une grenouille mâle à laquelle on coupe la tête pendant l'accouplement, ne continue pas moins cet acte, et le pouvoir fécondateur n'en est pas interrompu. La surface cutanée des amphibiens paraît être mieux disposée que celle des reptiles proprement dits, pour recevoir les impressions tactiles. Les doigts sont en général dépourvus d'ongles, et semblent peu conformés pour embrasser les corps. Dans

15 *

certaines espèces cependant, ils se trouvent terminés par de petites lanières [1] qui paraissent être des organes du toucher.

L'œil, dans la classe qui nous occupe, se rapproche de celui des poissons ; le cristallin est ordinairement sphérique et l'iris doré; quelques espèces vivant dans les lieux obscurs ne présentent plus que des rudimens d'yeux et paraissent aveugles [2].

Dans les premiers groupes de cette classe l'appareil auditif se rapproche de la structure qu'il offre dans les reptiles proprement dits, mais la dégradation est rapide dans les derniers, où les osselets de l'ouie s'agrandissent et sont employés à d'autres usages.

Dans le premier âge de la vie ils ont, pour respirer, des branchies analogues à celles des poissons ; tous probablement les perdent en vieillissant, et les espèces dans lesquelles on en découvre constamment ne sont peut-être encore qu'à l'état imparfait.

Les amphibiens n'ont au cœur qu'une seule oreillette et un ventricule unique, le gauche. La circulation n'envoie, comme dans les squammifères, qu'une partie du sang dans les poumons qui sont égaux. Pendant la durée des branchies, un tronc artériel dorsal remplace le ventricule qui manque, et ce vaisseau reçoit alors le sang qui revient de ces organes.

Les mâles n'ont point de verge, aussi l'accouplement n'est-il qu'un simple contact. Les œufs ont une enveloppe mince et membraneuse.

Les petits des amphibiens naissent avec une configuration particulière, qu'ils perdent dans la suite en subissant des espèces de métamorphoses; d'abord

[1] Pipa.   [2] Protée, Cœcilie.

dépourvus de membres, ils finissent communément par en présenter quatre à l'état adulte.

Presque tous ces animaux vivent dans l'eau ou habitent les endroits humides. Ils se nourrissent de proie vivante, jamais de cadavres.

ORDRE DES BATRACIENS.

Corps ramassé; quatre membres; queue nulle.

C'est à l'aide de la gorge que les batraciens respirent; ils introduisent de l'air dans celle-ci par les narines, et font ensuite pénétrer ce fluide dans le poumon en contractant les muscles qui sont au-dessous de la mâchoire, aussi asphyxie-t-on ces animaux en leur ouvrant la gueule. L'expiration s'exécute par les muscles du ventre.

L'accouplement est d'une longue durée, souvent il se prolonge plusieurs jours pendant lesquels le mâle tient sa femelle étroitement embrassée; cette action est favorisée par les pouces de ce premier, qui, au tems des amours, présentent un renflement spongieux; pendant ce rapprochement, le mâle se borne à féconder les œufs au moment où ils sortent, en les inondant de son fluide séminal.

Le petit batracien qui est produit prend le nom de *tétard;* il est d'abord pourvu de branchies et d'une queue qui se résorbent dans la suite, et on ne lui découvre pas de pattes. Les membres de derrière jaillissent promptement après la naissance, ceux de devant se développent ensuite et apparaissent en perçant la peau, puis les branchies s'anéantissent pour terminer la métamorphose.

Le tube intestinal des batraciens suit la loi dont nous avons déjà parlé, et se transforme en raison du régime;

dans leur premier état ces animaux étant herbivores, le canal digestif est excessivement long ; devenus adultes, ils sont carnivores, et les intestins deviennent considérablement plus courts.

Les amphibiens de cet ordre s'engourdissent pendant l'hiver sous la vase des marais où ils se réfugient, et on les y trouve dans un état de mort apparente ; les grenouilles peuvent même être gelées entièrement sans périr, le retour de la chaleur les ranime. Pour expliquer la disparition de ces nudipellifères, Pline disait qu'ils se dissolvaient en limon, et qu'ils renaissaient de celui-ci au retour du printems : de semblables absurdités furent reçues pendant plusieurs siècles.

** Batraciens dorsipares.*

PIPA. *Pipa.* Corps lisse ; langue et glandes du cou nulles ; mains à doigts terminés par de petites pointes.

Malgré son aspect hideux, le Pipa de Surinam [1] présente cependant un grand intérêt. Ce reptile est très-commun dans le pays dont il porte le nom ; on le rencontre dans les lieux obscurs des maisons ou le long des rivières. Après la ponte, le mâle, cramponné sur sa femelle, lui étale les œufs sur le dos, et il les féconde ; ensuite cette dernière gagne les marais et s'y plonge, puis, bientôt après, la peau dorsale se gonfle et forme des cellules dans lesquelles les petits éclosent et se développent, et d'où ils ne sortent qu'à l'état parfait.

Les formes disgracieuses de ces amphibiens, et leur couleur livide, n'empêchent pas qu'ils ne soient regardés comme un mets délicat par les noirs et les colons.

[1] *P. vulgaris.*

** *Batraciens aquipares.*

CRAPAUD. *Bufo.* Corps verruqueux ; deux glandes
au cou ; membres postérieurs moins longs que
le corps.

Ce sont en général des animaux lourds, cherchant à
cacher leurs formes hideuses dans l'ombre ; une dégoûtante allure les a fait accuser de maléfice, et l'on a cru
que chez eux l'urine, la baye ou la transpiration étaient
venimeuses.

Les crapauds traînent ordinairement loin de l'eau leur
abjecte et misérable existence ; ne se rapprochant des
mares que pour venir y déposer leur progéniture , ils se
cachent sous les décombres, ou bien on les découvre dans
les caves et les endroits humides et sombres de nos habitations, dont ils deviennent quelquefois les familiers ;
se nichant aussi par immenses légions dans les creux de la
terre, quand une pluie d'été les chasse de leur retraite
ils fourmillent tellement sur le sol, que le vulgaire
n'explique leur apparition subite, qu'en supposant qu'il
tombe des pluies formées de ces batraciens : croyance
qui date des siècles passés.

Un fait des plus singuliers de l'histoire de ces amphibiens, c'est le peu d'air qui leur suffit pour vivre ; on a
trouvé parfois des crapauds qui étaient depuis long-
tems incrustés dans des masses de maçonnerie où on les
découvrait encore vivans ; l'expérience constate que ces
batraciens mis dans des boules de plâtre reçoivent assez
de fluide atmosphérique entre les particules de ce corps
pour y rester , sans périr, un tems considérable.

C'est sans doute à leurs disgracieuses formes que les

crapauds durent la puissance que leur prêtait l'ignoble superstition des siècles abrutis. Ces animaux entraient dans tous les filtres magiques des sibylles, et leur emploi était alors si commun dans les conjurations, que des tribunaux iniques livrèrent des personnes aux flammes, sur le seul indice qu'elles possédaient de ces batraciens dans leur demeure.

Malgré le dégoût qu'inspirent les crapauds, on en mange cependant considérablement chez nous, et ce sont des membres de plusieurs espèces de ce genre que les paysans apportent souvent aux marchés, sous le nom de cuisses de grenouilles.

Le type du groupe est notre Crapaud commun [1] ; ses petits têtards sont noirs ; quand ces animaux sont menacés de quelque danger, ils enflent leur corps, se rendent durs, élastiques, et semblent, par ce moyen, défier les coups ; puis ils font suinter de leur peau une humeur fétide, en même tems qu'ils lancent par l'anus un fluide particulier qui n'est nullement venimeux.

Une espèce de la France est nommée Crapaud accoucheur [2] à cause de la singularité que présente le mâle, qui, après avoir aidé sa femelle à se débarrasser de ses œufs, se les attache sur les cuisses avec des espèces de fils, porte la progéniture et l'entoure de soins assidus jusqu'au moment où il la dépose dans l'eau et où les têtards sortent des œufs.

Le Crapaud brun [3], qui est marbré de couleur noirâtre, se mange dans quelques lieux en friture, en guise de poisson.

[1] B. vulgaris.
[2] B. obstetricans. Laur.
[3] B. fuscus. Laur.

GRENOUILLE. *Rana.* Corps lisse, des dents fines;
cou sans glandes; langue mobile; pattes plus
longues que le corps; doigts pointus.

Les grenouilles sont d'une extrême fécondité, on leur
a compté jusqu'à douze à treize cents œufs; leur accouplement dure quelquefois quinze ou vingt jours, pendant lesquels l'existence des deux sexes est commune, la
femelle traîne partout son mâle.

Ces animaux, employés déjà dans la médecine grecque,
ne furent servis sur nos tables que dans ces derniers
tems.

La Grenouille verte[1] est la plus répandue chez nous,
et c'est elle que l'on y mange de préférence; à Vienne,
pour satisfaire à la consommation considérable que l'on
fait des amphibiens de cette espèce, on les engraisse dans
des lieux particuliers nommés *grenouillères.*

La Grenouille rousse[2] se rencontre dans les bois et
les jardins potagers, où il serait avantageux de l'élever
pour détruire les limaçons; elle est d'un goût aussi
agréable que la précédente; certains auteurs l'ont appelée la Muette parce qu'elle ne coasse point.

RAINETTE. *Hyla.* Pattes postérieures excessivement longues; extrémité des doits élargie en
pelotte.

Si les crapauds nous présentaient des couleurs abjec-
tés, une démarche pesante et des formes grossières, en
revanche les rainettes sont sveltes et gracieuses, et leur
peau est bigarrée de couleurs qui se marient ou se heurtent agréablement pour l'œil; on trouve communément
ces amphibiens au milieu de l'herbe touffue des prairies,

---

[1] *R. esculenta.* **L.**   [2] *R. fusoa terrestris.* Rœs.

ou sur les arbres qu'ils fréquentent en poursuivant les insectes, et auxquels ils grimpent à l'aide de leurs pelottes digitales, d'où s'exhude un fluide visqueux qui leur permet même d'adhérer au revers des feuilles; ce n'est que pendant l'hiver et à l'époque de la reproduction qu'ils se retirent sous l'eau.

La Rainette commune[1] porte une livrée d'un beau vert velouté, dont la teinte se confond avec celle du feuillage qu'elle habite, et par cette harmonie la dérobe à l'œil de l'oiseau carnassier ou des serpens qui sont avides de cette espèce; c'est à cause de son séjour habituel sur les grands végétaux qu'on l'a nommée Grenouille d'arbre, dans quelques pays.

ORDRE DES PSEUDOSAURIENS.

Corps alongé, cylindriforme; quatre membres; une queue; branchies nulles chez les adultes.

SALAMANDRE. *Salamandra.* Palais dentifère; doigts non palmés; queue cylindrique, dépourvue de crête.

Les salamandres sont des amphibiens lucifuges, n'allant guère dans les mares que pour y déposer leurs petits, qui naissent vivans. Leur allure est stupide, et elles ont un aspect désagréable. Quand on les irrite, elles exhalent par les porosités de leur corps un liquide fétide, susceptible de dégoûter les animaux qui les attaquent, et que les anciens, dans leur exagération, regardaient comme une humeur pestilentielle, qui pouvait dépeupler les nations par son contact sur les herbes alimentaires.

[1] *H. communis.* Bor.

C'est ce fluide que ces innocens reptiles transsudent pour
se garantir de la chaleur quand on les met sur un brasier
ardent, et c'est de son émission dans cette circonstance
que naquit cette opinion adoptée de toute l'antiquité,
que les salamandres vivaient dans le feu et qu'elles four-
millaient dans les fleuves embrasés de l'empire infernal.

L'espèce commune chez nous est noire avec des taches
jaunes, c'est la Salamandre terrestre[1], que l'on désigne
dans le midi sous le nom de Scorpion, parce que, comme
lui, elle relève la queue quand elle est menacée, et l'on
croit faussement que cet appendice est venimeux.

TRITON. *Triton.* Queue comprimée verticalement.

Ces amphibiens, ainsi que l'indique leur queue natatoire, passent la plupart de leur vie dans l'eau, et c'est
à cause de cette particularité et de leur ressemblance
avec le groupe précédent, qu'on les appelle salamandres aquatiques.

Les tritons reproduisent avec une étonnante rapidité
les parties qu'on leur a enlevées, et ils ne sont pas moins
remarquables par la faculté qu'ils ont de résister à l'influence du froid; lorsqu'ils se trouvent compris dans des
masses de glaces, on les voit se ranimer quand celles-ci
se fondent.

L'ancien et le nouveau continent offrent des individus
de ce genre; le Triton crêté[2], qui se rencontre dans les
mares de notre pays, est une des espèces les plus communes; sa peau chagrinée, tachetée partout, et sa crête
dorsale festonnée le distinguent.

Des races d'immenses tritons s'agitaient à la surface de
l'ancien globe; elles s'éteignirent dans ses cataclysmes.

---

1 *S. maculosa.* Laur.   2 *T. cristatus.*

Un squelette fossile de l'un de ces animaux, que des naturalistes théologiens prétendaient être un des hommes
contemporains du déluge, avait acquis une étonnante
célébrité. Scheuchzer pour l'adapter à ses idées religieuses l'avait nommé *homo diluvii testis*, quelques savans ébranlèrent cette opinion en annonçant que celui-
ci n'était qu'un poisson, mais ce ne fut que dans ces
derniers tems que le prétendu squelette humain fut
reconnu appartenir évidemment à une salamandre
aquatique.

ORDRE DES SAURICHTYENS.

Des branchies persistantes et des poumons ; deux
ou quatre membres.

Peut-être l'état dans lequel nous observons ces animaux n'est-il que transitoire, et qu'ils ne sont alors
qu'en larve. Le nom qui leur a été appliqué indique
leur nature, tenant à la fois du poisson par les branchies qu'on observe chez eux, et des reptiles par les
poumons qu'on y découvre en même tems, ainsi que
par la forme du corps.

Protée. *Proteus.* Corps très-alongé, à quatre
membres.

Une des espèces nommée Anguillard[1] vit dans l'obscurité complète, au milieu des conduits souterrains qui
font communiquer les lacs de la Carniole et de l'Autriche ;
la lumière paraît l'incommoder beaucoup.

Sirène. *Siren.* Corps anguilliforme ; des membres
antérieurs seulement.

Les espèces de ce genre vivent dans les marécages de

[1] *P. anguinus.* Laur.

Caroline ; on en voit de trois pieds de long ; la Sirène lacertine [1] est la mieux connue, elle est noirâtre.

ORDRE DES PSEUDOPHIDIENS.

Corps serpentiforme ; membres nuls.

CÉCILIE. *Cæcilia.* Corps cylindrique nu.

La dénomination de ces amphibiens semble indiquer les êtres aveugles, et il s'en trouve en effet parmi eux qui ont dans ce cas ; plusieurs restent un tems considérable sous la terre où ils paraissent manger de l'humus, car on en a trouvé dans leur estomac. On ignore encore si ces animaux sortent de l'œuf à l'état parfait ; c'est particulièrement la disposition de leur cœur et leur peau nue et visqueuse qui les font placer dans la cinquième classe.

La Cécilie visqueuse [2] a plus d'un pied de longueur ; elle vient dans l'Amérique, sa couleur est brunâtre. La Cécilie lombricoïde [3], qui est plus longue, noirâtre, et du diamètre d'une plume, est complétement aveugle.

[1] S. lacertina. L.
[2] C. glutinosa. L.
[3] C. lumbricoïdes. Daud.

CLASSE V.

POISSONS.

Animaux vertébrés, branchifères, à sang rouge et froid, dépourvus de poumons.

Les poissons ont été nommés *Pinnifères* par De Blainville; leur forme est plus ou moins alongée et leur corps comprimé s'amincit vers les extrémités; quelques-uns sont presque sphériques, tandis qu'il en est d'extrêmement aplatis. La peau de ces animaux est communément couverte d'écailles apparentes; parfois celles-ci sont excessivement petites [1] et ne s'aperçoivent qu'avec attention; enfin elles manquent totalement dans certains poissons, pendant que dans d'autres, au contraire, l'appareil de protection est constitué par des plaques osseuses [2].

En général les sensations semblent imparfaites chez les animaux de cette classe. Le toucher paraît être obtus; l'absence de membres épanouis en digitations propres à saisir les corps, et la structure écailleuse de la peau, empêchent son exercice; dans quelques espèces on découvre cependant un organe spécial et ce sens siège dans les barbillons qui environnent la bouche.

Presque constamment carnassiers, les poissons étant obligés d'engloutir subitement la proie qu'ils saisissent,

[1] Auguilles.   [2] Coffres.

et n'ayant rien pour la retenir en la savourant, un organe de gustation perfectionné leur était inutile ; aussi leur langue est immobile et très-exiguë, parfois même elle n'existe pas. Des nerfs extrêmement grêles n'animent qu'imparfaitement la surface de cet organe, qui est presque insensible et souvent osseux.

L'appareil olfactif n'est pas plus heureusement ordonné que le précédent ; les molécules odorantes, moins répandues sous les eaux, qui ne leur permettent pas de se disperser comme elles le font dans l'air, semblent agir fort peu sur les poissons, et ceux-ci n'ont, pour en recevoir l'impression, que deux cavités rudimentaires situées au devant du museau, et constituées par de petits sacs à une seule ouverture extérieure, ou bien possédant deux ouvertures, et transformées alors en une espèce de petit canal. Dans certains poissons, la membrane nasale forme des plis qui sont disposés comme les rayons d'un cercle ; dans d'autres, ces plis imitent des peignes dans les lames desquels viennent se distribuer des vaisseaux et des nerfs. Comme on voit ces animaux attirés par certaines odeurs et s'éloigner des autres, on est forcé d'admettre que celles-ci agissent sur la membrane nasale ; cependant il ne me semblerait pas impossible que les branchies contribuassent aussi à la sensation.

Les yeux sont grands, mais presque immobiles, aucune paupière ne les voile, et ces organes sont le plus souvent hémisphériques. La sclérotique est soutenue par un cercle cartilagineux, ou même osseux ; le cristallin est globuleux, il remplit presque toute la cavité oculaire.

Les poissons étant condamnés à vivre dans un milieu où les sons s'anéantissent rapidement, l'organe auditif leur devenait presque superflu ; aussi est-il fort peu développé chez eux. L'oreille, creusée dans une cavité osseuse, dépourvue d'appareil de recueillement externe, et de limaçon à l'intérieur, se présente simplement sous la forme de sacs, ou de canaux membraneux, propres à transmettre, mais très-obscurément, les bruits qui retentissent à la surface de l'eau.

Dans les animaux de la classe qui nous occupe, l'intellect est obtus, Pline mentionne cependant que des murènes connaissaient la voix de leur maître et sortaient de l'eau, quand il les appelait, pour venir prendre leur nourriture.

Le système locomoteur passif des poissons se compose d'os qui, chez eux, sont tantôt solides, et d'autres fois mous et simplement cartilagineux. Le tronc est formé par la colonne vertébrale que l'on nomme *grande arête*. Les membres dirigent les mouvemens du corps, ou les luiimpriment, sont appelés nageoires; on a nommé *pectorales*, les nageoires dont l'ostéologie est analogue à celle du bras des animaux des classes précédentes; on appelle *ventrales* ou pelviennes, celles qui sont placées sous l'abdomen ou la gorge, et se trouvent formées par des pièces ayant des rapports avec les extrémités postérieures des autres vertébrés. La position de ces dernières nageoires a fait donner des noms divers aux poissons, et on a appelé ceux-ci jugulaires, thoraciques ou abdominaux, selon qu'elles sont situées en avant des pectorales, un peu en arrière de celles-ci, ou enfin plus rapprochées de l'anus que d'elles.

Les autres nageoires sont la *caudale* qui termine l'animal; la *dorsale*, qui se trouve au-dessus, et peut être simple, double ou triple. On la nomme *adipeuse*, quand elle ne présente point de rayons. Enfin, l'on

Comme *anale* la nageoire impaire qui se trouve en arrière de l'anus.

Les mouvemens horizontaux sont dus à l'action des muscles des parties postérieures. Lorsque le poisson frappe le liquide latéralement avec sa queue, celui-ci, en réagissant, lui imprime un mouvement oblique, et, comme par le choc du côté opposé, l'animal reçoit une impulsion oblique en sens contraire, son corps prend la moyenne de ces deux directions et se porte en avant.

La vessie aérienne est une espèce de poche que l'on trouve chez un grand nombre de poissons et qui contient un fluide gazeux. Elle joue un certain rôle dans les mouvemens d'abaissement ou d'élévation de quelques-uns, et peut changer leur poids spécifique selon que les muscles la compriment ou la laissent se dilater.

Si nous considérons le tube digestif, nous voyons que son entrée offre des dents implantées sur les différens os qui composent la cavité buccale ; leur forme est conique ou tranchante, souvent elles sont si fines et si serrées, qu'elles représentent, par leur réunion, l'aspect du velours ou celui des soies d'une brosse ; il n'existe aussi de larges, réunies les unes contre les autres, et analogues à de petits pavés [1].

A l'exception de quelques espèces herbivores, les poissons ne mâchent point leurs alimens ; presque tous sont carnassiers, et souvent ils s'entredétruisent réciproquement ; ces animaux mangent jusqu'à des crustacés, des mollusques, qu'ils avalent sans discernement et sans être rebutés par leurs épines ou par la substance calcaire des coquilles ; ils sont dépourvus de glandes salivaires. L'estomac, qui forme ordinairement une espèce de

[1] Raies.

cul-de-sac, n'est parfois représenté [1] que par une faible dilatation. Le tube alimentaire a plus ou moins d'étendue, selon les espèces : chez les unes droit et très-court [2], chez d'autres, il a plusieurs fois la longueur du corps, et dans certains pinnifères [3] il est si charnu à sa naissance, qu'il représente une espèce de gésier.

La respiration s'opère par le contact de l'eau sur les *branchies*, qui sont des lames recevant beaucoup de vaisseaux, situées sur les côtés de la tête où elles se trouvent le plus souvent protégées par des plaques mobiles osseuses, que l'on nomme *opercules*. Le liquide est appliqué sur l'appareil branchial, à l'aide d'une espèce de déglutition, et il vient se tamiser à travers ses feuillets. Beaucoup de poissons présentent une espèce de voile membraneux, ou valvule, qui se trouve en dedans des mâchoires, et empêche l'eau avalée pour la respiration de pouvoir ressortir par la bouche. C'est l'air contenu dans ce fluide qui agit sur ces animaux; ils n'en dépensent que très-peu, car on a calculé qu'une tanche en consommait cinquante mille fois moins qu'un homme; cependant les expériences prouvent évidemment la respiration des poissons, car si l'on prive d'air le liquide qu'ils habitent, ils y périssent promptement.

Le système circulatoire des poissons se compose d'un cœur droit, destiné à pousser dans les branchies le sang qui revient de toutes les parties du corps; il forme quatre poches musculaires, séparées par des étranglemens, et dans lesquelles on voit des valvules pour empêcher le sang de refluer. Les canaux qui reprennent ce fluide après son irruption dans les branchies, se

1 Cyprins.
2 Lamproies.
3 Muges.

réunissent pour former un grand vaisseau unique, ou grande artère, qui suit la direction de l'épine, donne dans son trajet des ramifications qui se subdivisent et vont inonder toute l'économie.

Les poissons présentent une fécondité qui étonne l'imagination ; chez la plupart aucun accouplement n'a lieu, et ils semblent plutôt entraînés à la reproduction par son but matériel que par les plaisirs qu'elle offre. L'époque des amours est cependant marquée dans ces êtres par d'importantes mutations. Ils se décorent alors d'une robe nuptiale éclatante, et l'organisme semble modifié dans toutes ses parties ; leur chair devient plus délicate et plus savoureuse, et des forces nouvelles se décèlent par des mouvemens insolites, dans lesquels se peint une vague inquiétude.

Les organes génitaux des poissons consistent dans les ovaires pour les femelles, et les testicules chez les mâles ; quelquefois ceux-ci ont en outre un organe excitateur. Dans presque tous les pinnifères, l'appareil de ce dernier sexe se compose uniquement des deux testicules, qui sont d'une grosseur considérable et ressemblent à deux grandes poches alongées, membraneuses, dont l'intérieur est formé de cellules dans lesquelles se trouve un fluide qui paraît sécrété par leurs minces parois. C'est cet appareil que l'on nomme vulgairement *laite* ou *laitance*, et dans lequel Leeuwenhœk, pour être fidèle à son système, mentionnait des myriades d'animalcules spermatiques dont il évaluait le nombre à 150,000,000,000 chez les morues.

Les ovaires des femelles sont très-simples dans les poissons osseux ; leur forme est ordinairement celle de sacs membraneux alongés : ils occupent une grande partie de l'abdomen, et sont composés d'œufs contenus dans des cellules. Ces œufs sont globuleux, et l'on peut juger de la fécondité de ces animaux par leur nombre : Leeuwenbœk dit en avoir trouvé 9,344,000 dans une morue ; des observateurs dignes de foi en ont compté jusqu'à 167,400 dans une carpe, et il est rapporté que 7,653,000 ont été pondus par un esturgeon, prodigieuse fécondité, dont les mers se trouveraient sans doute bientôt encombrées, s'il n'y avait pas de puissantes causes de destruction.

La ponte et l'émission spermatique ont lieu en une seule fois. C'est vers le printems que la femelle dépose ses œufs ; alors le mâle, attiré près de ceux-ci, lance son fluide séminal sur eux et les féconde en passant, et sans nul contact avec elle. Mais il en est tout différemment dans certains poissons qui sont vivipares, il y a un véritable accouplement, et l'œuf est fécondé et se développe dans la femelle [1].

L'habitation des poissons empêche de bien connaître la durée de leur existence ; cependant, il paraît que certaines espèces peuvent vivre un grand nombre d'années. Le célèbre ichtyologiste Bloch rapporte avoir vu des carpes si vieilles, qu'elles en avaient la tête ombragée de mousse. Mais un fait qui est plus exact, c'est un brochet énorme, que l'on pêcha en 1497 ; il avait dans les opercules un anneau d'airain gravé, qui attestait que l'empereur Frédéric II le lui avait fait mettre deux cent soixante-sept ans auparavant.

[1]. Raies, Requins.

POISSONS OSSEUX
OU GNATHODONTES.

Squelette osseux; dents implantées dans les os des mâchoires.

SQUAMMODERMES.

Poissons ordinairement couverts d'écailles.

Squammodermes tétrapodes.

ORDRE
DES ABDOMINAUX OU HYPOGASTRIQUES.

Membres pelviens libres, situés sous l'abdomen, en arrière des pectoraux.

FAMILLE DES MÉTROSOMES OU CYPRINOÏDES.

Corps de forme ordinaire, alongé, comprimé; maxillaires ordinairement édentés.

Brochet. *Esox.* Museau large, déprimé, obtus; bouche grande; dents aiguës, nombreuses; dorsale unique; cœcum nul.

Le nom de brochet vient, selon les uns, de la ressemblance de ces poissons avec une broche, selon d'autres de *brochus*, dénomination que l'on donnait aux individus à bouche avancée.

Le type de ce genre est notre Brochet commun [1], que sa voracité a fait nommer à juste titre le Requin des étangs. En effet, il est si affamé, qu'il s'attaque à tout ce qu'il rencontre, et détruit jusqu'à sa progéniture. C'est le fléau des poissons des eaux douces; il mange

[1] *E. lucius* L.

aussi des rats et des grenouilles : on a trouvé jusqu'à des canards entiers dans l'estomac de gros individus de ces métrosomes. Quand la proie que ceux-ci ont saisie est plus volumineuse qu'eux, ils n'en avalent qu'une partie, et, pendant qu'elle se digère, à l'imitation des serpens, ils attendent que la putréfaction facilite l'introduction de ce qui est resté au-dehors.

Les brochets se ruent sur leur nourriture avec si peu de discernement, qu'on a vu un de ces poissons saisir le museau d'une mule qui allait s'abreuver dans un fleuve, et n'abandonner prise qu'après avoir été emporté assez loin dans les terres par cet animal.

Quoiqu'on ne puisse admettre les rêveries des anciens à l'égard du volume que les brochets peuvent acquérir, il paraît constant que dans le Palatinat, en 1497, il en a été pêché un de dix-neuf pieds de long, et du poids de trois cent cinquante livres.

La chair de ce métrosome est fort estimée. Nos crédules aïeux lui attribuaient, à tort, de grandes vertus médicinales. Les œufs passent pour purgatifs, et l'on dit que les oiseaux aquatiques qui les mangent ne tardent pas à ressentir leurs effets ; qu'ils sont rendus sans altération, et que c'est par ce moyen que la progéniture de ce poisson peut se répandre dans des marais sans communication.

On élève le brochet, on l'engraisse, et on lui pratique quelquefois la castration pour rendre sa chair meilleure. Pallas dit qu'on en prend une si prodigieuse quantité dans le Volga, que les pêcheurs les réunissent en tas énormes sur les rivages de ce fleuve, et que quand ces animaux sont gelés, on les débite au prix modique d'un sou les onze livres.

L'Aiguille[1] est une espèce très-commune dans les mers d'Europe. Quoique d'un goût exquis, les classes pauvres s'en nourrissent seules, à cause de la couleur verte de ses os qui se communique parfois aux chairs, et a fait croire qu'elles étaient vénéneuses.

Saumon. *Salmo.* Maxillaires dentés; dix rayons branchiaux environ; deux dorsales.

Toutes les espèces rassemblées dans ce groupe sont carnassières, et se trouvent, pour la plupart, dans les eaux douces; elles semblent aimer les ondes tumultueuses; souvent on en découvre au milieu des rochers où les fleuves forment des cascades.

Le Saumon[2] est errant dans tous les parages du Nord; de là il se répand, vers l'été, en immenses troupes dans les rivières et les lacs pour y passer la belle saison. On a parfois trouvé ce métrosome excessivement loin des plages maritimes, et l'on assure avoir péché des saumons du golfe Persique dans la mer Caspienne. Parvenus là par les communications souterraines de leurs eaux, ils furent reconnus à des bijoux d'or dont les avaient ornés de riches habitans des rivages du golfe.

Dans leurs voyages, ces poissons marchent en files disposées sur deux rangs à la tête desquels se trouve la plus grosse femelle. Les rocs élevés n'arrêtent pas leur course; en s'étalant de côté sur les pierres, et saisissant celles-ci avec leur gueule, ils forment un arc qu'ils débandent vigoureusement, et, à l'aide de cet effort, se projettent à une hauteur de douze à quinze pieds, et franchissent l'obstacle.

On assure que les femelles creusent un trou alongé,

[1] *E. belone.* L.   [2] *S. salar.* L.

d'environ quinze pouces de profondeur, dans le lit des fleuves, pour y déposer leur frai, qu'elles recouvrent ensuite avec du sable.

Dans quelques pays, l'abondance de cet excellent poisson est telle, qu'un seul coup de filet en amène quelquefois deux ou trois cents, et que l'on en pêche plus de deux cent mille par an. Pour les prendre, en Norwége, on barre les rivières près de leur embouchure.

L'Eperlan [1], la Truite saumonnée [2], qui est tapissée de taches ocellées, et la Truite commune [3], qui fréquentent les eaux claires et vives, sont aussi des espèces dont la chair est très-estimée.

Cyprin. *Cyprinus.* Bouche petite ; mâchoires édentées ; palais et langue lisses; trois rayons branchiaux; dorsale unique.

Le genre cyprin est un des plus naturels et des plus nombreux ; les poissons qu'il renferme vivent presque tous dans l'eau douce, et offrent une chair agréable à manger. Ce sont les moins carnassiers que l'on connaisse. Ces êtres inoffensifs se nourrissent de graines et d'herbes, ou même se contentent du limon des fleuves.

La Carpe vulgaire [4] doit être citée au premier rang ; tout le monde connaît la saveur de sa chair. Les cyprins de cette espèce sont surtout remarquables par la ténacité de leur vie ; on en transporte de Strasbourg à Paris, et ils se conservent vivans, avec la seule précaution de mettre un peu de mousse fraîche dans leurs ouïes.

Les eaux paisibles, les sites aquatiques herbeux sont

[1] *S. eperlanus.*
[2] *S. trutta.*
[3] *S. fario.*
[4] *C. carpio.* L.

préférés par les carpes. Il paraît **qu'on** peut obtenir la confiance de ces animaux à l'aide de soins, et l'on dit qu'ils viennent prendre la nourriture à la main des personnes dont ils sont accoutumés à recevoir ce bienfait, et que celles-ci peuvent les faire approcher en les appelant.

On donne le nom de *reine des carpes* à une variété dont la peau est dépouillée d'écailles par places, et c'est à cause de cette particularité qu'elle est aussi appelée *carpe à cuir*.

La Dorade de la Chine [1] fut d'abord apportée en Europe par les Hollandais, qui la vendaient fort cher. Ce cyprin, dont la couleur orangée séduit l'œil par ses reflets d'or, s'est maintenant tellement multiplié chez nous qu'il est devenu presqu'indigène. Il résiste au froid d'une manière surprenante, et peut se trouver pris dans les glaces sans périr. Les dorades que l'on voit si communément orner les pièces d'eau des parterres, ou vivre dans des vases sur les cheminées de nos salons, présentent une foule de variétés dans leur coloration. La domesticité leur impose même de si grandes modifications, que la nageoire dorsale disparaît chez quelques individus.

Le Barbeau commun [2] que son museau alongé et muni de barbillons distingue ; le Gougeon [3], la Tanche [4], la Brême [5], qui peuplent en troupes nos eaux douces, sont l'objet de pêches assidues, et servent à alimenter les tables ; il en est de même du Meunier [6], du Gardon [7], que l'on nomme vulgairement *poissons blancs* ; mais

1 *C. auratus.* L.
2 *C. barbus.* L.
3 *C. gobio.* L.
4 *C. tinco.* L.
5 *C. brama.* L.
6 *C. dobula.* L.
7 *C. idus.*

leur chair moins savoureuse est dédaignée par les gens opulens. L'Ablette[1], qui appartient encore à ce genre, possède des écailles dont la poussière nacrée sert à la confection des fausses perles.

HARENG. *Clupea.* Bouche médiocre ; plus de trois rayons branchiaux ; dorsale unique ; ventre caréné, dentelé ; cœcums nombreux.

En tête de ce genre, on doit citer le Hareng[2], la plus célèbre de toutes les espèces. Ce poisson opère ses étonnantes émigrations en automne et en été ; ses formidables légions marchent par bancs d'une étendue considérable, et dans lesquels les individus sont si tassés, que les filets des pêcheurs se déchirent quelquefois sous le poids qu'ils en rapportent, et que l'on voit même ces animaux s'étouffer par milliers entr'eux en se pressant dans les bas-fonds sous-marins. C'est du Nord qu'ils descendent périodiquement vers nos climats, et jamais on ne rencontre leurs troupes retournant vers le lieu du départ.

Les harengs fréquentent les mers étendues depuis le quarante-cinquième degré jusqu'au pôle arctique. C'est sous les glaces hyperboréennes que l'on prétend qu'ils se réfugient l'hiver, et d'où l'on avait avancé bénévolement qu'ils étaient chassés à certaines époques par l'effroi que leur causaient les baleines.

L'extrême fécondité des harengs empêche seule qu'ils ne se trouvent détruits par l'énorme consommation qu'en font les nations dont ils fréquentent les rivages ; on a compté soixante-huit mille six cent six œufs dans une femelle. Le savant Bloch calcula que, dans un seul

[1] *C. alburnus.* L.　　　　[2] *C. harengus.*

endroit de la Suède, on pêchait plus de quatre cent millions de ces poissons ; mais ce nombre n'est rien auprès des masses qu'en rapportent les flottes que la Hollande envoie, chaque saison, à leur recherche ; on a vu celles-ci s'élever, dans des années, à trois mille navires montés par plus de quatre cent mille hommes. Dans plusieurs pays, il s'en prend si prodigieusement, que l'on se contente d'en extraire de l'huile à brûler, et le détritus de cette opération sert à engraisser la terre.

Le trajet des bancs de ces animaux est dévoilé aux pêcheurs par les oiseaux carnassiers qui les escortent pour dévorer ceux qui se trouvent à la surface, et, pendant la nuit, on suit leur trace à la phosphorescence de la mer.

Quoique les harengs fussent connus en France du tems de Saint-Louis, ce n'est que dans le quinzième siècle que l'on inventa l'art de les saler. C'est à un Hollandais nommé Buckalz que l'on dut cette découverte ; sa patrie lui éleva un monument pour perpétuer sa reconnaissance, et l'empereur Charles-Quint, voulant témoigner la vénération que lui inspirait la mémoire de ce bienfaiteur du peuple, honora son tombeau en le visitant. L'usage de saurir ces précieux poissons prit naissance chez nous, à Dieppe.

A ce genre appartient encore : la Sardine [1], renommée par sa délicatesse, et qui tire son nom de la quantité qui s'en trouve vers la Sardaigne. Cette espèce pullule tellement sur les rivages de la Bretagne, qu'un seul coup de filet en amène quelquefois assez pour remplir une quarantaine de barils, et l'on évalue à deux

---

1 *C. sardina.* Cuv.

millions le bénéfice annuel que ces poissons rapportent à cette province.

L'Alose [1], qui remonte dans les grands fleuves par troupes nombreuses, et qui est fort estimée en France tandis que les Russes la dédaignent, la croient délétère, et l'abandonnent aux Tartares. On dit qu'elle aime la musique, et que les pêcheurs des rivages méditerranéens se font accompagner d'instrumens quand ils vont à sa recherche. Rondelet assure qu'il a vu de ces métrosomes être attirés par les sons d'un luth, et qu'ils sautaient à la surface de l'eau.

La Finte [2], qui offre cinq ou six taches noires sur ses flancs, et est encore employée comme aliment.

ANCHOIS. *Engraulis.* Bouche très-fendue; museau pointu; douze rayons branchiaux et plus; une seule dorsale.

L'Anchois vulgaire [3], qui sert d'assaisonnement chez nous, vient principalement de la Méditerranée, où il fourmille.

ARGENTINE. *Argentina.* Mâchoires égales, déprimées, édentées; six rayons branchiaux; deux dorsales.

On pêche communément l'Argentine sphyrœne [4] près des rivages de la Toscane, afin d'en extraire la substance qui colore son ventre et sa vessie aérienne, et dont l'éclat argenté brille comme le métal; cette matière est employée à confectionner ce que l'on nomme essence d'Orient, composition qui sert à donner la teinte aux fausses perles.

---

1 *C. alosa.* L.   3 *Clupea encrasicholus.* L.
2 *C. finta.* Lac.   4 *A. sphyræna.* L.

FAMILLE DES SILUROSOMES.

Peau nue ou avec des plaques osseuses ; dorsale et pectorales ordinairement épineuses ; souvent une adipeuse.

Dans les poissons de cette famille , on observe un appareil osseux spécial qui est annexé à la vessie natatoire ; il peut encore former un bon caractère.

Silure. *Silurus.* Peau nue ; bouche terminale ; dorsale unique , rayonnée , sans épines ; anale fort longue.

Dans ces animaux, la vessie natatoire est robuste et cordiforme. Ils ont le plus souvent une forte épine à la place du premier rayon des nageoires pectorales ; elle constitue une arme dangereuse, dont les blessures passent pour fort graves dans les pays chauds, sans doute parce qu'elles produisent le tétanos, maladie qui résulte de la déchirure douloureuse des tissus , par les fines dentelures qui se trouvent à la surface de cette épine.

Le Glanis ou Saluth[1], dont la peau est peinte en vert mêlé de noir , est le plus grand poisson des fleuves européens ; c'est ce qui l'a fait décorer de l'épithète de Baleine des rivières. On a pêché des individus de six pieds de longueur et du poids de quatre cents livres. Dans l'*Encyclopédie*, on en mentionne un que l'on prit en 1761, dans l'Oder, et qui pesait plus de sept cent-cinquante livres.

Ce silure vient spécialement dans les fleuves de l'Allemagne et de la Hongrie ; là, on le découvre caché dans la vase, épiant patiemment les autres habitans des

1 *S. glanis.* L.

eaux qu'il dévore au passage. Sa chair se mange ; elle est grasse , et , dans quelques pays , son lard se substitue à celui du porc.

Malaptérure. *Malapterus.* Peau lisse ; bouche terminale ; dorsale non rayonnée ; une adipeuse ; pectorales sans épines.

Ce genre a été institué pour une seule espèce qui habite le Nil , le Silure électrique [1] de Linné. Celui-ci possède autour du corps un tissu cellulaire très-nerveux , qui forme un appareil galvanique susceptible de donner des commotions. Les Arabes , malgré leur ignorance dans les sciences physiques , désignent cet animal par le même nom que le tonnerre (*raad*) , en assimilant probablement son action à celle de la foudre, ce qui ne les empêche cependant pas de le manger.

FAMILLE DES SUBENCHÉLISOMES OU COBITIDES.

Corps alongé et cylindrique ; une dorsale.

Cobite. *Cobitis.* Bouche petite , édentée ; des barbillons ; dorsale unique ; écailles excessivement petites.

La bouche des cobites termine le museau , et la disposition de ses lèvres la rend propre à sucer ; les ouïes sont peu ouvertes , et ne possèdent que trois rayons. Il n'y a point de cœcum ; les écailles offrent une petitesse qui les rend difficiles à découvrir, et la peau est revêtue d'un enduit gluant. On connaît, en France, quatre

[1] *Silurus electricus.* L.

espèces de ce genre ; toutes passent leur vie dans les eaux douces.

La Loche franche[1] a la taille de quatre à cinq pouces ; elle présente un dos marbré de brun. Cet animal expire aussitôt qu'il reçoit l'impression de l'air ; cependant un prince de Suède parvint à en faire transporter de l'Allemagne jusque dans ses états, pour les élever afin d'en orner sa table.

La Loche des étangs[2] habite les grands fossés ; elle s'enfonce, et subsiste long-tems dans leur vase quand ils viennent à se dessécher. Ce poisson présente une bouche environnée de dix barbillons. C'est de l'habitude qu'il a de venir à la surface de l'eau, et de s'agiter quand le ciel doit devenir orageux, qu'est venue l'idée de captiver ces cobitides dans des vases, pour en former des baromètres indicateurs des changemens atmosphériques. On dit que cette loche avale de l'air, et qu'elle transforme ce fluide en acide carbonique, mais ce fait est contesté. Sa chair sent la bourbe.

La Loche des rivières[3] se plaît entre les pierres et les cailloux. Le Cobite à trois barbillons vit dans les ruisseaux des environs de Rouen.

ANABLÈPE. *Anableps.* Yeux très-saillans, à deux pupilles ; écailles grandes.

Dans le seul poisson formant ce genre[4], la structure des yeux, qui semblent résulter chacun de la jonction de deux de ces organes est un fait unique parmi les animaux vertébrés. Malgré que la cornée et la double pupille paraissent déceler extérieurement un appareil

1 *C. barbatula.*
2 *C. fossilis.* L.
3 *C. tænia.* L.
4 *A. tetrophtalmus.* Bloch.

tout-à-fait multiple, il n'y a, à l'intérieur, qu'un seul cristallin et qu'une seule rétine.

L'anablepe est encore remarquable dans sa classe, parce qu'il est vivipare et qu'il s'accouple. Cet acte s'opère probablement à l'aide de la nageoire anale, dont le bord antérieur forme un conduit au fluide prolifique. On ne connaît ce cobitide que dans les rivières de la Guyane. Il est souvent désigné, par les peuples qui habitent leurs bords, sous le nom de *gros-œil*, à cause de la saillie de ses cornées. Sa chair est agréable.

FISTULAIRE. *Fistularia.* Corps grêle ; museau excessivement alongé, cylindrique ; appendices osseux derrière la tête.

La forme de la tête, organe qui occupe le tiers ou le quart de l'étendue de ces poissons, les a fait nommer vulgairement Flûte ou Trompette de mer.

Le Petumbe[1] est remarquable par le filament qui termine sa queue. Il est des pays chauds.

ORDRE
DES SUBABDOMINAUX OU PROGASTRIQUES.

Nageoires pelviennes articulées sous l'abdomen.

FAMILLE DES MÉTROSOMES OU MUGILOÏDES.

Corps de forme ordinaire, alongé, comprimé ; nageoires pelviennes articulées.

MUGE. *Mugil.* Bouche anguleuse ; deux dorsales ; pectorales de grandeur normale.

Les mœurs des individus de ce groupe présentent

[1] *F. tabacaria.* Bloch.

quelques ressemblances avec celles du genre suivant. Les muges voyagent par troupes immenses ; ils sont vifs, agiles, et malgré que leurs courtes nageoires ne puissent les soutenir dans l'air, on les voit souvent s'élancer hors de l'eau et y retomber aussitôt. L'estomac se termine en une espèce de gésier charnu offrant de l'analogie avec celui des oiseaux.

Le Mulet de mer [1] abonde sur les bords méditerranéens ; il remonte par bandes innombrables dans les fleuves où sa couleur, mélangée de brun et de bleu sur le dos, forme, comme on le voit particulièrement dans la Garonne et dans la Loire, des espaces teints en bleu obscur, qui indiquent aux pêcheurs le passage de ses légions tassées. Cette espèce était prônée dans l'ancienne médecine, et elle était connue de Pline, qui la regardait comme extrêmement stupide, et rapportait que, quand un danger la menace, elle s'enfonce la tête dans la bourbe, et qu'alors, en perdant de vue son agresseur, elle se croit être tout-à-fait hors de son atteinte.

EXOCET. *Exocetus.* Pectorales de la longueur du corps ; dorsale unique ; ventre bicaréné.

Les exocets ont reçu le nom de Poissons volans à cause de la facilité avec laquelle ils s'élèvent dans l'air à l'aide des larges nageoires dont la nature les a pourvus. Ces faibles animaux, poursuivis par les grosses espèces, qui en sont fort friandes, ne leur échappent qu'à l'aide de sauts précipités qu'ils exécutent, et qui embrassent d'étendue d'une bonne portée de fusil. On voit quelquefois leurs bandes argentées fuir par milliers le danger qui les menace, en s'élançant à plusieurs toises au-

[1] *M. cephalus.* L.

dessus de la surface des flots ; tantôt elles s'embarrassent dans les voiles des navires, d'autres fois, pendant leur vol pénible, elles deviennent la pâture d'oiseaux non moins féroces que les ennemis auxquels elles se dérobent.

Toujours en fuite, exposés à la mort dans les deux élémens qu'ils parcourent, les exocets sont devenus le symbole de la frayeur perpétuelle. Habitans des mers tropicales ou tempérées, on a trouvé de ces animaux portés jusque dans la Manche, par les vagues en fureur. Ils se nourrissent de mollusques ou de petits poissons ; leur chair est délicieuse, et les matelots ne se font aucun scrupule d'augmenter le nombre de leurs destructeurs.

On pensait que ces métrosomes ne pouvaient voler qu'en ligne droite ; mais des observations récentes ont démontré qu'ils ont la faculté de changer leur direction. Le bruit singulier qu'ils font entendre pendant le vol, et qui était attribué à leurs ailes, est produit par une membrane tendue, placée au fond de la gorge, et contre laquelle l'air, en sortant du corps, vient frapper et retentir.

On voit fort souvent des nuées de l'Exocet commun[1] surgir à la surface de l'Océan. Tous les voyageurs le connaissent.

ORDRE DES THORACIQUES.

Membres pelviens sous les nageoires pectorales.

FAMILLE DES MÉTROSOMES OU LABROPERCOÏDES.

Corps de forme ordinaire, alongé, comprimé ; opercules inermes ou épineux.

Cette grande famille est subdivisée en deux sections :

1 *E. volitans.*

les Léïopomes ou Labroïdes qui renferment tous les poissons où les opercules n'offrent point d'épines, et les Acanthopomes ou percoïdes, où se trouvent tous ceux dont les joues sont épineuses.

** Léïopomes ou Labroïdes.*

LABRE. *Labrus.* Dents maxillaires mitoyennes plus longues, coniques ; les pharyngiennes en pavé ; double lèvre charnue ; dorsale unique.

Un nombre immense d'espèces compose ce genre ; il se trouve représenté dans les mers, les lacs et les rivières de toutes les zônes. Les labres sont solitaires, ou se rassemblent en troupes nombreuses dans les anses que baignent des flots tranquilles, et dont le fond est tapissé d'un épais lit de plantes. Ils sont richement ornés ; les reflets de l'iris et l'éclat chatoyant des métaux rendent leur robe resplendissante ; en même tems, chez eux, on découvre des formes gracieuses et élégantes.

Plusieurs de ces poissons, que l'on nomme vulgairement *vielles de mer*, visitent nos rivages ; mais il est difficile de les distinguer à cause de l'inconstance de leur coloration : telles sont la Vielle tachetée [1] et la Vielle rayée [2].

SCARE. *Scarus.* Dents maxillaires disposées comme des écailles ; les pharyngiennes lamelleuses ; dorsale unique.

Ces poissons viennent seulement vers les zônes intertropicales ; ils sont communs dans la mer Rouge, et se plaisent dans les lieux où les vagues se roulent avec

---

[1] *L. maculatus.* Bloch. [2] *L. variegatus.* Gm.

le plus de violence. La vivacité de leur coloris les a fait
appeler communément perroquets de mer.

Le Scare sidjan [1] offre une chair agréable ; les Arabes
la regardent comme excitante, et sa graisse est vantée
par eux dans les douleurs goutteuses.

Le Scare de Crète [2], dont la couleur varie du bleu au
rouge, suivant la saison, paraît être, selon M. Cuvier,
le scare si célèbre dans l'antiquité, et que, sous le règne
de Claude, le commandant d'une flotte romaine alla
chercher en Grèce pour le propager dans les mers qui
baignent l'Italie. Il se mange encore aujourd'hui en
Turquie.

MULLE. *Mullus.* Menton à deux barbillons; deux
dorsales; écailles larges, faciles à détacher.

Remarquables par le brillant coloris rouge ou jaune
qui les décore, les mulles ne méritent pas moins d'être
mentionnées par l'excellence de leur chair. Elles habitent les eaux du vieux continent.

Une espèce bien anciennement célèbre est le Rouget [3],
dont le ventre est argenté, et le dos teint en pourpre
nuancé d'or; il abonde sur les côtes méditerranéennes,
et se nourrit de crustacés, de mollusques et de substances putréfiées.

Les Romains se plaisaient à élever des rougets dans les
viviers de leurs habitations, et ils prenaient un plaisir
barbare à les faire lentement mourir pendant leurs
dégoûtantes orgies, afin de suivre, d'un œil avide, les
teintes variées que produit l'agonie chez ces malheureux animaux qui, à ce que dit Pline, passent successivement de la couleur pourpre à la violette, puis

[1] *S. siganus.* Forsk.   [3] *M. barbatus.* L.
[2] *S. creticus.* Aldrov.

deviennent bleuâtres et blancs à mesure que la vie
s'éteint.

Dans les banquets somptueux , on voyait la richesse
inventer des moyens pour ne rien perdre du spectacle
de la mort de ces poissons : on les faisait nager au milieu de ruisseaux d'eau chaude traversant la table , et
qui se trouvaient contenus par des parois de crystal ; là,
on les laissait expirer et cuire tout vivans sous les yeux
charmés des convives.

Cette sanguinaire dépravation eut une telle vogue à
Rome, que, pour en jouir, on payait souvent les rougets
de leur poids d'argent. Juvénal mentionne, dans une de
ses satires, que quatre de ces métrosomes furent achetés
quatre cents sesterces , et tels étaient le luxe et la gour-
mandise, que l'empereur Tibère en vendit un seul, qui
pesait cinq livres, quatre mille pièces de cette monnaie.

C'étaient ceux des environs de Marseille que l'on esti-
mait davantage. Ils constituaient alors un mets regardé
comme bien délicieux , puisque l'on vit le meurtrier
Milon se réjouir de son exil dans cette ville, parce qu'il
y mangeait de ces excellentes mulles.

Aujourd'hui l'usage du rouget s'est continué dans le
midi de la France ainsi qu'en Turquie. Dans la Crimée ,
la délicatesse de sa chair le fait nommer *poisson du
sultan*. De nos jours, il passe encore pour le plus exquis
de tous les habitans de la mer ; mais il a perdu la mer-
veilleuse propriété que lui prêtait le naturaliste romain,
de dégrader ses teintes en mourant ; il vit et expire sans
changer de coloration , et conserve encore son enduit
empourpré au milieu des apprêts culinaires ; et certai-
nement, dans ce cas comme dans tant d'autres, l'illustre
compilateur a transgressé la vérité.

Le Surmulet [1] a des raies jaunes. On le rencontre plus communément. Sa chair est aussi exquise que celle du précédent. Les anciens l'estimaient beaucoup, et comme les poissons de cette espèce étaient d'un prix exorbitant, ils donnèrent lieu au proverbe : *Ne les mange pas qui les prend.* Les Grecs avaient consacré ces faibles animaux à Diane chasseresse, parce qu'ils pensaient que ceux-ci poursuivaient avec acharnement les habitans dangereux de la mer.

CHEVALIER. *Eques.* Tête mousse; dents en velours, deux dorsales, la première beaucoup plus élevée.

Ces animaux sont étrangers à nos climats; ils ont des écailles grandes et dentelées, ordinairement d'un coloris agréable. Un des plus remarquables est le Chevalier américain [2], dont le corps est traversé par trois bandes noires bordées de blanc.

EPINOCHE. *Gasterosteus.* Epines dorsales libres; abdomen cuirassé; ventrales réduites à une épine.

C'est à ce genre qu'appartiennent les plus petits poissons connus; la taille de quelques-uns ne dépasse guère vingt lignes. Nous en avons plusieurs espèces en France qui pullulent dans nos bassins et jusque dans les moindres ruisseaux.

Ces frêles créatures se multiplient si prodigieusement dans quelques endroits resserrés, qu'elles y forment une masse compacte. Alors on les enlève pour en fumer les terres, d'autres fois afin d'en extraire de l'huile, ou

[1] *M. surmuletus.* L.   [2] *E. americanus.*

encore pour engraisser les bestiaux, ainsi qu'on le pratique en Angleterre et dans le Nord.

L'armure des épinoches les garantit de la voracité des brochets, car ceux qui ont l'imprudence d'en avaler en meurent souvent ; mais les canards, dont les mandibules sont susceptibles de briser les saillies aiguës de leur dos, en font communément des repas.

Nos eaux douces possèdent deux espèces confondues sous le nom de Grande Épinoche, à cause du nombre des épines dorsales, qui est de trois dans chacune d'elles ; mais l'une [1] a tout le flanc garni de plaques écailleuses, et l'autre [2] n'en a que vers la région pectorale.

L'Épinochette [3] se distingue à ses neuf épines dorsales. C'est le plus petit de tous les individus de cette coupe.

** *Acanthopomes ou Percoïdes.*

PERCHE. *Perca.* Museau non proéminent ; opercules dentelés et épineux ; deux dorsales.

La plupart habitent la mer ; cependant la Perche commune [4] se rencontre dans tous les fleuves de l'Europe et dans les principaux lacs de cette partie du monde ; elle nage avec facilité. Les femelles, à ce qu'on dit, se débarrassent de leur frai en se frottant l'abdomen contre les corps durs et pointus, pour déchirer la pellicule des ovaires. Tous les œufs sont unis ensemble par une membrane, et forment une sorte de chapelet. Ces poissons dévorent avec avidité les petits animaux. On les voit même sauter hors de l'eau pour saisir les essaims de mouches qui s'agitent près de sa surface. Parfois ce sont de reptiles ou de mollusques qu'ils se nourrissent.

1 *G. trachurus.* Cuv.　　　　3 *G. pungitius.* L.
2 *G. gymnurus.* Cuv.　　　　4 *P. fluvialis.* L.

Anciennement, comme aujourd'hui, les perches étaient servies sur les tables ; elles sont très-communes en Laponie, et, dans ce pays, on extrait de leur peau une espèce de colle fort en usage. Aux époques où des pratiques superstitieuses ternissaient encore l'éclat naissant de la médecine, on conseillait dans une foule d'affections les *pierres de perches* : celles-ci ne sont que leurs osselets de l'ouïe.

Une autre espèce, nommée Loup de mer [1] à cause de son avidité, était aussi estimée des anciens que le rouget ; cette perche est fort commune dans la Méditerranée.

HOLOCENTRE. *Holocentrum.* Opercules dentelés, sans échancrures ; dorsale unique ; écailles dentelées.

Une voracité extraordinaire caractérise ces métrosomes, qui semblent doués d'une faculté digestive inconcevable. Ils sont toujours prêts à engloutir quelque nouvelle proie dans leur gueule qui reste béante pendant qu'ils fendent l'eau avec la rapidité d'une flèche. Leur chair savoureuse est recherchée par les amateurs.

L'Holocentre diadême [2], nommé ainsi à cause de sa dorsale dont la bande blanche imite le bandeau des rois, est une des espèces les plus remarquables.

CENTROPOME. *Centropomus.* Opercules sans épines ; préopercules dentelés ; deux dorsales ; barbillon unique ou nul.

Il y a un assez grand nombre d'espèces dans cette coupe. Le Centropome du Nil [3], nommé aussi *variole,*

1 *P. labrax.* L.

2 *H. diadema.* L.

3 *C. niloticus.*

qui acquiert la taille du thon, est le plus gros poisson de ce fleuve ; il était considéré à Latopolis comme un animal sacré, et des lois superstitieuses défendaient aux nations d'en manger.

CENTRONOTE. *Centronotus.* Dorsale à épines libres et petites ; ventrales à rayons mous.

D'absurdes contes inventés par les hommes de mer et trop bénévolement répétés dans beaucoup d'écrits ont rendu fort célèbre une espèce de cette coupe. On disait qu'elle suivait constamment les navires, et que, sans cesse unie à la destinée des requins, elle servait à ceux-ci d'éclaireur et de guide, leur découvrait la proie qu'ils devaient dévorer, et qu'ensuite elle se nourrissait des débris du repas de ces fléaux des mers. On ajoutait aussi que cette espèce, qui est nommée Pilote, vivait dans une si grande intimité avec ces féroces poissons, qu'elle avait assez de confiance pour entrer dans leur gueule, et la débarrasser des lambeaux charnus qui l'obstruent quelquefois après la curée.

De semblables contes sont trop absurdes pour qu'il soit nécessaire de les réfuter ; mais ils offrent cependant quelque chose de vrai, c'est l'habitude que les pilotes ont de se tenir dans le voisinage des requins, et de voyager avec eux. Quelques naturalistes ont même remarqué qu'il y a ordinairement des rapports de dimension entre ces deux animaux, comme s'ils vieillissaient ensemble.

Le Pilote [1] est bleu avec des lignes plus foncées ; sa taille est d'un pied. Son nom lui vient de la coutume qu'il a d'accompagner les vaisseaux pour se nourrir de ce que l'on jette à la mer.

[1] *Gasterosteus ductor.* L.

OMBRINE. *Umbrina.* Opercules dentelés et épineux ; des pores sous la mâchoire inférieure ; deux dorsales, la seconde bien plus longue.

Une des espèces les plus remarquables de ce petit groupe est l'Ombrine barbue[1], dont le corps est marqué de lignes jaunes et bleues. Ainsi que ses congénères, elle vit dans la Méditerranée et aux Indes. C'était elle que les anciens Romains désignaient sous le nom d'*ombre* ; ils faisaient un grand cas de sa chair, surtout de sa tête.

FAMILLE DES LEPTOSOMES OU CHÉTODONIDES.

Corps court, extrêmement comprimé, presque aussi haut que long ; yeux bilatéraux.

CHÉTODON. *Chœtodon.* Dents nombreuses, sétacées, en brosse ; nageoires médianes écailleuses.

La nature a déployé tout son luxe pour l'embellissement de la robe des chétodons ; les reflets scintillans des métaux éclatent sur eux de toute part. Là, les teintes les plus suaves se fondent entr'elles ; ailleurs, se heurtent les couleurs les plus opposées ; quelquefois, sur un fond nacré, passent des ceintures d'un noir mat, disposition qui fit appeler *bandoulières* différens individus de cette coupe.

Ces poissons ne vivent pas dans nos mers ; on ne les observe qu'entre les tropiques. Affectionnant les rivages hérissés de rochers, ils viennent souvent à la surface des vagues où les étincelles lumineuses qu'ils projettent en réfléchissant l'éclat solaire les font apercevoir de loin, et permettent de les tuer avec des armes à feu.

[1] *U. barbata.* L.

Les chétodons constituent un genre très-nombreux. Ils étaient totalement inconnus aux anciens. Maintenant, on les rencontre communément dans les collections, où leur beauté se conserve malgré la dessiccation.

L'un des plus grands et dont la chair est très-estimée est le Chétodon zèbre [1]. Son corps est peint en jaune-doré avec quatre ou cinq bandes transversales brunes. L'Inde est sa patrie.

ZÉE. *Zeus.* Bouche très-protactile ; dents larges non crénelées ; écailles petites.

Nous devons mentionner ici la Dorée [2], appelée aussi Zée-forgeron, à cause des teintes enfumées qui salissent l'éclat vert-doré de son dos. Cet animal est également connu sous la dénomination de Poisson de saint Pierre, parce que l'on a cru que c'était lui qui fut saisi par cet apôtre, d'après l'ordre de Jésus-Christ, pour tirer de sa bouche une pièce de monnaie destinée à payer le tribut, et l'on ajoutait que la tache noire qui se trouve de chaque côté du corps marquait d'une manière indélébile la place qu'avaient touchée les doigts du saint personnage.

L'agriculteur Columelle dit que le goût excellent de cette zée lui faisait accorder, en Grèce, la prééminence sur les autres poissons ; c'est probablement cette particularité qu'on a voulu indiquer par son nom qui signifie monarque des dieux. Elle se trouve à la fois dans l'Océan et la Méditerranée.

Une espèce de ce genre est nommée le Rusé, parce qu'elle lance de l'eau avec sa bouche sur les insectes qui voltigent à la surface des flots, afin de les y précipiter et d'en faire sa pâture.

---

1 *C. striatus.* L.   2 *Z. faber.* L.

ACANTHURE. *Acanthurus.* Dents larges et crénelées ; deux épines latérales à la queue.

C'est à l'épine tranchante, en forme de lancette, qui
se trouve de chaque côté de la queue de ces animaux,
qu'ils doivent le surnom de *chirurgiens* qui leur a été
donné ; quand on les prend, ils font souvent des blessures avec cette espèce d'arme.

Ces poissons offrent un aliment agréable ; mais leur
peau chagrinée est si dure, qu'il faut les écorcher quand
on veut les faire cuire.

L'Achanture chirurgien proprement dit [1] vient aux
Antilles. Sa couleur est rousse avec cinq lignes transversales brunes foncées.

FAMILLE DES ATRACTOSOMES OU SCOMBÉRIDES.

Poissons à corps fusiforme.

SCOMBRE. *Scomber.* Deux dorsales ; queue munie
en dessus et en dessous de petites nageoires
surnuméraires.

Ordinairement ce sont de petites écailles qui recouvrent les scombres. Ceux-ci se trouvent en troupes
nombreuses, et sont disséminés dans presque toutes les
mers. En beaucoup d'endroits du littoral de l'Europe,
le retour constant de leurs cohortes voyageuses forme
une sorte de prospérité, se renouvelant chaque année
pour les populations qui se livrent à la pêche.

Ces animaux sont voraces, actifs ; ils vivent de chasse,
et s'élancent hors de l'eau avec facilité. Il paraît que

[1] *Chœtodon chirurgus.* L.

eur chair peut contracter des propriétés vénéneuses quand ils font usage de certains alimens.

Le Maquereau commun[1] doit être cité le premier. Selon certains observateurs, les poissons de cette espèce passent l'hiver dans la mer Glaciale, la tête enfoncée dans la vase et les fucus, puis, ensuite, ils descendent vers le Midi en plusieurs bandes dont la marche et la direction sont constantes. Mais l'ichtyologiste Bloch, Noël, Lacépède et d'autres savans pensent, au contraire, que les maquereaux restent, tandis la durée de la saison froide, dans le fond des parages dont ces animaux viennent, pendant les époques chaudes de l'année, peupler la surface par myriades ; dans la Méditerranée on en trouve en tout tems.

Ces scombres sont courageux et extrêmement voraces; ils attaquent souvent des adversaires bien plus robustes qu'eux, et ne craignent même pas de se ruer sur les hommes. On raconte qu'un matelot, qui se baignait près de la Norwége, disparut tout-à-coup, et qu'on le retrouva, quelques minutes après, le corps déchiré et encore environné de maquereaux qui le dévoraient.

Le Thon commun[2] constitue une des branches de la richesse commerciale des riverains de la Méditerranée, surtout de la Provence. Sa pêche était connue par l'antiquité. Ce gros leptosome voyage par légions carrées ; il est bleu-foncé en dessus et argenté sous le ventre. Sa chair excellente se conserve dans l'huile pour être expédiée par toutes les villes. On dit en avoir vu de dix-huit pieds de longueur.

[1] *S. scombrus.* L.   [2] *S. thynnus.* L.

FAMILLE DES CÉPHALOSOMES OU SCORPENNIDES.

Corps gros en avant; tête volumineuse.

COTTE. *Cottus.* Tête déprimée, plus large que le corps, armée d'épines ou de tubercules; deux dorsales.

Les cottes, nommés aussi Chabots, se trouvent dans l'eau douce et dans la mer; mais ceux des fleuves ont la tête presque lisse. Tous sont agiles, voraces, et se cachent sous les pierres; quelques-uns passent même pour se creuser des terriers à l'orifice desquels ils épient les petits poissons ou les vers. Ils ont une peau nue ou recouverte de très-fines écailles, et protégée par un enduit gluant, qui facilite leur évasion de la main qui les saisit. Quand ils sont irrités, ils enflent encore leur grosse tête en dilatant ses opercules.

Le Chabot de rivière[1] parvient à quatre ou cinq pouces; il est noirâtre et commun dans les ruisseaux du nord de l'Europe, de l'Asie et de l'Amérique. Les protubérances formées par les ovaires des femelles avaient fait croire à des observateurs inexacts ou menteurs que celles-ci possédaient des mamelles.

Le Chabot scorpion[2], nommé aussi Crapaud ou Diable de mer, à cause de ses formes hideuses et des couleurs sombres de son enveloppe, vient près de nos côtes. Sa chair est médiocre; les Groënlandais extraient de l'huile de son foie. Il a trois épines au préopercule.

DACTYLOPTÈRE. *Dactylopterus.* Muséau court; quatre nageoires pectorales, les surnuméraires aussi longues que le corps; deux dorsales.

Le mot dactyloptère signifie doigts en ailes; il carac-

[1] *C. gobio.* L.   [2] *C. scorpius.* L.

…érise ces céphalosomes, qui ont des nageoires pectorales extrêmement vastes et à l'aide desquelles, après s'être élancés hors de l'eau, ils peuvent s'élever en se soutenant dans l'atmosphère, et parcourir une vingtaine de toises; mais ils sont forcés de retomber dans la mer aussitôt que l'air a desséché la fine membrane qui les soutient. C'est ordinairement pour se soustraire à la poursuite des poissons voraces que les dactyloptères s'élancent hors de leur élément, et rien n'offre un spectacle plus extraordinaire, pendant les nuits d'orage, que l'apparition des nuées lumineuses que forme leur éclat phosphorique, lorsqu'ils s'échappent des vagues par milliers, et passent comme des langues de feu au-dessus de la ténébreuse surface des flots.

Le Pirabèbe [1] est rougeâtre en dessus; ses nageoires pectorales sont brunes, parsemées de points bleus. Il se rencontre dans la Méditerranée, mais surtout dans l'espace intertropical, où il est généralement connu sous le nom de Poisson volant, de Chauve-souris, ou d'Hirondelle de mer. Anciennement, les marins déposaient dans les églises ceux qui tombaient en volant sur leurs navires. Ces animaux se nourrissent de mollusques et de petits coquillages que leur permettent de briser leurs dents en pavé.

TRIGLE. *Trigla.* Dents en velours; pectorales médiocres, à rayons inférieurs isolés, distincts.

C'est à une espèce de petit bruit qu'ils font entendre lorsqu'on les prend, qu'ils doivent la dénomination de grondins qu'on leur donne dans quelques endroits.

[1] *D. pirapeda.* Lacép.

Le Trigle coucou [1] ou ouget commun fréquente les côtes de la Bretagne, et vient aussi dans la Méditerranée. Il vit de mollusques. On en vend beaucoup dans nos marchés.

PLATYCÉPHALE. *Platycephalus*. Tête extrêmement large et déprimée, à bords tranchans ; deux dorsales.

L'un des céphalosomes de ce groupe est nommé Platycéphale rusé [2], parce qu'il se tient caché dans le sable, pour y guetter sa proie et la surprendre facilement. Il vient dans la mer Rouge.

SCORPENNE. *Scorpœna*. Tête très-cuirassée, épineuse, comprimée ; dorsale unique ; pectorales très-larges.

Les saillies épineuses que l'on observe sur les orbites, sur les joues et les yeux donnent une apparence monstrueuse à ces animaux, dont quelques-uns cependant sont chamarrés de teintes vives et agréables. La Méditerranée en possède plusieurs, entr'autres la petite Scorpenne [3], qui est rouge et est munie de lambeaux cutanés nombreux ; elle se cache sous les plantes marines, et y reste à l'affût pour surprendre les poissons dont elle se nourrit. On lui attribuait autrefois de grandes vertus médicinales.

FAMILLE DES SUBENCHÉLISOMES OU GOBIOÏDES.

Corps de forme longue et subcylindrique.

GOBIE. *Gobius*. Ventrales réunies par leurs bords, formant un disque concave ; yeux rapprochés.

La structure des nageoires pectorales de ces suben-

[1] *T. cuculus.* L.
[2] *P. insidiator.*
[3] *S. porcus.* L.

chélisomes est fort remarquable ; elles sont réunies soit dans toute leur longueur , soit seulement dans une partie de leur étendue , de manière à former une espèce de disque creux , analogue à un entonnoir , et que l'on prétend que les gobies emploient, en guise de ventouse, pour se fixer sur les rochers et se soustraire au mouvement des flots de la mer , leur séjour habituel.

Ces poissons peuvent vivre un certain tems après qu'ils ont été retirés de l'eau ; ils se tiennent ordinairement sur le sable des rivages où leur peau gluante et couverte de limon , les masque aux faibles animaux marins qui constituent leur nourriture.

Les gobies sont quelquefois vivipares. Un observateur rapporte qu'une espèce se creuse des canaux pour y passer l'hiver , et qu'elle prépare avec des fucus une sorte de nid où la femelle vient déposer ses œufs , que le mâle garde et défend ensuite avec courage.

Nous devons remarquer surtout le Gobie noir ou Boulereau [1] , très-commun vers nos côtes océaniques ; il est cunéiforme, d'un brun-noirâtre en dessus , et long d'environ six pouces. Aujourd'hui, il orne nos tables, mais on le dédaignait dans l'ancienne Rome, où quelques médecins regardaient sa chair comme laxative. Le célèbre Paul d'Ægine, l'administrait en pilules dans certaines maladies.

Echénéide. *Echeneis.* Tête supportant un disque aplati, grand, composé de lames dentelées ou épineuses.

Les lames qui forment le disque de la tête des échénéides sont mobiles, de manière qu'en faisant le

____
[1] *G. niger.* L.

vide ou en accrochant leurs épines, ces poissons se fixent facilement aux différens corps, aux rochers, à la carène ou même aux ancres des vaisseaux.

Souvent on en rencontre des troupes dans les environs des requins; ils semblent vivre familièrement avec eux et se cramponnent même à leur peau pour s'épargner la fatigue de les suivre; leur adhérence y est telle, que lorsque l'on tue un de ces gros squales, ils restent encore attachés à sa surface tandis qu'on le retire de la mer. C'est de la coutume que ces gobioïdes paraissent avoir d'éclairer en quelque sorte ces animaux ou de suivre les navires, que leur est venu aussi le nom de Pilotes que les hommes de mer leur donnent. Commerson rapporte en avoir souvent vu cinq ou six sous le nez d'un vorace requin, et avoir remarqué que quand on jetait du lard, ces échénéides allaient reconnaître le morceau, et revenaient vers ce poisson qui ne tardait pas à y aller lui-même.

Il s'en trouve aussi sur les écailles des grosses tortues marines. Plusieurs voyageurs assurent que l'on a tiré parti des échénéides sur la côte de Mozambique, pour la pêche de ces reptiles. A cet effet, on passe un anneau, qui tient à une très-longue corde, dans la queue d'un de ces poissons, puis on lâche celui-ci dans une localité où les tortues sont abondantes; cet échénéide en rencontre bientôt une, se fixe fortement à sa carapace, et permet, à ce qu'on rapporte, d'attirer cet animal en même tems que lui.

Trois ou quatre espèces sont bien constatées; l'une d'elles a joui d'une renommée extraordinaire dans les tems anciens, c'est l'Échénéide rémora[1]. Sa longueur

[1] *E. remora.* L.

est d'environ six pouces ; il offre une teinte brune uniforme sur tout le corps.

Les Romains, que la gloire n'avait point garantis de
tant d'absurdes préjugés qui ternissent leur histoire,
croyaient, d'après ce que raconte Pline, que ce faible
poisson guérissait les ardeurs amoureuses, ou qu'il avait
le pouvoir de suspendre le cours de la justice ; mais
c'était surtout par sa puissance à entraver la marche des
vaisseaux qu'il était devenu célèbre. On disait qu'un seul
attaché à un navire domptait l'impulsion des vents, ou
paralysait les efforts des rameurs en le fixant immobile
sur les flots.

Ce naturaliste ajoute que, de son tems, la crédulité
racontait qu'à la bataille d'Actium ce fut un échénéide
qui causa le désastre d'Antoine, en arrêtant la galère
de ce général, lorsqu'il parcourait les rangs de sa flotte
pour animer ses soldats.

FAMILLE DES ENCHÉLISOMES OU CEPOLOÏDES.

Corps extrêmement long, cylindrique ou aplati.

CÉPOLE. *Cepola.* Corps comprimé et très-alongé ;
barbillons nuls ; anale très-longue.

La dénomination de Rubans de mer a été donnée aux
individus de cette petite coupe, à cause de la compression de leur corps. Les bords vaseux de la Méditerranée en offrent une espèce qui est rougeâtre [1] ; elle
détruit les crabes ; les pêcheurs s'en servent en guise
d'appât.

[1] *C. rubescens.* B.

GYMNÊTRE. *Gymnetrus.* Ventrales non écailleuses et sans filets; dorsale tout le long du dos; anale nulle.

Le Gymnêtre lacépédien [1] est un magnifique poisson de la Méditerranée, dont le corps, recouvert d'une poussière argentée, avec des maculatures noires, parvient à trois ou quatre pieds. Le savant Risso lui donna le nom de l'illustre Lacépède, à cause de la robe éclatante qu'il porte.

LÉPIDOPE. *Lepidopus.* Corps aplati, mâchoire pointue; deux écailles aiguës, mobiles, remplaçant les ventrales.

La forme de ces animaux les a fait appeler Jarretières par quelques zoologistes. Nous en avons deux dans la Méditerranée :

Le Lépidope gouanien [2] et le Lépidope de Péron [3].

ORDRE DES JUGULAIRES OU TRACHÉLIQUES.

Membres pelviens situés en avant des nageoires pectorales.

** Jugulaires épineux ou acanthoptérygiens.*

FAMILLE DES CÉPHALOSOMES OU BATRACOÏDES.

Corps de forme très-épaisse en avant; tête grosse.

BATRACHUS. *Batrachus.* Tête déprimée; gueule bien fendue; opercules épineux.

En général, les céphalosomes de ce groupe sont voraces et rusés. Pour chasser leur proie avec plus

1 *G. cepedianus.* Riss.   3 *L. peronii.*
2 *L. gouanianus.* Lacép.

l'avantage, ils s'enfouissent sous la vase ou le sable. On lit que leurs blessures sont dangereuses. L'un d'eux est appelé Grognard [1], à cause du bruit qu'il produit. Sa chair est agréable; on le trouve dans les mers de l'Inde.

URANOSCOPE. *Uranoscopus.* Mâchoire inférieure dépassant l'autre; yeux très-rapprochés sur le sommet de la tête.

Nous avons dans la mer qui baigne nos côtes méridionales l'Uranoscope scabre [2], qui est gris-brun, avec les taches sériales blanches. Il tend des embûches aux autres poissons, comme les espèces du genre précédent. C'est un animal fort laid, dont le goût et l'odeur sont désagréables; cela n'empêche cependant pas qu'il ne soit servi sur les tables dans quelques états de l'Italie. On a avancé que ce fut de son fiel que Tobie se servit pour guérir la cécité de son père. Cette opinion naquit sans doute dès succès que l'on attribuait à la substance de cet organe, contre les maladies des yeux et même la cataracte, dans les écrits où se trouvent coercées les ressources de l'art médical antique, tels que ceux de Dioscoride et de Galien.

FAMILLE DES SUBENCHÉLISOMES OU BLENNIOÏDES.

Corps de forme longue et subcylindrique.

BLENNIE. *Blennius.* Ventrales à deux rayons seulement; dorsale unique, flexible.

Les rivages obstrués de rochers sont ceux où les blennies se plaisent davantage à se rassembler; là, on voit leurs petites troupes sautiller ou nager dans

---

[1] *B. grunniens.* Bloq.   [2] *U. scaber.* L.

l'écume et les flots, en chassant les crabes ou les coquillages dont elles se nourrissent. Ces poissons peuvent
être abandonnés par la mer sur le rivage, et y subsister
privés d'eau pendant quelque tems. On les rencontre
parfois dans les fentes des pierres, et les anciens avaient
pensé qu'ils les éclataient pour y pénétrer.

Plusieurs d'entr'eux sont vivipares ; les deux sexes
offrent vers l'anus une espèce de tubercule, qui paraît
être un organe d'accouplement. La peau des blennies
est enduite d'une abondance extrême de mucosités ;
c'est ce qui leur a valu le nom français de *baveuses*, qui
n'est qu'une traduction du latin.

Parmi les espèces qui fréquentent nos côtes, on doit
surtout remarquer le Blennie papillon [1], qui acquiert
jusqu'à six pouces de longueur, et dont la dorsale bilobée
présente une tache noire ronde, cerclée de blanc.

Le Blennie baveux [2] est fort commun sur nos grèves
où on le découvre caché sous les fucus, dans les trous
que la marée laisse à découvert. Il est marbré de noir et
de blanc sur un fond olivâtre, et n'a guère que quatre
à cinq pouces.

** *Jugulaires non épineux ou malacoptérygiens.*

FAMILLE DES MÉTROSOMES OU GADOÏDES.

Corps de forme ordinaire, alongé, comprimé.

Les mers sont le séjour de la plupart des poissons de
cette famille, surtout celles des latitudes froides ou tempérées. Ces animaux sont munis d'une vessie aérienne
fort grande ; leur estomac est robuste, et leurs nageoires ventrales sont ordinairement pointues.

[1] *B. ocellaris.* De Bl.   [2] *B. pholis.*

Morue. *Morrhua.* Menton portant un barbillon ; trois dorsales ; deux anales.

La Morue[1] se trouve spécialement vers l'île de Terre-Neuve, sur une saillie sous-marine, qui offre environ cent lieues de longueur sur soixante de large. Il s'en pêche aussi dans beaucoup d'autres endroits. L'accumulation de ces poissons est parfois telle, qu'ils se touchent, et que quand on jette une ligne, on en ramène qui se sont accrochés par le corps à ses hameçons. Dans les cas ordinaires, quatre hommes en peuvent prendre cinq à six cents en vingt-quatre heures.

Ces gadoïdes sont très-voraces, et se nourrissent d'animaux de leur classe, puis de mollusques ou de gros crabes. Lacépède dit que leurs organes digestifs fonctionnent si rapidement, qu'en moins de six heures, l'assimilation de l'aliment est opérée.

La pêche de la morue commença vers le quatorzième siècle ; elle se fait avec des lignes. Aussitôt que ces animaux sortent de la mer, on les ouvre pour les saler, et les débris qu'on en extrait sont employés pour servir d'appât ; car ces gadoïdes voraces se jettent également sur tout ce qui s'offre à eux. Il en est qui avalent des morceaux de bois ou d'autres corps durs qu'ils rejettent ensuite. On extrait de l'huile de leur foie ; dans quelques circonstances, les vertèbres et la tête se conservent pour les bestiaux ; on dit qu'ils augmentent la quantité du lait ; les Kamtschadales en nourrissent leurs gros chiens.

Une prodigieuse reproduction rend seule compte de l'existence des morues, malgré la guerre perpétuelle que l'homme leur fait. On compte chaque année environ six

[1] *M. vulgaris.* Cloq.

mille navires de toutes nations occupés à cette pêche,
et ils en détruisent plus de trente-six millions.

MERLAN. *Merlangus.* Point de barbillon ; trois
dorsales et deux anales.

Dans ce genre, qui offre la plus grande analogie avec le
précédent, on trouve un des poissons les plus employés
à la nourriture de l'homme, le Merlan [1], qui habite
l'Océan boréal, et devient sur nos côtes l'objet de pêches
lucratives.

LOTTE. *Lota.* Des barbillons ; ventrales pointues ;
deux dorsales ; une anale.

Cette petite coupe présente deux espèces comestibles : la Lingue, ou Morue longue [2], dont la pêche est
très-productive ; elle habite les mêmes parages que la
morue, et se prend et s'apprête comme elle.

La Lotte commune [3] ou de rivière, qui est jaune,
marbrée de brun, et d'un à deux pieds de long. C'est
la seule de son genre qui fait son séjour dans les eaux
douces ; elle se tient souvent cachée pour épier les
insectes ou les petits poissons que les courans lui apportent, ou que ses barbillons trompeurs attirent. Un
enduit muqueux formant une couche épaisse sur sa peau
lui permet de s'échapper facilement de la main qui la
saisit ; elle est très-estimée par les gourmets.

FAMILLE DES HÉTÉROSOMES OU PLEURONECTOÏDES.

Corps très-aplati, différent à droite et à gauche ;
yeux d'un même côté.

Le défaut de symétrie qui s'observe dans ces poissons

---

1 *M. vulgaris.*   3 *L. vulgaris.*
2 *L. molva.* Cloq.

est un caractère unique parmi les vertébrés, et il les fait aussitôt reconnaître. Les deux yeux sont situés auprès l'un de l'autre sur le côté le plus coloré de l'animal ; quand celui-ci nage, c'est ce côté qui est tourné vers la lumière.

Les hétérosomes n'ont point de vessie natatoire ; ils séjournent dans le fond vaseux des mers, et glissent sur sa surface pour saisir les faibles animaux dont ils se nourrissent. On en rencontre quelquefois qui remontent assez avant dans les fleuves.

Cette famille fournit d'abondantes ressources aux habitans des côtes maritimes ; l'excellence de la chair de ses espèces charme le goût.

Les pêcheurs nomment *bistournés* ou *contournés* les pleuronectoïdes qui ont les yeux dans un sens opposé à celui où ils se trouvent communément.

Plie. *Platessa.* Corps romboïdal ; mâchoires à dents tranchantes ; yeux à droite ; dorsales finissant sur l'œil supérieur.

Nos plages nourrissent beaucoup d'individus de ce genre ; parmi eux s'offre d'abord la Plie franche [1], connue dans nos marchés sous le nom de carrelet, et reconnaissable aux six ou sept tubercules de sa tête ainsi qu'aux taches aurores de sa peau brune. Dans quelques villes du Nord, on en fait dessécher d'immenses quantités pour la consommation.

La Limande [2], à laquelle ses écailles dures et dentelées ont fait donner le nom de lime (*lima*), passe dans quelques pays pour être meilleure que la précédente.

---

1 *P. vulgaris.* Cloq.   2 *P. limanda.* Cloq.

Turbot. *Rhombus.* Bouche non contournée; dents en velours; yeux ordinairement à gauche; dorsale s'avançant au-delà de l'œil supérieur.

Deux espèces exquises se pêchent sur nos côtes. Le Turbot [1], dont le corps hérissé de tubercules parvient quelquefois à cinq ou six pieds de longueur, est la plus délicieuse. L'embouchure de la Seine et celle de la Somme fournissent presque tous ceux que l'on consomme à Paris. Ce poisson, aussi vanté par Apicius dont il ornait la table, que par les gastronomes de nos jours, avait reçu anciennement le nom de *faisan de mer*, à cause de l'excellence de sa chair.

La Barbue [2], dont le corps est non tuberculeux, n'est pas moins recherchée.

Sole. *Solea.* Forme oblongue, bouche contournée, dentée d'un seul côté; dorsale étendue de la bouche à l'anale.

La Sole commune [3] est trop connue pour qu'il soit nécessaire d'insister sur son histoire; elle se pêche en beaucoup de mers, et remonte fort avant dans les fleuves.

*** Squammodermes dipodes.*

FAMILLE DES ATRACTOSOMES OU XIPHIDIENS.

Corps épais au milieu, aminci aux extrémités, fusiforme.

Espadon. *Xiphias.* Mâchoire supérieure terminée en longue pointe, en forme d'épée.

Quoique doués d'une immense force, d'une extrême

---

1 *R. maximus.* Cloq.
2 *R. barbatus* Cloq.
3 *S. vulgaris.* Cloq.

agilité, et nageant avec une vîtesse qu'aucun habitant des eaux ne surpasse, les espadons mènent cependant une vie douce et tranquille. Ennemis du carnage, ils broutent seulement des fucus, et on les voit paisiblement escorter leurs femelles. Mais lorsqu'ils livrent des combats, ils sont terribles; à l'aide de la longue lame qui dépasse leur mâchoire, ils parviennent quelquefois à terrasser les baleines. On dit aussi qu'ils détruisent les crocodiles en perforant leur cuirasse avec cette arme, et que, dans certains cas, s'élançant comme un trait contre les embarcations, ils en traversent la carcasse ou brisent contr'elles leur formidable appendice.

L'Espadon commun [1], vulgairement nommé Épée de mer, est la seule espèce bien constatée. Il acquiert fréquemment quinze pieds. Il est noirâtre sur le dos, argenté sous le ventre; sa chair est des plus agréables. La faculté que les anciens ont eue de l'observer dans la Méditerranée, où il se trouve, l'a fait mentionner dans tous leurs livres.

FAMILLE DES LEPTOSOMES OU STROMATÉÏDES.

Poissons dipodes, à corps court et très-comprimé.

STROMATÉE. *Stromateus.* Dents tranchantes, pointues, sur un seul rang; dorsale unique.

Ces animaux sont quelquefois décorés du plus somptueux coloris. Un de ceux dont les dehors sont les plus modestes, le Stromatée gris [2], qui porte des nageoires pectorales rougeâtres, est fréquemment servi dans les repas aux Indes où il se trouve.

La Méditerranée possède le Fiatole [3], dont la peau plombée est enrichie de bandes d'or.

[1] *X. vulgaris.* L.
[2] *S. cinereus.* Bloch.
[3] *S. fiatola.*

FAMILLE DES SUBTÉNIOSOMES OU GYMNOTIDES.

Poissons dipodes, à corps long et un peu comprimé.

GYMNOTE. *Gymnotus.* Corps nu ; ni dorsale, ni caudale ; anale excessivement longue.

Les poissons de ce genre ont l'anus situé très en avant, et la masse intestinale n'occupe qu'un fort petit espace. Ils vivent dans les rivières et les lacs de l'Amérique méridionale.

Le plus extraordinaire d'entr'eux est le Gymnote électrique [1], dont le corps anguilliforme, noirâtre, parvient jusqu'à cinq ou six pieds. Ce subténiosome est extrêmement commun dans les moindres mares ou ruisseaux ; aussi vigoureux qu'agile, il nage avec une prodigieuse rapidité. C'est un des plus redoutables habitans des eaux ; du fluide électrique émane de son corps, et il peut donner des commotions foudroyantes, capables d'étourdir des chevaux ou de renverser des hommes.

L'abondance des gymnotes est telle dans certains ruisseaux, qu'ils ont quelquefois forcé d'abandonner les routes qui les traversaient, parce que leurs énervantes secousses noyaient les montures des voyageurs.

La puissance électrique de cet animal fut mentionnée par Muschenbroëck et Priestley, qui le confondaient avec la torpille, puis par La Condamine, Gravesande et Pringle ; mais nous devons à M. de Humbolt des détails qui ne laissent rien à désirer. Ce célèbre voyageur rapporte que la commotion des gymnotes est plus forte

---

1 *G. electricus.*

que celle qui est produite par une bouteille de Leyde ;
cependant elle varie selon leur excitation. Les Indiens
assurent qu'ils noient des baigneurs par la seule dé-
charge de leur fluide, et que les petits poissons en
sont parfois foudroyés à quinze pieds de distance.

Quand les gymnotes ont dissipé leur électricité, il
leur faut un certain tems pour réparer sa déperdition.
En Amérique, on profite de cette circonstance pour
s'emparer de ces redoutables animaux. On lance des
chevaux sauvages dans les marais qui les recèlent ; ces
mammifères sont bientôt abattus par les commotions
qu'ils reçoivent de tous côtés, et disparaissent sous les
eaux ; ensuite les pêcheurs saisissent sans danger les
gymnotes épuisés.

Dans des expériences entreprises pour constater la
nature du fluide qui émane de ces êtres extraordinaires, on détermina des étincelles semblables à celles
qui s'échappent de la machine électrique. Leur appareil
galvanique s'étend presque d'une extrémité du corps à
l'autre ; il se compose de quatre faisceaux situés sous la
queue, formés d'un grand nombre de lames horizontales
membraneuses, parallèles, réunies entr'elles par d'autres
petites lames verticales ; il est animé de nombreux nerfs.

La chair du gymnote électrique, quoiqu'infecte et
désagréable, est néanmoins mangée par les nègres ;
d'autres espèces sont au contraire fort bonnes.

AMMODYTE. *Ammodytes.* Tête pointue, plus
étroite que le corps ; caudale fourchue, sépa-
rée de la dorsale et de l'anale.

Un petit poisson qui s'enfouit ordinairement sous le
sable ou la vase, pour y chercher les vers qui le nour-

rissent, ou éviter ses voraces ennemis, l'Ammodyte appât [1], que les pêcheurs emploient pour amorcer leurs lignes, mérite d'être mentionné. Sa couleur est bleu-argenté ; il est long d'un pied environ. C'est un animal commun sur les côtes de France ; il reste à découvert à la basse marée en se tenant enroulé comme un serpent, et on le nomme souvent Equille.

ANARRHIQUE. *Anarrhichas.* Tubercules osseux portant des dents arrondies, émaillées, les antérieures coniques, longues.

Ce sont de grosses espèces qui composent ce groupe ; leur forme alongée les oblige à nager en serpentant ; elles sont tout aussi féroces que les requins. On en a vu essayer de saisir les matelots dans les chaloupes en y grimpant à l'aide de leurs nageoires ; mais la moindre démonstration suffisait pour les mettre en fuite.

A l'approche des anarrhiques, les faibles poissons sont épouvantés, et c'est à cause de l'effroi et de la destruction que ces voraces animaux opèrent au milieu d'eux, qu'on les a nommés Loups de mer ou ravisseurs. Leur système dentaire offre une puissance extraordinaire ; de forts tubercules osseux tapissent l'intérieur de la bouche, et portent des dents émaillées, si denses, qu'ils peuvent, à ce que l'on assure, les enfoncer dans le fer.

L'Anarrhique loup [2] est le mieux connu ; il parvient à douze ou quinze pieds ; sa couleur est brune avec des bandes nuageuses. Sa patrie est la mer du Nord. Il rend les plus grands services aux Islandais, qui mangent sa chair, et font du savon avec son fiel.

1. *A. tobianus.* L.   2. *A. lupus.* L.

FAMILLE DES TÉNIOSOMES.

Poissons dipodes, à corps long et comprimé en bandelette.

TRICHIURE. *Trichiurus.* Dents longues ; anale remplacée par des épines ; caudale nulle ; queue terminée par un filet grêle.

Leur peau argentée et l'aplatissement de leur corps ont fait décorer ces beaux animaux du nom de Ceintures ou Jarretières marines. Un d'eux, le Trichiure de l'Inde[1], passe pour électrique.

OPHIDIE. *Ophidium.* Tête plaquée d'écailles ; opercule large ; dorsale et anale réunies à la caudale.

Le corps long et comprimé en lame des ophidies les a fait comparer à un glaive. Deux espèces qui se trouvent dans la Méditerranée sont édules : la Donzelle commune[2] distinguée par sa couleur de chair et ses nageoires impaires, liserées de noir, puis la Donzelle brune[3], qui porte des barbillons égaux.

FAMILLE DES ENCHELISOMES OU ANGUILLOÏDES.

Poissons dipodes, à corps long et cylindrique.

Tous les poissons de cette famille sont carnassiers, et détruisent une quantité considérable de petites espèces. Leur aspect serpentiforme, leurs teintes sombres et l'enduit muqueux qui les recouvre, inspirent une méfiance que l'excellence de leur chair ne bannit pas tou-

1 *T. indicus.* L. 3 *O. vassalli.*
2 *O. barbatum.* De Bl.

jours. Les anguilloïdes nagent en ondulant leur corps, et paraissent avancer avec une égale facilité par ses deux extrémités. La vase est leur séjour de prédilection ; elles en labourent continuellement la surface, et s'y enfouissent l'hiver.

Les branchies étant très-bien abritées contre l'action dessiccative de l'air, ces animaux peuvent vivre très-long-tems privés d'eau, et l'on en voit se transporter par terre d'un marais qui se dessèche vers un autre, en franchissant une étendue assez considérable.

ANGUILLE. *Anguilla.* Ouïes s'ouvrant sous les pectorales par une espèce de trou ; écailles presque invisibles.

L'Anguille vulgaire [1] est répandue universellement. Les sexes s'accouplent d'une manière analogue aux serpens, et les femelles sont vivipares ; malgré que ces particularités eussent été remarquées depuis long-tems par quelques ichtyologistes, l'immense fécondité de ces animaux fut la cause que l'on débita, pendant des siècles, qu'ils naissaient spontanément du limon des eaux qu'ils habitent. Comme ces poissons produisent plusieurs fois chaque saison, et que leur carrière atteint de longues années, quelquefois une centaine, à ce que l'on dit, les marais en seraient bientôt infestés si les oiseaux et les mammifères aquatiques n'en limitaient pas le nombre par la destruction qu'ils en font.

Les anguilles vivent de poissons, de vers et de grenouilles ; elles sont si voraces, qu'on en voit entraîner des canards au fond de l'eau, en les saisissant par les pieds, et là elles les dévorent.

[1] *Muraena anguilla.* L.

Le Congre commun [1] est une énorme espèce de ce genre. On en harponne qui ont jusqu'à huit et dix pieds de longueur. Sa mâchoire supérieure dépasse l'autre ; la dorsale, bordée de noir, commence près des pectorales. Il vit dans nos mers, est extrèmement vorace, et se jette même probablement sur les cadavres noyés, puisque M. Bory Saint-Vincent, en disséquant un de ces animaux, trouva des doigts humains dans sa cavité stomacale.

Lorsque les marins prennent cet anguilloïde, il se défend et tâche de mordre, et il est si tenace, que quand sa bouche a saisi quelque corps, et que sa queue est cramponnée solidement, il laisse plutôt déchirer, arracher même ses machoires que d'abandonner ce qu'il a mordu.

Le congre a une chair blanche et savoureuse dont nos pères faisaient leurs délices ; aujourd'hui elle est dédaignée ; le pauvre seul en fait usage.

*** *Squammodermes apodes.*

·FAMILLE DES ENCHÉLISOMES OU MURÉNOÏDES.

Poissons apodes, longs et cylindriques.

Les espèces contenues dans ce groupe ont des mœurs à peu près semblables à celles de la famille précédente. Nous citerons deux genres.

MURÈNE. *Muræna.* Nulles traces de membres ; opercules et rayons presque invisibles.

Un des poissons de ce genre, la Murène commune [2], que Linné comprenait avec les anguilles, avait acquis

[1] *Muræna conger.*

[2] *M. helena. L.*

à Rome, sous l'empire, une grande célébrité, à cause de l'excellence de sa chair ; par une singularité étonnante, en même tems que ce poisson faisait les délices des citoyens, on l'employait à fustiger les jeunes patriciens fautifs.

On en élevait alors dans les viviers, et quelques personnages romains poussaient jusqu'au délire l'attachement qu'ils leur portaient. On s'étonne de voir l'histoire répéter la faiblesse dégradante de cet orateur célèbre, qui pleurait sur la mort de quelques-uns de ces murénoïdes qu'il élevait dans ses domaines. Tous les livres ont inscrit la barbarie de Pollion, ce favori d'Auguste, qui faisait jeter ses esclaves coupables dans des bassins remplis de murènes et de lamproies, afin de goûter le plaisir atroce de les voir déchirer par ces animaux voraces.

Maintenant les murènes ne sont plus recherchées ; ces poissons méditerranéens sont fort communs ; ils atteignent jusqu'à trois pieds et davantage ; leur peau est marbrée de brun et de jaune ; la morsure de ces enchélisomes est redoutable.

UNIBRANCHAPERTURE. *Unibranchaperturus.* Branchies sans opercule, n'ayant qu'un seul trou commun.

Ces animaux sont remarquables par l'ouverture extérieure des branchies, qui est unique et se trouve sous la gorge. Ils vivent ordinairement dans les mers échauffées des tropiques. Il y en a aussi dans les eaux douces et bourbeuses de Surinam.

HÉTÉRODERMES.

Poissons dont la peau est de structure variable.

FAMILLE DES SYNOPTÈRES.

Nageoires pelviennes réunies par leurs bords.

CYCLOPTÈRE. *Cyclopterus.* Nageoires pectorales très-grandes, les ventrales formant un disque par leur réunion.

La dénomination imposée à ce genre indique la disposition des membres abdominaux; ces appendices forment un disque creux que les cycloptères emploient comme un suçoir pour adhérer aux pierres du fond de la mer.

Le Lompe [1], parmi eux, a surtout exercé la sensibilité des amateurs du merveilleux, qui lui prêtaient une haute intelligence et des facultés affectives singulières pour sa compagne et sa progéniture; mais ce poisson lourd et stupide n'a rien de tout cela : il est seulement remarquable par la force avec laquelle il se fixe aux rochers, à l'aide de ses nageoires en ventouses, et qui est telle, qu'il est souvent difficile de l'en détacher ; on rapporte qu'il est assez audacieux pour se cramponner au corps des requins.

Le lompe a une chair molle et désagréable; cependant les pauvres Irlandais en font usage, et ils la salent ou la marinent pour leur consommation. Cet animal, nommé aussi *lièvre de mer* ou *bouclier*, offre quelquefois trois pieds de long ; sa peau colorée de verdâtre porte trois rangées de tubercules, et c'est ce qui lui a fait donner cette dernière épithète.

[1] *C. lumpus.* L.

FAMILLE DES BRACHIOPTÈRES.

Nageoires thoraciques pédiculées.

Deux os soutiennent l'espèce de bras qui porte les nageoires : des naturalistes les ont comparés au radius et au cubitus ; le squelette de ces poissons est mou et cartilagineux. Les brachioptères sont voraces, et leur configuration singulière et comme monstrueuse est la source des noms bizarres qu'on a imposés à plusieurs d'entr'eux. Un simple trou sert d'ouverture branchiale ; de là cette faculté qu'ils ont de subsister long-tems hors de leur élément. Quelques brachioptères, assure-t-on, peuvent rester sur le rivage pendant deux ou trois jours, après s'être rempli leur vaste estomac d'air ; ce qu'il y a de certain, c'est qu'on en rencontre quelquefois assez loin de l'eau, où ils se sont transportés en rampant à l'aide de leurs bras.

Baudroie. *Lophius.* Tête extrêmement large et déprimée, portant des rayons libres et mobiles ; deux dorsales.

La Baudroie [1], par sa forme singulière, sa gueule immense hérissée de nombreuses dents, et sa couleur rembrunie sur le dos, s'est attiré la dénomination réprobatrice de Crapaud ou Diable de mer, que les marins lui imposent ; dans quelques pays, on la nomme aussi Raie pêcheresse. Elle se trouve dans toutes les mers européennes, et présente environ deux pieds de longueur. On dit en avoir vu d'une toise.

Ce poisson est d'un goût agréable ; mais sa physionomie hideuse détermine probablement la répugnance

[1] *L. piscatorius.* L.

qu'on éprouve à le manger, et est la source de l'opinion que l'on a que sa chair est vénéneuse.

Lourdes dans leur course, dépourvues d'énergie, les baudroies sont obligées d'employer la ruse pour se substanter. Elles se cachent dans le sable ou dans les pierres, et couvrent leur corps plat de fucus, puis laissent flotter, en les agitant, les filamens qui s'implantent sur leur tête et se terminent par de petites membranes; les poissons s'approchent, trompés par l'apparence de celles-ci, qu'ils prennent pour quelques vers nageant au milieu de l'eau, et c'est à ce moment que les engloutit la gueule impitoyable de ce branchioptère dévorant.

FAMILLE DES PELVAPTÈRES.

Poissons à nageoires pelviennes nulles.

COFFRE. *Ostracion.* Corps à cuirasse osseuse, formée de compartimens réguliers, soudés; plus de six dents.

Les nageoires, la queue et l'extrémité du museau sont seules mobiles dans ces poissons, chez lesquels tout le corps est protégé par un bouclier osseux, dont les différentes pièces réunies ont une figure régulière qui les fait paraître ciselées.

Les coffres ne se trouvent point ordinairement dans nos climats; ils se plaisent sur les bords des mers qui baignent les côtes équatoriales. Les petits crustacés et les coquilles, que leurs dents brisent avec facilité, voilà ce qui les nourrit; il en est qui font entendre une sorte de grognement quand on les prend. Dans quelques pays, on mange certaines espèces, tandis que dans d'autres elles passent pour vénéneuses.

Le Coffre lisse [1], dont le corps est triangulaire, dépourvu d'épines, est communément servi aux personnes riches de la Jamaïque, et Lacépède a proposé de l'acclimater chez nous.

Le Taureau marin [2], dont le front et l'abdomen sont armés d'épines, est commun dans les collections ; il se pêche dans la Méditerranée. Aux Antilles, il est réputé délétère.

DIODON. *Diodon.* Mâchoires entières en bec de perroquet ; peau armée d'aiguillons mobiles.

Par une faculté particulière, les diodons peuvent se gonfler comme des ballons, en introduisant une grande quantité d'air dans leur estomac ou plutôt dans l'espèce de jabot extensible occupant l'abdomen. Ainsi remplis, ils flottent renversés, le dos tourné en bas, et en même tems leurs piquans hérissés et adhérant solidement à la peau distendue permettent à ces pelvaptères de braver leurs agresseurs, dont ils déchirent la bouche. Cette propriété de se gonfler a fait appeler vulgairement ces poissons *boursoufflus.* Leur nom zoologique vient de leurs mâchoires, qui sont sans division et ont l'air de deux dents.

Les diodons vivent dans les mers équatoriales ; quand ils sont pris, ils font entendre un son produit par l'air qui s'échappe avec force de leur intérieur. On assure que la chair de ces pelvaptères est vénéneuse ; le fiel passe surtout pour être léthifère, et l'on dit que des personnes ont trouvé la mort en mangeant des ragoûts dans lesquels d'imprudens cuisiniers en avaient fait entrer.

1 *O. triqueter.* L.   2 *O. cornutus.* L.

L'Atinga[1], dont le dos est brun et le ventre blanc, et qui est recouvert de piquans à base triangulaire, est l'espèce la plus commune, et celle dont la peau bourrée se rencontrait autrefois suspendue au plafond des boutiques d'apothicaires ou des cabinets des curieux. Il se trouve au Brésil. Ses piqûres sont très-douloureuses, et comme il se défend quand il est pris, on est obligé de l'assommer avant d'y toucher. On le mange.

TÉTRODON. *Tetraodon.* Mâchoires divisées en deux espèces de dents; épines cutanées petites.

Comme ils peuvent se gonfler à la manière des diodons, on leur a aussi donné le nom de *boursouflus.* Ils font comme eux entendre un son particulier lorsqu'on les saisit. Plusieurs espèces sont réputées très-vénéneuses, et l'on dit même que des individus, las de la vie, parvinrent à se l'arracher en mangeant de ces poissons à leurs repas.

Le Tétrodon rayé[2], nommé *fuhaca* par les Arabes, est un des plus anciennement connus. Son dos et ses flancs sont barrés longitudinalement de brun et de blanc. En Égypte, quand le Nil rentre dans son lit après l'inondation, il abandonne beaucoup de ces poissons sur les terres. Les enfans les prennent pour s'en amuser, quoique les hommes de ce pays les aient en horreur, et les regardent comme un poison violent.

Le Tétrodon électrique[3], qui vit dans les bancs de corail de l'Océan indien, fait éprouver des commotions galvaniques à ceux qui le touchent.

1 *D. atinga.* L.

2 *T. lineatus.* L.

3 *T. electricus.* Gm.

Mole. *Orthagoriscus.* Corps très-comprimé, haut, tronqué, sans épines ; mâchoires entières.

Une différence physiologique s'ajoute aux caractères extérieurs pour séparer les moles des diodons et des tétrodons, c'est que les premiers ne peuvent pas se gonfler ; leur corps est brusquement tronqué en arrière, de manière qu'ils ont l'air d'animaux dont on aurait séparé la queue, et qu'ils offrent une figure arrondie.

Le surnom de *lune* ou de *soleil*, qu'on donne souvent aux moles, tient à cette configuration et aussi aux reflets argentés de leur peau, ou aux lucurs phosphoriques qui les environnent pendant la nuit, et dont l'éclat scintillant les a fait comparer à ces astres.

Le Poisson lune [1], qui vient sur nos côtes, présente des dimensions énormes. Son élévation est quelquefois de douze pieds ; il en est qui pèsent trois à quatre cents livres. Les parties charnues sont mauvaises ; mais on en extrait beaucoup d'huile. Cet animal nage en roulant sur lui-même comme un disque.

FAMILLE DES ACANTHOPTÈRES.

Première nageoire dorsale épineuse.

Baliste. *Balistes.* Corps comprimé ; deux dorsales, la première à un ou plusieurs aiguillons très-longs, mobiles, articulés sur un os.

L'épine saillante dorsale que l'on observe dans ces poissons peut à volonté se rabattre sur le dos, et se loger dans un sillon, ou bien se redresser vivement, et offrir alors une arme défensive qui rebute tous leurs agresseurs. On a comparé le jeu de cet appendice

[1] O. mola.

mobile à celui du ressort de la machine de guerre appelée baliste, et de là est dérivé le nom de ce genre intéressant.

Ces animaux viennent dans les mers équinoxiales; ils peuvent se gonfler comme certains pelvaptères. Leur chair inspire de la méfiance. Le Baliste caprisque [1], qui est nuancé de violet, de bleu et d'or, réside dans la Méditerranée.

Centrisque. *Centriscus.* Museau tubuleux excessivement long; première dorsale épineuse, très-postérieure.

L'alongement extraordinaire de la tête de ces acanthoptères, par une grossière comparaison, les fait nommer parmi les matelots ou dans le peuple, *bécasses*, *souflets* ou *trompettes de mer.*

Le Centrisque bécasse [2] habite les mers qui baignent l'Italie, et se vend dans les marchés de Rome et de Naples. Il est d'un rouge rose, et brunâtre en dessus.

FAMILLE DES HÉTÉROPTÈRES.

Nageoires très-variables, quelquefois nulles.

Syngnathe. *Syngnathus.* Corps très-alongé; diamètre presque égal partout; museau tubuleux; trou respirateur près la nuque.

Les syngnathes ont un squelette cartilagineux; chez eux, la génération offre une singulière anomalie : au moment de la ponte, leurs œufs, au lieu de sortir, se glissent dans une poche formée par une boursouflure de la peau du ventre ou de la queue, et, après un certain

1 *B. caprisous.* L.   2 *C. scolovax.* L.

tems, l'éminence qu'ils produisent se fend pour mettre au jour les petits vivans.

Ces poissons, à cause de leur forme, sont surnommés *aiguilles de mer* par les pêcheurs, qui les regardent quelquefois comme d'heureuses trouvailles. La Trompette de mer [1], longue d'un pied, est assez commune sur les bords de la Méditerranée.

HIPPOCAMPE. *Hippocampus.* Tronc comprimé, très-renflé au milieu ; écailles relevées en arêtes ; caudale nulle.

Après la mort, le corps de ces hétéroptères se courbe de manière à donner à leur petite tête quelque chose de l'apparence de celle du cheval, et la ressemblance avec ce quadrupède est encore augmentée, pour les personnes faciles dans leurs comparaisons, par les filamens du cou ou la nageoire dorsale, qu'elles trouvent imiter la crinière et la selle d'un coursier.

Le Cheval marin [2] se rencontre presque dans toutes les mers ; il gît sur le bord de celles qui baignent nos côtes ; sa nourriture se compose d'insectes. Comme cet animal est très-facile à conserver, on le rencontre souvent dans les collections des amateurs. Il a environ six pouces de longueur. Vanté par les médecins grecs et ceux de Rome comme un médicament bienfaiteur, il est regardé comme un poison par quelques peuples du Nord.

1 *S. typhle.*   2 *H. vulgaris.*

POISSONS CARTILAGINEUX

OU DERMODONTES.

Squelette cartilagineux ; dents non implantées dans les maxillaires.

FAMILLE DES SKÉLIPODES.

Nageoires pelviennes placées au devant de l'anus.

ESTURGEON. *Acipenser*. Forme ordinaire ; bouche petite, édentée ; corps garni de rangées d'écussons osseux.

Ces énormes poissons n'habitent pas seulement l'Océan, mais encore presque tous les fleuves septentrionaux de l'ancien et du nouveau continent, dans lesquels ils se trouvent, vers le printems, en légions si nombreuses, que Pallas assure que, dans le Jaïck, on est quelquefois forcé de tirer le canon afin de les disperser. Ils remontent rarement la Seine jusqu'à Paris ; cependant, en 1800, à Neuilly, on en prit un qui pesait deux cents livres, et qui avait sept pieds et demi de longueur.

C'est en Sibérie que l'on rencontre les géans de l'espèce ; la Norwége en a fourni du poids de mille livres, et Pline rapporte que, de son tems, le Pô en nourrissait de semblables. Quoique possesseur de dimensions aussi formidables, l'esturgeon est d'un naturel doux et paisible, et n'offre point cette voracité que présentent un si grand nombre d'individus de sa classe ; la petitesse de sa bouche ne lui permet pas de se nourrir de forte proie, aussi se contente-t-il de harengs et d'autres faibles espèces, qui n'ont pour se préserver aucun moyen de défense.

Ces skélipodes sont un des délices de nos festins; cependant ils ont perdu de nos jours ce culte honteux que leur rendait Rome, esclave du luxe et de la débauche, où l'on voyait ces poissons portés en triomphe sur des tables pompeusement ornées, et par des ministres couronnés de fleurs, marchant au son des instrumens dans les rues de cette capitale du monde. Malgré que l'esturgeon ait été fort estimé en Grèce, et qu'à Rome Ovide chantât ses louanges, dans quelques pays on le dédaigne, et en Provence, à ce que rapporte Beaujeu, on le donne au prix d'un sou la livre.

L'Esturgeon ordinaire[1] est long de six à sept pieds; il a cinq rangées d'écussons osseux.

FAMILLE DES PELVIPODES.

Nageoires pelviennes entourant l'anus.

CHIMÈRE. *Chimæra.* Dorsales presque contiguës, la deuxième s'étendant sur la queue, qui est filiforme; branchies à une ouverture unique de chaque côté.

Il n'y a qu'une espèce. Le nom de Chimère arctique[2] lui a été imposé à cause de sa physionomie bizarre; son aspect est encore plus singulier quand elle est desséchée. Ce poisson est argenté, avec des maculatures brunes. On l'appelle vulgairement *roi des harengs*, et je ne sais pourquoi; toutefois, il fait une terrible consommation de ses sujets, et harcelle continuellement les derrières de leurs légions voyageuses.

1 *A. sturio.* L.　　　　　　　　2 *C. monstrosa.* L.

La chimère a rarement plus de trois pieds ; l'Océan septentrional est sa patrie. Les Norwégiens sont friands de ses œufs ; mais ils dédaignent sa chair. Son foie leur fournit une huile en laquelle ils ont une grande confiance dans quelques maladies.

Roussette. *Scyllium.* Museau court, obtus ; narines lobulées et sillonnées ; caudale non fourchue ; pectorales entières.

Nous trouvons assez communément, près de nos bords maritimes, la grande Roussette[1], que l'on mange rarement, et dont le foie est éminemment vénéneux ; c'est sa peau desséchée que les tourneurs emploient pour polir le bois, et que l'on connaît sous le nom de peau de chien-de-mer ou de chagrin. Cette espèce offre de petites taches nombreuses sur un fond jaunâtre.

Squale. *Squalus.* Museau proéminent ; narines sans sillon ni lobule ; caudale comme fourchue.

Les requins appartiennent à ce groupe ; ils sont d'une célébrité qui dispense d'en parler longuement ; leur voracité est telle, que le tumulte d'un combat naval ne les empêche pas d'attendre à la superficie des flots ceux que le sort y précipite. Ces animaux avalent leur proie avec tant de gloutonnerie, qu'on a découvert des hommes entiers dans leur ventre, et encore revêtus de leurs habits. Muller cite un individu de cette espèce, qui pesait quinze cents livres, et dans l'intérieur duquel on trouva un cheval.

Malgré l'extrême férocité des squales, on assure qu'il y a des nègres assez audacieux pour aller les attaquer à

[1] *S. canicula.* Cuv.

la nage, et leur percer le ventre. Cela semble se confirmer par la familiarité que l'on sait qu'ont avec eux les
naturels des Sandwich, qui nagent sans effroi au milieu
de leurs troupes.

Les requins mettent un tel désordre parmi les poissons, qu'on a vu un seul de ces pelvipodes faire manquer
la pêche de la morue à Terre-Neuve. La viande des
squales est dure et coriace; cependant les nègres en
mangent. Chez les Islandais, le lard de ces animaux
remplace celui du cochon. Dans quelques villes des rives
méditerranéennes, la chair des jeunes requins, que
l'on retire de l'intérieur de la mère, est recherchée
ainsi que le ventre des grands.

Le Requin proprement dit [1] atteint jusqu'à vingt
pieds. Son nom, qui vient de *requiem*, répond à la
terreur qu'il inspire.

On trouve un grand nombre de dents de squales dans
les couches de la terre, ce qui indique l'ancienne existence de ce genre.

Scie. *Pristis.* Forme alongée; museau excessivement long, mince, armé d'épines osseuses
fortes; branchies s'ouvrant en dessous.

La Scie commune [2] se trouve abondamment dans toutes
les mers; sa taille ne dépasse pas vingt pieds. C'est à la
forme de son museau aplati en lame et armé d'os solides
qu'elle doit son nom. Cet animal combat courageusement avec les plus gros cétacés, et souvent triomphe de
leurs forces énormes. Sa chair est mauvaise; la nécessité
peut seule forcer à la manger. Ce poisson est révéré par
quelques nègres d'Afrique.

1 *S. carcharias.* L.   2 *P. antiquórum.* Lath.

Marteau. *Zygæna.* Corps cylindriforme; tête tronquée, aplatie, dirigée transversalement.

La tête de ces pelvipodes a la disposition d'un T, et
elle forme une anomalie unique dans la classe des poissons; les yeux sont situés aux deux extrémités latérales.

Le Marteau commun[1] tire sa dénomination de la
ressemblance de sa tête avec l'instrument des menui-
siers. On le nomme aussi Poisson juif, à cause du rapport
que l'on a voulu trouver entre la figure de son extrémité
antérieure et certaines coiffures hébraïques. Cet animal
est considéré comme très-vorace ; on le redoute autant
que le requin dans différens pays ; sa chair est mauvaise,
mais quelques matelots la mangent, et prétendent qu'elle
réveille les désirs de l'amour. Le marteau acquiert jusqu'à
douze pieds de longueur; sa teinte est brune ; il est répandu partout.

Raie. *Raia.* Corps aplati, rhomboïdal; queue grêle,
longue, à deux dorsales.

A leur forme aplatie et à leurs bords anguleux, on
distingue au premier abord les raies des autres pelvipodes; leur natation est une espèce de vol, elles semblent
planer dans l'eau. Les mâles offrent deux branches saillantes près des organes de la génération, elles servent à
saisir la femelle pendant l'accouplement, qui consiste
en un simple contact des sexes. On dit que ces animaux
sont vivipares; cependant, des observateurs ont trouvé
de leurs œufs encore remplis du jaune, et fixés à des
fucus, ce qui ferait penser que tous ne le sont pas.

La chair des raies est dure, et on a besoin de la laisser
attendrir pour qu'elle soit plus agréable ; à cet effet,

---

1 *Z. malleus.* Vol.

on traîne quelquefois ces poissons dans les rues avec des chevaux. Les petites sont séchées au soleil dans quelques ports de mer, pour les vendre aux malheureux.

La Raie bouclée[1] a son dos tacheté de noir et de blanc, parsemé d'aiguillons ; c'est celle qui garnit le plus souvent nos marchés ; elle atteint jusqu'à douze pieds de longueur.

La Raie blanche[2] a le dos dépourvu d'aiguillons ; c'est la plus estimée ; elle acquiert encore un plus grand développement que la précédente. On en a pêché qui pesaient plus de trois cents livres. On la sale dans quelques contrées, et son foie donne une grande quantité d'huile.

TORPILLE. *Torpedo.* Corps aplati, orbiculaire ; queue courte, grosse.

La puissance électrique de la torpille commune est trop connue pour qu'il soit nécessaire de nous arrêter sur l'histoire de cette espèce. L'observation des phénomènes qu'elle produit remonte aux tems de Platon, qui fait dire à un des interlocuteurs de ses dialogues : « Tu m'as étourdi par tes objections, comme la torpille, poisson de mer aplati, étourdit ceux qui la touchent. » Mais la propriété extraordinaire de cet animal ne fut bien étudiée que par l'illustre Rédi, puis par Réaumur, qui lui fit tuer des canards, et le savant anglais Walsh, qui prouva l'identité de son fluide avec l'électricité produite par les appareils de la physique, et donna même des commotions avec ce pelvipode à une chaîne de plusieurs personnes. Le célèbre Galvani aperçut, le premier, à l'aide du microscope, l'étincelle électrique

1 *R. clavata.* L.   2 *R. batis.* L.

qui s'en échappe, et que d'autres savans virent ensuite dans l'obscurité, en même tems qu'ils parvenaient à charger des bouteilles de Leyde en les exposant au contact de ce poisson.

L'appareil producteur de l'électricité offre quelque analogie avec la pile voltaïque. Il est formé par environ mille petits prismes de quatre à six pans réunis comme les alvéoles des abeilles, et subdivisés par des diaphragmes horizontaux, qui forment de petites cellules remplies d'un fluide particulier, et animées par des nerfs considérables.

La faculté engourdissante de la torpille fut probablement la source de la puissance que les médecins grecs, latins et arabes lui reconnaissaient contre quelques affections; tels furent Hippocrate qui la conseillait dans l'hydropisie, Dioscoride, Galien, Avicenne, qui la croyaient efficace contre les rhumatismes, et une foule d'autres qui propagèrent ces erreurs depuis long-tems reconnues, et que nous ne répétons que pour compléter l'historique de la science.

La Torpille commune[1] a cinq taches œillées au moins, bleues ou grises sur un fond cendré; elle se trouve dans nos mers, et pèse bien rarement plus de cinquante livres.

La Torpille galvanienne[2] est marbrée, sans taches; elle est plus électrique que ses congénères, et habite la Méditerranée.

FAMILLE DES APODES.

Corps anguilliforme; nageoires pectorales et pelviennes entièrement nulles.

Les apodes ont seulement des nageoires impaires; ils

<hr>

[1] *T. narke*. Riss.   [2] *T. galvanii*. Ris.

sont anguilliformes, et leur bouche leur permet, dans la plupart, d'adhérer fortement aux corps, et même de déchirer les parties charnues des animaux qui vivent avec eux.

LAMPROIE. *Petromyzon.* Bouche circulaire ; dents nombreuses ; sept ouvertures branchiales de chaque côté.

Les lamproies ont sur la tête un petit trou que l'on avait regardé à tort comme un évent, et que M. Duméril pense être une espèce d'éprouvette par laquelle ces animaux distinguent la nature de l'eau où ils se trouvent.

La grande Lamproie[1], qui est marbrée de brun sur un fond jaune-verdâtre, acquiert jusqu'à deux ou trois pieds ; elle se nourrit de vers et de lambeaux de cadavres putréfiés qu'elle arrache avec sa ventouse. Cette espèce, qui se trouve dans presque toutes les mers, remonte dans les fleuves. Les gourmets chérissent ces lamproies. A Rome, on les payait, anciennement, un prix extraordinaire, et les écrivains reprochaient aux riches les prodigalités qu'elles leur occasionnaient. En 1600, on les vendait dix et même vingt pièces d'or.

La Lamproie de rivière[2], qui n'a guère que quinze à dix-huit pouces, est d'un gris-bleuâtre ; elle est recherchée pour les tables, et sert d'appât.

Le Sucet[3], qui a sept ou huit pouces, apparaît dans la Seine en même tems que les aloses auxquelles il s'attache, et dont il soutire le sang.

AMMOCÈTE. *Ammocœtes.* Squelette excessivement mou ; bouche demi-circulaire, édentée.

Ce genre réunit des animaux dont les mœurs sont

1 *P. marinus.* L. 3 *P. sanguisuga.*
2 *P. fluvialis.*

analogues à celles des vers, et leur squelette est tellement mou que l'on pourrait presque en nier l'existence. On les trouve enfouis dans la vase des ruisseaux et des rivières. Ces poissons sont vulgairement appelés *aveugles* ou *sept-œils*, selon les pays, et selon que l'on y considère l'absence réelle des organes visuels, ou que l'on prend pour des yeux les ouvertures des branchies.

L'Ammocète rouge [1] a été récemment découverte à Rouen; sa longueur est de six pouces; sa coloration celle du sang.

L'Ammocète lamprillon [2], qui a les mêmes dimensions, est verte sur le dos, blanche sous le ventre; elle est d'un goût agréable; mais son aspect vermiforme dégoûte les personnes délicates.

Myxine. *Myxine.* Bouche circulaire à une seule dent; lèvres tentaculées; deux trous branchiaux.

La disposition de la bouche qui, au premier abord, paraît composée de pièces latérales, fit placer inattentivement ce genre dans les vers par Linnée.

La Myxine glutineuse [3], qui est la plus anciennement connue, est bleue; ses flancs sont rouges, et son ventre blanc; elle a moins d'un pied de longueur. Sa peau sécrète une si abondante mucosité, qu'en un moment l'eau d'un baquet en devient filante. Cet animal adhère aux gros poissons à l'aide de sa bouche, et leur suce le sang pour s'en nourrir; on assure même qu'il s'introduit dans leurs intestins.

1 *Petromyzon ruber.* Lac.
2 *P. branchialis.* L.
3 *M. glutinosa.* L.

CLASSE VI.

HEXAPODES OU INSECTES.

Animaux sans vertèbres, respirant par des trachées, et munis de six membres articulés.

Le système solide des hexapodes est extérieur; il se divise en trois régions principales : la tête, le thorax ou corselet, et l'abdomen.

La bouche des insectes offre de grandes différences ; tantôt elle est formée de pièces solides, disposées pour broyer les alimens les plus durs; d'autres fois elle dégénère en un suçoir armé de pointes fines, ou bien elle ne consiste qu'en une simple trompe destinée à absorber une nourriture liquide; alors les différentes parties que nous allons énumérer ne se retrouvent qu'à l'état rudimentaire ou manquent tout-à-fait, et l'organe ne consiste plus qu'en des pores absorbans.

Dans son état de complication, on trouve la bouche composée de deux espèces de dents extérieures dont la forme est variée, et qui se meuvent horizontalement; ce sont elles que l'on nomme *mandibules*. Lorsqu'on a soulevé celles-ci, on aperçoit deux autres pièces dont les mouvemens s'exécutent dans le même sens, ce sont les *mâchoires*; ces dernières supportent de petits filets auxquels on donne le nom de *palpes maxillaires* et qui sont composés ordinairement de quatre à six articles mobiles. En avant de la tête se découvre un appendice qui cache plus ou moins les organes buccaux : il est appelé *labre* ou lèvre supérieure ; enfin on trouve la *lèvre inférieure*, qui est plus ou moins apparente, et sur laquelle on voit d'autres filets nommés *palpes labiaux*, ayant moins d'articles que les précédens.

On n'est pas d'accord sur le lieu où se fait particulièrement la sensation du goût. Certains entomologistes croient que c'est à l'entrée du canal digestif ; d'autres pensent que ce sens réside dans les palpes qui, selon quelques personnes, seraient au contraire spécialement affectées au toucher.

Les *antennes* représentent des espèces de petites cornes supportées par la tête ; elles sont au nombre de deux dans les animaux qui nous occupent. Ces organes sont formés de pièces nommées articles, offrant une figure variée. Quand ces articles sont arrondis, et que, par leur réunion, ils imitent l'arrangement des grains d'un chapelet, les naturalistes nomment les antennes *moniliformes ;* celles-ci reçoivent l'épithète de *sétacées* lorsque les pièces qui les composent deviennent de plus en plus fines en avançant vers l'extrémité, et, au contraire, on appelle les antennes *claviformes* quand cette extrémité étant plus épaisse que l'origine, elles ressemblent à une frêle massue ; enfin elles sont dites *filiformes* si elles ont, comme un fil, un diamètre égal partout.

La physiologie des antennes est assez obscure. De Blainville, d'après l'analogie de leur situation et de leur système nerveux, pense qu'elles sont le siége de l'odorat, tandis que M. Duméril transporte cette sensation vers l'orifice des trachées ; enfin quelques auteurs croient que ces appendices sont disposés pour recevoir les impressions tactiles dans quelques espèces où ils ont une extrême mobilité [1].

Malgré l'obscurité qui règne sur le siége de l'organe de l'odorat des insectes, on peut apprécier qu'ils perçoivent très-bien les odeurs, puisqu'on les voit accourir dans certains lieux pour y chercher des alimens qui sont soustraits à leur vue, et ne peuvent se décéler que par leurs émanations odorantes. Quelques hexapodes carnivores sont même trompés par les exhalaisons cadavéreuses de plusieurs fleurs[2]; elles les attirent, et ils déposent dans leur calice une progéniture que cette erreur condamne infailliblement à périr.

Deux yeux taillés à facettes composent le système oculaire des insectes; mais, dans beaucoup d'entr'eux, on découvre en outre de petits yeux lisses que l'on a nommés *stemmates*. Chaque œil à facettes est formé par un grand nombre de petits yeux simples réunis ; Leuwenhoeck en a compté huit mille sur une mouche, et M. Dupuget dix-sept mille trois cent vingt-cinq sur un papillon. A l'exemple de Swammerdam, MM. Cuvier et Marcel de Serres pensent que chaque petite saillie ou cornée est revêtue d'un enduit coloré indépendant de la choroïde qui se trouve en arrière de lui, et que c'est à la partie concave de chaque cornée, entr'elle et la substance colorante, que vient s'épanouir un filet nerveux particulier provenant d'un ganglion situé à l'extrémité de chaque nerf optique émané du cerveau.

L'organe de la vue des insectes subit des modifications

[1] Ichneumons.   [2] *Arum.*

assez remarquables, selon l'espèce de nourriture de ces animaux ou l'heure à laquelle ils la recherchent; tous ceux qui dévorent leur proie vivante ont proportionnellement l'œil plus grand [1], et les hexapodes qui cherchent leurs alimens la nuit l'ont coloré d'une manière plus foncée [2] et par cela même plus propice à absorber les rayons lumineux.

Les hexapodes sont doués du sens de l'ouïe, car ils font entendre des bruits particuliers, ordinairement produits par les frottemens de certaines parties conformées pour vibrer; il en est aussi qui frappent les corps avec force. Selon M. Duméril, le bourdonnement des abeilles est peut-être dû à l'ébranlement de l'air qui sort des stigmates. Mais si l'on connaît assez bien dans quelques insectes le mécanisme qui produit les sons, on ignore le siége de l'organe percepteur. Cependant M. Latreille pense l'avoir reconnu à la base des antennes de certains orthoptères.

Le système nerveux des insectes se compose d'environ une douzaine de ganglions ou renflemens qui correspondent aux différens anneaux du corps, et qui sont unis par des filets de communication. Le premier de ces ganglions est considéré comme un cerveau, à cause de sa situation dans la tête et de sa grosseur; il envoie deux nerfs aux antennes et deux aux yeux, et puis de petits filamens aux diverses parties de la bouche. Il communique avec le ganglion suivant à l'aide de deux filets qui entourent l'origine du canal digestif en lui formant une espèce d'anneau; le second renflement nerveux se joint de même avec le troisième par deux branches, et tous les autres ont un pareil

[1] Cicindèles, libellules.   [2] Blattes, blaps.

mode de communication, de manière qu'ils forment une chaîne continue dans toute la longueur du corps.

Trois ganglions nerveux se trouvent dans la poitrine. Le premier donne des filets aux deux membres antérieurs, le second en fournit aux jambes moyennes et aux ailes supérieures, et le troisième distribue des ramilles aux ailes inférieures et aux membres de derrière. Le système sensitif abdominal se compose communément d'autant de ganglions qu'il y a d'anneaux, et chaque renflement nerveux envoie des filets aux différentes pièces des appareils respiratoire, digestif et génital.

Le thorax supporte les membres et les ailes. M. Audoin, qui a étudié cette région avec un soin particulier, y distingue trois segmens qui soutiennent chacun une paire de pattes ; il nomme celui qui se trouve en devant, *prothorax*, le postérieur, *métathorax*, enfin le segment ou anneau intermédiaire est appelé par lui *mésothorax*.

La partie postérieure du corps des insectes ou l'abdomen, se compose d'un certain nombre d'anneaux qui sont munis de trous que l'on nomme *stigmates*, et qui ne sont autre chose que l'orifice de l'appareil respiratoire.

Les ailes sont des organes destinés à la locomotion aérienne des hexapodes ; De Blainville les considère comme servant en outre à la respiration, et, selon lui, ce ne sont que des trachées développées à l'extérieur ; elles s'articulent sur le thorax, qui leur donne des muscles puissans pour l'exercice de leurs mouvemens. Rarement les insectes sont dépourvus d'ailes ; dans ceux qui en ont quatre, si les supérieures sont solides et cornées, elles reçoivent le nom particulier d'*étuis* ou d'*élytres*.

Les membres des hexapodes sont formés de plusieurs pièces articulées : chacune d'elles a un nom particulier. La *hanche* est celle qui s'insère sur le corselet ; le *fémur* ou la cuisse est la seconde partie du membre, et presque toujours la plus considérable ; parfois, on y voit en haut une petite éminence nommée *trochanter*. La cuisse supporte la jambe ou le *tibia*, et, à l'extrémité de celle-ci, se trouvent plusieurs petites pièces articulées dont l'ensemble est désigné sous le nom de *tarse* par les entomologistes. Ceux-ci ont même donné divers noms aux insectes, selon le nombre de pièces qui forment cette région. Ils ont appelé ces animaux Pentamérés, Tétramérés, Trimérés, Dimérés, selon qu'ils avaient cinq, quatre, trois, ou deux articles à chacun des tarses ; et enfin ils désignèrent sous la dénomination d'Hétéromérés ceux qui ne possèdent que quatre pièces à la paire de pieds postérieurs, et qui en ont cinq à ceux de devant. Les membres se terminent par des crochets souvent doubles.

La structure des membres des hexapodes varie comme leur destination. Dans ceux où ces appendices sont appropriés au saut, ils sont excessivement développés ; dans d'autres, leur forme est aplatie, et ils sont disposés en rames pour la natation ; dans quelques insectes, les jambes présentent des dentelures pour fouir la terre. Il en est chez lesquels les tarses sont munis d'espèces d'éponges pour adhérer aux corps ; dans d'autres, ils se trouvent spécialement conformés, chez les mâles, pour fixer la femelle pendant l'accouplement.

Les différens organes que nous venons d'énumérer sont mus par des muscles situés à l'intérieur, et le nombre de ceux-ci est quelquefois considérable ;

Lyonnet en a compté plus de quatre mille dans la chenille d'un papillon [1].

Dans l'appareil digestif des insectes, on remarque une partie des organes que nous avons observés sur les classes précédentes ; mais ici ils sont représentés en miniature. L'estomac de quelques hexapodes mâcheurs, qui avalent leur proie sans la broyer, est épais et musculeux, et forme une espèce de gésier où l'aliment subit une trituration, et quelquefois même cette partie est armée intérieurement d'écailles de corne tranchantes et dentelées. Les intestins sont d'autant plus courts que l'insecte est plus carnassier. La bile est sécrétée par des vaisseaux qui se rendent dans le tube digestif, et l'absorption de la substance nutritive paraît se faire par une espèce d'imbibition.

Certains insectes sécrètent vers l'anus un liquide irritant, quelquefois coloré et fétide [2], qui est produit par un appareil spécial, double, situé près de la termi-naison de l'intestin, et qui se compose d'un organe pré-parateur formé par de petites utricules ou des canaux diversement configurés, qui vont se rendre dans une vésicule ou réservoir ovoïde plus ou moins vaste, et qui émet ensuite le fluide au-dehors par un petit canal.

Pour tout organe circulatoire dans ces animaux, on trouve un canal étendu de la tête à l'abdomen, et que l'on nomme *vaisseau dorsal*. Celui-ci est doué de con-tractions qui s'élèvent quelquefois à cent-quarante par minute [3], et il est rempli d'un fluide analogue à une dissolution de gomme un peu colorée en brun, en vert, ou en jaune ; mais on ne distingue pas d'issue à ce

----

[1] Cossus.
[2] Carabe.
[3] Bourdon terrestre.

réservoir, que l'anatomiste Mekel, Hérold et d'autres considèrent comme un véritable cœur, mais que MM. Cuvier et Marcel de Serres regardent simplement comme un appareil de sécrétion.

La respiration des insectes offre un mode particulier : chez eux l'air va trouver les différens organes au moyen de vaisseaux que l'on nomme *trachées*, et qui se composent de lames roulées en spirales formant des tubes que le fluide atmosphérique remplit, et dont l'ouverture extérieure prend le nom de *stigmate;* on en compte ordinairement deux de ceux-ci sur chaque anneau.

Le mode de respiration varie, selon l'âge, chez quelques hexapodes ; il est des larves aquatiques qui opèrent cette fonction à l'aide d'espèces de branchies, et ce n'est qu'à l'état parfait que l'animal inspire l'air par des trachées.

L'organisation de l'appareil génital est excessivement curieuse à étudier dans la classe que nous décrivons, et les formes en sont très-multipliées. Dans les mâles, on découvre ordinairement des pièces cornées amincies vers leur extrémité ; elles facilitent l'introduction des parties molles, et sont souvent disposées pour s'accrocher à la femelle et empêcher toute disjonction avant la fin de l'acte reproducteur. Chez celle-ci, l'organe générateur se compose des *ovaires* ou parties dans lesquelles se forment les œufs, et de l'*oviducte* ou canal qui les transmet au dehors ; à l'orifice génital, on trouve souvent un pondoir en forme de couteau, de vrille, de gouge ou de scie, destiné à introduire les œufs dans les corps où la larve doit naître et se développer ; nous traiterons de ces appareils, ainsi que des procédés ingénieux de la génération, en faisant l'histoire particulière des hexapodes.

L'antiquité n'ignorait point les métamorphoses **des** insectes : quelques passages des œuvres d'Aristote nous l'indiquent ; mais ce fut Rédi et Swammerdam qui nous révélèrent les premiers les particularités de ces singulières mutations par lesquelles une hideuse chenille donne naissance au plus magnifique papillon. Souvent pour opérer cet acte, il est de ces animaux qui se font une coque soyeuse ; d'autres s'enfoncent dans la terre. Pendant ces étonnantes métamorphoses, il paraît qu'il y a un changement total dans l'organisme, et qu'à certaine époque tous les tissus sont confondus, et n'offrent plus qu'une espèce de bouillie inextricable.

La première phase de la vie des hexapodes est l'état de *larve* ou de *chenille ;* c'est l'époque de l'accroissement, et celle où ils font tant de dégâts parmi les plantations ainsi que dans les diverses substances qui les nourrissent. La seconde phase est celle que l'on nomme de *nymphe*, de *pupe*, ou de *chrysalide ;* pendant celle-ci, souvent l'insecte reste immobile, et est comme emmaillotté dans une membrane particulière qu'il fend enfin pour apparaître sous son dernier état, ou l'âge de la reproduction, pendant lequel souvent cet acte paraît même seul l'occuper ; mais tous ces animaux n'offrent pas ces trois phases d'une manière bien distincte.

Les insectes paraissent avoir été nouvellement introduits dans la création, car on ne les rencontre à l'état fossile que dans les couches les plus récentes de la terre. Il ne s'en découvre aucun vestige dans la craie ; mais on en observe un grand nombre au milieu des succins trouvés dans les terrains d'alluvion, et tous ces hexapodes appartiennent à des genres que l'on voit encore actuellement à l'état vivant.

ORDRE DES COLÉOPTÈRES.

Ordinairement quatre ailes; élytres durs, cornés; ailes pliées en travers.

Ce sont des insectes broyeurs munis de mandibules et de mâchoires; celles-ci supportent des palpes. Ils subissent une métamorphose complète; leur larve, analogue à un ver, porte une tête écailleuse, une bouche robuste, et ordinairement six pattes; la nymphe reste immobile.

** Coléoptères pentamérés.*

FAMILLE DES CARNASSIERS.

Élytres très-durs, recouvrant le ventre; antennes sétacées; six palpes; membres marcheurs.

Tous les hexapodes rassemblés dans cette grande coupe, sont agiles et extrêmement voraces; ils vivent dans des combats continuels qu'ils livrent aux animaux moins forts qu'eux, et quelquefois même, leur cruauté se tourne contre leur propre espèce. Beaucoup ont le vol soutenu et rapide, mais il en est qui sont privés d'ailes et restent toujours attachés à la terre.

CICINDÈLE. *Cicindela.* Corselet plus étroit que les élytres et la tête; palpes labiaux et maxillaires généralement velus; ailes distinctes.

Les cicindèles sont de beaux insectes, dont les élytres offrent des teintes métalliques éclatantes; elles se plaisent dans les lieux arides et les sables; là elles font une chasse active aux mouches et autres petits animaux.

Les larves de plusieurs espèces indigènes ont des mœurs bien curieuses ; elles se creusent dans la terre un trou cylindrique et profond, qu'elles taillent en se servant de leurs mandibules, et qu'elles déblaient avec leur tête ; puis, se mettant en embuscade à son ouverture, et s'y tenant à l'aide de deux mamelons situés sur leur dos, ces insectes attendent ainsi leur proie au passage, la saisissent avec rapidité, et en exécutant subitement un mouvement de bascule, ils l'entraînent au fond de leur repaire pour la dévorer. L'extrême voracité de ces larves singulières s'exerce même sur leur propre espèce, et l'on en voit quelquefois se déchirer réciproquement. Pour accomplir la métamorphose, elles s'enfoncent dans leur trou, dont elles bouchent l'orifice.

La Cicindèle champêtre [1], qui est verte, se trouve communément pendant les beaux jours d'été.

BRACHIN. *Brachynus.* Corselet plus étroit que les élytres, ceux-ci courts et tronqués ; ailes distinctes.

Les Brachins sont de petits coléoptères qui vivent ordinairement en société sous les pierres, où ils se découvrent particulièrement pendant la saison froide. On les nomme en français, Scarabés canonniers ou bombardiers, à cause de la faculté qu'ils ont d'exhaler subitement par l'anus, et en produisant une petite détonation, une vapeur acide dont les élémens sont renfermés dans deux vésicules situées à l'extrémité de l'abdomen ; ils peuvent répéter plusieurs fois de suite

[1] *C. campestris.*

cette action , qui paraît avoir pour but d'effrayer leurs agresseurs, et on voit même qu'elle se produit par une sorte d'instinct de défense, chez tous les individus qui se trouvent rassemblés près de celui qui est poursuivi ou tourmenté.

Le Brachin crépitant [1], qui doit son nom à cette particularité, se rencontre fréquemment sous les cailloux de nos campagnes.

Carabe. *Carabus.* Corselet carré ; élytres pointus ; ailes nulles ou rudimentaires ; point d'échancrure aux jambes.

Les individus de ce genre sont quelquefois parés des plus brillantes couleurs, et ils étincellent de reflets imitant le bronze et l'or. Ces hexapodes se nourrissent de chenilles ou d'insectes parfaits, et fuient ordinairement la lumière, en se cachant pendant le jour sous les pierres, l'écorce des arbres ou la mousse. On rencontre fréquemment dans nos jardins et nos bois le Carabe doré [2], qui est une des plus belles espèces.

Le corps de ces coléoptères exhale une odeur pénétrante, nauséabonde; quand on les saisit, ils émettent par la bouche et l'anus une liqueur noirâtre et fétide, dont l'émission a sans doute pour but de dégoûter l'ennemi qui les menace, et de lui faire lâcher prise.

Calosome. *Calosoma.* Corselet orbiculaire; abdomen presque carré.

Un des plus beaux insectes carnassiers appartient à ce genre, et se trouve près de Paris, c'est le Calosome sycophante [3] que la forme de ses élytres et leur brillant

---

1 *B. crepitans.*
2 *C. auratus.* L.
3 *C. sycophantha.* Fab.

éclat faisaient nommer par Geoffroy, bupreste carré couleur d'or.

FAMILLE DES RÉMIPÈDES.

Elytres couvrant tout l'abdomen; antennes sétacées ou filiformes; tarses postérieurs aplatis en nageoires, et ciliés.

Ces insectes carnassiers habitent les mares ou les ruisseaux courans; ils sont ordinairement d'une couleur rembrunie, et dépouillés de cet éclat, parure habituelle des tribus animales des contrées favorisées du soleil; mais en revanche, beaucoup d'entr'eux possèdent un avantage unique et bien précieux, celui de pouvoir se transporter avec autant de facilité à la surface du sol que sous l'eau et dans l'air. En effet, à l'aide de la coupe de leur corps et de leurs pattes en rames, on les voit nager avec vîtesse au milieu de nos étangs, y poursuivre leur nourriture, ou éviter le batracien ou l'oiseau qui les menace; d'autres fois c'est en volant qu'ils saisissent leur proie, ou bien enfin on les rencontre marchant sur la terre.

DYTIQUE. *Dytiscus.* Corps déprimé; antennes sétacées; sternum pointu.

La plupart des femelles portent des élytres sillonnés profondément, et les mâles ont les tarses antérieurs dilatés en forme de palettes, double disposition qui facilite l'accouplement, et leur permet d'embrasser étroitement l'autre sexe, ce qui eût été impossible sans cette organisation réciproque, car les dytiques ont le corps très-lisse, et comme recouvert d'un enduit huileux.

À l'état parfait, ces insectes passent ordinairement le jour sous l'eau, et ils ne s'en éloignent que le soir pour voler; souvent alors ils sont attirés par les lumières des habitations, et voltigent autour d'elles en produisant un bruit semblable à celui des hannetons. Dans les marais qu'habitent ces hexapodes, on les voit venir à chaque instant à la surface, pour y puiser l'air indispensable à leur respiration; pour cela, ils tournent leur abdomen en haut, l'élèvent un peu au-dessus du liquide en entr'ouvrant leurs élytres, afin d'introduire au-dessous d'eux une certaine quantité de fluide atmosphérique, qui, retenu entre les ailes et l'abdomen, vient abreuver les stigmates, tandis que l'animal se replonge dans son élément.

Lorsque l'on saisit les dytiques, ils exhalent de la surface de leur corps une liqueur onctueuse, d'un blanc de lait et d'une extrême fétidité, que l'on doit considérer comme un moyen de défense contre les oiseaux insectivores. La larve de ces coléoptères emploie une ruse étonnante pour se soustraire aux animaux carnassiers qui se nourrissent de proie vivante; quand elle se trouve saisie par l'un d'eux, elle devient instantanément molle et flasque, et ne ressemble plus qu'à un cadavre; par ce moyen, elle dégoûte souvent son ravisseur et échappe à la mort. Le Dytique sillonné [1], qui est ovale, et dont les étuis sont velus chez la femelle, se découvre partout en France.

GYRIN. *Gyrinus.* Quatre yeux; membres antérieurs très-longs, les postérieurs en nageoires.

Ce sont de faibles remitarses que nous voyons tour-

[1] *D. sulcatus.*

noyer avec une vélocité inconcevable à la surface des
mares et des fossés, et auxquels cette habitude a fait
donner le nom de *tourniquets*; le dos noir et poli de
ces hexapodes brille alors comme le diamant, lorsque le
soleil vient les frapper. Ils vivent en petites familles, et
s'enfoncent sous les eaux en nageant, quand quelque
chose les effraie à leur superficie. Les membres de devant
servent à saisir la proie.

Le Gyrin nageur[1], long d'environ trois lignes, est le
plus répandu.

FAMILLE DES BRÉVIPENNES.

Elytres beaucoup plus courts que l'abdomen;
antennes moniliformes.

La briéveté des élytres est fort remarquable dans ces
insectes; ils ne recouvrent pas plus du tiers du ventre,
et les ailes, obligées de se reployer, pendant le repos,
sous leur abri, sont aidées à cet effet par les mouvemens de l'abdomen. On trouve les brévipennes sur les
substances animales en putréfaction. Chez beaucoup
d'entr'eux, il sort, à volonté, pendant la vie, par l'ouverture anale, des tubercules ou espèces de pointes
diversement colorés qui émettent un fluide particulier.

Staphylin. *Staphylinus.* Tous les palpes filiformes;
antennes insérées entre les yeux.

Leur abdomen qu'ils élèvent et agitent de tous côtés
quand on les tourmente, et la liqueur acide qui sort par
les tubercules de l'anus, et dont l'odeur est parfois
agréable, sont les particularités les plus saillantes que
nous offrent ces animaux. Le Staphylin velu[2], qui res-

---

[1] *G. natator.* [2] *S. hirtus.*

semble aux bourdons, et le Staphylin odorant [1], qui est totalement noir et exhale un suave parfum, sont communs en France.

FAMILLE DES LAMELLICORNES.

Elytres durs, longs; antennes feuilletées à leur extrémité; jambes dentelées.

Dans tous les états, ils ne se nourrissent que de substances végétales; les uns mangent des racines, d'autres des feuilles ou du fumier. La plupart de ces insectes ne volent que le soir. Le front ou *chaperon* fournit, dans cette famille, d'assez bons caractères génériques.

Geotrupe. *Geotrupes.* Tête en lozange; labre carré; un écusson; jambes aplaties.

Ces lamellicornes s'établissent au milieu des fientes et des bouses des grands herbivores, surtout dans celles des chevaux et des vaches; ils en font leur régime habituel à l'état parfait, et creusent au-dessous d'elles des trous souterrains pour y déposer leurs œufs; les larves qui en sortent rongent des racines.

Le Géotrupe stercoraire [2], que l'on nomme dans les campagnes *mère à poux*, à cause du grand nombre de mites qui le dévorent, est très-commun; sa couleur est d'un noir cuivreux.

Bousier. *Copris.* Chaperon arrondi, non dentelé, en croissant, cachant la bouche; écusson nul.

Ils vivent comme les coléoptères du genre précédent; mais certaines espèces ont la faculté de pouvoir faire de petites boules avec des excrémens, et elles les roulent

1 *S. olens.*   2 *G. stercorarius.*

après y avoir déposé un de leurs œufs : c'est ce qui les fait appeler *pilulaires;* chez elles, les jambes postérieures sont arquées et grêles, et paraissent favorablement disposées pour cette action. Quatre ou cinq individus travaillent quelquefois ensemble à confectionner la même boule et y mettent une égale activité.

Le Bousier sacré[1], qui était adoré par les Égyptiens, vient dans notre patrie, mais il abonde principalement sur les bords du Nil ; c'est lui que l'on voit figuré sur tous les monumens des peuples riverains de ce fleuve ; on en retrouve chez eux d'innombrables sculptures chargées d'inscriptions, et que l'on portait comme des amulettes, ou qui étaient déposées dans les tombeaux. Toutes les substances imaginables ont été employées à représenter cet insecte, et souvent les pierres et les métaux les plus précieux.

SCARABÉE. *Scarabœus.* Chaperon excessivement court ; antennes sans poils à la base.

Ces coléoptères ont les mêmes mœurs que les autres lamellicornes. Leur vol est lourd et se fait en droite ligne, de manière qu'ils heurtent les obstacles qui se trouvent au-devant d'eux ; de là vient ce proverbe : *étourdi comme un scarabée.* Ils sont originaires des pays chauds, principalement de l'Amérique.

Le Scarabée nasicorne[2], type du genre, est brun-marron ; sa tête est surmontée d'une éminence ; sa larve fait un tort considérable aux jardins.

HANNETON. *Melolontha.* Chaperon large, carré, alongé, à pourtour rebordé.

Les dégâts produits par le Hanneton commun[3] et par

---

1 *C. sacer.* Deg.   3 *M. vulgaris.*
2 *S. nasicornis.*

sa larve, sont trop multipliés sous nos yeux pour qu'il soit utile d'en parler. Cette dernière est connue sous le nom de *mans*; son existence dure trois ou quatre années, au bout desquelles on la voit s'enfoncer de deux à trois pieds dans la terre pour y subir sa métamorphose. Les légions de ces insectes sont si considérables dans certaines années, qu'ils dépouillent des forêts entières de leurs feuilles.

CÉTOINE. *Cetonia.* Un écusson; sternum pointu; une pièce particulière à la base des élytres.

Ce groupe renferme de belles espèces sur lesquelles éclate la richesse des métaux; elles vivent paisiblement sur les fleurs qu'elles embellissent et dont leurs mandibules innocentes se contentent de ramasser la poussière fécondante, étant trop faibles pour attaquer les plus débiles antagonistes.

La Cétoine dorée [1] afflue dans les jardins; sa belle couleur verte la fait appeler, par le vulgaire, *mouche cantharide.*

FAMILLE DES SERRICORNES.

Elytres durs et longs; antennes feuilletées ou dentelées en dedans.

LUCANE. *Lucanus.* Corps aplati; lèvre inférieure et mâchoires terminées par des poils; antennes brisées, pectinées.

Certains individus mâles offrent des mandibules excessivement développées; c'est à cette particularité qu'ils doivent la dénomination de *cerfs* que leur donnent

[1] *C. aurata.*

les enfans. Les Romains, sous le nom de *cossus*, mangeaient avec délices une larve d'insecte qu'on regardait
alors comme un mets fort délicat ; des entomologistes
pensent que c'était celle du Lucane cerf-volant [1], qui
se retire sous l'écorce des vieux chênes qu'elle ronge.

Les larves de ces coléoptères ne se trouvant point en
assez grande quantité pour la consommation, et celles
du papillon nommé cossus-ligniperde rendant par la
bouche un fluide âcre et désagréable, il semble plus raisonnable d'admettre avec l'entomologiste Moufett et
M. Latreille, que c'était le ver du hanneton qui consti-
tuait le cossus comestible de l'antiquité. Mais cette
dénomination pouvait cependant s'étendre à d'autres
larves lignivores et probablement à celles des lucanes,
car on rapporte que les pies découvraient cette chenille
avec un merveilleux instinct en frappant les arbres à
coups redoublés avec leur bec robuste. L'animal parfait
était préconisé anciennement contre une foule de maladies.

FAMILLE DES CLAVICORNES.

Elytres durs ; antennes claviformes, perfoliées.

Ces coléoptères vivent de matières animales en putréfaction, ou de végétaux ; ils ont, en général, l'odorat
extrêmement fin, et aussitôt qu'un cadavre est abandonné à la décomposition, on les voit arriver de toute
part pour le dévorer, comme si la nature ne les avait
créés que pour dissiper tout ce qui altère instantanément la magnificence de son spectacle.

[1] *L. cervus.* L.

SILPHE. *Silpha.* Corps aplati ; élytres longs à bords relevés, couvrant l'abdomen ; antennes globuleuses.

Pour la plupart, ils rongent les charognes, et leur séjour de prédilection se trouve sur les plus dégoûtantes et les plus infectes ; mais il est aussi de ces insectes qui se plaisent sur les arbres où ils dévorent de petits limaçons ou des chenilles. Tel est le Sylphe à quatre points [1], qui naît dans nos contrées.

BOUCLIER. *Peltis.* Corps aplati ; élytres plus courts que l'abdomen ; antennes alongées.

Leurs mœurs sont analogues à celles des sylphes. Quand on saisit ces clavicornes, ils rendent par la bouche une liqueur noire, infecte, qui semble n'avoir communément d'autre but que de dégoûter les animaux qui veulent en faire leurs repas. Dans les cadavres des gros quadrupèdes noyés, on découvre ordinairement le Bouclier des rivages [2], qui est entièrement noir, avec des antennes rousses.

NÉCROPHORE. *Necrophorus.* Élytres tronqués, plus courts que l'abdomen ; antennes globuleuses, bien perfoliées.

Une odeur forte, offrant de l'analogie avec celle du musc, s'exhale des nécrophores. Ce nom, qui signifie porte-morts, et celui d'*enterreurs*, sous lequel on les désigne communément, leur viennent d'une action où se dévoile tout l'instinct de ces coléoptères. Par une prévoyance infinie, ils enfouissent des cadavres de petits animaux, tels que ceux des souris, des taupes, des

----

1 *S. quadripunctata.*   2 *P. littoralis.*

grenouilles, après y avoir inséré des œufs, et c'est ainsi qu'ils assurent la subsistance de leurs larves naissantes. Quatre ou cinq de ces insectes suffisent pour inhumer un rat; ils se mettent dessous, rejettent peu à peu la terre sur ses côtés, et avec tant d'activité, que celui-ci, en s'enfonçant par degrés pendant leur travail, au bout de vingt heures, se trouve quelquefois entré d'un pouce dans le sol dont les débris le recouvrent.

Plusieurs espèces se voient en France, entr'autres le Nécrophore fossoyeur [1], qui est le plus répandu, et dont les antennes sont d'un roux foncé, et les élytres noirs, traversés de bandes jaunes ondulées.

HYDROPHILE. *Hydrophilus.* Corps convexe en dessus, caréné en dessous; tarses moyens et postérieurs aplatis en rames, ciliés.

Les marais, les moindres trous inondés sont les lieux qui recèlent les hydrophiles, nom qui signifie ami de l'eau; on les voit en sortir en volant, pendant les soirées, quand ils veulent se transporter vers un autre séjour aquatique. Leurs larves vivent aussi dans les mares; il en est qui nagent avec aisance, et d'autres qui ne parcourent le fluide qu'en se tenant à sa superficie, le dos renversé, puis y marchant avec vîtesse, comme si elles le faisaient au-dessous d'un plafond.

Ces larves sont extrêmement voraces; elles se jettent sur les faibles animaux, et surtout sur les petites coquilles fluviatiles que, par un singulier mécanisme, elles écrasent en les posant sur leur dos et en renversant leur tête pour appuyer dessus. Au contraire, les hydrophiles, à l'état parfait, sont presque totalement herbi-

[1] *N. vespillo.* Fab.

vores ; aussi, offrent-ils d'énormes différences dans la longueur de leur canal digestif pendant les diverses phases de la vie; dans la période vermiforme de ces clavicornes, l'étendue de celui-ci ne dépasse pas celle de la totalité du corps, tandis qu'après la dernière métamorphose, selon M. Léon Dufour, le tube alimentaire a plus de quatre à cinq fois la longueur de l'animal.

Le grand Hydrophile[1] est noir, avec trois lignes ponctuées sur ses élytres ; les femelles filent une sorte de cocon dans lequel elles abritent leurs œufs ; les mâles ont les tarses antérieurs dilatés pour favoriser l'accouplement. Les larves imitent celles des dytiques en se rendant flasques pour dégoûter les oiseaux voraces.

DERMESTE. *Dermestes.* Corps un peu déprimé ; antennes plus longues que la tête ; membres marcheurs.

Ce sont les plus funestes destructeurs des collections d'histoire naturelle ; leurs larves s'attaquent particulièrement aux peaux des mammifères morts : c'était à cause de cela que l'entomologiste De Géer nommait ces coléoptères Disséqueurs ; elles dévorent aussi les plumes et les poils, mais l'insecte parfait, changeant de goûts, se trouve souvent sur les fleurs. Les dermestes sont craintifs ; c'est dans l'obscurité et le silence qu'ils accomplissent leurs ravages ; lorsqu'on les prend ou qu'on ébranle l'endroit qui les recèle, ils se laissent choir et feignent d'être morts par leur immobilité.

L'espèce la plus commune en France est le Dermeste du lard[2], dont les élytres noirs sont traversés d'une large bande grise avec des points.

---

[1] *H. piceus.*   [2] *D. lardarius.* L.

FAMILLE DES SOLIDICORNES.

Elytres durs ; antennes en masse arrondie, compacte.

La plus grande opposition se rencontre dans les mœurs des insectes groupés ici ; sous leur dernier état, les uns, comme les escarbots, ne fouillent que les plus dégoûtantes immondices et les matières fécales ; les autres, telles sont les anthrènes, n'établissent leur séjour qu'au sein de nos jardins et au milieu des fleurs dont le nectar les nourrit.

Escarbot. *Hister.* Elytres plus courts que l'abdomen, sans écailles ; un écusson.

Ces coléoptères ont le corps carré et des pattes qui, par un ingénieux mécanisme, ne font aucune saillie lorsqu'elles sont contractées. Malgré leur sale habitude de se tenir dans les substances en putréfaction, ils ont ordinairement les élytres d'un beau noir brillant ; les membres antérieurs sont souvent élargis et dentelés pour fouiller le sol, ou pour remuer les bouses dans lesquelles ils se forment des canaux quand elles commencent à se dessécher.

L'Escarbot à quatre taches [1] se trouve communément dans les déjections des vaches ; il offre deux maculatures rouges sur chaque élytre.

Anthrène. *Anthrenus.* Elytres couverts de petites écailles colorées.

Les fines écailles qui sont semées sur les étuis de ces insectes imitent, par le mélange de leur coloration, une

___

1 *H. quadrimaculatus.*

mosaïque en miniature. Les larves de ceux-ci sont malheureusement trop connues par les dégâts qu'elles font dans les cabinets des curieux ; celle de l'Anthrène destructeur [1] y étend principalement ses ravages ; c'est un fléau dont on ne peut plus borner les dégâts, une fois qu'ils sont commencés.

FAMILLE DES ÉLATÉRIDES.

Corps alongé ; sternum saillant ; élytres couvrant le ventre ; antennes filiformes, souvent denlées.

Les coléoptères de cette famille vivent ordinairement dans les troncs d'arbres cariés, ou au moins c'est de la substance de ceux-ci que se nourrissent leurs larves, et c'est dans leur intérieur qu'elles se métamorphosent.

TAUPIN. *Élater.* Antennes dentelées ; corselet à deux pointes en arrière ; sternum reçu dans une cavité.

Chacun connaît la faculté que les taupins ont de s'élever brusquement en détendant les articulations du corps, et qui leur a valu le surnom de *scarabées à ressort*, ou celui de *maréchaux*, à cause du petit bruit qu'ils produisent pendant cet effort. Le saut est dû à une extension subite du corselet que l'animal a fléchi préalablement ; dans ce mouvement son dos frappe le point d'appui, et celui-ci, en réagissant, soulève l'insecte à une hauteur considérable. Quelques-uns, au moment de la détente, projettent, par la bouche, un peu de salive verdâtre ; c'est cela qui les a fait appeler aussi *sputateurs* ou *cracheurs*.

Certains coléoptères de ce groupe offrent encore une

[1] *A. muscœorum.* Deg.

singulière propriété, celle d'être phosphorescens la nuit; mais elle ne se trouve que dans les espèces américaines, et c'est au niveau de taches situées sur le corselet que le phénomène se manifeste.

Un grand nombre de ces insectes vivent en France; nous avons trouvé, près de Rouen, le Taupin ferrugineux [1], qui est de couleur de rouille, et offre environ dix lignes de longueur.

BUPRESTE. *Buprestis.* Corps rétréci en arrière; saillie sternale sans cavité.

Plus communs dans les chantiers à bois que partout ailleurs, ces beaux insectes doivent, à leur éclat habituel, l'épithète de *richards*, sous laquelle on les désigne avec justesse, car leur robe étincelle comme les plus précieux métaux. Le Bupreste géant [2], qui est vert-doré, orne toutes les collections, quoiqu'il soit exotique.

FAMILLE DES PERCE-BOIS.

Corps arrondi, alongé; élytres durs; antennes filiformes ou pectinées.

Soit dans leur état de larve, soit dans leur état parfait, les coléoptères de cette famille attaquent le bois et y pratiquent de petits trous ronds qui ont l'air d'avoir été formés avec un instrument.

VRILLETTE. *Anobium.* Tête reçue dans le corselet; antennes terminées par trois articles plus grands.

Ce sont ces insectes qui rongent le bois de nos vieux

1 *E. ferrugineus.*   2 *B. gigantea.*

meubles. A l'époque des amours, ils s'appellent mutuellement en frappant leur tête contre la surface des corps
solides, après s'y être fortement fixés avec les pattes ;
c'est ce bruit que l'on nomme vulgairement *horloge de
la mort*, et ce fut probablement à cette particularité
observée par les anciens que les vrillettes durent le
nom de *sonicéphale* qu'ils leur donnèrent.

La persévérance avec laquelle la peur les fait rester
immobiles, n'est pas moins digne d'être remarquée.
Autant qu'ils se croient menacés, ils contrefont le mort,
et ni le feu ni l'eau, ainsi que l'ont vu De Géer et
M. Duméril, ne peuvent les tirer de cet état ; c'est même
ce qui a déterminé le nom de Vrillette entêtée [1] que l'on
donne à l'une des espèces ; la Vrillette damier [2] est la
plus commune.

FAMILLE DES MOLLIPENNES.

Elytres mous ; corselet aplati ; antennes filiformes
ou pectinées.

C'est un des groupes les plus naturels de la classe que
nous décrivons ; deux genres méritent surtout d'être
cités parmi les mollipennes.

Lampyre. *Lampyris.* Corselet demi-circulaire,
recouvrant la tête ; femelle ordinairement
aptère.

Toutes les espèces de lampyres sont phosphorescentes
pendant la nuit ; c'est cette singularité qui leur valut,
chez les anciens, les noms de *noctiluca*, *luciola*, et chez
les modernes, ceux de *mouches lumineuses*, ou de *vers
luisans*.

[1] *A. pertinax.*   [2] *A. tesselatum.*

Ces insectes sont nocturnes ; relégués sous les herbes pendant la journée, ce n'est que durant les ténèbres qu'ils en sortent, et qu'alors les femelles jettent des feux bleuâtres ; les mâles, attirés par ce fanal, viennent alors s'accoupler avec elles ; chez nous, celles-ci sont aptères et restent fixées sur les plantes dont elles vivent, mais en Amérique, et même en Italie, on trouve des Lampyres [1] dont les deux sexes sont ailés, et, en traversant le ciel dans les belles soirées d'été, ils y marquent des traînées de feu qui s'entrecroisent et se multiplient à l'infini en formant un spectacle extraordinaire.

Les chimistes ont fait des expériences pour connaître la cause de la phosphorescence de ces mollipennes, mais elles ont été sans résultat ; seulement ils ont vu que leur éclat lumineux ne dépendait pas essentiellement de la vie, quoique l'animal pût le modifier, puisqu'il se continuait après la mort.

Le Lampyre luisant [2] est fort commun dans toute l'Europe ; le mâle, qui seul est ailé, est noirâtre, et n'a que quatre lignes de longueur.

MALACHIE. *Malachius.* Corselet carré à vésicules rétractiles sur ses côtés et à la base du ventre.

C'est seulement quand ils éprouvent quelque crainte qu'ils font jaillir de leurs flancs les vésicules charnues, diversement colorées, qui forment leur principal caractère générique, car on ne les aperçoit point dans les autres momens.

Le Malachie bronzé [3], dont les élytres sont d'un vert-cuivreux et rouges aux bords, se rencontre très-communément dans les environs de Paris.

1 *L. italica.* L.   3 *M. aneus.*
2 *L. noctiluca.*

** *Coléoptères hétéromérés.*

FAMILLE DES ÉPISPASTIQUES.

Elytres mous, flexibles ; tête ordinairement plus grosse que le corselet.

Dans leur état parfait, les insectes de cette famille sont herbivores. La propriété qu'ils ont, pour la plupart, d'irriter la peau et d'y faire naître des vésicules remplies de sérosité, a déterminé le nom sous lequel ils sont désignés ; quelques-uns n'ont point d'ailes.

MÉLOÉ. *Meloc.* Elytres beaucoup plus courts que l'abdomen ; ailes nulles ; antennes moniliformes.

Au printems, on rencontre fréquemment ces lourds insectes dans les herbages ou sur le bord des chemins ; en Espagne, on les mêle aux cantharides. Le savant Latreille pense que ce sont eux que les anciens nommaient *buprestes*, et qu'ils accusaient de faire périr les bœufs qui en mangeaient avec l'herbe, et que ce fut l'emploi coupable de ces coléoptères qui détermina les législateurs à créer la loi *Cornelia*, qui condamnait à la peine de mort l'homme qui empoisonnait son semblable avec ces insectes. Les femelles ont souvent le ventre distendu par une énorme quantité d'œufs ; on en a vu une en pondre plus de deux mille deux cents.

Le Méloé proscarabé [1], qui est noir-bleuâtre, est le plus abondant. Les humeurs de ces insectes sont si actives, que les maréchaux de l'Alsace cautérisent avec elles les ulcères fongueux des chevaux. Le chimiste

[1] *M. proscarabæus.*

Glauber administrait ce méloé dans différentes affections du corps humain.

CANTHARIDE. *Cantharis.* Tête cordiforme ; antennes filiformes, dépassant le corselet ; tarses à articles entiers et à crochets bifides.

La Cantharide des boutiques [1] vit en France ; on la trouve sur les frênes et les lilas où elle abonde, à certaines époques, en troupes immenses, qui dévastent rapidement leur feuillage, et dont la présence est démasquée par l'odeur désagréable qu'elles exhalent.

C'est de l'Espagne ou de l'Italie que nous viennent les cantharides qui se trouvent dans le commerce ; on les prend en secouant les arbres qui les recèlent, après avoir étendu un drap au-dessous d'eux pour recevoir celles qui tombent ; ensuite on les tue en les exposant sur un tamis, à la vapeur du vinaigre en ébullition.

La cantharide est un médicament héroïque ; son action vésicante est employée dans une foule de maladies ; à l'intérieur, elle agit puissamment sur la vessie, mais elle demande à être administrée avec une prudence sans égale, car son emploi intempestif a souvent déterminé une mort affreuse. L'analyse de cet insecte a été faite avec soin par beaucoup de chimistes ; M. Robiquet y a constaté un principe blanc-cristallin qu'il nomme *cantharidine*, et dans lequel réside la propriété vésicante.

MYLABRE. *Mylabris.* Corps bossu, oblong, non métallique ; antennes subclaviformes.

Il est très-probable que la cantharide des anciens n'était que le Mylabre de la chicorée [2], qui sert encore

____

[1] *C. vesicatoria.*   [2] *M. chicorii.* L.

aujourd'hui dans l'empire chinois pour l'application des vésicatoires ; car, à ce que disent Pline et Dioscoride, l'insecte qui était employé à cet effet, de leur tems, avait les élytres traversés de bandes jaunes.

FAMILLE DES ANGUSTIPENNES.

Elytres rétrécis en arrière, séparés ou contigus ; antennes filiformes, souvent dentées.

Les mœurs des coléoptères de cette famille ont été peu étudiées ; on croit que leur larve ronge le bois ; ils se trouvent sur les fleurs et les écorces.

ŒDÉMÈRE. *OEdemera*. Elytres séparés en arrière ; antennes dépassant la moitié du corps ; cuisses postérieures des mâles ordinairement renflées.

La tuméfaction énorme des cuisses que l'on observe chez les mâles de plusieurs espèces, les fait distinguer à la première inspection. Ces insectes vivent sur les plantes aquatiques. L'OEdémère bleue[1] est commune en Europe, sur les roseaux des fossés.

FAMILLE DES SYLVICOLES.

Elytres durs, larges ; antennes en fils, souvent dentées.

On n'a encore que des données imparfaites sur la vie des êtres qui composent cette famille.

HÉLOPE. *Helops*. Corselet presque carré, échancré antérieurement ; antennes filiformes.

Ils se plaisent sur les vieux arbres ou les poutres, dans les crevasses desquels ils s'enfoncent pendant le

---

1 *Œ. cærulea*.

jour et restent immobiles ; c'est au moins ce qui résulte d'observations faites sur l'Hélope noir [1] qui se trouve chez nous.

FAMILLE DES TÉNÉBRICOLES.

Elytres durs, libres ; antennes grenues en masse alongée.

TÉNÉBRION. *Tenebrio.* Abdomen libre ; corselet carré, plat ; antennes plus grosses à l'extrémité ; cuisses antérieures renflées ; jambes étroites, arquées.

Ces animaux ne volent que pendant la nuit ; ils aiment l'obscurité, et leurs couleurs sont foncées et peu flatteuses. Les boiseries, les fissures des planchers, voici les lieux qu'ils habitent de préférence.

Le Ténébrion meunier [2], dont la couleur est noire en dessus, est celui que l'on trouve le plus souvent en France ; sa larve vit dans le son ou la farine ; elle est alongée, jaunâtre ; les rossignols s'en nourrissent ; c'est elle que l'on appelle *ver de la farine*, et les chasseurs s'en servent souvent pour prendre ces oiseaux au piége.

FAMILLE DES LUCIFUGES.

Elytres très-durs, soudés ensemble ; ailes nulles.

Le nom de famille de ces hexapodes indique l'habitude qu'ils ont de ne se montrer que pendant les ténèbres, et de rester plongés dans leur obscure retraite durant le jour ; ils sont revêtus d'une couleur triste, et souvent noirs.

---

1 *H. ater.*   2 *T. molitor.*

Blaps. *Blaps.* Corps bossu, lisse ; élytres pointus en arrière, embrassant l'abdomen.

La qualification générique de ces coléoptères exprime la lenteur de leurs mouvemens ; ils se plaisent dans les caves et les lieux humides, où se dérobent sous les pierres. Quand on les prend, ils exhalent une odeur particulière, paraissant provenir d'un fluide verdâtre qui est rejeté alors par l'anus.

Le Blaps annonce-mort[1] est un de ces êtres dont l'apparition est regardée comme un sinistre présage, aussi le nomme-t-on *porte-malheur.* Il est fort commun ; la femelle a, sous le ventre, une houppe de poils raides, jaunâtres, qu'elle frotte sur les corps durs pour appeler son mâle.

FAMILLE DES FONGIVORES.

-Elytres durs, non soudés ; antennes grenues, en masse arrondie.

Ces insectes ont des mœurs analogues ; ils recherchent les endroits humides et remplis de matières en décomposition ; on les trouve souvent, dans leurs différens états, sur les champignons ; certains bolets en renferment quelquefois des milliers, et en très-peu de tems sont anéantis par eux.

Bolétophage. *Boletophagus.* Antennes claviformes, à sept articles plus gros, triangulaires, aplatis.

Ils sont ornés de teintes aussi vives qu'élégamment variées ; le nom qui leur est imposé indique assez leur nourriture. Les mâles se distinguent à des éminences

____
[1] B. mortisaga.

22*

ou espèces de cornes qui surmontent la tête. Le Bolétophage agaricicole [1] est assez commun.

*** *Coléoptères tétramérés.*

FAMILLE DES RHINOCÈRES.

Tête très-alongée en espèce de bec, portant des antennes ordinairement coudées et en massue.

Les larves des rhinocères vivent dans le tronc et les rameaux des arbres, ou bien au milieu des fruits et des graines les plus dures; mais, dans le dernier période de la vie, tous ces insectes préfèrent les feuilles, les fleurs et les autres parties molles des végétaux.

BRUCHE. *Bruchus.* Tête distincte ; élytres courts; abdomen pointu ; antennes filiformes, en scie ou pectinées ; cuisses postérieures renflées.

C'est ordinairement dans les semences qu'on découvre leurs larves, surtout dans celles des haricots, de la vesce ou des pois ; elles y subissent leurs métamorphoses en ayant toutefois la précaution de se pratiquer une issue pour sortir après la dernière, car les mandibules de ces coléoptères ne sont plus alors assez fortes pour perforer l'enveloppe des graines qui les recèlent. Cette issue est ingénieusement disposée pour cacher la nymphe ; elle se compose d'un sillon presque circulaire, dans lequel se trouve coupée toute l'épaisseur du tégument séminal, excepté l'épiderme. Quand la bruche adulte veut s'échapper, elle pousse ce fragment qui représente une espèce de couvercle, et après avoir abandonné sa prison, elle va s'accoupler sur les fleurs.

[1] *B. agaricicola.*

Ces insectes deviennent parfois un véritable fléau pour les produits agricoles ; dans certaines années, toutes les lentilles en sont attaquées.

La Bruche des pois [1], qui est brune, avec une croix blanche sur l'abdomen, n'est que trop facile à trouver en France.

ATTELABE. *Attelabus.* Museau rétréci au milieu ; antennes droites, claviformes, perfoliées ; jambes à deux forts crochets.

Les larves de ces insectes vivent ordinairement d'écorces ou de feuilles d'arbres ; elles roulent quelquefois celles-ci pour s'en envelopper à l'époque de la dernière phase de la vie. Ces coléoptères ont des couleurs fort éclatantes.

L'Attelabe du coudrier [2] s'observe en grande quantité sur cet arbre ; ses élytres sont rouges et sa tête noire.

CHARANÇON. *Curculio.* Elytres souvent réunis ; antennes à l'extrémité du museau et à premier article fort long, reçu dans un sillon, les trois derniers en masse.

Remarquables par leur lenteur, ces coléoptères se réunissent en nombreuses sociétés sur les végétaux dont ils vivent. Quand on les saisit, ils restent dans une immobilité dont le martyre ne peut même les tirer. La beauté de leur enveloppe, qui est fort dure, a fait donner les noms de *somptueux* de *nobles* à plusieurs d'entre eux, et leurs étuis sont parfois si fastueusement enrichis, qu'en les entourant d'or, on en fait des bijoux dont la magnificence surpasse celle des ornemens que l'on confectionne avec les pierres précieuses. Tel est, en par-

____

[1] *B. pisi.* L.   [2] *A. coryli.*

ticulier, le dos du Charançon royal [1], le plus beau des insectes connus, qui est noir, avec des bandes éblouissantes d'un beau vert-doré.

Le Charançon de la livèche [2] fourmille dans les espaliers où il fait souvent de grands ravages en mangeant les tendres pousses des vignes. Il est gris-cendré.

CALANDRE. *Calandra.* Antennes coudées, insérées à la base du museau, huitième article en masse triangulaire.

C'est principalement de graines de la tribu des monocotylédones que ces rhinocères se nourrissent. La Calandre du palmier [3] vient sur cet arbre; elle est noire, et ses élytres sont cannelés. Les sauvages américains mangent sa larve avec délices; selon Geoffroi, c'était elle que les Romains élevaient avec de la farine pour la servir sur leurs tables.

La Calandre du blé [4] est funeste aux semences que l'on rassemble dans les magasins, aussi les agriculteurs cherchent-ils tous les moyens pour la détruire. Ses larves rongent toute la partie nutritive des grains de froment qu'elles attaquent, se changent en nymphes dans leur intérieur et ne rompent l'enveloppe que pour en sortir et se féconder. De Géer calcula qu'un seul couple de ces insectes destructeurs pouvait, en une année, par les générations successives, produire vingt-trois mille six cent quarante-deux individus.

FAMILLE DES CYLINDRIFORMES.

Insectes cylindriques; tête non prolongée en espèce de bec; antennes claviformes.

En général, ils habitent l'intérieur des boiseries, et

1 *C. regalis.* **L.**   3 *C. palmarum.* **Oliv.**
2 *C. ligustici.*   4 *C. granaria.* **Deg.**

souvent de grands dégâts sont produits par eux dans les meubles et les charpentes.

CLAIRON. *Clerus*. Elytres étroits en avant ; corselet arrondi, rétréci postérieurement, non rebordé ; antennes à trois articles en masse.

A l'état vermiforme, ces hexapodes sont carnassiers ; ils se nourrissent principalement d'hyménoptères et on en rencontre fréquemment dans leurs nids. Devenus adultes, souvent peints de rouge et de bleu, ils aiment à dépécer les fleurs d'ombellifères.

Le Clairon des abeilles [1] se développe dans les ruches ; il y fait beaucoup de tort en détruisant leurs nymphes ; mais comme on n'y découvre jamais l'animal parfait, on a pensé que, peut-être, les femelles de ce coléoptère déposaient leurs œufs sur les fleurs, d'où les abeilles les enlevaient malheureusement pour elle, en récoltant le pollen qu'elles charrient dans leurs magasins.

FAMILLE DES PLANIFORMES.

Insectes très-déprimés, à tête non prolongée en bec ; antennes claviformes.

Les uns vivent dans les lieux humides, où ils trouvent des végétaux en décomposition ; d'autres perforent les troncs d'arbres ; enfin, il en est qui se repaissent de farine.

MYCÉTOPHAGE. *Mycetophagus*. Corps ovale ; élytres rebordés ; corselet convexe ; jambes non épineuses ; antennes en masse grêle.

On les découvre, au printems et en été, dans les

[1] *C. apiarius.*

bolets ou sous l'écorce des arbres. Le Mycétophage quadrimaculé [1] est le type du genre.

FAMILLE DES LIGNIVORES.

Corps alongé; antennes ordinairement longues comme le corps, quelquefois plus, sétacées ou filiformes, rarement en scie ou pectinées.

Le nom de ce groupe indique une particularité commune aux êtres qui le composent, car toutes leurs larves rongent les arbres en végétation ou les charpentes qui soutiennent nos demeures; elles s'y forment de longues galeries dans lesquelles leur corps mou se meut avec vivacité, et dont il parcourt l'étendue à l'aide de mouvemens semblables à ceux que les ramoneurs emploient pour monter dans les cheminées.

Tous les lignivores ont un port élégant et un air de famille; sous leurs tarses, on trouve des espèces de brosses qui doivent contribuer à les faire adhérer aux corps. Ils produisent souvent un bruit particulier en faisant frotter leur corselet contre la base des élytres, ou leur tête sur le premier. L'organe génital des femelles possède un pondoir qui est composé d'un tube formé de pièces articulées, qu'elles peuvent enfoncer dans les écorces pour y placer leurs œufs.

CALLIDIE. *Callidium.* Elytres voûtés; corselet globuleux, inerme; antennes filiformes, de longueur moyenne.

Ce genre fait l'ornement des collections d'entomologie à cause de la vivacité du coloris velouté des indi-

[1] *M. quadrimaculatus.* Lat.

vidus qui le composent. Le Callidie arqué [1], qui est noir, avec des lignes courbes jaunes sur ses étuis, se découvre souvent dans les bûchers, et sort parfois des boiseries des appartemens.

SAPERDE. *Saperda.* Corps presque cylindrique, étroit ; élytres d'égale largeur partout ; corselet cylindriforme, inerme.

Ce sont principalement les branches des arbres que leurs larves préfèrent ; elles y déterminent des excroissances remarquables; on peut voir à chaque instant celles que produit la Saperde du peuplier [2], qui se développe dans la moelle de ce végétal, et dont les élytres bruns, sablés de noir, offrent des taches jaunes.

CAPRICORNE. *Cerambyx.* Corps déprimé ; corselet épineux ou tuberculé ; antennes très-longues, sétacées, situées entre les yeux ; membres déprimés.

L'élégance des formes, la légèreté que leur donnent leurs longues antennes, qui dépassent le corps, un parfum suave et délicieux qui s'exhale de plusieurs espèces, sont autant de particularités qui attirent notre attention sur ces beaux insectes. L'un d'eux, qui s'accouple sur nos saules où ses émanations le décèlent, le Capricorne musqué [3], coloré en vert cuivreux, embaume tout ce qui l'environne par une odeur de rose qui se conserve très-long-tems après son séjour. Quelques médecins anglais paraissent avoir substitué, avec succès, cet insecte à la cantharide.

1 *C. arcuatum.*   3 *C. moschatus.*
2 *S. populnea.*

PRIONE. *Prionus.* Corps déprimé ; corselet carré, épineux ou dentelé latéralement ; antennes en scie, pectinées ou simples.

Ce sont, en général, de gros coléoptères ; on en découvre de six pouces de longeur, sans compter les antennes[1]. Leurs larves sont armées de fortes mâchoires dont elles se servent pour ronger le corps ligneux des arbres, après l'avoir ramolli à l'aide de leur salive. Ces insectes font un tort considérable aux bois de construction par les longues galeries qu'ils y creusent; ne volant que le soir, ils restent à l'entrée de leurs trous pendant toute la journée.

Le Prione corroyeur[2] vient dans nos climats; il atteint quinze lignes ; sa couleur marron et ses antennes en scie le font reconnaître. On mange, dans quelques pays, la larve d'un prione qui vit dans le bois du fromager.

FAMILLE DES HERBIVORES.

Corps ovale à dos ordinairement très-convexe ; tête non prolongée ; antennes filiformes, grenues.

C'est une famille des plus naturelles, et dont les larves vivent en société sur les feuilles qu'elles dépècent; elles emploient des ruses fort ingénieuses pour se soustraire à la voracité des oiseaux ; quelques-unes laissent transpirer de leur corps une humeur particulière, très-puante et diversement colorée, qu'elles ont la faculté de repomper, telles sont celles des chrysomèles. Les herbivores offrent aussi des tarses veloutés en dessous, qui leur permettent d'adhérer avec force aux plantes.

---

1 *P. giganteus.*　　　　2 *P. coriarius.* Fab.

Criocère. *Crioceris.* Corps luisant ; tête aussi large
que le corselet, qui est étroit, cylindrique et
non rebordé.

Leurs larves, pour dégoûter les oiseaux qui en
paraissent fort avides, ont l'habitude de se revêtir le
corps d'une sale couverture qu'elles construisent en
agglutinant leurs excrémens, et qui leur sert en même
tems à se garantir des variations atmosphériques. L'agglomération de ces matières fécales est facilitée par la
situation de l'anus, qui, au lieu d'être sous le dernier
anneau du ventre, comme dans les autres insectes, se
trouve sur le dos, entre le pénultième et le dernier, de
manière que les déjections qui en sortent se collent les
unes aux autres, et sont naturellement repoussées vers
la tête. Ces larves se métamorphosent sous le sol dans
une espèce de coque, qu'elles construisent en dégorgeant
une matière visqueuse qui agglutine des parcelles de
terre, et elles forment à l'intérieur une sorte d'étoffe
argentée.

Le Criocère du lis[1], qui est rouge-vermillon en
dessus, est commun sur cette plante.

Galéruque. *Galeruca.* Corselet rebordé, aplati ;
antennes grenues, rapprochées entre les yeux ;
cuisses postérieures non renflées.

Ces coléoptères sont lourds, et volent rarement ; aussi
craintifs que les précédens, ils se servent du même stra-
tagème pour échapper aux dangers. L'anneau qui dans
l'état vermiforme termine leur abdomen, porte un
mamelon charnu d'où s'écoule une humeur gluante ; il
fonctionne comme une patte, et sert à la larve à se fixer

[1] *C. merdigera.*

sur les endroits où elle marche, ou à se cramponner aux plantes à l'époque des métamorphoses , comme on le voit surtout chez la Galéruque de la tanaisie[1], qui est noire et se trouve sur cette herbe.

Gribouri. *Cryptocephalus.* Corps cylindrique ; tête cachée ; corselet rebordé, très-convexe, bossu ; antennes simplement filiformes, à articles alongés.

Ces hexapodes , constamment de petite taille, se reconnaissent au premier abord à leur tête profondément ensevelie sous le corselet. Ils sont très-nuisibles à l'agriculture, car c'est principalement sur les jeunes bourgeons que s'exerce leur voracité. Quand on s'empare de ces insectes, trop timides pour se défendre, ils se contentent de contrefaire le mort, et de se laisser choir des endroits sur lesquels on les a découvert. Le Gribouri soyeux [2] pullule sur les saules; il est d'un beau vert brillant, ponctué.

Chrysomèle. *Chrysomela.* Corselet aplati, rebordé, échancré en avant; antennes moniliformes, grossissant insensiblement.

A toutes les époques de leur existence , elles rongent les feuilles. Les chrysomèles adultes laissent échapper de leurs articulations, surtout de celles des cuisses et du corselet, un fluide odorant, coloré, paraissant destiné à dégoûter les oiseaux, qui, malgré cela, mangent encore fréquemment de ces coléoptères. La plupart de ceux-ci se transforment à l'air libre ; ils ont toujours des élytres luisans, souvent embellis de teintes métalliques variant entre le rouge, le bleu, le violet, ou le vert-doré.

1 *G. tanaceti.* Deg.   2 *C. sericeus.* Fab.

La Chrysomèle du peuplier [1] est une de celles que l'on rencontre le plus ordinairement ; ses élytres sont rouges et son corselet bleu.

Casside. *Cassida*. Tête cachée totalement ; élytres débordant le corps, qui est plat en dessous ; corselet demi-circulaire.

Le nom de ces insectes, qui en latin signifie bouclier, leur a été donné en raison de leur singulière forme : celle-ci les fait encore appeler vulgairement Tortues, parce que, chez eux, les élytres et le corselet constituent une espèce de carapace qui semble n'avoir pour fonction que de protéger le corps qui est bien moins étendu qu'eux.

Réaumur a décrit la structure étonnante de la larve de ces coléoptères. Celle-ci se termine par deux longs filets cornés, qui sont mobiles, et sur lesquels elle dépose ses excrémens pour s'en former une espèce de toit ou de parasol que cet insecte soutient au-dessus de son corps, ou qu'il laisse traîner en arrière quand il se croit en sécurité, mais dont cette larve se recouvre aussitôt que la plus légère crainte la saisit. Selon le même observateur, la femelle protège ses œufs en les ensevelissant également sous ses matières fécales. Ces hexapodes sont ordinairement de la couleur des végétaux à la surface desquels ils vivent, et par cette faveur trompent l'œil des animaux qui les recherchent. La Casside verte [2] est commune sur les artichauts.

**** *Coléoptères trimérés.*

FAMILLE DES TRIDACTYLES.

Membres à trois articles à tous les tarses.

Les petits coléoptères réunis dans cette famille ont

1 *C. populi.* L.　　　　2 *C. viridis.*

une configuration variée ; leurs mœurs offrent de notables différences ; les uns sont carnassiers et se jettent sur les pucerons, tandis que d'autres ont des goûts herbivores et siégent dans les champignons.

COCCINELLE. *Coccinella.* Corps hémisphérique ou semiovoïde ; antennes claviformes, plus courtes que le corselet.

Les larves de ces trimérés rendent des services à l'horticulture en faisant une chasse active aux pucerons ; elles les saisissent avec leurs pattes antérieures pour les dévorer ; mais l'insecte parfait ne se nourrit plus que du parenchyme des feuilles. Quand on tourmente une coccinelle, elle transsude une liqueur jaune, fétide et amère, qui n'est probablement qu'un moyen qui lui est donné pour éloigner ses agresseurs.

En voyant ces jolis petits hexapodes dont les étuis luisans sont communément rouges ou jaunes avec des points noirs, on s'étonne de tous les noms singuliers, tels que cheval de dieu, bête de la vierge, scarabée tortue, oiseau dame, que le vulgaire leur donne dans différens pays.

La Coccinelle à sept points[1] est la plus commune près de Rouen et de Paris ; sa larve se suspend par sa partie postérieure quand elle est pour se métamorphoser.

CLAVIGÈRE. *Claviger.* Elytres raccourcis ; antennes de six articles ; tarses terminés par un seul crochet.

Ce singulier genre n'offre qu'une seule espèce découverte en Allemagne, la Clavigère testacée[2], qui vit sous les pierres et dans les nids de fourmis.

---

[1] *C. septempunctata.*   [2] *C. testaceus.*

ORDRE DES ORTHOPTÈRES.

Élytres mous, demi-membraneux; ailes pliées longitudinalement; mâchoires, recouvertes d'un casque.

L'entomologiste Fabricius a nommé *casque* ou *galète* la pièce mobile qui recouvre les mâchoires des orthoptères et forme à leur bouche un caractère particulier, ainsi que l'espèce de langue que l'on y voit. Ces hexapodes n'ont point de métamorphose complète; quand ils sortent de l'œuf, ils ont à peu près les mêmes formes que dans l'âge de la reproduction; leurs mutations ne consistent que dans l'accroissement des étuis et des ailes. La larve diffère seulement de la nymphe en ce que chez elle ces appendices ne se montrent point, tandis que, chez la dernière, on en aperçoit les rudimens.

Cette analogie d'organisation dans les différens âges de l'existence fait que ces animaux présentent dans toute la durée de celle-ci des mœurs analogues, et l'on ne voit point chez eux une larve carnivore donner naissance à un insecte mangeur d'herbe, ainsi que cela s'observait dans l'ordre précédent; du reste, les orthoptères diffèrent trop au physique ainsi que dans leur manière de vivre, pour que nous puissions donner quelques généralités sur eux; on peut seulement dire que tous sont terrestres et ordinairement herbivores.

FAMILLE DES LABIDOURES.

Antennes filiformes; pattes égales; tarses à trois articles; abdomen armé de deux crochets mobiles.

Des élytres ne recouvrant qu'une partie peu étendue

de l'abdomen et protégeant des ailes d'une admirable finesse, plissées en éventail, et qui peuvent étendre rapidement leurs trois articulations, forment encore un caractère distinctif à ce groupe, dont le nom tiré du grec signifie tenaille en queue.

PERCE-OREILLE. *Forficula*. Genre unique.

La tradition populaire qui raconte que ces animaux perforent la membrane du tympan, et s'introduisent dans la cervelle, a déterminé leur dénomination. Ce fait auquel beaucoup de personnes croient encore, est cependant entièrement dépourvu de fondement ; car, malgré qu'on lise dans les *Éphémérides des curieux de la nature* que Volckamer a retiré une perce-oreille du conduit auditif d'une bonne femme qui en avait une famille dans la tête, depuis vingt ans, il est impossible de croire à de semblables faits.

Ces insectes volent très-bien, habitent en société, et exercent principalement leurs déprédations sur les fruits et les plus belles fleurs qu'ils rongent impitoyablement ; aussi sont-ils l'effroi des amateurs de jardins. Pour la génération, les sexes s'approchent à reculons, et se passent leurs pinces sur le dos. L'amour que la femelle porte à sa progéniture est extrêmement remarquable ; elle place ses œufs dans les lieux humides et obscurs ; ensuite, elle reste près d'eux et les garde avec persévérance. Si on les éparpille, elle les prend doucement avec ses mandibules, les réunit de nouveau, et se place sur eux comme une poule ; quand ses faibles petits en sont sortis, ainsi que l'a vu Degeer, elle ne les abandonne qu'à l'époque où ils peuvent se nourrir seuls.

Toutes les contrées de la terre offrent des individus

de ce genre nombreux. La Forficule auriculaire [1] est celle qui s'observe si souvent dans les jardins.

FAMILLE DES BLATTIDES.

Corps très-déprimé ; tête cachée sous le corselet en bouclier ; membres comprimés, épineux ; tarses à cinq articles.

Les antennes des orthoptères de cette famille sont sétacées, et l'abdomen est terminé par deux appendices. Ces animaux sont vifs et agiles ; les femelles pondent des œufs d'une grosseur considérable, qui offrent, sur leur longueur, une ligne saillante ou espèce de carène, et elles les portent sept ou huit jours à l'extérieur de leur vulve avant de les déposer ; il est probable qu'ils subisssent là une espèce d'incubation.

BLATTE. *Blatta.* Genre unique.

Les insectes de ce groupe sont très-voraces ; c'est pendant la nuit qu'ils exercent leurs rapines et sortent de leur retraite ; ils infestent surtout les boulangeries, les magasins à sucre, et souvent les habitations, où les comestibles, les vêtemens de laine, de fil, ou le cuir, deviennent leur proie. La Blatte orientale ou des cuisines [2], qui nous est venue probablement par le commerce du Levant, se rencontre en abondance chez nous, dans les crevasses des vieilles cheminées. Elle est brun-marron foncé, et présente environ dix lignes de longueur.

1 *F. auricularia.* L.   2 *B. orientalis.* L.

FAMILLE DES MANTIDES.

Tête saillante; corps étroit, alongé; ailes simplement pliées en longueur; membres postérieurs impropres au saut; tarses à cinq articles.

Une conformation singulière, produite par l'extrême longueur du corps et la dilatation de quelques portions des membres, prête à ces orthoptères une physionomie anomale qui leur a valu les noms de *difformes* de la part de quelques naturalistes, et ceux de Spectres, de Sorciers, de Devins, que leur donnent différens peuples chez lesquels on les regarde comme porteurs de maléfices. Ces insectes se plaisent à la lumière et dans les climats chauds. En général, ils ressemblent, par leur coloration, aux feuilles des arbres sur lesquels ils se tiennent.

MANTE. *Mantis.* Corselet excessivement alongé; cuisses antérieures très-développées; jambes en crochet.

La disposition des pattes de devant permet à ces hexapodes de s'en servir comme d'espèces de mains, et de porter avec elles leur proie à la bouche après l'avoir saisie en repliant avec promptitude les jambes contre les cuisses. Dans ce mouvement, leurs membres antérieurs imitent la situation des bras d'une personne en prière; telle est particulièrement ce que l'on observe sur l'espèce nommée, à cause de cela, Mante religieuse [1], qui est verte, et se trouve dans la France méridionale. Les Turcs lui portent une certaine vénération, et les Provençaux l'appellent *prie-*

[1] M. religiosa. L.

dieu, à cause de la particularité que nous venons de mentionner ; les paysans du midi de la France la désignent quelquefois sous le nom de Devin, parce qu'ils lui accordent la connaissance des événemens, et leurs crédules enfans, égarés dans les bois, consultent les mantes qu'ils rencontrent, pour qu'elles leur indiquent avec les pattes, le chemin du toit paternel, ce que le bon et savant Rondelet avait la naïveté de dire qu'elles faisaient sans presque jamais se tromper.

Les mantes sont très-carnassières, et elles ont la vie extrêmement tenace. Le naturaliste que nous venons de citer, ayant renfermé deux individus de sexes différens sous une cloche en verre, la femelle coupa la tête du mâle, qui n'en féconda pas moins celle-ci, par laquelle il fut ensuite totalement dévoré.

PHYLLIE. *Phyllium.* Corps large, très-aplati, membraneux, ainsi que les cuisses ; élytres foliacés.

Nous n'avons que peu de détails sur ces orthoptères dont la structure imite tellement les feuilles des arbres, qu'ils peuvent tromper des yeux inaccoutumés. Il paraît que les habitans des Séchelles en élèvent pour les vendre aux naturalistes voyageurs, toujours curieux de se procurer ces mantides bizarres. La Phyllie feuille sèche [1], qui est d'un vert pâle ou jaunâtre, et acquiert trois pouces de longueur, nous vient des Indes orientales.

PHASME. *Phasma.* Corps cylindriforme très-alongé ; étuis ordinairement fort courts et aptères ; membres antérieurs très-prolongés, non en crochets.

Ce sont des insectes très-singuliers, ainsi que l'annonce

[1] *P. siccifolia.* M.

23 *

leur nom qui, en grec, signifie prodige ou chose étonnante. Ils ressemblent à une branche d'arbre desséchée,
quand la peur les paralyse et les tient immobiles. On
les croit carnassiers; ils viennent dans l'Inde et l'Amérique méridionale, où on les nomme grands Soldats des
bois. Le Phasme géant [1] est vert avec des élytres courts
et des ailes plissées et tachetées de brun.

FAMILLE DES GRYLLOÏDES.

Membres postérieurs beaucoup plus longs et à
cuisses très-grosses; jambes épineuses.

La structure des membres de derrière est appropriée
au saut; de là, le nom de *sauteurs* que certains savans
donnent à cette famille, dont les insectes ont aussi été
appelés Musiciens, à cause d'un son bruyant particulier
que les mâles font entendre pendant la saison des
amours, et qu'ils produisent en frottant leurs élytres
ou en passant vivement les pattes sur ceux-ci ou sur
leurs ailes, à la façon d'un archet sur les cordes de son
instrument. Les femelles déposent ordinairement leurs
œufs dans la terre, à l'aide d'une espèce de tarière ou de
pondoir en lame de sabre qui termine l'abdomen.

LOCUSTE. *Locusta.* Elytres tectiformes; tête enca-
puchonnée; antennes sétacées, fort longues;
tarses à quatre articles.

Tous les orthoptères renfermés sous cette dénomination générique se plaisent dans les lieux secs et brûlés
par le soleil; ils sont herbivores. Une espèce assez
répandue dans les prairies humides est la Locuste très-

[1] *P. gigas.*

verte [1]. La Locuste verrucivore [2], qui est d'un vert
très-pâle, est ainsi nommée, parce que l'on dit que les
paysans de la Suède s'en font mordre leurs verrues,
persuadés que sa salive les guérit.

SAUTERELLE. *Gryllus.* Antennes filiformes ou terminées en bouton; corselet non prolongé;
tarses à trois articles.

On peut dire, sans exagération, que les légions de
sauterelles voyageuses sont un des plus terribles fléaux
de l'agriculture. Ces grylloïdes se réunissent par bandes
innombrables, qui, en s'élevant dans le lointain,
ressemblent à un nuage orageux, et obscurcissent les
localités dont elles s'approchent en leur dérobant le
soleil. Les endroits où ces insectes funestes s'abattent
sont totalement dépouillés de leur végétation; ils
n'épargnent pas même le feuillage des arbres, et non-
seulement ils causent la famine par leur passage, mais
encore quand ces masses meurent subitement, épuisées
par les fatigues du voyage, leurs cadavres amoncelés sur
le sol exhalent, en se putréfiant, des miasmes pesti-
lentiels qui donnent lieu à des maladies meurtrières.

C'est probablement de ces orthoptères dont parle
Pline dans ce passage où il dit que les sauterelles étaient
regardées comme un fléau de la colère céleste et qu'elles
dépeuplèrent des nations africaines. Il ajoute que dans
la Cirénaïque une loi ordonnait au peuple de leur faire
la guerre trois fois chaque année : la première, en écra-
sant leurs œufs ; la seconde, en détruisant leurs petits,
et la troisième, en exterminant les grandes : celui qui
négligeait ce devoir était puni comme déserteur. Dans

[1] *L. viridissima.* [2] *L. verrucivora.*

l'île de Lemnos, chaque particulier était obligé d'apporter au magistrat une mesure remplie de ces insectes tués, et en Syrie, dit l'auteur romain, on se trouvait quelquefois forcé d'employer les soldats pour anéantir leurs funestes cohortes.

Les sauterelles passaient, aux premières époques du monde, pour un bon aliment; plusieurs espèces étaient employées alors, et l'on en faisait une grande consommation, puisque Moïse, dans ses institutions, permit aux Juifs d'en manger de quatre sortes, et que les livres pieux nous apprennent que Saint-Jean ne vécut dans le désert que de miel et de sauterelles. Dans différens pays de l'Afrique, elles sont encore considérées comme un précieux comestible, et on les livre au commerce, après les avoir salées ou fait sécher pour les conserver. Au Sénégal, on en réduit une espèce en poudre, et elle s'emploie aux mêmes usages que la farine. Les voyageurs s'accordent à dire que, dans les pays chauds, ces orthoptères ont une chair semblable à celle des écrevisses, et d'un goût fort agréable. En 1693, l'Allemagne éprouva une irruption de ces redoutables insectes, et quelques personnes en mangèrent.

Les campagnes européennes, surtout celles de la Pologne et de la Russie, ont souvent été ravagées par la Sauterelle émigrante[1], qui est longue de deux pouces et demi, d'une couleur brune, avec des ailes verdâtres.

ACRIDIE. *Acridium.* Elytres presque nuls; corselet couvrant l'abdomen et abritant les ailes.

On trouve les petites espèces qui constituent ce groupe, dans les prairies sèches et les sables; c'est au

[1] *C. migratorius.* L.

printems qu'on les voit sauter ; elles ont une existence analogue à celle des sauterelles. L'Acridie à deux points [1], dont le corselet ne dépasse pas l'abdomen, est commune.

GRYLLON. *Acheta.* Tête arrondie ; antennes sétacées ; corselet plus large que long ; pattes antérieures simples ; tarière des femelles arrondie.

Le Gryllon domestique [2] se retire dans les fentes des endroits où l'on fait du feu. Il est l'objet de la vénération de quelques hommes superstitieux. M. Bory Saint-Vincent rapporte que les Espagnols affectionnent beaucoup ces insectes, et qu'ils en élèvent dans de jolies petites cages accrochées aux foyers des maisons. Le Gryllon champêtre [3], qui est noirâtre, se voit sur les coteaux exposés au soleil où il se creuse des trous pour guetter sa proie et passer l'hiver.

COURTILLÈRE. *Gryllo-Talpa.* Jambes et tarses antérieurs élargis, dentés, propres à fouir ; ailes prolongées en pointe au-delà du ventre.

On désigne les insectes de cette coupe sous le nom de *jardinières*, ou de taupe-grillon, à cause de leur ressemblance physique avec le grillon, et de leurs habitudes souterraines analogues à celles des taupes. La Courtillère commune [4] est trop connue pour qu'il soit nécessaire d'en parler. Nous devons seulement dire que M. Féburier, de Versailles, qui a étudié cet animal avec soin, prétend qu'il est carnassier, et que le tort immense qu'il fait aux racines est seulement dû à ce qu'il les coupe pour pratiquer les galeries nombreuses où il se réfugie.

1 *A. bipunctatum.* L.
2 *A. domestica.* Fab.
3 *A. campestris.* Fabr.
4 *G. vulgaris.* Lat.

ORDRE DES HÉMIPTÈRES.

Quatre ailes ; bouche en tube non roulé, dépourvue de mâchoires et de palpes.

La bouche de ces insectes est formée par une espèce de tube articulé, ressemblant à un bec et offrant une gouttière qui renferme quatre soies raides et pointues que l'on a regardées comme les rudimens des mandibules et des mâchoires, organes qui ne se rencontrent plus chez ces hexapodes. Cette disposition démontre assez que leur nourriture ne peut se composer que des sucs liquides des végétaux et des animaux.

Les étuis des hémiptères sont ordinairement croisés, et membraneux à leur extrémité libre. Ces insectes n'ont que des métamorphoses incomplètes ; aussi leurs mœurs ne varient pas selon l'âge. Ils sont agiles sous tous les états : naissant privés d'ailes, ces organes se développent chez eux successivement.

** Hémiptères normaux.*

FAMILLE DES FRONTIROSTRES.

Elytres croisés, partiellement coriaces ; antennes longues, filiformes ou claviformes ; pieds marcheurs.

Ils vivent tous sur les végétaux, et, dans leurs différens états, ils en sucent les fluides. On les désigne souvent sous le nom de Punaises de bois, à cause de l'odeur infecte qu'ils exhalent.

PENTATOME. *Pentatoma.* Antennes à cinq articles ; écusson ne couvrant pas les ailes.

Aussitôt sorties de l'œuf, les jeunes larves, sous la

protection de leur mère, se mettent à sucer les parties tendres des plantes, et bientôt après, elles se dispersent. Le Pentatome orné[1], qui se rencontre sur les crucifères, est agréablement marqué de rouge et de noir.

SCUTELLAIRE. *Scutellera.* Ecusson couvrant tout le ventre et les ailes.

On en trouve sous toutes les latitudes; leur nom vient de l'espèce de bouclier que forme leur immense écusson. La Scutellaire siamoise[2], qui fréquente les potagers, est rouge avec des raies noires longitudinales.

LYGÉE. *Lygœus.* Corps plat en dessus; corselet trapézoïde; antennes à quatre articles.

Presque tous ces frontirostres se réunissent en sociétés, et ils sont parfois si tassés sur nos plantes, qu'ils en changent la couleur. Telle est le Lygée aptère[3], dont les individus forment une masse rouge sur le pied des arbres ou des murailles.

FAMILLE DES SANGUISUGES.

Elytres croisés, durs; antennes terminées par un article grêle; pieds marcheurs.

Les hémiptères de cette famille vivent des humeurs des autres animaux. Ils traversent la peau de ceux-ci à l'aide des soies aiguës qui se trouvent dans leur bouche, et ensuite ils en sucent le sang.

RÉDUVE. *Reduvius.* Corps plat en dessus; tête pédiculée; bec court.

Leur piqûre est très-douloureuse. Les larves et les

---

1 *P. ornata.* L. 　　　3 *L. apterus.*
2 *S. nigrolineata.*

nymphes ont la singulière habitude de se couvrir tout le corps de poussière ou de toile d'araignée, pour se dérober à la vue des faibles insectes, surtout des punaises de lit, dont elles font leur proie et nous débarrassent. Tel est le Réduve masqué [1], qui vit dans nos demeures, et possède une teinte brun-noirâtre avec des ailes noires, quand, devenu adulte, il s'est dépouillé de son enveloppe trompeuse.

HYDROMÈTRE. *Hydrometra.* Corps très-alongé, linéaire, inailé ; membres excessivement grêles.

La finesse de leur corps les a fait nommer Punaise aiguille par Geoffroy. Ils marchent avec facilité sur l'eau. L'Hydromètre des étangs [2], très-commune sur les bords des eaux stagnantes, est de couleur noire, et longue de six lignes environ.

FAMILLE DES RÉMITARSES.

Bec très-court ; antennes ne dépassant pas la longueur de la tête ; membres nageurs ou non ; tarses à un ou deux articles.

Tous les individus de cette division sont aquatiques ; quelques-uns nagent avec facilité, d'autres se traînent péniblement dans la bourbe. Extrêmement voraces, ils tuent les insectes en les piquant, après les avoir saisis avec leurs membres antérieurs qui font l'office de pinces.

RANATRE. *Ranatra.* Corps linéaire ; abdomen à deux filets sétacés.

Une extrême lenteur les caractérise ; plongés presque

1 *R. personatus.*   2 *H. stagnorum.* Lat.

continuellement dans la vase, leurs membres sont destinés à marcher. On considère les soies qui terminent le ventre comme des oviductes ou des organes respirateurs. La Ranatre linéaire [1] a une couleur terne. Cet insecte, appelé aussi Scorpion aquatique, vole parfois le soir.

Notonecte. *Notonecta.* Corps alongé, cylindrique; un écusson; tous les tarses à deux articles, les postérieurs aplatis, ciliés.

Ils nagent avec une grande facilité à l'aide de leurs tarses en rame; mais c'est ordinairement sur le dos qu'ils se placent pendant leurs mouvemens. La Notonecte glauque [2] se découvre très-communément dans les eaux dormantes.

FAMILLE DES CICADAIRES.

Etuis non croisés, tectiformes; bec paraissant naître du cou; tarses à trois articles.

Les étuis sont de consistance demi-membraneuse; dans quelques animaux de cette coupe, ils sont analogues aux ailes. Tous les cicadaires se nourrissent des sucs des végétaux.

Cigale. *Cicada.* Tête plus large que le corselet; trois stemmates; étuis transparens, veinés.

L'organe du chant, qui constitue chez les cigales un appareil assez compliqué, est situé à la base de l'abdomen; il consiste en une sorte de tambour ou d'écaille concave, sous lequel roule un cylindre garni de cordes saillantes. Les femelles sont munies d'une tarière en

[1] *R. linearis.*   [1] *N. glauca.* L.

scie , au moyen de laquelle elles découpent les écorces des arbres pour y placer leurs œufs. Les petits qui en naissent vont s'enfoncer dans la terre et s'y nourrissent des sucs des racines. Leurs membres antérieurs sont forts et bien disposés pour creuser. Les nymphes de ces hémiptères, parvenues à l'état parfait, passaient pour un mets agréable dans la Grèce. Les Parthes les regardaient comme propres à ouvrir l'appétit et en consommaient beaucoup.

La Cigale plébéienne [1] se trouve seulement dans nos provinces méridionales. On a avancé que c'est la Cigale de l'orme qui produit les trous par où s'opère l'écoulement de la manne.

FULGORE. *Fulgora*. Front monstrueusement dilaté, antennes insérées sous les yeux.

Leur proéminence frontale est tantôt vésiculeuse, tantôt diversement taillée ; elle brille d'une lumière phosphorique , pendant les ténèbres , chez plusieurs espèces. La Fulgore nommée à cause de cela Porte-lanterne [2] , paraît une de celles où le phénomène a été le mieux constaté. Mademoiselle de Mérian dit que l'un de ces hémiptères lui permit de lire une gazette à l'aide de la clarté qu'il produisait. Cet insecte se trouve à Cayenne et à la Guadeloupe.

FAMILLE DES PLANTISUGES.

Insectes aptères ou à étuis membraneux non croisés ; deux articles aux tarses au plus.

Beaucoup de ces hexapodes sont dépourvus d'ailes, surtout parmi les femelles. Presque tous fort lents, ou

---

[1] *C. plebeia*. L.　　　　　　[2] *F. laternaria*.

en voit un grand nombre rester immobiles et accrochés par les pattes sur le lieu qui les vit naître. Là ils
absorbent les sucs des végétaux avec leur bec en suçoir,
et, malgré leur petitesse, ils font quelquefois de grands
dégâts parmi les plantations.

COCHENILLE. *Coccus*. Deux ailes nues ou nulles;
   antennes filiformes ou sétacées; ventre des
   femelles annelé à deux filets; tarses à un seul
   article et à un seul crochet.

Les mâles presque microscopiques de ces hexapodes
sont ailés et agiles, tandis que les femelles, dont la
grosseur est beaucoup plus considérable, restent immobiles sur les végétaux constamment verts, leur séjour
habituel; une fois fécondé, le corps de celles-ci se
dessèche et forme une espèce de toit protecteur pour
les œufs qui se trouvent rassemblés dessous.

La Cochenille du Nopal [1], qui sert à fabriquer les
plus belles teintures rouges, a long-tems passé pour la
semence d'une plante, on la nommait Graine d'écarlate,
et ce ne fut qu'en 1692 que le botaniste Plumier en
dévoila la nature. Cet insecte nous est apporté du
Mexique.

PUCERON. *Aphis*. Ailes transparentes ou nulles;
   antennes dépassant le corps; deux tuyaux
   excrétoires sur le ventre.

Les anciens nommaient les pucerons Poux des arbres;
ces animaux font parfois les plus grands ravages sur
ceux-ci. Quelques-unes de leurs sociétés suffisent même
pour tuer de vigoureux végétaux. La fécondité prodi-

[1] *C. cacti.*

gieuse de ces insectes est un des faits les plus extraordinaires de la science. Le savant Réaumur vit une
femelle donner naissance à 90 individus de son sexe,
et il calcula qu'à la cinquième génération seulement
il y aurait 5,904,900,000 petits de produits ; ce qui est
effrayant quand on songe que le nombre des générations est chaque année beaucoup plus considérable que
celui que nous mentionnons. Par une salutaire compensation, ces hémiptères ont une foule d'ennemis, et
les oiseaux et les insectes en détruisent énormément.
Un fait non moins remarquable dans leur histoire que
leur fécondité, c'est qu'un seul accouplement suffit
pour féconder plusieurs générations successives.

Les pucerons sont communément très-tassés sur les
plantes, et ils y forment quelquefois des excroissances particulières, à l'intérieur desquelles on les
trouve réunis en société. Les femelles sont beaucoup
plus nombreuses que les mâles ; elles mettent au jour
des petits vivans qui viennent la tête la dernière ; c'est
seulement à l'automne qu'on les voit produire des œufs
qu'elles insinuent dans les écorces, où ils restent pendant
l'hiver sans éclore.

Tout le monde a observé le Puceron du rosier [1]. Les
pommiers de la Normandie sont maintenant dévastés
par le Puceron laniger.

KERMÈS. *Chermes.* Ailes nues ou nulles ; ventre des
femelles sans vestiges d'anneaux ; deux soies à
l'anus.

Ces insectes ont des mœurs absolument analogues à
celles des cochenilles. Le Kermès du petit chêne [2], dont

1 *A. rosæ.*   2 *C. ilicis.*

la femelle est sphérique , vient en Espagne , où on le récolte pour les teinturiers , auxquels il fournit une couleur rouge.

FAMILLE DES VÉSITARSES.

Etuis plans, croisés, coriaces, très-étroits, linéaires; tarses vésiculeux, sans crochets.

Les vésitarses sont excessivement petits et vifs; ils ont à-peu-près le port des staphylins et redressent, comme eux , l'abdomen. Il paraît que leurs vésicules tarsiennes leur donnent la faculté d'adhérer aux surfaces les plus polies.

THRIPS. *Thrips*. Corps alongé , ailes linéaires.

Ils vivent sur les fleurs. Un illustre entomologiste suppose que c'est le Thrips noir [1] qui déforme les fleurs du lotier cornu.

*** Hémiptères anomaux.*

PUNAISE. *Cimex*. Corps large , totalement inailé, excessivement déprimé; antennes à quatre articles.

Ces hexapodes sont si voraces, qu'ils se mangent souvent les uns les autres. La Punaise des lits [2], si funeste à notre repos, tourmente aussi quelques oiseaux; on prétend qu'elle n'a été connue en Angleterre qu'après l'immense incendie qui consuma une partie de Londres en 1666, et qu'elle y fut apportée avec les bois de construction venant d'Amérique. Le continent, moins favorisé, possédait cet insecte depuis long-tems, puisque

[1] *T. physapus.*   [2] *C. lectularius. L.*

Dioscoride en parle. On s'étonne que des médecins aient pu employer ces dégoûtans animaux à l'intérieur, pour arrêter des fièvres intermittentes.

Puce. *Pulex*. Corps comprimé, totalement inailé; membres postérieurs excessivement développés.

Ces insectes subissent des métamorphoses complètes; leurs larves sont apodes et douées d'une grande agilité. Un naturaliste a pensé qu'elles se nourrissent, dans les lieux qu'elles habitent, de sang desséché par fragmens et rapporté par la mère; en effet, on trouve, là où siègent leurs vers, de petits grains noirs que, jusqu'avant le patient observateur M. Defrance, on avait cru être les déjections de ces parasites. Ces larves se filent une coque dans laquelle l'animal reste environ quinze jours en nymphe. Ce sont ces considérations, jointes à la structure de la bouche, qui ont engagé De Blainville à placer ces insectes dans les hémiptères et à les éloigner des vrais aptères, qui n'ont pas de métamorphose.

La Puce irritante [1] ne présente rien qui ne soit connu. Une autre espèce, que l'on trouve spécialement dans l'Amérique méridionale, la Puce pénétrante [2], ne doit pas être passée sous silence; elle attaque particulièrement les nègres; les femelles se fourrent sous les chairs, principalement vers le talon ou les ongles des orteils, et là, leur ventre acquiert un volume si considérable, qu'il devient gros comme un petit pois, et que sa présence détermine des ulcères dangereux et quelquefois mortels.

[1] *P. irritans.*   [2] *P. penetrans.*

ORDRE DES LÉPIDOPTÈRES.

Insectes à quatre ailes écailleuses ; bouche munie ordinairement d'une trompe roulée ; palpes velus.

Les lépidoptères subissent des métamorphoses complètes ; leurs larves sont nommées *chenilles* ; les nymphes restent presque constamment immobiles, et elles ne s'agitent que lorsqu'on les excite. La plupart de ces insectes filent une coque pour se métamorphoser ; à l'époque de la dernière mutation, quelques-uns émettent, par l'anus, une liqueur qui sert à amollir le bout de la coque et facilite la sortie du papillon.

Chez les espèces nocturnes, les yeux brillent dans l'obscurité. La trompe des papillons est formée par un prolongement extraordinaire des mâchoires ; sur ses côtés se trouvent les rudimens des mandibules, puis les palpes qui sont très-développés et velus. C'est cette trompe que les insectes plongent dans les fleurs pour en pomper le nectar, leur seul aliment.

La plupart des lépidoptères portent des ailes très-grandes ; les couleurs qui les décorent sont formées par de petites écailles serrées les unes contre les autres, comme les pavés d'une mosaïque, et qui s'enlèvent au moindre contact, en laissant voir la membrane mince qui les soutient.

Quelques-uns ont les membres antérieurs si courts, qu'on les a nommés papillons à quatre pattes, et comme ces appendices sont alors très-velus, l'entomologiste Geoffroy, toujours ingénieux dans ses dénominations, les avait comparés aux palatines que les dames portaient de son tems.

24

La nourriture des larves des lépidoptères se compose ordinairement de feuilles; quelques-unes cependant rongent le bois des troncs d'arbres, et le ramollissent avec une salive qu'elles dégorgent sur les endroits que leur bouche entame; d'autres vivent aux dépens des étoffes de laine, de soie, ou au détriment des pelleteries.

Certaines chenilles font jaillir, quand on les inquiète, un liquide particulier analogue aux acides formique ou acétique. Lyonnet rapporte que la chenille d'un sphynx lui vomit sur la main un suc vert dont la fétidité insupportable persista deux jours, malgré les lotions les plus exactes.

FAMILLE DES GLOBULICORNES.

Antennes claviformes vers leur extrémité.

C'est dans cette famille que se trouvent tous ces beaux lépidoptères qui voltigent pendant les heures du jour où le soleil brille d'un plus vif éclat, et que l'on a nommés, à cause de cette habitude, papillons *diurnes*. Ils ne filent pas ordinairement de coque pour accomplir leurs métamorphoses.

PAPILLON. *Papilio.* Antennes à extrémité droite; ailes planes ou verticales.

Ce genre immense renferme au-delà de dix-huit cents espèces. On a été obligé de le subdiviser en plus de soixante groupes, afin d'en faciliter l'étude. Les chrysalides des papillons sont ordinairement anguleuses et suspendues par la queue, et leurs chenilles ont seize pattes.

Certaines espèces ont les ailes inférieures munies d'un appendice prolongé en arrière. Parmi elles, se voit le

Papillon machaon [1], que l'on nomme aussi, à cause de cette particularité, Grand porte-queue. Il est très-commun dans les campagnes européennes vers les mois de mai et de juin. Il se reconnaît à ses ailes dentées, jaunes, avec des bandes noires; les inférieures ont une tache ferrugineuse.

HESPÉRIE. *Hesperia.* Antennes à extrémité en crochet; ailes planes ou verticales.

Plusieurs sont propres à nos climats; mais le plus grand nombre appartient à l'Afrique et à l'Amérique. Les chenilles des hespéries sont courtes, et se filent une espèce de cocon léger pour se métamorphoser, ou bien elles roulent des feuilles, en fixent les bords avec de la soie, et s'abritent dans leur intérieur à l'époque de la transformation. L'Hespérie de la mauve [2] se trouve chez nous.

HÉTÉROPTÈRE. *Heteropterus.* Antennes en crochet; ailes supérieures verticales, les inférieures horizontales.

La position disparate des ailes de ces globulicornes pendant le repos, les fit appeler *estropiés*, par le naturaliste Geoffroy. On en trouve en France.

FAMILLE DES FUSICORNES.

Antennes fusiformes ou prismatiques; une soie à l'aile inférieure.

Ce groupe correspond aux Crépusculaires de M. Latreille. Les lépidoptères qui s'y trouvent rangés offrent, au bord externe de leurs ailes inférieures, une espèce de crin qui s'accroche par une sorte d'anneau aux ailes

[1] *P. machaon.* [2] *H. malvæ.* Fab.

d'en haut, et qui sert à ces insectes pour fixer celles-ci dans une situation horizontale pendant le repos. Le plus généralement, c'est dans la terre ou dans l'intérieur des arbres que les fusicornes subissent leur transformation. Beaucoup de ces insectes ne volent qu'aux limites de la journée.

SPHINX. *Sphinx.* Antennes prismatiques, terminées en soie ; ailes longues, horizontales ; abdomen pointu.

C'est l'attitude que ces insectes prennent lorsqu'ils se reposent, tourmentés par quelques craintes, et que l'on a comparée à celle du sphinx de l'antiquité, qui leur a valu le nom qu'ils portent ; on les appelle aussi Papillons-bourdons, à cause d'une espèce de bruit qu'ils produisent en volant.

Le Sphinx tête de mort[1] est recherché par tous les amateurs ; il pénètre dans les rûches pour dévaster le miel des abeilles. Réaumur rapporte que l'abondance de ces insectes répandit l'effroi dans plusieurs cantons de la Bretagne, non seulement par la crainte superstitieuse qu'inspiraient les insignes de la mort qui se trouvent sur leur corselet, mais aussi à cause de l'espèce de cri qu'ils jettent quand on les prend, et dont la nature n'est pas encore bien connue aujourd'hui.

SÉSIE. *Sesia.* Antennes terminées en pointe courbée ; abdomen plat, tronqué ou arrondi.

Les ailes des sésies sont en général transparentes comme celles des mouches. Les larves vivent dans les tiges ou les racines des arbres ; leurs chrysalides offrent des anneaux munis de poils raides, dirigés vers l'anus,

[1] *S. atropos.*

et elles ont la tête surmontée de deux pointes saillantes, dont la fonction semble être de transpercer la coque soyeuse, renforcée de débris de bois, que la chenille a construite pour se métamorphoser. C'est avec les poils raides qui l'environnent que la chrysalide se transporte vers la superficie du tronc ligneux qu'elle habite, et dont elle perfore l'écorce avec les pointes qui arment son chef, et ce n'est qu'à son arrivée à l'air libre, qu'elle abandonne son enveloppe pour s'envoler.

La Sésie apiforme [1], qui est indigène, a quelque ressemblance avec l'abeille ; d'autres espèces ont également tiré leur nom de leur analogie avec divers hyménoptères.

ZYGÈNE. *Zygæna.* Antennes prismatiques, simples ou pectinées ; ailes tectiformes.

Les chenilles des papillons de ce genre se métamorphosent sur les végétaux, après s'être filé un cocon soyeux qu'elles attachent à leurs branches. Ces lépidoptères ont été quelquefois désignés sous le nom de *sphinx-béliers*, à cause de leurs antennes recourbées.

La Zygène de la filipendule [2] est d'un noir-verdâtre ou bleuâtre, avec des taches rouges ; on l'aperçoit souvent voltiger sur nos coteaux.

FAMILLE DES FILICORNES.

Antennes filiformes, souvent pectinées ; une soie aux ailes inférieures, les supérieures ordinairement tectiformes.

La soie que portent les ailes offre la disposition que

1 *S. apiformis.*   2 *Z. filipendula.*

nous avons observée dans la famille précédente. Les chenilles des filicornes se construisent, pour la plupart, un cocon au sein duquel s'accomplit leur transformation.

BOMBYCE. *Bombyx*. Trompe courte; antennes pectinées ou barbues.

Le plus vaste papillon d'Europe, le grand Paon [1], appartient à cette division. Ses ailes sont grises, avec une grande tache œillée; sa chenille file une coque qu'elle attache aux arbres ou aux pierres; la pointe de cette retraite est composée de poils raides, convergens, qui empêchent les corps de pénétrer dans son intérieur, mais qui laissent facilement sortir le lépidoptère parfait: la métamorphose de celui-ci est excessivement lente; il en est qui mettent trois ans à l'accomplir.

Le Bombyce processionnaire [2] doit être remarqué à cause des mœurs de ses chenilles. Vivant sur le chêne, elles se rassemblent en grand nombre et filent en commun une espèce de refuge pour s'abriter. L'ouverture de celui-ci est fort petite; les larves n'en sortent que dans un ordre déterminé et en marchant à la suite les unes des autres, deux à deux, trois à trois, ou quatre à quatre, en formant une troupe qui présente parfois plus de quarante pieds de longueur, et que la chenille, qui est à la tête, semble diriger; de là, l'origine du nom de processionnaires que l'on a donné à ces insectes. Leurs bandes sortent ordinairement vers le soir; les individus qui les composent sont garnis de petits poils qui entrent dans la peau quand on les touche, et y produisent une assez vive irritation.

[1] *B. pavonia major*. Geoff.   [2] *B. processionea*. Fab.

L'insecte le plus utile, sans contredit, celui qui nous fournit la soie, appartient au genre que nous traitons, c'est le Bombyce du mûrier [1]; il est originaire de l'empire chinois et des états méridionaux de l'Asie; sa chenille, que l'on nomme *ver à soie*, s'élève en domesticité pour fournir aux besoins de notre industrie. Des religieux grecs transportèrent les premiers œufs de ce papillon à Byzance, du tems de Justinien; ensuite, on éleva ces animaux en Italie. En France, Louis XI appela des ouvriers de Gênes pour les cultiver; mais ce fut surtout sous le ministère de Sully que l'on vit florir le commerce de la soie, dont les étoffes se vendaient, dans l'origine, au poids de l'or.

Cossus. *Cossus.* Trompe invisible; antennes pectinées ou dentées.

Les chenilles des cossus dévorent les parties ligneuses des arbres, et elles font de tels dégâts parmi eux, qu'on en a vu détruire de longues allées d'ormes. L'odeur insupportable qu'exhalent les larves de ces insectes, empêche d'admettre que ce soient elles que les Romains mangeaient sous le nom de *cossus.*

Le Cossus ligniperde [2], dont les ailes sont gris-cendré, avec de petites lignes noires, se découvre fréquemment sur les troncs du végétal que nous venons de citer.

Hépiale. *Hepialus.* Trompe nulle; antennes filiformes, grenues.

Les lépidoptères de cette section proviennent de chenilles qui vivent sous la terre, où elles font un tort considérable aux racines.

---

[1] *B. mori.*   [2] *C. ligniperda.*

L'Hépiale du houblon [1] endommage énormément les plantations de ce végétal ; sa métamorphose s'opère sous le sol ; le mâle est d'un blanc de neige.

FAMILLE DES SÉTICORNES.

Antennes sétacées, rarement pectinées ; ailes variables.

La plupart des papillons coërcés dans cette famille fuient la lumière et ne volent que pendant la nuit; mais, une particularité que présentent leurs chenilles, c'est qu'elles n'ont souvent que huit ou dix pattes, et qu'elles se filent une espèce de fourreau qui enveloppe leur corps en l'accompagnant constamment, et autour duquel se trouvent agglutinées des substances diverses. Il est de ces larves qui se font des galeries tapissées de soie dans les productions qui les nourrissent.

LITHOSIE. *Lithosia.* Ailes longues, disposées en fourreau plat en dessus.

Dans ce genre, les chenilles ne sont point abritées par un fourreau ; elles se nourrissent de lichens et d'autres plantes. Quelques espèces de lithosies existent dans notre pays.

NOCTUELLE. *Noctua.* Ailes tectiformes, voûtées, à base aiguë ; antennes n'atteignant pas la longueur du corps.

Le nombre des espèces de ce genre s'élève à plus de mille. Les chenilles des noctuelles vivent presque toutes de feuilles d'arbres ; des observateurs rapportent en

[1] *H. humuli.*

avoir vu qui tuaient d'autres chenilles pour les manger. La Noctuelle fiancée [1], dont les ailes supérieures sont grises et les inférieures rouges, avec deux bandes noires, est commune aux environs de Paris, vers l'automne.

CRAMBE. *Crambus.* Ailes triangulaires, inclinées en toit plan ; palpes inférieurs grands.

Ce petit genre comprend plusieurs papillons européens ; ce sont les pâturages secs qu'ils fréquentent ordinairement. Parmi eux se remarque surtout le Crambe des prés [2].

PHALÈNE. *Phalœna.* Ailes étendues, horizontales, entières.

C'est surtout par leurs chenilles que ces lépidoptères diffèrent des autres ; celles-ci n'ont que dix membres : six sont antérieurs, et les quatre autres se trouvent séparés d'eux et situés en arrière. Ces larves se meuvent en rapprochant leurs pattes postérieures de celles du devant par l'élévation du milieu du corps, de manière que cette région forme, en l'air, une espèce de boucle. Après cela, elles portent leur tête en avant, et fixant de nouveau le tronc avec les vraies pattes, elles recommencent un second pas. C'est cette façon de marcher, pendant laquelle ces chenilles semblent mesurer le terrain, qui leur a valu le nom d'*arpenteuses* ou de *géomètres*.

Quand la peur tourmente les arpenteuses, elles se redressent avec force et restent immobiles ; d'autres fois, si quelqu'oiseau les menace, elles se laissent choir, mais sans arriver à terre, parce qu'elles ont la précaution d'avoir toujours une soie de filée qui les préserve

1 *N. sponsa.* Fab.   2 *C. pratensis.*

de la chute, et à l'aide de laquelle elles remontent bientôt sur la plante dont elles rongeaient les feuilles.

La métamorphose des chenilles des phalènes se fait de bien des manières ; les unes l'accomplissent sous la terre, d'autres, à l'air libre ; il en est qui roulent des feuilles et les contournent diversement à l'aide de leur soie, pour trouver la sécurité au milieu d'elles.

La Phalène du sureau [1] a les ailes jaune-soufre, avec des lignes transversales obscures ; elle est commune.

PYRALE. *Pyralis.* Ailes tectiformes, un peu croisées, à base large ; antennes exiguës.

Ces papillons sont petits, mais souvent relevés par des teintes vives. On les voit quelquefois venir se brûler aux bougies qu'on allume le soir. Leurs larves avaient été nommées *phalènes tordeuses* par Linnée, parce que la plupart d'entr'elles roulent des feuilles pour vivre dans l'espèce de fourreau qu'elles forment avec elles ; d'autres habitent l'intérieur de nos fruits. Telle est la Pyrale des pommes [2], dont les ailes sont d'un gris-brun, avec une tache plus foncée.

TEIGNE. *Tinea.* Ailes entières en fourreau arrondi, court, les inférieures plissées longitudinalement.

Les larves de presque toutes les teignes se filent un fourreau ou espèce d'étui qu'elles recouvrent avec les parcelles des substances dont elles vivent, ou avec leurs excrémens ; elles font de fâcheux dégâts parmi les matières animales, la laine, les crins, les peaux et les collections. Souvent on ne trouve, en arrière de ces

____

[1] *P. sambucaria.* L.   [2] *P. pomona.*

larves, qu'une fausse pair de pattes qu'elles emploient à s'accrocher à leur étui.

Une des espèces est extrêmement pernicieuse pour nos habillemens, c'est la Teigne des draps [1], qui est la plus commune de toutes ; sa larve se forme un fourreau qu'elle revêt avec les poils de l'étoffe qu'elle ronge ; elle l'alonge par le bout et le fend pour l'élargir, en y ajoutant des pièces à mesure qu'elle grossit, de manière que si cet insecte change d'étoffe, son vêtement présente plusieurs couleurs, comme un habit d'arlequin.

Alucite. *Alucita.* Ailes en toit rétréci en devant, échancré en arrière ; antennes excessivement longues ; membres longs, grêles, épineux.

Ce sont de jolis petits lépidoptères, dont le coloris est souvent aussi resplendissant que le métal ; leurs longues antennes les font distinguer au premier abord.

L'Alucite réaumurelle [2], dont les ailes supérieures sont d'un beau vert-doré et les inférieures rouge-métallique-noirâtre, est fort abondante en France.

Ptérophore. *Pterophorus.* Ailes divisées profondément en branches barbues.

Des pattes très-longues et épineuses supportant un corps grêle, donnent un port particulier aux ptérophores, et les rapprochent en apparence des tipules.

Le Ptérophore pentadactyle [3] a les ailes d'un blanc soyeux ; il vit, comme ses congénères, dans les endroits frais, près des haies des prairies, et on le voit fréquemment voltiger au jour tombant. '

---

1 *T sarcitella.* Fab.   3 *P. pentadactylus.* Fab.
2 *A. reaumurella.*

ORDRE DES NÉVROPTÈRES.

Ordinairement quatre ailes semblables et réticulées ; bouche offrant des mandibules.

Ces caractères sont ceux qui s'offrent le plus communément dans cet ordre dans lequel l'analogie de certains organes a aussi fait ranger des insectes qui paraissent s'en éloigner au premier abord. Les névroptères ont un port élégant et des couleurs agréables ; leurs larves vivent sur la terre, se plaisent dans les sables, ou bien passent leur existence sous l'eau.

** Névroptères normaux.*

FAMILLE DES TECTIPENNES.

Ailes tectiformes ; bouche découverte, munie de mâchoires distinctes.

FOURMILION. *Myrmeleon.* Abdomen long, cylindrique ; antennes courtes, en crochet, renflées vers l'extrémité ; quatre ailes semblables ; tarses à cinq articles.

Différens naturalistes ont étudié les mœurs curieuses des larves des fourmilions. Celles-ci ont une longueur d'environ six lignes ; leur corps est gros, et il se termine en avant par deux très-longues mandibules percées d'un conduit, et servant tour-à-tour d'armes à ces animaux pour combattre leur proie, ou bien de suçoir pour s'en repaître.

Ayant une structure qui ne semble pas être disposée pour la course, c'est à l'aide d'un piége ingénieusement construit que ces larves carnassières se procurent les insectes qui les nourrissent; elles choisissent, pour l'établir, un sol sablonneux, ou un endroit dont la terre soit très-sèche, pulvérulente, et c'est là qu'elles creusent l'espèce de fosse conique en entonnoir qui le constitue. Le déblaiement de ce trou s'opère à l'aide de la tête, et le fourmilion, avec ses pattes, la charge des matériaux qu'il veut rejeter au dehors. Quand le travail est terminé, il se place tout au fond, y enfonce son corps en ne laissant que ses mandibules découvertes, et y attend patiemment les fourmis; celles-ci après avoir franchi l'orifice de l'embûche, sont entraînées vers le bas malgré leurs efforts, et, en roulant sur les grains de sable qu'éboulent leurs pattes, elles viennent tomber sous les pinces de ce névroptère dévorant. Après que la larve a sucé sa victime, elle en met le corps sur son front et le lance à quelque distance, afin que ce cadavre ne soit point un avertissement qui empêche d'autres insectes d'approcher de sa funeste demeure. Quand la proie qui croule dans le piége est volumineuse, l'animal astucieux, pour favoriser sa victoire, et accélérer la chute de sa capture vers le fond du trou, lance du sable sur elle à l'aide de sa tête.

Les fourmilions, dont le nom vient du carnage qu'ils font des fourmis, vivent environ deux ans dans leur premier état, et pour se transformer ils se filent une coque soyeuse recouverte de sable. L'insecte parfait s'éloigne beaucoup de l'aspect de sa larve, et il ressemble à une libellule.

Le Fourmilion formicaire [1] se voit souvent dans les latitudes de Paris.

---

[1] *M. formicarium.*

Termite. *Termes.* Antennes sétacées; ailes alongées, tectiformes, horizontales ou nulles; tarses à quatre articles; abdomen sans filets.

Les mâles ont des ailes peu adhérentes, et l'on dit qu'ils se les arrachent pour fuir plus facilement quand ils se trouvent poursuivis. Les femelles sont le plus souvent sans ailes; elles portent un nombre considérable d'œufs; on dit qu'elles peuvent en pondre plus de huit mille en un jour.

Chez les termites, il y a des individus neutres qui sont remarquables par leur tête énorme et leurs fortes mâchoires; ce sont eux que Sparmann appelle les *soldats*, parce qu'ils sont plus courageux et mieux armés que les autres. Les larves qui sont nommées *travailleurs* sont en bien plus grand nombre que les neutres; on ne leur découvre point de rudimens d'ailes.

Malgré que les termites servent de nourriture à quelques peuplades indiennes, ce sont de véritables fléaux pour les pays qu'ils habitent. C'est entre les tropiques qu'on trouve ces insectes; là, ils vivent en sociétés innombrables composées surtout de larves et de nymphes. Ils font de terribles dégâts en détruisant les charpentes et les meubles des habitations, ou les constructions navales, sans que rien à l'extérieur décèle leurs ravages. Ces névroptères ne sont pas moins nuisibles par l'envahissement des plantations où ils construisent leurs nids énormes; ceux-ci, composés de terre et d'argile, ont douze à quinze pieds de haut et sont pyramidaux, ou figurent des tourelles surmontées d'un toit, ce qui donne l'apparence d'un petit village aux endroits où ils se trouvent en grand nombre; leur superficie est si dure, que les buffles les gravissent sans les enfoncer. Les demeures habitées par les républiques de ces insectes sont disposées en dedans par compartimens ; les chasseurs se mettent quelquefois dans celles qui sont abandonnées ; il en est qui peuvent contenir une douzaine d'hommes.

Les constructions des termites sont défendues par les neutres ou soldats ; aussitôt qu'on y fait un trou, on les voit apparaître, et ils ouvrent leurs grandes mandibules d'une manière menaçante. On dit qu'ils excitent les ouvrières en produisant un bruit particulier.

Quand les insectes de ce genre ont acquis leur entier développement, ils s'envolent vers la nuit, par légions immenses ; mais leurs ailes se desséchant avant le jour, ils se trouvent forcés de retomber sur le sol, où ils sont bientôt dévorés par les animaux. Il est probable que l'accouplement a lieu dans l'air. Les larves recueillent ensuite les femelles, et les placent dans une cellule particulière où elles sont nourries avec soin par elles.

Le Termite belliqueux [1] paraît être celui qui forme les nids les plus remarquables. En France, nous avons le Termite lucifuge [2], qui a causé quelques ravages dans l'arsenal de Rochefort et dont le corps est noir luisant ; et le Termite flavicolle [3], qui attaque les oliviers ; il a le prothorax jaune.

HÉMÉROBE. *Hemerobius.* Antennes sétacées, très-longues et fines ; tarses à cinq articles.

Les ailes de ces névroptères sont excessivement minces ; leur surface est irisée ; ils ont des yeux dorés ; mais beaucoup de ces jolis insectes repoussent ceux qui

1 *T. bellicosum.*
2 *T. lucifugum.* Ross.
3 *T. flavicolle.*

les saisissent par l'odeur d'excrémens qu'ils exhalent. Leurs larves sont fort utiles dans les jardins où elles détruisent une énorme quantité de pucerons ; c'est pour cette raison qu'on les a nommées *lions des pucerons*, et il en est qui se font une couverture avec la dépouille de ces petits animaux qu'ils ont dévorés.

L'Hémérobe perle [1] est d'un vert-jaunâtre. Ainsi que ses congénères, elle attache ses œufs sur les feuilles à l'aide de longs fils à l'extrémité desquels ils sont pendans, et souvent on les a pris pour de petits champignons.

PANORPE. *Panorpa.* Tête prolongée en bec ; cinq articles aux tarses ; abdomen des mâles terminé par une pince.

Vulgairement appelés Mouches-scorpions, à cause de l'espèce de pince avec laquelle les mâles effraient ceux qui les touchent, ces névroptères n'en sont pas moins fort innocens. Nous pouvons observer, pendant tout l'été, dans les haies des prairies, la Panorpe commune [2], qui est brune, avec des ailes tachées de noir.

PERLE. *Perla.* Ailes croisées ; abdomen terminé par deux filets antenniformes.

Les mœurs de leurs larves sont entièrement analogues à celles des friganes. La Perle à deux queues [3] est brune ; on la voit fréquemment voltiger sur le bord des fossés ; dans son premier état, elle se renferme dans un fourreau formé de feuilles de lentilles aquatiques.

[1] *H. perla.*
[2] *P. communis.*
[3] *P. bicaudata.*

FAMILLE DES ÉPHÉMÉRIENS.

Bouche fort exiguë; mandibules presque imperceptibles.

Ces névroptères sont très-remarquables par l'état rudimentaire de la bouche, qui semble être imparfaite chez eux; cet organe leur était inutile, car, pendant le court espace de tems qu'ils vivent sous la forme adulte, il est probable qu'ils ne mangent pas; mais leurs larves, qui séjournent sous l'eau et prolongent quelquefois leur existence plusieurs années, ont de fortes mâchoires qu'elles emploient soit à broyer les alimens soit à la confection de leur habitation.

PHRYGANE. *Phryganea.* Antennes très-longues; abdomen sans soies; ailes tectiformes; tarses à cinq articles.

Tout le monde a observé, dans les eaux stagnantes, des larves de phrygane et le singulier fourreau portatif qu'elles se forment avec de petits cailloux, des coquilles fluviatiles, ou des fragmens de bois. Le nom générique de ces insectes, qui vient du grec, rappelle cette dernière particularité, car il signifie *petite bourrée.* Les différens corps qui constituent cette enveloppe adhèrent sur un tissu de soie que file l'animal, et cet éphémérien se cramponne au fond de sa demeure par deux espèces de crochets qui terminent le ventre; à l'époque de la première métamorphose, il défend l'entrée de son fourreau contre les insectes carnassiers, en y filant une sorte de treillage ou tamis qui laisse passer seulement l'eau nécessaire aux besoins de la nymphe, et celle-ci rompt cette frêle barrière, à l'aide de pointes qui surmontent

sa tête, lorsqu'elle veut gagner la terre pour s'y débarrasser de son enveloppe.

La Phrygane striée [1], dont le corps est fauve et les
ailes grises, avec des nervures plus foncées, est une de
celles qui se rencontrent le plus souvent chez nous.

Éphémère. *Ephemera.* Ailes redressées, les inférieures rudimentaires ; abdomen à deux ou
trois longues soies.

C'est au peu de durée de leur existence que ces insectes doivent le nom d'éphémères, car, à l'état parfait,
ils ne survivent pas au jour qui les voit naître ; il en est
même qui parcourent toutes les phases de la vie repro-
ductive en quelques momens : ils se métamorphosent,
pondent et meurent le même soir, et bientôt leurs cadavres jonchent la terre. Comme le trépas sévit contre
les éphémères à un instant déterminé, on les voit alors
tomber du ciel comme des flocons de neige, et le nombre
de ces animaux est parfois si prodigieux, qu'ils forment
bientôt une couche épaisse sur le sol, et que les paysans les
recueillent dans des voitures pour en fumer la terre ; les
pêcheurs donnent le nom de *manne* à ces nuées d'insectes,
parce qu'elles offrent aux poissons un aliment abondant.

Les larves d'éphémères sont alongées et molles ; leur
tête est munie de deux mandibules destinées à creuser
la terre ; elles vivent plusieurs années avant de se métamorphoser ; on les trouve dans des trous à deux issues
qu'elles se forment sur les rives des eaux courantes, et
dont elles sortent peu ; leur nourriture paraît simplement se composer de terreau.

Ce qu'il y a de remarquable dans ces animaux, c'est

[1] P. striata. L.

que leur métamorphose a lieu à une heure fixe, invariable, vers huit heures du soir. Un seul moment suffit à la nymphe pour se dépouiller de son enveloppe; à la suite de leur dernière transformation, ces insectes éprouvent encore une mue dans laquelle ils abandonnent une dépouille blanche sur le lieu où ils se reposent après avoir volé pour la première fois.

La génération des éphémères était naguère un problème; Swammerdam prétendait que les œufs étaient fécondés dans l'eau par le mâle, qui se contentait, à la manière des poissons, d'émettre son fluide prolifique près de l'endroit où ils étaient déposés; mais M. Latreille a vu l'accouplement avoir lieu entre les sexes, et cette observation est concluante.

L'Éphémère commune [1] est brune, avec des taches noires sur les ailes; elle est fort abondante sur les rives des fleuves ou des marais.

FAMILLE DES LIBELLULOÏDES.

Bouche très-distincte, couverte par les lèvres; antennes sétacées, fort courtes.

Les insectes de cette famille sont extrêmement agiles, et ils poursuivent leur proie et la dévorent en volant. Leur fécondation s'opère d'une façon bien extraordinaire; l'organe sexuel des mâles étant placé sous l'abdomen, près du corselet, quand ceux-ci veulent s'accoupler, ils saisissent la femelle par le cou avec l'extrémité de leur ventre qui forme une pince, et la forcent ainsi à porter son ventre vers leurs parties génitales; mais souvent les mâles paient cher cette violence, car, profitant de l'épuisement dans lequel les jette cet acte, les

[1] *E. vulgata.* Fab.

femelles les tuent après impitoyablement. Ces névroptères déposent leurs œufs dans l'eau.

Les larves et les nymphes, qui ne diffèrent entr'elles
que par les rudimens d'ailes que les dernières portent,
sont très-carnassières; elles vivent dans la vase des marais,
qui souille ordinairement leur corps, et sous laquelle
on les découvre se tenant à l'affût; elles nagent à l'aide
d'espèces de rames ou par un mécanisme particulier
qui consiste à expulser de leur abdomen une certaine
quantité d'eau qu'elles ont introduite dans l'intestin où
se trouvent des espèces de branchies respiratoires. A
l'époque de la métamorphose, toutes abandonnent le
fond des mares et vont se placer près de leurs bords ou
sur les végétaux aquatiques.

Certaines libelluloïdes se réunissent par bandes pour
voyager; en Sibérie, leurs légions ont quelquefois cinq
ou six lieues d'étendue. L'astronome Chappe d'Aute-
roche eut l'occasion d'être témoin d'une de ces étonnantes émigrations, pendant son séjour à Tobolsk. Il y
a peu d'années, une énorme colonne de ces insectes fut
aperçue en Angleterre, dans les environs de Southamp-
ton; elle n'avait pas moins de deux milles de longueur.
Elle se reposa ensuite sur la coupole de Saint-Paul de
Londres, et ce fut un spectacle aussi magnifique qu'extraordinaire que de voir la surface de ce monument
frappée par le soleil, se parer de couleurs si éblouissantes que l'œil n'en pouvait soutenir l'éclat.

LIBELLULE. *Libellula.* Tête globuleuse; yeux grands,
contigus; abdomen déprimé; ailes horizon-
tales.

Par l'étendue de leurs ailes, et par la rapidité et la

force du vol, action pendant laquelle ils saisissent leur nourriture, ces insectes représentent, dans leur classe, ce que sont les hirondelles dans la leur.

La Libellule déprimée [1], dont l'abdomen est bleu chez le mâle, et jaune chez la femelle, se voit communément dans les endroits humides. Souvent elle voltige autour des mares.

Agrion. *Agrion.* Tête transversale ; yeux très-distans ; front plat ; ailes verticales ; abdomen cylindrique.

Fabricius rapportait seulement à deux espèces les nombreuses variétés de ces libelluloïdes que nous voyons, en France voltiger près de tous les lieux où se trouve de l'eau, l'Agrion vierge [2], dont les ailes sont colorées sur toute leur surface ou en partie, et dont le corps est bleu ou vert métallique, et l'Agrion fillette [3], qui a des ailes incolorées, est beaucoup plus petit, et présente une grande variété de nuances sur son abdomen.

Æshne. *Æshna.* Tête globuleuse ; ailes horizontales ; corps alongé, cylindrique ou conique.

Ces insectes présentent les mêmes mœurs que les libellules ; la grande Æshne [4], commune dans les lieux humides ou ombragés des bois, a près de trois pouces de longueur ; elle est chamarrée de noir, de jaune et de blanc.

** *Névroptères anomaux.*

FAMILLE DES LÉPISMIDES.

Ailes nulles ; abdomen terminé par des soies.

L'analogie engage à placer les lépismides parmi les

1 *L. depressa.* L. 3 *A. puella.*
2 *A. virgo.* L. 4 *Æ. grandis.* Fab.

névroptères, parce qu'ils ont des traits de ressemblance avec eux, et n'en diffèrent que par l'absence d'organes locomoteurs aériens, ce qui n'est pas suffisant pour les éloigner de leur place naturelle dans la série animale. Ces insectes se tiennent ordinairement dans les lieux dérobés à la lumière.

LÉPISME. *Lepisma.* Corps très-déprimé; antennes très-longues, sétacées; abdomen à trois filets.

La surface des lépismes est couverte de petites écailles argentées, c'est ce qui les fait comparer, par les enfans, à de petits poissons. Les naturalistes de la renaissance leur avaient donné le nom de Forbicines. Le Lépisme du sucre [1] est gris-argenté, sans taches; il se trouve dans les fentes des boiseries et est fort commun dans les maisons. On le croit originaire d'Amérique.

PODURE. *Podura.* Corps gibbeux, non déprimé; antennes courtes; queue fourchue, recourbée sous le ventre.

Dans le repos, les soies qui forment la queue sont placées sous l'abdomen, et c'est par leur extension subite que les podures exécutent des sauts considérables. Elles vivent sous les écorces des arbres ou sous les pierres; on en trouve quelquefois sur la neige, et la surface des eaux ou de la terre est parfois couverte par d'innombrables légions de ces insectes. Le type du genre est la Podure plombée [2], qui est gris-bleuâtre, et dont les amas ont l'air de grains de poudre à canon.

[1] *L. saccharina.*   [2] *P. plumbea.*

ORDRE DES HYMÉNOPTÈRES.

Ordinairement quatre ailes nues, veinées longitudinalement ; des mandibules et des machoires ; cinq articles à tous les tarses.

Tous offrent, outre leurs yeux en réseau, trois petits yeux lisses. Ils ont des mâchoires et une lèvre généralement étroites et alongées, représentant un demi-tube qui souvent se recourbe à son extrémité ; ces organes sont plus propres à puiser des sucs qu'à opérer la mastication de choses solides.

L'abdomen est ordinairement attaché au thorax par un pédicule très-grêle. Dans les femelles, il se termine soit par une tarière en forme de scie, qui sert à déposer les œufs, soit par un simple aiguillon rétractile qui peut introduire un fluide irritant dans les blessures qu'il fait.

Les hyménoptères proviennent de deux espèces de larves : les unes ont des pattes et pourvoient à leur nourriture ; les autres sont privées de membres et restent immobiles dans le lieu où elles naissent, et où la mère a placé les alimens qui leur sont nécessaires pour vivre ; d'autres fois, les parens les élèvent en quelque sorte à la becquée, à la manière des oiseaux. La plupart des larves se filent un cocon en soie pour se changer en chrysalide ; celui-ci est très-fin, membraneux et transparent.

Ces insectes peuvent nous présenter trois sortes d'individus dont les formes et la coloration diffèrent beaucoup ; ce sont les mâles, les femelles, et les neutres, qui paraissent être de ces dernières dont le sexe est avorté.

FAMILLE DES APIAIRES.

Mâchoires en trompe, dépassant les mandibules ; abdomen pédiculé ; tarses postérieurs à premier article très-grand, comprimé.

Cette configuration du tarse est en rapport avec les mœurs et transforme cet organe en une petite palette carrée ou triangulaire, à laquelle on donne le nom de *corbeille* ou de *brosse*, et qui sert à ces insectes à recueillir le pollen des fleurs. Les apiaires se nourrissent de la liqueur miellée de celles-ci.

ABEILLE. *Apis.* Tête et corselet d'égale largeur ; jambes postérieures sans épines ; premier article des tarses postérieurs en carré long.

Les Abeilles domestiques[1] vivent en sociétés qui se composent d'ouvrières ou neutres, formant la majeure partie de la réunion, et dont M. Huber distingue deux sortes : les *cirières*, qui sont chargées de la construction des gâteaux et de la récolte des provisions, et les *nourrices*, qui, plus délicates et plus faibles, vivent dans la retraite et ne paraissent employées qu'à élever les jeunes larves ; puis on trouve ensuite des mâles en nombre assez considérable, et enfin une seule femelle, ou *reine*, qui est uniquement chargée du soin de procréer de nouvelles races. Cependant les abeilles neutres peuvent aussi, dans quelques circonstances, devenir fécondes si elles sont placées dans une vaste cellule où la nourriture royale leur soit donnée. Cela prouve que les ouvrières ne sont que des femelles chez lesquelles le défaut d'alimentation a fait avorter les ovaires.

[1] *A. mellifica.* L.

La cire se sécrète dans les intervalles des anneaux de l'abdomen des ouvrières, et c'est après l'avoir recueillie en cet endroit et mâchée avec leurs mandibules, que les abeilles construisent avec elle, ces gâteaux composés d'alvéoles ou cellules hexagonales dont tout le monde admire la perfection et la régularité. Le miel, qui remplit une partie de ces compartimens, paraît n'être autre chose que le suc des fleurs avalé par ces hyménoptères, et qui a subi une élaboration dans leur estomac. On trouve des cellules libres pour recevoir les œufs ; celles qui sont destinées à nourrir les reines sont plus vastes que les autres.

La fécondation se fait au commencement de l'été ; la ponte produit un nombre considérable d'œufs ; Réaumur a vu des femelles en émettre douze mille dans l'espace de vingt jours ; les neutres qui prennent le soin de nourrir les jeunes larves, leur donnent juste la quantité d'alimens qu'elles doivent manger. Six ou sept jours après leur naissance, celles-ci se disposent à subir leur métamorphose ; alors les ouvrières bouchent l'entrée de leurs cellules. Puis les larves se filent une coque de soie à l'abri de laquelle elles passent à l'état de nymphes, et douze jours après, ces hyménoptères se montrent enfin sous la forme parfaite.

C'est à cette époque que les abeilles, trop resserrées dans leurs habitations, les abandonnent en masses auxquelles on a donné le nom d'*essaims ;* ceux-ci choisissent un endroit propice pour s'y établir, et il paraît que parfois pour leur colonie ils ne dédaignent pas l'intérieur des animaux morts, puisque l'on rapporte, dans la Bible, que Samson trouva un essaim d'abeilles dans la gueule d'un jeune lion qu'il avait tué récemment.

BOURDON. *Bombus.* Corselet beaucoup plus large que la tête ; jambes postérieures épineuses.

Les bourdons ont le corps garni de poils formant des bandes de diverses couleurs. Comme les hyménoptères du genre précédent, ils vivent en sociétés composées de trois sortes d'individus, mais leurs républiques sont considérablement moins nombreuses, et ils en placent ordinairement le siége sous la terre, à un ou deux pieds de profondeur, dans une cavité tapissée de mousse et de cire. Les larves sont nourries, comme celles des autres apiaires, avec un mélange de pollen et de miel que les ouvrières leur apportent.

Le Bourdon des pierres [1], qui fait son nid au bas des murs, est celui que l'on peut observer le plus souvent. La femelle est noire, avec le bout de l'abdomen fauve ; le mâle a des poils jaunes à la tête et au corselet.

XYLOCOPE. *Xylocopa.* Tête plus large que le corselet ; mandibules fortes à deux ou trois dentelures ; labre dur, ne couvrant pas toute la bouche.

La Xylocope violette [2] est connue sous le nom d'abeille-charpentière, parce que la femelle creuse, dans le bois, de longs canaux qu'elle sépare par des diaphragmes faits en râpures agglutinées avec de la salive, et dans chaque cellule que ces cloisons forment, elle dépose un œuf sur un amas de pollen et de miel qu'elle destine à nourrir la larve qui va en naître. Cet hyménoptère est noir ; ses ailes sont d'un violet métallique ; il est commun au printems.

Une autre espèce n'est pas moins ingénieuse ; on la

---

1 *B. lapidarius.*   2 *X. violacea.* Fab.

nomme vulgairement Abeille maçonne [1], parce que la
femelle construit ses nids avec une espèce de mortier
formé de terre fine. Ceux-ci ont la forme ovoïde ; ils se
trouvent sur les murs exposés au midi ; tantôt chaque
cellule est isolée, tantôt elles sont réunies plusieurs
ensemble, et dans chacune d'elles se trouve, comme
dans l'espèce précédente, un œuf et de la pâtée. Cet
insecte est noir, avec des poils fauves sur l'abdomen.

FAMILLE DES DUPLIPENNES OU GUÊPIAIRES.

Mâchoires ne dépassant pas les mandibules ; ailes
supérieures pliées en long dans le repos.

On peut encore ajouter à ces caractères la configuration de l'abdomen qui est pédiculé, non tronqué à sa
base, et dont la région inférieure n'est point concave ;
les antennes sont brisées. Les duplipennes ont des
mœurs semblables à celles des apiaires ; plusieurs de ces
insectes vivent en sociétés composées de trois sortes
d'individus.

Guêpe. *Vespa.* Antennes fusiformes ; les deux premiers articles plus longs ; mandibules dentées.

Les femelles et les neutres font des nids ou guêpiers
composés d'une sorte de papier ou de carton qu'ils
forment en broyant, avec leurs mandibules, des parcelles de vieux bois ou d'écorce et en les réduisant en
pâte à l'aide d'un fluide qui abonde dans leur bouche.
Les guêpes se nourrissent d'insectes qu'elles tuent avec
leur dard, ou de viande dont elles rapportent même
des morceaux dans leur nid, ou enfin de fruits, et elles
élèvent leurs larves avec l'extrait de ces différentes

1 *V. muraria*, Fab.

substances. La piqûre de ces hyménoptères est plus grave que celle des abeilles, et ils ont quelquefois, en les assaillant par leur nombre, tué des hommes et de gros animaux.

La Guêpe commune[1] est longue d'environ huit lignes; son corps est taché de jaune et de noir; elle fait sa demeure sous la terre. La Guêpe frêlon[2], qui est longue d'un pouce, et de couleur fauve, avec des taches noires, construit son nid dans les greniers ou les troncs d'arbres; elle fait la guerre aux abeilles et vole leur miel.

La Guêpe cartonnière[3] vit à Cayenne. La structure de son habitation est fort remarquable; elle représente un cône suspendu aux branches par sa pointe; l'intérieur est distribué en plusieurs étages de cellules qui communiquent par un simple trou. Tout cet édifice est construit avec une espèce de carton très-compacte.

FAMILLE DES CHRYSIDOÏDES.

Abdomen concave en dessous, à anneaux très-mobiles, se roulant en boule; tarière emboîtée

Ces hyménoptères sont très-agiles; ils aiment les localités exposées au soleil, et se distinguent par leur ventre qu'ils peuvent rouler d'une manière analogue aux cloportes.

CHRYSIDE. *Chrysis.* Mâchoires courtes; antennes fusiformes, brisées; corselet de deux pièces très-mobiles.

Leur brillant éclat métallique les a fait comparer aux colibris; c'est aussi à lui que les espèces de ce genre

1 *V. vulgaris.*
2 *V. crabro.* L.

3 *V. nidulans.* Fab.

doivent la dénomination vulgaire de Guêpes dorées. Le Chryside enflammé[1], dont le corselet est vert et l'abdomen rouge doré, est commun.

FAMILLE DES CRABRONITES.

Lèvre inférieure et mandibules égales; antennes coudées; abdomen pédiculé, arrondi, conique.

Tous ces insectes vivent constamment plongés dans les fleurs; c'est de cette coutume qu'est venu le nom de *floriléges* que l'on a aussi imposé à leur groupe. La plupart des crabronites ne produisent ni cire ni miel, et ils nourrissent leurs larves avec des insectes qu'ils attrapent avec agilité.

CRABRON. *Crabro.* Tête grosse, presque cubique, à chaperon métallique; antennes filiformes; mandibules bifides.

Les mâles sont ordinairement pourvus de jambes antérieures singulièrement dilatées; on croit que cette disposition les aide à retenir leur femelle pendant l'accouplement; celle-ci dépose chacun de ses œufs dans un trou qu'elle fait dans la terre, et qu'elle bouche après avoir eu le soin d'y mettre un petit papillon ou une mouche pour les besoins de la larve naissante. Le Crabron crible[2] se trouve aux environs de Paris.

FAMILLE DES ICHNEUMONIDES.

Lèvres et mâchoires égales aux mandibules; antennes non brisées, très-longues, de seize à trente articles; abdomen pédiculé.

M. Duméril a compris dans cette famille quelques

[1] *C. ignita.* [2] *C. cribrarius,* Fab.

genres qui ne se trouvent point dans les ichneumonides de M. Latreille. En général, ces hyménoptères sont les plus funestes ennemis des larves des autres insectes ; leurs femelles, avec leur longue tarière, font un trou dans le corps de celles-ci, y placent un de leurs œufs, et le ver qui en sort a bientôt rongé les entrailles et mis à mort la chenille qui l'a reçu ; d'autres fois, ce sont des araignées ou des hexapodes parfaits que les ichneumonides choisissent pour cela ; enfin, les espèces qui ont une tarière très-longue atteignent jusqu'aux œufs d'insecte enfoncés dans les fentes de l'écorce des arbres, et parviennent, à l'aide de cet oviducte, à faire, de l'intérieur de ceux-ci, un dépôt pour leur progéniture.

Cette apparente perturbation tourne à l'avantage de l'agriculture, par l'immense quantité de pucerons, de chenilles dévorantes et d'autres hexapodes destructeurs que les ichneumonides anéantissent.

ICHNEUMON. *Ichneumon.* Palpes maxillaires saillans ; antennes sétacées ; abdomen cylindrique ; tarière longue, à trois filets chez les femelles.

Ces insectes ont aussi reçu le nom de Mouches vibrantes, parce qu'ils agitent constamment et avec une extrême vivacité leurs longues antennes comme s'ils palpaient les corps avec elles. L'Ichneumon sugillateur[1] se trouve en France ; il est noir, avec une bande aux antennes et l'écusson blanc ; l'abdomen a quatre points jaunâtres ; les pieds sont fauves.

[1] *I. sugillatorius.*

FAMILLE DES FORMICAIRES.

Lèvres et mâchoires non saillantes ; antennes filiformes, brisées ; abdomen pédiculé.

Fourmi. *Formica.* Pédicule abdominal en forme
d'écaille ou de nœud unique ou double ; ventre
ovoïde.

Ces hyménoptères se rassemblent en sociétés nombreuses et ont un régime fort varié ; ils donnent la becquée à leurs larves, les entourent de soins assidus et les
exposent dans les lieux les plus convenables de l'habitation commune, pour les soumettre à l'influence solaire
ou les garantir du froid. Les fourmis sont très-friandes
de la liqueur sucrée qui s'exhale par les tubes abdominaux des pucerons ; elles capturent ces petits insectes, et
les transportent dans leurs retraites où elles les nourrissent comme leur bétail, pour les sucer : ce sont leurs
vaches et leurs chèvres, comme dit Huber.

La fécondation a lieu dans l'air ; toute la fourmilière
sort pour y assister. Aussitôt après, les femelles se débarrassent de leurs ailes, et celles que les neutres trouvent dans les environs de la république, sont ramenées
par eux dans son intérieur, où elles sont gardées avec
vigilance ; puis il ne leur est plus permis de sortir, et
une cour de fourmis environne la femelle dont la ma-
ternité est devenue apparente ; on lui offre ses alimens,
et les travailleurs poussent même la précaution jusqu'à
la porter dans les passages difficiles et montueux de la
ville souterraine.

Ceux de ces insectes qui se forment des coques pour
y subir la métamorphose sont souvent trop faibles pour

se soustraire à leur enveloppe; aussi, les ouvrières prennent le soin de les mettre au jour en enlevant la pellicule soyeuse qui les entoure.

Les fourmis font beaucoup de mal dans les jardins, mais les dégâts qu'elles causent chez nous ne sont pas comparables à ceux qu'on leur voit produire dans les climats chauds, où d'énormes fourmilières envahissent les plantations et forcent quelquefois les cultivateurs à les abandonner; on en voit qui s'élèvent de quinze, à vingt pieds de hauteur, et l'incendie et le canon sont quelquefois même devenus nécessaires pour bouleverser les amas énormes formés par ces insectes. Bosman assure que sur la Côte-d'Or il y a des fourmis qui se jettent sur les hommes et dévorent des moutons et des chèvres.

La Fourmi fauve [1] est extrêmement commune en Europe; c'est elle dont nous voyons les constructions dans nos bois. La demeure de ces hexapodes est édifiée avec un amas de bûchettes, de paille, de grains, et offre, à l'extérieur, une foule de petits trous par lesquels entrent et sortent les individus composant la république, et que ceux-ci ont soin de boucher chaque soir et de déboucher le matin. Quand, par une cause quelconque, ces fourmis opèrent des migrations, pendant le trajet, elles se portent parfois mutuellement pour se délasser. Ces insectes se livrent de grandes batailles; le judicieux observateur Huber a vu les habitans de deux fourmilières ennemies se rencontrer sur l'arène, se combattre pendant tout un jour, puis opérer leur retraite le soir, en laissant le champ de bataille jonché de morts, et le lendemain, ils recommencèrent l'action.

Quand une fourmi fauve aperçoit d'un peu loin un

[1] *F. rufa.*

ennemi qu'elle désespère d'atteindre, elle lui lance un acide particulier, nommé *formique*, que sécrètent des glandes situées vers l'anus; on dit même que cette espèce a l'attention de verser cette liqueur caustique dans les blessures qu'elle fait avec ses mandibules à ses adversaires, et cela, en recourbant l'abdomen jusque sur la partie que celles-ci déchirent.

L'économie industrielle des fourmis avait déjà frappé la haute antiquité. Salomon renvoyait les paresseux à leur école; chez les Egyptiens, ces insectes se trouvent figurés sur les monumens, et dans les caractères hiéroglyphiques ils représentent le symbole de la prévoyance et de l'intelligence.

FAMILLE DES FOUISSEURS.

Lèvres et mâchoires non saillantes; antennes non brisées, de quatorze à dix-sept articles; abdomen pédiculé.

La plupart de ces hyménoptères ont l'habitude de faire des trous dans le sable pour y déposer leur progéniture, et par une prévoyance admirable, ils apportent, à côté d'elle, des araignées, des chenilles ou des mouches, après les avoir paralysées avec leur venin et par la blessure de leur dard, afin que celles-ci, quoique vivantes, restent auprès des œufs qu'ils viennent de produire, et n'échappent pas aux larves qui vont en naître.

Sphége. *Sphex.* Antennes sétacées; pédicule abdominal cylindrique, très-long; ailes non doublées sur leur longueur.

Les sphéges sont très-agiles et continuellement occupés à la recherche des insectes destinés à nourrir leurs

petits ; car, à l'état parfait, ils ne vivent que de pollen
et de nectar. Le Sphége des sables[1] est le plus commun
dans les environs de nos villes ; il est noir, velu, avec
deux segmens jaunes ou rougeâtres à l'abdomen.

FAMILLE DES CACHE-LARVES.

Antennes variables, non sétacées, à treize articles
au plus ; abdomen aplati ou renflé, courtement
pédiculé.

La tarière qui termine leur abdomen permet à ces
hyménoptères d'insérer leurs œufs sous l'écorce tendre
des tiges ou dans l'intérieur des fruits ; c'est de cette
habitude de soustraire le produit de leur génération à la
vue, qu'est venu le nom de cette coupe. Quelques cache-
larves se développent dans le corps des autres insectes.

CHALCIS. *Chalcis.* Antennes brisées, à onze ou douze
    articles ; cuisses postérieures très-renflées, den-
    telées ; jambes arquées.

Les mœurs des chalcis sont encore imparfaitement
connues ; ils se plaisent sur les fleurs, mais leurs larves
sont carnassières et parasites, et les femelles déposent
quelquefois leur progéniture dans les nids des guêpes.
Le Chalcis nain[2] est noir ; on le découvre fréquemment
dans la banlieue de la capitale.

CYNIPS. *Cynips.* Antennes filiformes, non brisées, de
    dix à quinze articles ; cuisses non renflées ;
    ventre pédiculé, comprimé.

Ces insectes produisent des excroissances variées à la

---

[1] *S. sabulosa.*   [2] *C. minuta.* Fab.

surface des plantes, en plaçant leurs œufs sous l'épiderme de celles-ci. C'est à l'aide d'une espèce de tarière très-déliée, dont l'extrémité est armée de dents, que les cynips font cette opération. Il est probable qu'ils déposent aussi, dans la blessure qu'ils produisent sur les végétaux, quelque suc irritant qui occasionne les diverses tumeurs que l'on voit naître dans la suite, telle que la noix de gale, qui n'est que l'effet de la piqûre d'un de ces insectes [1] et dans laquelle on trouve sa larve.

Le Cynips du bédéguard [2], qui est noir, avec les pattes et l'abdomen couleur de rouille, est commun ; c'est lui qui fournit la substance dont il porte le nom, qui ressemble à de la mousse, et s'observe sur le rosier et l'églantier ; elle était employée dans l'ancienne médecine, et Ettmuller la regardait comme pouvant dissoudre les calculs et tuer les vers.

Le Cynips du figuier [3] est fameux par les services qu'il rend dans l'Orient, en produisant la fécondation de l'arbre dont il porte le nom. Les figues ne sont que les fleurs femelles des figuiers arrivées à la maturité par l'effet de l'acte fécondateur. Comme ces fleurs occupent l'intérieur de ce fruit et que la cavité dans laquelle elles se trouvent ne communique au dehors que par une très-petite issue, il est probable que la poussière prolifique de ces arbres n'y pénétrerait pas et qu'ils resteraient stériles si ce cynips, qui habite leur feuillage, n'entrait successivement dans les fleurs mâles et femelles et ne chariait dans ces dernières le pollen dont il se couvre en fréquentant les autres.

---

1 *C. gallæ tinctoriæ.*   3 *C. psenes.*
2 *C. rosæ.*

FAMILLE DES SERRICAUDES.

Abdomen non pédiculé ; une tarière dentelée chez les femelles.

Dans cette coupe, les larves ont des pattes et sont douées de mobilité ; on les nomme *fausses chenilles*; elles se nourrissent des végétaux dans lesquels leur mère a soin de placer ses œufs à l'aide de sa tarière propre à scier les écorces. Sous leur premier état, plusieurs serricaudes habitent en société, et quelques-uns se forment même une tente soyeuse pour s'abriter.

Tenthrède. *Tenthredo.* Corps long ; corselet chiffonné ; antennes sétacées ou renflées à l'extrémité.

Quelques espèces de ce genre sont carnassières à l'état parfait, telle est, entr'autres, la Tenthrède verte [1], nommée *lettre hébraïque* par Geoffroy, parce que son corselet est marqué de lignes noires imitant des caractères alphabétiques ; elle se trouve dans nos campagnes et souvent dans les chemins humides des bois.

Cimbèce. *Cimbex.* Tête sessile ; mandibules avec deux dents aiguës au côté interne ; antennes courtes, claviformes, ovoïdes.

Ces hyménoptères ressemblent un peu aux abeilles. Le Cimbex fémoral [2], qui se trouve dans toute l'Europe, a une larve qui lance, par un jet continu, un fluide verdâtre et transparent, aussitôt qu'on l'inquiète.

[1] *T. viridis.* [2] *C. femorata.*

ORDRE DES DIPTÈRES.

Deux ailes nues ; bouche sans mâchoires ni mandibules.

La bouche des insectes de cette division n'offre que des rudimens de mandibules et de mâchoires ; elle se compose d'une espèce de suçoir, tantôt solide, saillant, comme corné, et dans l'intérieur duquel on voit des soies raides et mobiles [1], tantôt charnu, rétractile, terminé par une partie plus large, faisant l'office de ventouse [2], ou enfin cet organe peut former une espèce de museau environné de palpes [3]. Cette conformation de l'appareil buccal ne permet aux diptères qu'une nourriture fluide ; il en est qui font cependant usage de solides, comme de sucre, mais ce n'est qu'après les avoir dissous avec leur salive qu'ils les avalent.

Les antennes des diptères sont presque toujours courtes et insérées en avant de la tête ; les yeux sont souvent fort gros chez les mâles où ils occupent presque toute l'étendue de celle-ci ; le sens de l'odorat est très-développé dans cet ordre. Les deux ailes de ces insectes sont transparentes ; au-dessous de chacune d'elles, on découvre presque constamment une petite écaille arrondie que l'on nomme *aileron* ou *cuilleron*, et qui est regardée comme un rudiment d'ailes. Sous cet appendice, on voit ordinairement une petite tige terminée par un renflement ; c'est là ce que l'on appelle *balancier*, organe que M. Robineau Desvoidy considère comme régulateur du vol.

---

[1] Cousins.
[2] Mouches.
[3] Tipule.

Deux crochets, quelquefois plus, terminent les pattes des diptères ; mais en outre, on y observe souvent des petites pelottes, formées de lames entaillées, qui font adhérer ces hexapodes sur les surfaces les plus polies et leur permettent de s'y suspendre contre leur propre poids ; comme ils ne marchent presque jamais, les membres sont faibles ; quelques espèces les ont excessivement longs et peuvent se soutenir avec eux à la surface de l'eau, ce qui les a fait nommer, dans le monde, *mouches saint Pierre.*

Les larves des diptères n'ont point de pieds ; les unes sont aquatiques et les autres sont terrestres et rongent les chairs putréfiées, dont l'odeur les attire de très-loin.

FAMILLE DES HAUSTELLÉS.

Suçoir saillant, long, souvent coudé dans le repos.

Ce nom, dérivé d'*haustellum*, qui signifie suçoir ou syphon, indique la conformation de la bouche de ces diptères, qui est disposée de telle manière, qu'elle leur permet d'ouvrir la peau des gros animaux pour en sucer le sang. Les larves des haustellés se développent dans des lieux bien différens ; les unes vivent dans l'eau, les autres dans le sable ou sous la terre.

COUSIN. *Culex.* Trompe longue, à suçoir de cinq pièces ; antennes plumeuses ; ailes à nervures écailleuses.

Les cousins doivent être rangés parmi les insectes les plus incommodes à l'homme et aux animaux ; les piqûres qu'ils font à l'aide des pièces de leur aiguillon, dont plusieurs paraissent dentées, sont excessivement douloureuses, sans doute à cause de cette forme de leur instrument térébrant et du fluide qu'ils abandonnent dans la plaie. Ces diptères sont une véritable calamité pour les habitans des pays chauds et marécageux ; dans le midi de notre patrie, on ne s'en préserve pendant le sommeil qu'en s'entourant d'un réseau que l'on nomme *cousinière*. Les Lapons, qui en ont aussi beaucoup dans leur malheureux climat, ne se garantissent de leurs atteintes qu'en s'enduisant le corps de matières grasses et en restant plongés dans la fumée de leurs cabanes. Ce sont des individus de cette coupe que tous les colons américains connaissent sous le nom de *maringouins*.

Les larves de ces haustellés vivent par myriades dans les eaux croupissantes ; les œufs dont elles naissent ont la forme d'une petite bouteille dont le goulot, qui ne paraît bouché que par une mince membrane, les laisse facilement sortir ; c'est à la surface de l'eau que se fait leur dernière métamorphose. Le Cousin commun[1] est cendré ; ses ailes sont enfumées.

BOMBYLE. *Bombylius.* Trompe ordinairement aussi longue que le corps, qui est velu.

Ils s'abreuvent du nectar des fleurs en planant près d'elles. Le Bombyle ponctué[2] est à poils fauves, avec des ailes tachetées ; il se trouve communément.

HIPPOBOSQUE. *Hippobosca.* Corps très-plat et large ; tête sessile ; membres gros et longs ; ongles crochus, ordinairement subdivisés.

Ces diptères vivent des humeurs des grands animaux,

[1] C. pipiens.　　　[2] D. medius.

et s'attachent à eux comme d'incommodes parasites. C'est la démarche et l'habitation de ces insectes qui leur ont fait donner les noms de *mouche-araignée* ou *mouche de chien*; ils ont la peau si coriace, qu'il est impossible de les écraser sous les doigts, et cette structure les protége sans doute contre les frottemens que les êtres sur lesquels ils se sont fixés, exécutent pour s'en débarrasser.

Le mode de reproduction des hippobosques est ce que leur histoire nous offre de plus singulier; la femelle, au lieu de produire un œuf, garde la larve dans l'intérieur de son abdomen jusqu'au moment où celle-ci se métamorphose en nymphe; sortant alors du corps de la mère et présentant un volume considérable, cette nymphe est dans une coque et offre une forme lenticulaire, qui, de la couleur d'un blanc laiteux, passe ensuite au noir en se solidifiant.

L'Hippobosque du cheval est commun sur cet animal; l'Hippobosque des oiseaux [1] se rencontre souvent sur les hirondelles.

TAON. *Tabanus.* Tête large, trompe membraneuse, bilabiée; antennes à dernier article en croissant subulé.

Les solipèdes et les ruminans sont les quadrupèdes que les taons attaquent de préférence, et ceux-ci sont parfois si abondans au milieu de certaines contrées de l'Afrique, qu'on en voit des légions entières couvrir toute la superficie de la peau de ces mammifères qu'ils tourmentent horriblement. Le Taon automnal [2] est connu de tout le monde.

---

1 *H. avicularia.* Deg.   2 *T. autumnalis.*

FAMILLE DES HYDROMYES.

Museau saillant et plat, sans trompe ni suçoir ; balanciers découverts.

TIPULE. *Tipula.* Ailes écartées du corps ; antennes souvent pectinées, non velues ; pattes excessivement longues.

La conformation de ces diptères se rapproche de celle des cousins ; mais ils en diffèrent beaucoup par leurs mœurs. Les tipules sont inoffensives ; leurs larves vivent ordinairement dans le terreau, et se nourrissent de cette substance. La Tipule des prés [1], dont le corps est brun, sans taches, est excessivement commune.

FAMILLE DES SIMPLICICORNES.

Une trompe rétractile ; antennes sans poil latéral.

C'est cette dernière particularité que l'on a voulu indiquer par le nom de cette famille. Les simplicicornes ont des mœurs peu connues.

ANTHRAX. *Anthrax.* Trompe peu saillante ; antennes à troisième article pyriforme, subulé.

Ces insectes planent avec facilité, et pendant des heures entières, dans le même endroit ; ils ont des ailes agréablement bariolées. L'Anthrax morio [2] se trouve fréquemment en été.

---

[1] *T. oleracea.* [2] *A. morio.*

FAMILLE DES LATÉRALISÈTES.

Une trompe rétractile ; antennes portant une soie isolée, latérale.

Mouche. *Musca.* Antennes à soie plumeuse ; abdomen opaque.

Les espèces les plus communes sont : la Mouche domestique [1], qui abonde dans nos habitations, et qui présente cela de remarquable, que c'est la femelle qui introduit son organe générateur dans le mâle ; la Mouche cæsar [2], qui est d'un beau vert brillant et fréquente les cadavres, et la Mouche carnassière, dont l'abdomen a des taches blanches, et qui est vivipare.

FAMILLE DES ŒSTRIDES.

Bouche consistant en trois points enfoncés.

Ce groupe est fort remarquable par l'absence presque absolue de toutes les parties de la bouche ; car on n'y découvre plus de trompe ni de suçoir.

Œstre. *Œstrus.* Antennes courtes, reçues dans un creux du front.

A l'état parfait, ces diptères ne paraissent pas prendre d'alimens ; au moins, l'imperfection de la bouche le fait supposer. Leurs larves sont apodes, et entourées de poils raides, cornés, dirigés tous dans le même sens, et qui paraissent leur servir à s'accrocher dans les cavités ou à la surface des divers animaux où elles vivent.

On en trouve une espèce dans les intestins du cheval. Selon le célèbre vétérinaire Clark, les femelles de cet

1 *M. domestica.*   2 *M. cæsar.*

œstre déposent leurs œufs sur la partie interne des jambes ou sur les côtés de ce quadrupède ; puis, ils restent accolés dans cet endroit à l'aide d'un fluide visqueux qui les environne, et ce n'est que quand les larves en sont sorties que le cheval, en se léchant, introduit celles-ci dans sa bouche, et que, de là, elles passent dans son estomac, qui est leur lieu de prédilection ; dans la suite, elles cheminent le long du canal intestinal, et sont expulsées avec les excrémens. Alors ces diptères s'enfoncent dans le sol pour y subir leurs métamorphoses.

D'autres œstres placent leurs œufs sous la peau des grands animaux, à l'aide d'une tarière abdominale, et leurs larves croissent au milieu de l'ulcère qu'elles provoquent dans le lieu qui les a reçues. Ces diptères causent l'épouvante aux mammifères sur lesquels ils se développent. Le bourdonnement d'un seul de ces hexapodes fait souvent fuir des troupes immenses de rennes, ou disperse les chameaux des caravanes ; c'est même pour éloigner ces insectes que celles-ci traversent le désert, accompagnées par une musique guerrière ou par le chant des chameliers.

L'OEstre du cheval [1] a l'abdomen couleur de rouille ; ses ailes ont une bande et deux points bruns. L'OEstre du mouton [2] se développe dans les sinus frontaux de ces animaux, et y produit une grave maladie.

Dans l'Amérique méridionale, M. de Humboldt a observé des Indiens dont le ventre était envahi par de petites tumeurs que ce savant pensa être produites par des larves d'œstre. On dit aussi en avoir découvert dans les sinus du front de l'homme.

[1] Œ. equi.   [2] Œ. ovis.

ORDRE DES APTÈRES.

Hexapodes sans ailes et sans métamorphoses.

La vue des aptères s'exerce à l'aide d'yeux lisses. La bouche consiste en un museau renfermant un suçoir mobile, ou bien elle est formée de deux lèvres et de mandibules en crochet. Les insectes que nous conservons dans cet ordre sont parasites, et n'éprouvent point de métamorphoses.

FAMILLE DES PÉDICULIDES.

Tête libre ; deux ou quatre yeux lisses ; bouche en suçoir rétractile ou à mandibules.

L'habitude de vivre sur le corps des grands animaux, qu'ont les insectes réunis ici, a fait désigner cette famille sous le nom de *parasites* ; mais nous préférons l'épithète de pédiculides qui ne permet pas de la confondre avec d'autres êtres qui offrent la même particularité.

Pou. *Pediculus.* Corps déprimé ; bouche en suçoir ; membres égaux, terminés en crochet simple.

L'homme nourrit trois espèces de poux. La fécondité de ces aptères est prodigieuse ; Leuwenhoëck a calculé que, dans l'espace de soixante jours, deux femelles, par la succession rapide des générations, pourraient donner naissance à dix-huit mille petits. Ces insectes subissent des mues.

Le Pou du corps [1], celui de la tête et celui du pubis, forment les trois espèces qui assiégent l'homme ; on en trouve d'autres chez les animaux. Si l'on en croit Kolbe

1 *P. humanus corporis.*

et plusieurs voyageurs qui ont parcouru l'Afrique, les Hottentots et les nègres, à l'imitation des singes, mangent ces dégoûtans parasites. Le savant Labillardière raconte avoir vu des femmes sauvages de la Nouvelle-Hollande chercher les poux de leurs enfans et les manger.

L'auteur espagnol Oviédo assure qu'à une certaine latitude tropicale les poux abandonnent les marins de sa nation, qui voguent vers l'Amérique, et que ceux-ci ne retrouvent ces désagréables animaux qu'en revenant dans leur patrie.

Les poux du corps s'engendrent quelquefois avec une abondance extrême, et leur multiplication peut produire une maladie grave qui n'épargne ni la fortune, ni les rois, et dont sont morts Hérode, Sylla, Platon, Philippe II d'Espagne, et beaucoup d'autres.

Ricin. *Ricinus.* Mâchoires distinctes; tarses à deux crochets.

Il y a beaucoup d'espèces dans ce genre. Ces insectes paraissent se nourrir des plumes des oiseaux ; De Géer a cependant trouvé du sang dans l'estomac de l'un d'eux. Le Ricin de la poule [1] a du rapport avec le pou de l'homme; mais sa tête est plus large.

---

1 *R. gallinœ.*

CLASSE VII.

OCTOPODES OU ARACHNIDES.

Animaux invertébrés à huit membres articulés.

Les animaux de la classe des octopodes ont quelques affinités avec les crustacés; ils sont privés d'ailes et n'ont point d'yeux à facettes; la vision s'opère chez eux par de petits yeux lisses, diversement groupés. La tête est confondue et ne forme qu'une seule pièce avec le thorax. Les organes sexuels sont situés sous le ventre, ou bien à l'extrémité des premiers pieds mâchoires.

Des espèces de sacs pulmonaires renfermés dans les poches latérales de la cavité abdominale, ou bien des trachées rayonnées ou ramifiées, constituent les organes de la respiration. L'appareil circulatoire de ces animaux se compose d'un cœur et de vaisseaux; mais on ne peut pas toujours les apercevoir. Leur système nerveux a moins de renflemens que celui des insectes.

Les antennes des octopodes sont remplacées par des pièces articulées, en forme de petites serres, qui ont été comparées aux mandibules des insectes, et ont reçu la même dénomination; celles-ci se terminent par un crochet mobile; dans un certain nombre, il y a deux crochets. Les mâchoires varient beaucoup; elles sont formées par l'article radical du premier article de deux petits pieds ou palpes, ou par un appendice ou lobe de ce même article ; une sorte de lèvre ou prolongement pectoral et une pièce cachée sous les mandibules, et appelée langue sternale, sont, selon M. Latreille, les parties qui entrent dans la bouche de la plupart des animaux de cette classe.

Les arachnides naissent sous une forme qui persévère toute la vie, elles sont seulement sujettes à des mues, et ce n'est qu'à la quatrième ou cinquième qu'elles deviennent propres à la génération. Presque tous les octopodes sont carnassiers ; ils saisissent les insectes par la ruse ou la violence, et leur tendent des piéges ; il en est qui sucent le sang de divers animaux vertébrés, sur lesquels ils vivent en parasites.

D'après leur structure, les octopodes ont été divisés en deux sections distinctes : l'une nommée Octopodes pulmonaires, dans laquelle sont rangés les animaux de cette classe qui offrent des sacs pulmonaires, un cœur et des vaisseaux distincts, puis six à huit yeux ; l'autre division nommée Octopodes trachéens, contient ceux qui ont des trachées au lieu de sacs respiratoires, et seulement deux à quatre yeux.

Octopodes trachéens.

FAMILLE DES HOLÈTRES.

Tête, thorax et abdomen réunis en une masse.

Nous ne coerçons dans cette famille que les holètres à huit pattes ; ceux que divers auteurs y ont placés, et dont le nombre des membres est différent, doivent, selon nous, rentrer dans d'autres classes.

Faucheur. *Phalangium.* Mandibules en pince; deux yeux seulement; pattes excessivement longues; queue nulle.

Ces animaux se distinguent des araignées par les caractères de la section à laquelle ils appartiennent, et aussi en ce qu'ils n'ont que deux yeux. Ils sont tous carnassiers, et se contentent de sucer le sang des petits animaux. Le Faucheur des murailles [1] est le plus commun.

Sarcopte. *Sarcoptes.* Corps très-mou; tarses à pelottes vésiculeuses.

Ce sont des octopodes que l'on n'aperçoit bien qu'à l'aide du microscope. Ils vivent sur nos substances alimentaires, ou sont parasites sur le corps de l'homme et des animaux. Des observateurs modernes ont attribué plusieurs maladies cutanées à certaines espèces de ce genre; Avenzoar, médecin arabe, avait émis une idée semblable au douzième siècle.

Le Scarcopte de la gale [2] est regardé comme celui qui produit cette affection, et l'on dit que celle-ci a pu être inoculée à l'aide de cet animal. Selon Linné, la dyssenterie serait due aussi à une espèce de sarcopte [3].

** Octopodes pulmonaires.

FAMILLE DES PÉDIPALPES.

Palpes très-grands, terminés en pince ou en griffe digitée; abdomen sans filière.

Ces octopodes ont quatre ou huit sacs pulmonaires; leur corps est revêtu d'un derme assez solide.

1 *P. opilio.* L.   3 *S. dysenteriæ.*
2 *S. scabiei.*

Scorpion. *Scorpio.* Abdomen sessile ; queue noueuse, grêle, terminée par un aiguillon.

Ils vivent sur la terre ou sous les tas de pierres; plusieurs espèces séjournent dans les maisons. La quantité de scorpions que l'on rencontre dans certains pays est quelquefois si considérable, qu'elle a forcé les populations à les abandonner, à ce que rapportent quelques voyageurs. Un naturaliste romain dit qu'il y avait un si prodigieux nombre de ces animaux dans la Médie que le roi de Perse étant pour faire un voyage dans ce pays, fit acheter, quelques jours auparavant, et à tout prix, tous les scorpions que l'on pourrait trouver, pour ne pas être arrêté par eux pendant sa tournée.

Malgré tout ce que l'on a répété sur le danger de la morsure de ces octopodes, il paraît que, le plus ordinairement, les suites en sont très-peu sérieuses, et que, souvent, les remèdes empyriques employés pour combattre celles-ci, les ont aggravées au lieu de les dissiper. Élien raconte que les prêtres d'Isis de Coptos, en Égypte, foulaient impunément aux pieds les scorpions, qui étaient fort abondans autour de cette cité. Quelques anciens admettent si bien l'innocuité de ces animaux, qu'ils assurent en avoir vu manger : tel est Plutarque. Cependant l'introduction du venin faite par le dard du Scorpion d'Europe [1] produit des accidens légers, et certains naturalistes avancent que le Scorpion noir [2], qui vit dans les rochers de l'Afrique, peut tuer les hommes par sa piqûre, et en moins de deux heures.

Tous ces pédipalpes saisissent avec leurs pinces les insectes dont ils se nourrissent, puis ils les font périr

1 *S. europæus. L.*   2 *S. afer.*

27

à l'aide de l'aiguillon terminal de leur queue, qui verse le venin dans les plaies qu'il produit.

On débitait anciennement une foule d'absurdes fables sur les scorpions. Une des plus accréditées était qu'ils se tuent avec leur dard quand on les entoure de feu ; mais ce conte s'est démenti dans des expériences qui ont été tentées récemment.

FAMILLE DES ARANÉIDES.

Palpes sans pince, à dernier article portant l'organe mâle ; serres frontales terminées par un crochet mobile.

Dans l'article qui précède ce crochet se trouve une petite glande qui sécrète un venin utile à ces animaux pour tuer leur proie; celui-ci est versé à l'extérieur par un canal qui traverse le crochet. On voit qu'une telle disposition rapproche les aranéides de certains ophydiens, et que celles-ci sont parmi les invertébrés ce que les serpens venimeux sont parmi les vertébrés.

Quelques naturalistes disent que les yeux lisses des aranéides sont brillans dans l'obscurité, comme ceux des chats. L'organe reproducteur du mâle est formé de deux verges qui se trouvent au bout des palpes, et qui communiquent avec des glandes pyriformes situées dans l'abdomen, et chargées de la sécrétion du fluide fécondateur.

Dans toutes les fileuses, le ventre est muni de quatre ou six mamelons de forme cylindrique ou conique, groupés au-dessous de l'anus, et dont l'extrémité charnue est percée d'une immense quantité de petits pores par lesquels sort la substance soyeuse qui est sécrétée par quatre vaisseaux jaunes, très-longs, repliés sur eux-mêmes et contenus dans la cavité abdominale. C'est avec leur soie que les araignées forment des toiles ingénieusement tendues afin d'attraper les insectes dont elles sucent le sang pour se nourrir, et celles-ci ont quelquefois assez de force pour arrêter des oiseaux ; d'autre fois, les fils des aranéides leur servent à garotter leur capture au moment où elles la saisissent. Les flocons blancs qui se trouvent suspendus dans l'air, pendant les belles journées du printems ou de l'automne, et que l'on nomme *fils de la Vierge*, sont formés, selon M. Latreille, par diverses jeunes aranéides. Les toiles des octopodes fileurs ont pu être employées à la confection de différens tissus et l'on est parvenu à en faire des gants et des bas.

L'accouplement des sexes a lieu avec une extrême méfiance ; le mâle, pour se soustraire à la voracité de la femelle, n'approche d'elle qu'avec beaucoup de circonspection : il s'arrête, s'en éloigne brusquement, ou se laisse tomber suspendu à son fil, puis remonte pour se rapprocher d'elle de nouveau, selon l'attitude qu'elle prend, et enfin il lui introduit vivement l'extrémité de ses palpes sous le ventre, et fait sortir de ceux-ci, par un mouvement de ressorts, l'organe copulateur. Après la ponte, la femelle enveloppe ses œufs dans un cocon qu'elle confectionne avec sa soie. Quelques araignées ont la précaution de déchirer cette coque à l'époque où les petits sortent ; il en est qui gardent leur progéniture avec un soin extrême.

MYGALE. *Mygale.* Palpes pédiformes à l'extrémité des mandibules ; poils des tarses cachant les crochets.

Les aranéides les plus volumineuses se trouvent dans cette division ; ce sont elles que l'on a désignées quelquefois sous le nom d'Araignées-crâbes, et dont la morsure peut produire chez l'homme une fièvre violente, et a même suffi pour donner la mort. En Amérique, on en voit d'assez fortes pour terrasser les oiseaux-mouches et les colibris ; telle est la Mygale aviculaire [1], qui est couverte de poils d'un brun-roussâtre, et qu'on observe dans les buissons ou les rochers.

La Mygale maçonne est moins remarquable par sa force ; mais elle se fait admirer par son industrie ; elle creuse des galeries souterraines d'un pied ou deux de profondeur, dans les lieux en pente et protégés contre les inondations, puis elle tapisse mollement de soies fines les murailles de cette habitation, et elle en bouche l'entrée à l'aide d'une espèce de soupape solide qui tient par une charnière supérieure au contour de l'ouverture ; cette porte se rabat spontanément, et ferme la demeure de cet ingénieux animal. Lorsqu'on cherche à ouvrir celle-ci, l'araignée retient la soupape en dedans, et ce n'est que quand on a vaincu ses efforts, qu'elle se réfugie au fond de son séjour.

ARAIGNÉE. *Aranea.* Mandibules en crochet avec des palpes à la base ; abdomen pédiculé.

Elles construisent leur toile dans l'intérieur de nos habitations, sur les haies ou les arbres des jardins. L'Araignée domestique [2] est le type du genre.

L'Araignée aquatique [3] établit sa demeure au fond de nos eaux dormantes ; elle s'y forme une coque en cloche dont les bords sont attachés aux plantes voisines, à l'aide de ses fils, et elle la remplit d'air pour l'habiter ; c'est en cet endroit qu'elle guette les insectes

1 *M. avicularia.*　　　　3 *A. aquatica.*
2 *A. domestica.*

aquatiques, dépose ses œufs, et se renferme pendant la froide saison.

LYCOSE. *Lycosa.* Yeux en quadrilatère, les deux postérieurs non élevés; membres antérieurs sensiblement plus longs que les seconds.

Des trous creusés sous la terre et dont les parois sont fortifiées par des fils qui empêchent les éboulemens, sont le séjour habituel de ces aranéides; c'est au fond de ces retraites qu'elles passent l'hiver, et elles en bouchent quelquefois l'ouverture, pour se soustraire plus efficacement au froid; c'est à l'entrée de leur demeure que les lycoses épient les petits animaux. La femelle de ces octopodes porte partout avec elle le cocon qui contient ses œufs, après l'avoir attaché à son abdomen avec des fils de soie. La jeune progéniture, aussitôt éclose, vient se grouper sur le ventre de la mère, y vit un certain tems, et lui donne souvent l'aspect le plus hideux.

La Lycose tarentule[1], dont le nom vient de ce qu'elle se trouve particulièrement dans les environs de Tarente, a été anciennement fort célèbre par les absurdités que que l'on débitait sur son compte. On prétendait que sa piqûre engendrait des symptômes redoutables, auxquels on donnait le nom de *tarentisme*, et que l'on assurait ne pouvoir guérir qu'à l'aide de la musique. Quelques médecins crédules ont même noté, dans leurs traités, les airs les plus efficaces contre cette maladie chimérique.

Le docteur Baglivi, qui n'a pas peu contribué à amplifier les accidens produits par la tarentule, rapporte d'après un ancien observateur, que la piqûre de cette

―――――――
[1] *L. tarentula.* Lat.

aranéide peut tuer un cerf ; mais des observations faites en Italie démontrent qu'elle occasionne seulement dans nos tissus une légère inflammation, qui se guérit simplement si l'empirisme ne l'aggrave pas par une médication intempestive.

CLASSE VIII.

DÉCAPODES.

Animaux articulés extérieurement, inailés, branchifères, munis d'un cœur et de vaisseaux, et à dix membres articulés.

Les décapodes constituent avec les deux classes suivantes, les hétéropodes et les tétradécapodes, des animaux auxquels les naturalistes donnent le nom collectif de *crustacés*. Comme les trois classes dans lesquelles ceux-ci se trouvent répartis dans la méthode que nous suivons, offrent de grands rapports, nous traiterons, dans cet article, de l'organisation des décapodes d'une manière spéciale ; mais, comme presque toutes les généralités sont les mêmes pour les deux divisions suivantes, en traçant l'histoire de celles-ci, nous n'aurons à mentionner que les différences qu'elles offrent avec la section que nous traitons dans ce chapitre.

Les décapodes, et en général presque tous les autres crustacés, ont la tête confondue avec le corselet. Revêtus d'une enveloppe dure et calcaire, le tact est extrêmement obtus chez eux; mais vers le printems, ils perdent, chaque année, leur test crustacé, et ils sont alors mous et flexibles. Pendant la durée de ce dernier état , ces animaux paraissent très-sensibles et se retirent dans les creux des rochers , jusqu'à ce que leur peau ait acquis assez de consistance pour qu'ils puissent reprendre leur vie active.

La bouche des crustacés offre d'assez grandes différences , les pièces qui la composent changent quelquefois tellement de destination, que , devenues semblables à des pattes, elles en remplissent les fonctions. Voici l'énumération des diverses parties qui se trouvent dans l'organe buccal de la majorité des décapodes : une lèvre supérieure et une inférieure ; deux mandibules épaisses, solides, tranchantes à la partie interne , et situées en dessous de toutes les autres pièces paires; une première paire de mâchoires membraneuses, lobées et ciliées, appliquées sur les mandibules; une seconde paire de mâchoires sans palpes, comme la précédente, et membraneuse et ciliée comme elle ; une troisième paire de mâchoires membraneuses, portant en dehors un palpe, et que M. Desmarest nomme *pieds-mâchoires internes ;* une quatrième paire de mâchoires formée d'une tige assez étroite, non membraneuse , divisée en six articles et pourvue d'un palpe, et que le même savant appelle *pieds-mâchoires intermédiaires;* enfin , une dernière paire de pièces nommées par Latreille *pieds-mâchoires extérieurs,* et par M. Leach *pédipalpes*, et qui sont composés, comme les autres, de deux parties ou tiges dont l'intérieure, crustacée et comprimée, est divisée en six articles, et l'extérieure se trouve disposée en forme de palpe.

Très-certainement le goût existe chez les décapodes, et son siége paraît être à l'origine du canal intestinal, où des nerfs spéciaux semblent se rendre. Les palpes flagelliformes annexés aux pieds-mâchoires ne paraissent pas destinés à percevoir cette sensation, et l'on doit tout simplement les considérer comme servant à diriger l'aliment. Ces animaux sont essentiellement carnassiers; quelques-uns poussent même la voracité jusqu'à dévorer les cadavres dans les lieux de sépulture.

Dans les êtres qui se trouvent compris dans cette classe, on découvre presque constamment quatre antennes; c'est dans les deux intermédiaires que De Blainville place le sens de l'olfaction, qui est très-délicat chez eux.

Ces crustacés ont des yeux à facettes portés sur un pédicule mobile. Selon De Blainville, derrière chaque petite cornée, on découvre une choroïde percée d'un orifice semblable à la pupille, et l'on y trouve aussi des parties analogues au cristallin et à l'humeur vitrée; au moins, c'est ce que cet observateur a vu sur la langouste. L'exercice de la vision est assez parfait chez certains crabes terrestres, qui paraissent apercevoir les objets à de grandes distances, mais d'autres décapodes ont ce sens assez borné.

L'organe de l'ouïe est très-apparent dans une partie des décapodes [1], mais chez plusieurs autres, il est bien moins développé [2]. Dans les écrevisses, situé à la naissance des antennes extérieures, il se trouve formé par une cavité pratiquée dans le test et renfermant un petit sac vestibulaire membraneux, rempli d'un fluide aqueux dans lequel pénètre une ramille nerveuse; l'orifice de ce petit appareil est fermé par une membrane. Malgré la présence de ces rudimens d'oreilles, les sons paraissent agir peu sur cette classe d'animaux; il est

____

[1] Ecrevisses. [2] Crabes.

cependant certain que beaucoup d'entr'eux entendent.

Le système nerveux des crustacés est analogue à celui des insectes, et il présente d'autant plus de ganglions que l'extrémité postérieure du corps s'alonge davantage. L'instinct de ces animaux est assez médiocrement développé; il en est qui sont courageux [1], et combattent jusqu'à la dernière extrémité.

La locomotion est variée; certains décapodes nagent ou marchent avec autant de facilité en arrière qu'en avant; et quelques-uns vont également de côté; d'autres courent avec une telle rapidité, que l'on dit qu'un homme ne saurait les atteindre [2]; c'était même à cause de cela, selon Pline, que les Phéniciens les avaient nommés *cavaliers*. Les pattes ont à peu près les mêmes régions que dans les insectes, mais on y distingue quelquefois, en outre, une partie nommée *métatarse*, qui se trouve entre le carpe et la jambe. On nomme *pouce* le doigt mobile des pinces, et l'autre est *l'index*.

Presque tous les viscères digestifs sont contenus dans la poitrine. L'estomac est très-vaste, et ses parois sont soutenues par des arceaux cartilagineux qui les tiennent continuellement écartées, puis cet organe est armé de plusieurs dents nommées *pyloriques*, et destinées à broyer les alimens. A l'époque où les écrevisses sont prêtes à muer, la cavité stomacale renferme des concrétions pierreuses auxquelles on a donné improprement le nom d'*yeux d'écrevisses*, et qui paraissent être de la substance calcaire en réserve, pour fournir à la peau et reconstituer sa solidité, car ces pierres disparaissent à mesure que la superficie cutanée reprend sa consistance.

[1] Crabes.　　　　[2] Ocypodes.

Les crustacés sont pourvus d'un cœur et de vaisseaux ; celui-ci est très-apparent dans les décapodes, et ses mouvemens sont faciles à apercevoir ; la circulation est double ; le cœur, que l'on peut considérer comme le ventricule pulmonaire, envoie le sang aux branchies ; ce fluide, après avoir respiré dans ces appendices, en revient par des tubes vasculaires qui vont se réunir pour former un canal ventral situé sous l'intestin et chargé de distribuer le sang dans toutes les régions de l'animal par ses ramifications ; de là, il revient ensuite au cœur à l'aide des veines.

Des branchies protégées par la carapace et composées de masses lamelleuses [1], ou de filamens cylindriques disposés en houppes [2], constituent l'organe respiratoire de la classe qui nous occupe ; dans chacun des amas branchiaux on découvre des vaisseaux qui apportent ou enlèvent le sang.

Les mâles possèdent deux verges qui sortent à la partie postérieure du thorax, derrière la cinquième paire de pieds ; elles sont protégées par une pièce cornée tubuleuse qui sert à les introduire dans l'organe de la femelle ; celle-ci a deux vulves situées, dans certains crustacés, sur la pièce qui supporte la troisième paire de pattes[3], ou à la base même de ces membres et sur la face inférieure de leur premier article [4]. L'accouplement a lieu ventre à ventre. Ces animaux sont ovipares et les œufs ont une enveloppe cornée assez solide et transparente ; les femelles les portent souvent, pendant un certain tems, sous leur queue où ils se trouvent attachés par des filamens qui résultent du dessèchement de la

---

1 Crabes.
2 Astacoïdes.
3 Cancérides.
4 Astacoïdes.

viscosité qui les enduit, et qui adhèrent aux appendices nommés *fausses pattes.*

Certains crustacés possèdent la faculté de reproduire leurs membres lorsqu'ils se trouvent arrachés dans les articulations; on observe même que, quand un accident rompt leurs appendices dans un lieu éloigné de celles-ci, aussitôt ces animaux opèrent eux-mêmes une seconde amputation dans la jointure. M. Duméril rapporte qu'en Espagne on profite de cette faculté qu'ont les crabes et les écrevisses de régénérer leurs grosses pattes, et que, dans des marchés, on vend ces dernières que l'on arrache sur des individus encore vivans, qui sont ensuite rendus à la liberté pour qu'ils en fournissent d'autres quand on les repêche l'année suivante.

FAMILLE DES LIMULIENS.

Corps recouvert par un test en forme de bouclier; ni mandibules ni mâchoires.

LIMULE. *Limulus.* Bouclier composé de deux pièces, dont l'antérieure est semi-lunaire; queue longue et aiguë.

L'extrémité des membres des limules se termine par des pinces, et leurs hanches sont hérissées d'épines qui forment des espèces de mâchoires. Ces animaux, connus des marchands sous le nom de *crabes des Moluques*, mènent une existence vagabonde. Ce sont les mers des pays chauds qui les nourrissent; les sauvages font des flèches avec le stylet de leur queue.

Le Limule cyclope [1] est désigné, dans quelques cou-

---

[1] *L. cyclops.*

trées, sous le nom de *poisson-casserole*, parce que son test sert pour puiser de l'eau. En Chine, on mange les œufs de ce décapode; dans quelques pays, celui-ci est abandonné aux porcs.

C'est toujours un crustacé qui marque, chez les anciens peuples, la constellation zodiacale du cancer, et tour-à-tour on les vit employer la telphuse fluviatile, un portune, une écrevisse ou une langouste, mais sur un zodiaque japonais, on découvre un limule pour indiquer ce signe céleste.

ORDRE DES THORACIQUES.

Tête et thorax ne formant qu'une seule pièce, nommée céphalothorax.

FAMILLE DES CANCÉRIDES.

Corps très-court; antennes très-exiguës; queue plus courte que le tronc, repliée en dessous, sans appendices natatoires.

La vulve des femelles consiste tout simplement en deux trous situés sous le thorax; ce sexe se reconnaît encore à l'élargissement de la queue, qui porte sur ses parties latérales des appendices ou espèces de cornes velues servant à fixer les œufs.

PODOPHTHALME. *Podophthalmus.* Test trapézoïdal, épineux latéralement; pédicule oculaire excessivement long.

La manière dont les yeux sont portés rend ce genre remarquable; deux espèces le composent seulement, l'une fossile et l'autre vivante.

ETRILLE. *Portunus.* Test arqué en devant, sans épine latérale ; membres postérieurs seuls en nageoire ; yeux normaux.

Le Crabe commun [1], qu'on nomme vulgairement enragé, appartient à ce genre, ainsi que l'Étrille commune [2], dont la chair est principalement estimée. Ces octopodes nagent avec facilité ; on les voit traverser des bras de mer considérables ; ils vivent en société sur les côtes de France, et font leur nourriture de mollusques ou de crustacés divers.

CRABE. *Cancer.* Test arqué en devant ; pieds-mâchoires extérieurs à second article presque carré ; tous les ongles pointus, coniques.

La disposition des membres ne permet pas aux individus de cette section de pouvoir nager ; aussi, ils habitent le fond de la mer parmi les rochers et les plantes marines sous lesquels ils se cachent. Ces décapodes paraissent se nourrir spécialement de débris d'animaux marins ; ils sont craintifs et ne chassent ordinairement que la nuit.

Le Crabe tourteau [3], dont le test est roussâtre et les doigts noirs, tuberculeux en dedans, est l'espèce de nos rivages que l'on préfère pour les tables.

THELPHUSE. *Thelphusa.* Antennes intermédiaires bifides, plus courtes que les yeux ; tarses garnis d'arêtes épineuses ou dentées.

Elles habitent les fleuves ; on en rencontre dans les amas d'eau des cratères volcaniques de l'Italie ; chez cette

1 *Cancer mœnas.* L.   3 *C. pagurus.* L.
2 *C. puber.* L.

nation, il s'en mange considérablement en tems de carême. On préfère celles qui se sont dépouillées récemment de leur enveloppe calcaire ou qui se trouvent près d'accomplir cette crise ; on les sert alors sur les tables des cardinaux et des papes. Quelquefois, pour rendre leur chair plus douce et plus agréable, on pousse le raffinement jusqu'à les faire périr dans du lait. La Thelphuse fluviatile [1] avait sans doute acquis de la célébrité chez les anciens, car on la trouve représentée sur quelques médailles grecques et siciliennes, et l'on sait qu'ils lui prêtaient de grandes vertus médicales. Ce décapode, que les naturalistes de la renaissance nommaient crabe fluviatile, constitue souvent le frugal repas des pauvres caloyers du mont Athos, dans les ruisseaux duquel il abonde, et, suivant Belon, ces religieux le mangent cru, sa chair leur paraissant ainsi plus savoureuse. Élien dit que la thelphuse a l'instinct de prévoir les débordemens du Nil, et que ce crustacé a le soin, environ un mois à l'avance, de s'acheminer vers les hauteurs voisines.

OCYPODE. *Ocypode.* Test presque carré ; yeux alongés, s'étendant sur leur pédicule ; troisième article des pieds-mâchoires en carré long ; une des pinces beaucoup plus grosse.

Ces crustacés sont extrémement remarquables par la célérité de leur locomotion ; elle est telle, que le savant voyageur Olivier essaya vainement d'atteindre à la course une espèce qu'il rencontra en Syrie. M. Latreille pense que c'est ce décapode dont parle Pline le naturaliste. Bosc rapporte que l'Ocypode blanc [2] court avec

---

[1] *T. fluviatilis.*

[2] *O. albicans.*

tant de rapidité, que son cheval ne devançait cette espèce qu'avec peine, et qu'il avait du mal à la tuér à coups de fusil. C'est à cause de cette vîtesse qu'est venu le nom de cavaliers que les anciens donnaient à ces animaux, ainsi que nous l'avons dit.

Les ocypodes vivent communément à terre; on les y trouve surtout vers le commencement des nuits. Les sites arides et sablonneux des bords de la mer ou des rivières sont les lieux qu'ils préfèrent. Ces cancérides se creusent des terriers où ils passent une partie de leur existence, et où peut-être ils se renferment au tems des mues.

PINNOTHÈRE. *Pinnotheres.* Mâles subglobuleux solides; femelles molles, à queue recouvrant tout le dessous.

Ce sont de petits cancérides bien communs et surtout remarquables par leur habitation, qu'ils établissent dans les coquilles bivalves pendant une partie de l'année. C'est principalement dans les moules et les jambonneaux qu'on les découvre. Les anciens croyaient que ce crustacé était, non seulement une sorte de sentinelle qui avertissait ces mollusques de leurs dangers, mais encore qu'il allait butiner des alimens pour les leur rapporter, et ils prétendaient que ces frêles décapodes pinçaient la moule pour lui indiquer qu'un animal propice à sa nourriture était entré dans sa coquille, et que, pour ses bons offices, le pinnothère partageait avec le mollusque la capture qu'il avait contribué à saisir.

L'histoire de ces petits crustacés se perd dans l'antiquité; plusieurs zodiaques indiens ou égyptiens portent des figures analogues à cet animal, et Horapollo dit, dans son *Traité des Hiéroglyphes*, que les pinnothères étaient représentés symboliquement avec les pinnes marines, pour indiquer le sort d'une personne qui ne peut vivre sans le secours de ses proches, car on pensait que, privées de cette petite sentinelle vigilante, ces mollusques périssaient. Le Pinnothère des moules[1] est un des mieux connus; on lui attribue à tort de rendre celles-ci vénéneuses.

GÉCARCIN. *Gecarcinus.* Test cordiforme, épais, sans dents ni épines; pieds-mâchoires très-écartés.

Les mœurs singulières des gécarcins ont été le sujet des récits de tous les voyageurs. Ces cancérides, par une exception remarquable, habitent la terre; on les trouve sur les montagnes; là, ils se cachent dans les fentes des rochers, ou bien, selon le rapport de quelques personnes, ils se construisent des terriers pour y passer le tems des mues, et alors ils ont soin de les boucher; quelques-uns se nichent dans les cimetières. A l'époque de la ponte, ces décapodes s'acheminent vers la mer par bandes immenses, suivant toutes la ligne droite, et que nulle entrave ne détourne; après, ils en reviennent lentement et très-affaiblis; leur chair est succulente, mais quelquefois elle devient vénéneuse, ce qu'on attribue à l'usage que l'on prétend qu'ils font des fruits de mancenillier.

Le Gécarcin tourlourou[2] est le tourlourou des voyageurs; il habite les Antilles, et ne sort que le soir; son test est rouge; on y voit une impression formant un H.

GRAPSE. *Grapsus.* Test très-déprimé, presque carré; chaperon transversal, rabattu; pieds-mâchoires extérieurs très-écartés.

Ce genre est répandu sur tout le globe, mais c'est

1 *P. mytilorum.* Lat.   2 *C. ruricola.*

particulièrement dans les pays chauds que ses espèces acquièrent une plus vive coloration. Les grapses habitent communément la mer ; cependant on en rencontre des légions cantonnées sur les bords des rivières, elles se sauvent en faisant claquer bruyamment leurs serres, et se précipitent dans l'eau, aussitôt que le bruit des pas d'un homme se fait entendre ; on raconte qu'il y en a qui montent aux arbres. Le Grapse peint[1], dont le test est rouge, avec des points jaunes, vient aux Antilles ; c'est une belle espèce, commune dans les collections.

FAMILLE DES CANCRASTACOÏDES.

Corps alongé ; queue étendue, courte.

Cette famille forme le point de transition des cancérides aux astacoïdes ; comme dans les premiers, la queue est courte, et elle n'atteint pas ordinairement la longueur du thorax ; mais elle est étendue et suit la direction du corps comme dans les derniers.

RANINE. *Ranina.* Tronc se rétrécissant en arrière ; pieds aplatis ; queue étendue.

Elles viennent dans les mers de l'Inde. Rumphius raconte qu'elles sortent parfois de leur élément pour grimper aux arbres et sur les maisons, mais M. Latreille observe judicieusement que l'aplatissement de leurs tarses doit empêcher cette action.

La Ranine dorsipède[2] est une des plus remarquables.

MÉGALOPE. *Megalopus.* Tarses antérieurs en pince, tous les autres monodactyles, coniques ; queue étendue.

Nous ne connaissons qu'un petit nombre d'espèces de

1 *G. pictus.*   2 *R. dorsipes.* Lam.

ce genre, parmi lesquelles trois se trouvent sur le littoral de l'Europe ; elles se tiennent presque toujours cachées dans le sable.

FAMILLE DES ASTACOÏDES.

Corps alongé ; queue étendue, égalant au moins le tronc en longueur, et terminée en nageoires ; antennes ordinairement très-longues.

PAGURE. *Pagurus*. Première paire de pattes en pince ; abdomen mou, cylindriforme, à un seul rang latéral d'appendices ovifères.

Les pagures ont un mode d'existence tout particulier ; ils s'emparent des coquilles univalves, y plongent leur ventre, et s'y cramponnent à l'aide de leurs pieds postérieurs et des appendices abdominaux ; ils ne changent de demeure que quand celle de leur choix est devenue trop petite pour les contenir. C'est en traînant partout ce lourd domicile que ces décapodes marchent, et, sans en sortir, ils attrapent et dévorent les petits animaux. C'est à cause de cette singulière coutume que ces crustacés ont reçu les noms de *Bernard-l'ermite*, de *soldats*, et divers autres. Quand ils sont attaqués par un adversaire redoutable, ils s'enfoncent dans la coquille qui les protège, et en bouchent l'ouverture avec l'une de leurs pinces, qui est ordinairement plus grosse que l'autre.

Les auteurs parlent d'espèces de ce genre qui vivent sur la terre, à une distance considérable du rivage, et se nichent dans les trous. MM. Quoi et Gaymard rapportent qu'à Guam, on rencontre de très-gros pagures à plus de mille pas de la mer, et qu'ils cherchent l'ombre et s'abritent des rayons solaires sous les touffes d'arbrisseaux. A la Jamaïque, le Pagure Diogène se trouve en grande quantité dans certaines localités distantes de l'Océan, de plus de quatre lieues.

Le Pagure Bernard [1] a les serres hérissées de piquans, et des pinces cordiformes; il existe dans les mers européennes.

SCYLLARE. *Scyllarus.* Tarses monodactyles; antennes courtes, les latérales à pédoncule en crête aplatie, dentée, sans tige.

On les nomme aussi *cigales de mer;* ils nagent par bonds, et sont communs dans nos parages. Ces astacoïdes se creusent des trous sur les plages argileuses, afin de s'abriter contre l'agitation des flots, et on ne les voit en sortir que quand la mer est calme; ils se rapprochent des rivages au tems des amours pour déposer leurs œufs sur les lits de fucus qui les tapissent. La chair de ces crustacés est aussi délicate que celle des langoustes; le Scyllare oriental [2] est surtout estimé dans le midi de la France, où l'on en consomme beaucoup.

LANGOUSTE. *Palinurus.* Antennes latérales sétacées, excessivement longues et grosses; pieds simples.

Ces octopodes qui faisaient les délices des Romains et des Grecs, comme ils font actuellement les nôtres, deviennent quelquefois d'une dimension considérable; il en est qui pèsent jusqu'à douze à quatorze livres. On dit qu'on en pêche de deux mètres de longueur en y comprenant les antennes. Les profondeurs de la mer sont, la plupart du tems, leur séjour; mais à l'époque des amours, ils se rapprochent des rivages rocailleux,

1 *P. streblonyx.* Leach.　　　　2 *S. orientalis.*

pour s'y accoupler, et y déposer leurs œufs d'un beau rouge de corail.

La Langouste commune[1] a son test peint en vert-rougeâtre, et hérissé de fortes épines ; elles suggérèrent une nouvelle cruauté à l'empereur Tibère, qui fit déchirer avec leurs pointes acérées la bouche d'un blasphémateur ; ce crustacé est très-abondant dans les mers qui baignent la Provence.

ECREVISSE. *Astacus.* Les six pieds antérieurs didactyles, les deux premiers énormes, en pince ; queue à feuillets latéraux divisés transversalement.

Le Homard[2] qui pare si souvent les tables, et l'Écrevisse commune[3] qu'on y voit figurer également, doivent être cités ; la première espèce est marine, la seconde vit dans les eaux douces. De petites masses calcaires qui se trouvent dans l'estomac de celle-ci, étaient regardées anciennement comme possédant des propriétés merveilleuses, et on les connaissait, dans les pharmacies, sous le nom de *pierres d'écrevisse.*

C'est une variété du homard qui paraît être le crustacé nommé Éléphant dans Pline.

PALÉMON. *Palœmon.* Antennes intermédiaires à trois filets, carpe inarticulé ; seconds pieds plus grands.

Différentes espèces de ce genre se mangent en France sous les noms de Salicoque, de chevrette et de crevette. Les plus grandes se salent en Orient, et on en débite, aux marchés de Constantinople, dans des paniers faits en feuilles de palmier.

---

1 *P. vulgaris.* Lat.   3 *A. fluviatilis.* Fab.
2 *A. marinus.*

Les palémons vivent en troupes sur les rivages de la mer, parmi les fucus et les roches. Leur scies frontales forcent les poissons qui s'en nourrissent à les avaler par la partie postérieure, ainsi que l'a remarqué M. Risso. On trouve de ces crustacés à l'état fossile dans les pierres lithographiques.

Le Palémon porte-scie [1] est l'espèce que l'on vend à Paris sous le nom de bouquet ; la salicoque est le Palémon squille [2].

ORDRE DES ATHORACIQUES.

Crustacés à thorax paraissant nul.

PHRONIME. *Phronima.* Tête très-grosse ; yeux sessiles et immobiles ; deux antennes ; deux jambes plus longues avec des pinces.

Ces crustacés vivent dans le corps des êtres des dernières classes du règne animal, tels que les méduses et les béroés. On prétend qu'ils en sortent à volonté, et qu'on les trouve pareillement dans la vase. Le Phronime sédentaire se découvre dans les zoophytes de la Méditerranée ; il se loge dans une espèce de membrane transparente, en forme de tonneau, que l'on suppose n'être que le débris de quelque béroé.

PHYLLOSOME. *Phyllosoma.* Corps aplati, membraneux ; yeux pédiculés ; membres filiformes.

Les phyllosomes sont remarquables par la singulière forme de leur corps aplati et discoïde en avant ; on en connaît maintenant un assez grand nombre d'espèces.

[1] *P. serratus.*   [2] *P. squilla.*

CLASSE IX.

HÉTÉROPODES.

Animaux articulés à l'extérieur, inailés, branchifères, pourvus de membres articulés, en nombre variable.

L'organisation des hétéropodes, comme nous l'avons dit, est esquissée sur le même plan que celle des décapodes; mais les différences que l'on remarque dans le nombre et la structure des appendices locomoteurs de ces animaux, suffisent bien pour les distinguer, et en faire une classe à part.

Les êtres qui se trouvent à la tête de la neuvième classe paraissent tout-à-fait identiques avec ceux de la précédente; mais ceux qui les suivent, dont l'organisme est simplifié, et qui, souvent, n'ont qu'une extrême petitesse, laissent entrevoir d'assez majeures anomalies. Nous mentionnerons celles-ci en faisant l'histoire spéciale de ces animaux, et nous renvoyons aux décapodes pour les généralités applicables aux premiers groupes de la classe qui nous occupe dans ce chapitre.

Chez certains hétéropodes, le test est calcaire; dans d'autres, il est excessivement mince, et seulement corné. Les yeux sont presque toujours sessiles, et l'on n'en trouve parfois qu'un seul. La bouche, qui, dans les premiers crustacés de cette grande division [1], est tout-à-fait analogue à celle des décapodes, se simplifie beaucoup dans les autres, où elle n'est plus formée que par un moins grand nombre de pièces, d'une à deux paires de mâchoires au plus, et de deux mandibules [2].

, * *Hétéropodes normaux.*

FAMILLE DES SQUILLACÉES.

Branchies nues, adhérentes aux appendices natatoires abdominaux ; yeux pédiculés.

Le test des squillacées est quelquefois mou. Ces animaux sont communs dans les mers intertropicales. Ceux dont le corps est aplati se trouvent souvent à la surface de l'eau.

SQUILLE. *Squilla.* Dernier article des deux membres antérieurs en faulx et denté.

Les Grecs nommaient ces hétéropodes *grangons*. La Squille mante [3], qui est longue d'environ sept pouces, abonde dans la Méditerranée, et dans différentes villes de la France méridionale on lui donne le nom de prie-dieu. Quelques peuplades sauvages mangent des squilles.

FAMILLE DES BRANCHIOPODES.

Pieds très-nombreux, portant les branchies.

Le grand nombre de pieds que l'on rencontre dans cette famille, en fait, en quelque sorte, les *mille-*

---

1 Squille.

2 Entomostracés.

3 *S. mantis.*

pieds ou myriapodes de la grande légion des crustacés. La bouche de certains branchiopodes se compose d'un labre, de deux mandibules, d'une languette et d'une ou deux paires de mâchoires.

BRANCHIPE. *Branchipus.* Point de test ; corps alongé, comprimé ; tête distincte ; yeux pédiculés ; onze paires de pattes.

Les ornières remplies d'eau, les plus petits varvots sont les lieux où se découvrent communément ces animaux. Les mouvemens de leurs pattes attirent vers la bouche les particules dont ils se nourrissent. Le Branchipe paludeux [1], qui est très - mou, n'a qu'un pouce de longueur. Le mâle force sa femelle à s'accoupler par le même procédé que nous avons décrit chez les libellules.

TRILOBITE. *Trilobites.* Corps divisé en trois lobes par deux sillons parallèles.

Ces crustacés paraissent avoir été les premiers habitans du globe. Nous ne connaissons qu'à l'état fossile ces animaux extraordinaires. Leurs débris organisés se rencontrent dans le sein de la terre mêlés avec des coquilles marines, ce qui prouve évidemment qu'ils vivaient dans la mer. Ils se trouvaient en si grand nombre dans quelques localités, que leurs restes y composent seuls, aujourd'hui, la masse solide des pierres.

Les naturalistes ont singulièrement varié sur le rang que les tribolites doivent occuper dans le règne animal. Linnée, Blumenbach et d'autres les intercalèrent parmi

[1] *B. paludosus.*

les insectes. Comme ces animaux jouissaient de la faculté
de se rouler en boule, d'autres savans les rapprochèrent
des oscabrions ; enfin MM. A. Brongniart et Audouin les
rangèrent avec les crustacés. C'est parmi eux que leur
place semble assignée, et la structure de leurs pattes,
qui paraissent être devenues presque tout-à-fait branchiales, les doit faire admettre naturellement dans les
hétéropodes branchiopodes.

FAMILLE DES ENTOMOSTRACÉS.

Corps mou, contenu dans une espèce de coquille
membraneuse à une ou deux valves ; ordinairement
un œil unique, sessile ; pas plus de huit pieds ; membres branchifères.

Ces animaux, regardés comme des insectes à coquilles
par F. Muller, qui en a fait une étude spéciale, sont aujourd'hui assez exactement décrits, malgré leur extrême
petitesse et qu'ils soient pour la plupart microscopiques. Les difficultés que présentait l'étude de leur
organisation et de leurs mœurs ont stimulé les naturalistes, et MM. Schœffer, Jurine, Brongniart, Audouin
et Milde Edward ont réussi dans leurs efforts pour
faire connaître d'une manière précise ces êtres intéressans.

Les entomostracés vivent presque tous dans les eaux
douces ; leurs membres ne servent ordinairement qu'à
la natation, et les antennes elles-mêmes y sont aussi
adaptées dans plusieurs. La masse cérébrale ne se compose que d'un ou deux globules ; le cœur est constitué
par un long vaisseau, et les branchies, formées par des
soies ou des poils, font partie des pieds, et quelquefois

des mandibules et des mâchoires supérieures [1]. Ils ont un test d'une à deux pièces, fort mince, souvent membraneux et transparent. La peau est plutôt cornée que calcaire; c'est sans doute ce qui avait fait rapprocher ces crustacés des insectes par F. Muller.

Dans ceux de ces animaux où l'on observe des mâchoires normales, les extérieures sont toujours découvertes, et les pieds-mâchoires étant éloignés de la bouche, fonctionnent comme de simples membres, et servent à la natation.

Dans les entomostracés, les sexes ne sont pas bien distincts; il en est chez lesquels tous les individus semblent conformés de la même manière, et paraissent femelles s'ils ne sont pas hermaphrodites [2]; dans des légions entières des plus petits hétéropodes, on peut cependant aussi apercevoir des mâles et des femelles [3]. Il est de ces dernières qui portent leurs ovaires à l'extérieur, comme des espèces de grappes ou de petits sacs vésiculeux [4] situés dans les environs de la queue, et remplis d'œufs; enfin ceux-ci peuvent être portés dans une cavité dorsale, et même éclore dans le corps de la mère. Des expériences ont prouvé que, chez plusieurs de ces animaux, un seul rapprochement suffisait pour féconder plusieurs générations.

Apus. *Apus.* Cent à cent-vingt membres en nageoires; test corné, très-mince, débordant le corps latéralement; trois yeux lisses.

Ce genre, qui s'éloigne généralement des caractères de la famille, devait se trouver ici par l'existence du test; la queue est nue et se prolonge au-delà du bou-

[1] Cypris.
[2] Apus.
[3] Daphnies.
[4] Cyclopes.

clier. Ces entomostracés vivent dans les eaux bourbeuses. D'un naturel carnivore, les plus petites proies leur suffisent ; ils nagent sur le dos avec facilité. Leurs œufs semblent pouvoir se conserver dans un état de dessiccation pendant plusieurs années, sans que leur germe s'altère ; car, sans cette hypothèse, on ne pourrait, à moins d'avoir recours à la génération spontanée, expliquer la présence des myriades de ces entomostracés qui apparaissent, après de fortes pluies, dans des lieux où l'on n'en avait jamais observé auparavant, et où leur constitution ne permet pas qu'ils se soient transportés de quelqu'autre endroit.

J'ai rencontré l'Apus cancriforme [1] dans les environs de Rouen.

DAPHNIE. *Daphnia.* Test bivalve ; tête apparente ; deux antennes ; huit à dix pattes ; une queue.

L'extrême petitesse de ces crustacés les dérobe presque à la vue ; leurs œufs varient selon les époques ; ceux qui doivent éclore pendant la chaude saison sont mous et nus, tandis que ceux qui sont destinés à passer l'hiver dans la vase sont renfermés dans une capsule à double enveloppe.

La Daphnie puce [2] n'a qu'une ligne de longueur ; elle fourmille parfois si abondamment dans les mares, que certains naturalistes lui ont attribué la couleur rouge de sang que présentent dans quelques circonstances leurs eaux stagnantes ; c'est à la faculté qu'elle a de sauter, et à la forme ramifiée de ses antennes, qu'elle doit la dénomination de Puce aquatique arborescente, qui lui a été donnée. Un seul accouplement paraît féconder plusieurs générations.

[1] *A. cancriformis.*   [2] *D. pulex.*

CYPRIS. *Cypris.* Test bivalve, imitant une coquille;
  deux antennes terminées par des soies; six
  pieds.

L'espèce de coquille qui enveloppe ces animaux
peut s'ouvrir et se fermer comme le test des mollusques bivalves, et protéger ainsi les organes. Les cypris vivent dans les mares, et leurs œufs conservent
la faculté d'éclore quand celles-ci, après s'être desséc-
chées, viennent de nouveau à se remplir d'eau. Ces
crustacés, presque microscopiques, ont été reconnus
à l'état fossile dans quelques terrains du Puy-de-
Dôme.

CYCLOPE. *Cyclops.* Test univalve; corps alongé, se
  terminant en queue; deux à quatre antennes;
  six à dix pattes soyeuses.

Les cyclopes ne sont quelquefois longs que d'une
fraction de ligne; les femelles portent leurs œufs dans
deux sacs suspendus sur les côtés de la queue; pendant
l'accouplement, on a observé que les mâles enchaînaient
celles-ci avec leurs antennes.

POLYPHÊME. *Polyphemus.* Tête pédiculée, presque
  entièrement occupée par l'œil.

Tout aussi petits que les hétéropodes précédens, les
crustacés de ce groupe se distinguent à l'immense grosseur relative de leur œil, particularité à laquelle ils
doivent leur nom. Le Polyphême des étangs[1] offre une
demi-ligne de longueur; il se rencontre par myriades
dans les eaux douces.

[1] *P. oculus.* Mull.

⁜ Hétéropodes anomaux.

FAMILLE DES ARANÉIFORMES.

Tête portant des pieds-mâchoires ; corps ovale ou filiforme ; yeux sessiles ; branchies nulles en arrière de l'abdomen ; tarses en crochet ; queue presque nulle.

Chevrolle. *Caprella.* Corps filiforme ; dix membres, les second et troisième anneaux en sont dépourvus ; quatrième pièce des antennes articulée.

Ces crustacés vivent parmi les fucus ; leur démarche a de l'analogie avec celle des chenilles arpenteuses. La Chevrolle linéaire [1] vient sur nos côtes.

Cyame. *Cyamus.* Corps ovale ; quatrième pièce des antennes sans article et sans division ; second et troisième pieds sans crochets.

Ce sont des parasites des grands cétacés, on en voit quelquefois sur les maquereaux. Le Cyame de la baleine [2] vit constamment accroché à la peau de celle-ci, ce qui lui a valu l'épithète de *pou de la baleine*, que lui donnent les pêcheurs.

FAMILLE DES ÉPIZOAIRES.

Corps mou subcrustacé ; tête indécise ; bouche en suçoir, accompagnée de crochets et de tentacules.

Lernée. *Lernæa.* Formes bizarres ; antennes rudimentaires.

Les lernées sont des parasites fort incommodes pour

---

[1] *C. linearis.* Lat.   [2] *C. ceti* Lat.

les poissons; elles s'attachent à leur peau ou à leurs branchies, et même à l'intérieur de la bouche, et causent de vives douleurs à ces animaux en s'enfonçant dans leurs chairs qu'elles rongent jusqu'au point de disparaître à la vue; elles sont aux poissons ce que les taons sont aux mammifères, et ces épizoaires rendent quelquefois furieuses les espèces qu'elles attaquent, par les souffrances qu'elles déterminent. La Lernée des branchies [1] dévore les ouïes des morues; elle est recherchée par les Groënlandais qui la mangent avec plaisir.

[1] *L. branchialis.* L.

CLASSE X.

TÉTRADÉCAPODES.

Animaux articulés à l'extérieur, branchifères, et portant quatorze membres articulés.

Très-analogues aux deux classes précédentes, les tétradécapodes se trouvent compris avec elles sous le nom de *crustacés*, dans la plupart des méthodes, et nous renvoyons aux considérations sur les décapodes pour l'étude générale de l'organisme de la dixième grande section du règne animal, dont nous allons faire l'histoire spéciale.

Les animaux de cette classe vivent dans les eaux douces ou marines; beaucoup habitent continuellement la terre, et alors leurs branchies sont vésiculeuses et modifiées pour agir sur l'air humide [1]. On peut prévoir, par ces différens milieux où vivent les tétradécapodes, que leurs formes sont très-variées, et c'est ce qui a lieu en effet.

Les petits n'offrent point de métamorphoses; ils sortent de l'œuf à peu près sous la figure qu'ils doivent présenter dans la suite, mais quelquefois ils ont un segment du corps de moins de ce qu'ils doivent avoir dans l'âge adulte [2].

[1] Armadilles.　　　　[2] Cloportes.

FAMILLE DES GAMMARIENS.

Yeux sessiles et immobiles; mandibules munies d'un palpe; pieds en crochet ou natatoires.

CREVETTE. *Gammarus.* Quatre pieds antérieurs en forme de serre; un petit filet sur le troisième article du pédoncule qui porte les antennes.

On en trouve dans les eaux douces et courantes, ainsi que dans la mer. La Crevette des ruisseaux [1] a environ six lignes de longueur; elle nage sur le côté quand elle est près du fond, et en étendant et fléchissant successivement le corps; c'est un animal carnassier, se nourrissant d'insectes et de poissons morts.

FAMILLE DES ONISCIENS.

Corps ovale, convexe en dessus, plat en dessous; deux antennes apparentes seulement.

C'est à la partie inférieure des derniers anneaux que se trouvent les branchies. Cette famille contient des genres terrestres et marins; en général, les individus qui la composent se nourrissent de matières végétales, plus rarement de débris d'animaux.

LIGIE. *Ligia.* Antennes latérales à articles très-nombreux; deux styles bifides postérieurs, très-longs.

Ces crustacés séjournent dans les fucus rejetés par

[1] *G. pulex.* Fabr.

la mer, ou bien leurs légions nombreuses se découvrent sur les parois ou les voûtes des grottes que l'écume des flots vient mouiller. La Ligie océanique[1] fourmille le long de toutes les falaises qui bordent la Manche.

CLOPORTE. *Oniscus.* Huit articles aux antennes latérales ; les deux appendices postérieurs externes plus grands.

On ne trouve ces crustacés que dans les lieux obscurs et humides ; souvent ils se tiennent cachés sous les pierres ; chez eux, la génération est vivipare. Malgré que leur régime soit communément végétal, ils s'entre-dévorent quelquefois. La Cloporte ordinaire[2] est on ne peut plus commune dans nos demeures, et on la nomme, parmi le peuple, *clou à porte*, dénomination dont son nom n'est qu'une simple abréviation.

ARMADILLE. *Armadillo.* Point d'appendices saillans en arrière ; antennes latérales à sept articles.

Quand ces onisciens sont surpris, ils se roulent en boule, et représentent alors une sphère parfaite ; leurs mœurs sont analogues à celles des cloportes. L'Armadille commune[3] se niche souvent sous les pierres. L'Armadille officinale était prescrite, dans les vieilles pharmacopées, contre la jaunisse et différentes maladies. Son inefficacité, dans ces affections, est bien reconnue par les médecins de notre époque.

[1] *L. oceanica.* Fab.
[2] *O. murarius.* Fab.
[3] *A. vulgaris.*

FAMILLE DES ASELLIENS.

Mandibules sans palpes ou nulles ; yeux sessiles ou nuls ; branchies situées sous la queue, non dendroïdes ; quatre antennes ordinairement.

ASELLE. *Asellus.* Quatre antennes brisées, dont deux plus longues ; segment terminal plus long et à deux filets bifides.

L'Aselle vulgaire[1] est la seule bien connue ; elle se découvre dans les mares vers le printems ; la disposition de ses pattes s'oppose à la natation, mais cette espèce marche avec facilité sur les plantes palustres submergées, et elle paraît venir de tems à autre respirer l'air en nature. Ces tétradécapodes se nourrissent d'animalcules ; ils reproduisent plusieurs fois dans leur vie ; le mâle, qui est plus gros que la femelle, prélude à l'accouplement en s'emparant de celle-ci et en la plaçant sous son ventre pendant six à huit jours.

CYMOTHOÉ. *Cymothoa.* Quatre antennes ; branchies vésiculaires, libres, sous la queue ; pieds courts, terminés en crochet aigu.

Ce sont des crustacés voraces et parasites auxquels on a donné les noms de *poux-de-mer*, *d'œstres* ou *d'asiles des poissons*, parce qu'ils s'attachent à la superficie de ces animaux, comme ces insectes le font à celle des mammifères. C'est sur les ouïes, vers l'anus, ou près de la bouche, et même dans son intérieur, que se trouvent cramponnés les cymothoés.

[1] *A. vulgaris.*

BOPYRE. *Bopyrus*. Corps déprimé, ovale ; antennes, yeux et mandibules nuls.

Ce sont ces animaux qui forment les bosses que l'on découvre sur le corselet de beaucoup de crevettes ou de salicoques, dont ils sucent les branchies. Une croyance absurde, répandue parmi les pêcheurs de nos ports, débite que ces parasites incommodes ne sont que de petites limandes ou des soles qui se nourrissent sur les palémons, et qu'ils sont engendrés par eux, opinion que des savans ont pris la peine de réfuter.

Le Bopyre des crevettes [1] est l'espèce que l'on voit si souvent sur ces crustacés.

[1] *B. crangorum.* Lat.

CLASSE XI.

MYRIAPODES.

Animaux articulés à l'extérieur, respirant par des trachées, et offrant un grand nombre de membres articulés.

Les myriapodes sont dépourvus d'ailes et composés d'une quantité d'anneaux ordinairement considérable, presque toujours égaux et semblables, et sur chacun desquels s'implante une ou deux paires de pattes terminées par un seul crochet. La bouche de ces animaux est formée de deux mandibules dentées, dont la fonction est de broyer ou de couper les alimens. Les antennes varient. La vision s'opère par une réunion d'yeux lisses et presque à facettes. Les stygmates sont fort petits et parfois difficiles à apercevoir, mais leur nombre est considérable.

Les myriapodes naissent seulement avec six pattes, et ces nombreux membres qu'ils offrent ensuite et qui les font appeler vulgairement *mille-pieds*, ne se développent qu'avec l'âge, et c'est ainsi qu'ils subissent une véritable transformation successive ; dans plusieurs, les organes du sexe masculin sont situés sur le sixième ou septième anneau, et ceux de la femelle se trouvent vers la naissance des seconds appendices ; dans les autres, l'appareil génital se découvre, comme à l'ordinaire, à la partie postérieure des individus. On pense que ces êtres peuvent produire plusieurs générations.

Ces animaux recherchent les lieux obscurs et humides ; ils se réfugient sous la terre ou se cachent à l'abri des pierres ou des boiseries qui se trouvent à sa surface. La morsure de quelques-uns est venimeuse.

FAMILLE DES IULIDES.

Corps ordinairement cylindrique ; antennes de sept articles ; mandibules sans palpes.

La progression de ces myriapodes est très-lente, et ils s'avancent comme s'ils glissaient sur la surface d'un corps poli. Les orifices qui se remarquent sur les flancs de ces animaux et que l'on croyait être des pores respirateurs, sont destinés à émettre un fluide d'une odeur repoussante, qui paraît être un moyen de défense.

Iule. *Iulus.* Corps cylindrique, crustacé, dépourvu d'arêtes ; anneaux portant ordinairement deux paires de pattes ; point d'appendices postérieurs.

Dans le repos, ces iulides roulent leur corps en spirale ; l'opinion la plus accréditée est qu'ils se nourrissent de terreau ; cependant, des entomologistes en ont vu dépécer des insectes. Ils vivent à l'abri des pierres ; on en voit aussi sous les écorces des arbres. L'Iule terrestre [1] se trouve dans les environs de Paris.

1 *I. terrestris.*

FAMILLE DES SCOLOPENDRES.

Corps déprimé; antennes de quatorze articles au moins, plus grêles vers l'extrémité; mandibules munies de palpes.

Ce sont des animaux éminemment carnassiers; ils ne se roulent point en spirale comme ceux de la famille précédente; ils sont agiles et leur progression est rapide.

SCOLOPENDRE.-*Scolopendra.* Anneaux à une seule paire de pattes; antennes de dix-sept articles; vingt-deux paires de pieds, les deux derniers plus longs.

Les grandes espèces des pays chauds font des morsures qui peuvent présenter quelque danger, mais elles ne sont pas mortelles; quelques-uns de ces myriapodes jettent un éclat phosphorique pendant la nuit. La Scolopendre mordante [1] est redoutée dans les colonies de l'Amérique; elle est commune sous les pierres et les boiseries abandonnées sur la terre. Comme toutes ses congénères, elle chasse les vers et les insectes pour s'en nourrir.

[1] *S. morsitans.*

CLASSE XII.

CHÉTOPODES.

Animaux articulés extérieurement, munis d'appendices non articulés.

Ces animaux sont généralement vermiformes et déprimés; leur corps est toujours partagé en un nombre plus ou moins considérable d'anneaux, unis entr'eux par des plis où la peau est plus molle, et celle-ci est constamment décorée de reflets irisés, rehaussés de teintes pourprées ou de couleur d'or. Dans cette classe, chaque anneau porte une paire d'appendices très-développés ou simplement rudimentaires, qui peuvent se composer de trois parties destinées soit à la locomotion ou à la respiration, soit enfin aux sensations; en général, ces parties sont situées latéralement.

Les branchies des chétopodes occupent toujours la région supérieure des appendices latéraux. On nomme *cirrhes* des espèces de filamens non vasculaires et de formes très-variables qui s'y trouvent avec elles. Le nom de *tentacules* a été donné aux cirrhes des premiers anneaux, qui sont diversement configurés, et que quelques auteurs désignent simplement sous le nom d'*antennes*. La peau de ces animaux est quelquefois revêtue, en outre, d'un nombre considérable de soies, tantôt simples, tantôt disposées en crochets ou en épines raides.

La peau est fort mince et jamais renforcée de parties solides ou cartilagineuses. Ce sont les fibres musculaires situées au-dessous de la surface cutanée, qui constituent l'appareil locomoteur. Les appendices passifs de celui-ci sont les soies rigides, cassantes, qui s'implantent sur le corps. La locomotion de ces invertébrés est lente, même dans ceux qui paraissent le mieux conformés pour le mouvement par leur grand nombre de pieds[1], et elle est en quelque sorte nulle chez les espèces qui vivent dans un tube[2], et dont tous les mouvemens consistent à parcourir leur demeure à l'aide des soies ou des crochets dont le corps est environné.

Certains chétopodes se forment un tube extérieur, ouvert par les deux extrémités, qui n'est qu'une simple excrétion de leur corps, et dont ils peuvent sortir à volonté. Tantôt cette habitation est formée par des mucosités auxquelles adhèrent de la vase, des grains de sable ou des débris de coquilles; d'autres fois les tubes sont complétement calcaires.

Le système nerveux consiste en une série de ganglions situés dans la ligne moyenne du ventre, et dont le nombre égale celui des anneaux. Chaque renflement est uni avec celui qui le précède ou celui qui le suit, à l'aide de deux nerfs bien distincts, de manière que l'appareil sensitif forme une chaîne continue, d'une extrémité du corps à l'autre.

L'appareil digestif des chétopodes est extrêmement simple, et il n'est ordinairement formé que d'un seul

---

[1] Néréides. [2] Serpules.

canal cylindrique étendu d'un bout à l'autre de l'individu. L'œsophage se dilate dans plusieurs, pour former une sorte de cavité stomacale qui éprouve des dilatations de place en place, ou se trouve munie régulièrement d'espèces de cœcums vers chaque anneau ; dans
quelques-uns, l'estomac est épais et ressemble à un
gésier[1] ; la bouche peut offrir des dents ou crochets
cornés, auxquels on a donné quelquefois le nom de
máchoires[2] ; ils sont situés latéralement et communément au nombre de deux ; dans plusieurs de ces invertébrés, l'ouverture antérieure du canal digestif offre
un appareil buccal très-compliqué, qui exécute la mastication à l'aide de parties solides ou cornées. Les chétopodes paraissent être presque tous carnassiers, et se
nourrir de très-petits animaux, qu'il est probable que
les espèces à fortes mandibules dévorent vivans ; d'autres ne semblent s'alimenter que de parcelles organiques mêlées au sol qu'ils habitent, et qu'ils mangent
pour toute nourriture[3].

Les chétopodes ont des vaisseaux, mais ils sont dépourvus de cœur. Le système veineux semble avoir
pour centre un gros tube vasculaire, sans renflement,
occupant la ligne médiane au-dessus du système nerveux, et le centre artériel est formé par un vaisseau situé
au milieu du dos et qui se renfle au niveau de chaque
anneau en fournissant des rameaux transverses. L'appareil respiratoire s'efface dans les derniers genres de la
classe qui nous occupe[4] ; dans ceux où il est apparent,
il est composé par des branchies très-vasculaires et de
figure variée, tantôt ramifiées et arbusculaires[5], situées

[1] Lombrics communs.
[2] Néréides.
[3] Lombrics, arénicoles.

[4] Lombrics.
[5] Arénicoles.

sur les anneaux antérieurs; tantôt seulement bifides ou pectinées, et gisant sur les différentes articulations du corps[1].

Les chétopodes sont hermaphrodites, mais il faut que deux individus se rapprochent pour que la fécondation s'opère. Dans les uns[2], la partie femelle se compose d'une série de masses globuleuses, jaunâtres, adhérantes avec la peau, sans qu'on puisse voir, en cet endroit, d'orifice. On n'a que des données vagues sur leur mode de reproduction.

La physiologie des animaux de cette classe n'est guère avancée, parce que l'on n'a eu que peu d'occasions de les observer à l'état vivant. Un fait singulier que présentent plusieurs d'entr'eux, c'est qu'ils reproduisent leur tête quand on l'a coupée[3], ainsi que l'a expérimenté Muller. Les chétopodes vivent dans tous les pays; presque tous sont aquatiques; il n'est que les lombrics qui soient terrestres, encore choisissent-ils les lieux humides pour s'y établir.

ORDRE DES HÉTÉROCRICIENS.

Animal contenu dans un tube; corps déprimé, à articulations dissemblables, formant une tête, un thorax et un abdomen; branchies antérieures.

Ces chétopodes vivent tous dans les eaux marines, et tous se construisent un fourreau consistant en un tube solide ou membraneux. On ne leur découvre pas d'yeux; les pieds sont composés de deux sortes de soies : les unes sont en pinceau et les autres en crochet.

[1] Néréides.
[2] Néréides.
[3] Néréides, naïs.

FAMILLE DES SERPULIDES,

Deux tentacules, dont un seul se développe ordinairement en disque operculiforme, radié; tube calcaire, solide,

SERPULE. *Serpula.* Tentacule operculiforme, sans pièce calcaire; test discoïde ou non.

Ce sont ces tubes calcaires que nous voyons ramper sur la coquille des huîtres et des autres mollusques, qui constituent la demeure des serpules. Ces chétopodes paraissent vivre des animalcules qui se trouvent dans l'eau et qu'ils attirent avec leurs tentacules.

La Serpule contournée [1] est la plus commune, et c'est elle qui revêt ordinairement les objets submergés par la mer.

FAMILLE DES SABULAIRES,

Tentacules nuls ou rudimentaires, non operculiformes; tube peu solide, composé de corps étrangers agglutinés, ou simplement muqueux.

AMPHITRITE. *Amphitrite.* Tentacules rudimentaires; tube membraneux, enduit de vase.

On trouve des amphitrites dans toutes les mers; plusieurs espèces se voient sur nos côtes. Le tube de tous ces animaux est constamment vertical.

_____

[1] *S. contortuplicata.*

ORDRE DES PAROMOCRICIENS.

Corps alongé, cylindrique, vermiforme; bouche inerme; pieds à soies en crochet; branchies dorsales, sériales, ou nulles; tube incomplet.

Dans ce groupe, le corps peut encore se diviser en région thoracique et abdominale, mais on ne découvre plus d'appendices aux premiers anneaux, et c'est ce qui a engagé De Blainville à séparer cet ordre des hétérocriciens. Les paromocriciens sont plus libres dans leur tube que les chétopodes de l'ordre précédent.

ARÉNICOLE. *Arenicola.* Branchies rameuses, occupant seulement le milieu du corps; tube membraneux ou muqueux.

C'est dans le sable que l'Arénicole des pêcheurs [1] forme ses tubes; cet animal est rougeâtre et fort commun sur tous nos rivages; on s'en sert comme d'appât; quand on le saisit, il répand un fluide jaunâtre.

ORDRE DES HOMOCRICIENS.

Corps très-alongé, vermiforme, cylindrique, à anneaux presque similaires; appendices sans soies à crochet; tube nul.

C'est dans cette division que se trouve la majeure partie des chétopodes; elle est facile à reconnaître au grand nombre d'anneaux qui composent les êtres qui la forment, et aussi en ce que l'on ne peut plus distinguer de régions thoraciques et abdominales comme on

[1] *A. piscatorum.*

pouvait le faire dans les groupes précédens. Tous les homocriciens sont libres, et ils ne font que rarement des fourreaux muqueux, dans lesquels ils se retirent temporairement.

FAMILLE DES AMPHINOMÉS.

Corps alongé, déprimé; tête peu distincte, de deux anneaux au plus; branchies arborescentes à tous les anneaux; pieds à deux rames.

Les mœurs de ces animaux sont peu connues; ils nous viennent des mers équatoriales, principalement de celles de l'Inde et de l'Amérique méridionale.

FAMILLE DES APHRODITES.

Corps ovale ou linéaire, à peu de segmens, à extrémités obtuses; deux ou quatre yeux; pieds à une seule rame.

Ces chétopodes sont répandus dans toutes les mers; on les trouve appliqués sur les objets submergés, et ils y adhèrent assez fortement avec la partie inférieure de leur corps.

FAMILLE DES NÉRÉIDES.

Corps composé d'articulations nombreuses, sub-déprimé, plus atténué en arrière; tête distincte; deux ou quatre yeux; point de branchies ramifiées.

NÉRÉIDE. *Nereis.* Corps comme tronqué en devant; deux paires de tentacules; pieds de deux rames.

Ces homocriciens sont marins; ils marchent en serpentant lorsqu'ils sont sur un sol résistant; quelques-uns

nagent fort bien. Les néréides se découvrent dans les
excavations des roches; il en est qui se creusent des
conduits sous la vase; toutes sont carnassières; les
grandes espèces avalent même probablement de petits
poissons. Celles-ci sont utilisées pour la pêche; sur nos
côtes, les femmes et les enfans sont souvent employés
à fouiller la vase, afin d'en trouver pour amorcer les
lignes. La Néréide française [1] se voit souvent sur les
coquilles d'huîtres.

FAMILLE DES NÉRÉISCOLÉS.

Corps fort alongé, cylindrique, vermiforme;
appendices cirrheux; pas d'yeux ni de tentacules.

Cette famille forme le passage des chétopodes précédens aux lombrics; la tête n'est presque plus apparente
et elle n'est formée que d'un anneau labial; quelques
espéces seulement ont la bouche armée de dents. Ces animaux, à cause de la structure peu développée de leurs
appendices, ne doivent plus pouvoir marcher; ils nagent
ou rampent en serpentant dans les eaux où ils vivent.

FAMILLE DES LOMBRICINÉS.

Corps vermiforme, cylindrique; tête non distincte; appendices similaires, formés seulement de
soies simples ou de crochets; jamais de cirrhes.

LOMBRIC. *Lumbricus.* Corps atténué en avant,
déprimé, spatulé en arrière, à articulations
nombreuses.

Ces animaux sont privés de tous les sens, excepté du

[1] *N. gallica.*

toucher, qui paraît être chez eux, d'une extrême délicatesse. Ce sont leurs déjections qui forment ces amas de
terre vermiculaires que l'on trouve à l'entrée de leurs
trous à double issue. Quoique complétement hermaphro-
dite, chacun de ces vers a besoin de s'accoupler avec un
autre pour que la fécondation ait lieu. Dans l'hiver, ces
chétopodes s'enfoncent dans le sol, et l'on dit qu'ils s'y
forment une espèce de fourreau. Les lombrics, employés anciennement par l'empirisme dans une foule de
maladies, sont aujourd'hui totalement abandonnés;
seulement, en Europe, les pêcheurs s'en servent comme
d'appât; mais dans l'Inde, à ce que dit Valmont de
Bomare, on mange ces lombricinés crus ou après les
avoir préparés.

Le Lombric commun ou ver de terre [1] est celui qui
s'offre si souvent à nos yeux dans les jardins. Quelques
naturalistes pensent qu'il est vivipare; d'autres disent
qu'il n'émet que des œufs.

FAMILLE DES ÉCHIURIDES.

Corps court, subsacciforme, à peu d'articulations; soies rétractiles disposées par paires sur quelques anneaux seulement.

Dans les échiurides, les articulations sont peu sensibles, et tous les anneaux ne sont pas pourvus d'appendices. Malgré cela, ces animaux doivent être évidemment rangés dans les chétopodes, à côté des lombrics,
avec lesquels leur système digestif a quelque analogie.

[1] *L. vulgaris.*

CLASSE XIII.

APODES.

Animaux articulés extérieurement, sans membres ni appendices externes.

Dans les animaux de la classe des apodes, le corps est ordinairement cylindrique, alongé, aminci aux extrémités, et composé, à l'extérieur, d'articulations qui, avec l'absence d'appendices, rendent cette coupe facile à distinguer; la peau est toujours très-molle.

Les nerfs sont disposés comme dans les êtres de la classe précédente, et les auteurs qui ont cru reconnaître deux cordons nerveux latéraux, ont fait une erreur. La sensibilité générale des apodes paraît très-développée, tandis que les sens spéciaux semblent tout-à-fait obtus, et ce n'est que dans un fort petit nombre d'entre eux [1] que l'on a cru reconnaître des stygmates d'organes de sensations extérieures; ils consistent en des points noirs situés à la partie antérieure du corps et regardés comme des yeux par quelques zoologistes. Les mouvemens généraux s'opèrent uniquement par la puissance des fibres musculaires de la peau, car dans

[1] Sangsues.

aucun de ces animaux on ne découvre d'organes passifs de locomotion.

L'appareil digestif est simple, comme tous les autres; il ne se compose ordinairement, dans les apodes, que d'un canal étendu d'une extrémité du corps à l'autre, sans qu'on puisse distinguer d'estomac ou d'intestin, et ce n'est que rarement qu'on observe une cavité stomacale divisée par des étranglemens ou de petits cœcums[1]. L'orifice buccal est étroit et circulaire; jamais on n'y trouve de dents proprement dites, mais quelques apodes offrent, dans la bouche[2] des saillies contractiles qui sont armées de denticules excessivement fins. Il n'y a point de foie.

Tous vivent constamment dans les fluides; quelques sangsues font seules exception. Beaucoup d'apodes existent dans l'intérieur des autres animaux, et leur nourriture se compose alors des humeurs de ceux-ci, comme l'indique la disposition de l'appareil buccal; certaines espèces[3] paraissent cependant avaler d'assez grosses proies, et jusqu'à des lombrics; quelques sangsues, au contraire, semblent pouvoir s'alimenter du suc des plantes.

Il n'y a point d'appareil spécial de la respiration; cette fonction paraît tout simplement se produire à la superficie cutanée. Les organes de la circulation, très-apparens chez un certain nombre d'apodes, disparaissent dans les autres.

Chez quelques mâles de cette classe, on découvre un organe excitateur[4]; mais du reste, dans tous les apodes, les parties génitales des deux sexes offrent la plus grande

---

1 Sangsues, ascarides.

2 Iatrobdelles.

3 Sangsue de Dutrochet.

4 Ascarides.

analogie, et elles sont disposées de telle manière qu'il se trouve des individus unisexes et d'autres qui sont hermaphrodites.

Nous n'avons que des données inexactes sur la durée de l'existence des apodes, et surtout sur celle des individus qui vivent dans l'intérieur des animaux.

ORDRE DES ONCHOCÉPHALÉS.

Corps subarticulé ; tube digestif complet ; bouche à deux paires de crochets rétractiles.

LINGUATULE. *Linguatula.* Corps déprimé, plus large en avant, atténué aux deux extrémités.

Encore incomplétement connues, les espèces de ce genre, n'ont été rencontrées que dans les mammifères : M. de Humboldt en a cependant découvert une dans le serpent à sonnette. M. Cuvier assure qu'elles ont un canal digestif qui se termine par un anus. Le nom de *linguatule* a été donné à ces vers intestinaux, à cause de leur figure qui ressemble à une petite langue.

ORDRE DES OXYCÉPHALÉS.

Corps alongé, raide, cylindrique, aminci vers les extrémités ; tube digestif complet ; bouche circulaire, nue ou entourée de tubercules.

Presque tous vivent dans les cavités intérieures des grands animaux, et surtout dans les endroits tapissés par des membranes muqueuses. Ce sont les vers intestinaux dont l'organisation est la plus élevée, car chez eux, on peut encore reconnaître un appareil circulatoire et peut-être des organes de respiration. Leur génération est ovipare ou vivipare.

FILAIRE. *Filaria.* Corps très-long, filiforme, atténué pareillement aux deux extrémités; orifice génital prolongé en tube simple.

Ces apodes se rencontrent sur tous les vertébrés; les mollusques et les insectes n'en sont pas exempts; on les découvre principalement dans des cavités qui ne communiquent point au dehors et au milieu des viscères et des muscles. Le Filaire de Médine [1] est fatal aux hommes dans les pays chauds où il est extrêmement commun. Ce ver, qui acquiert jusqu'à dix pieds de longueur et plus, se développe particulièrement sous la peau des jambes, cause des douleurs atroces et des convulsions, et nécessite souvent une opération laborieuse pour être extrait.

Le nom de cet oxycéphalé vient de la ville de Médine, près de laquelle on en observe beaucoup; on lui donne aussi la dénomination de *ver cutané* et de *dragonneau.* Selon Bartholin et Bremser, les serpens ardens, qui sont mentionnés par Moïse, et que ce législateur dit avoir attaqué les Hébreux, pour les punir de leurs murmures contre l'Éternel, n'étaient que des filaires, si communs sur les habitans des bords de la mer Rouge, lieu où les juifs campaient alors.

VIBRION. *Vibrio.* Corps plus atténué en arrière, extrêmement petit; bouche ponctiforme ou bilabiée; anus non terminal.

Les vibrions habitent l'eau pure ou les corps en fermentation. Ces vers, à cause de leur petitesse, avaient

[1] *F. medinensis.* Brems.

été rangés, par quelques savans, dans les animaux microscopiques. Le Vibrion du vinaigre [1] existe par myriades dans ce liquide, et peut s'apercevoir à l'œil nu. Le Vibrion à trois points, auquel on prête la coloration verte des huîtres, n'est probablement pas un animal.

OXYURE. *Oxyuris.* Corps plus épais en avant, cylindriforme, terminé par une espèce de queue dans les femelles; bouche orbiculaire, terminale.

Ces vers habitent les gros intestins des mammifères. L'Oxyure de l'homme [2] est extrêmement commun chez les enfans, et cause des démangeaisons insupportables à l'orifice anal.

ASCARIDE. *Ascaris.* Corps atténué aux extrémités; bouche terminale, entourée de trois tubercules; anus en fente, non terminal.

C'est ordinairement dans les intestins des grands animaux qu'on les trouve; le poumon et les branchies en ont offert quelquefois; j'en ai découvert un dans une fistule à la cuisse d'une vieille femme. Ce groupe contient plus de cent cinquante espèces; elles sont difficiles à distinguer.

L'Ascaride lombricoïde [3], vulgairement nommé *lombric des intestins*, est le plus commun des vers intestinaux de l'homme; il assiége principalement les enfans; ses formes se rapprochent de celles du ver de terre; mais on s'étonne que l'helminthologiste Brera s'obstine

1 *V. aceti.* 3 *A. lumbricoides.*
2 *O. vermicularis.*

à le regarder comme identique avec ce chétopode qui en diffère sous une foule de rapports.

Cucullan. *Cucullanus.* Corps tronqué en avant et terminé en arrière par une pointe courte et conique ; bouche avec une masse subcornée ; anus terminal.

Les cucullans sont des vers fort petits de cinq à six lignes de longueur au plus ; on les trouve tous dans le canal intestinal des poissons. Ces apodes ont une bouche orbiculaire, et leur masse buccale subcornée est striée et ressemble à un petit capuchon.

Strongle. *Strongylus.* Corps un peu tronqué en avant ; bouche simple ou garnie de papilles circulairement disposées.

Ils sont plus communs dans les mammifères que dans les autres vertébrés. Ces vers vivent dans les cavités muqueuses. Le Strongle géant [2] a quelquefois trois pieds de long et près de six lignes de diamètre ; il se trouve surtout dans les reins des carnassiers, des chiens et des loups ; on l'a aussi découvert dans l'homme.

ORDRE DES PROBOSCÉPHALÉS.

Corps rond, sacciforme, mou ; une trompe longue, rétractile, armée de crochets ou de papilles.

Ces apodes peuvent gonfler considérablement leur corps par l'absorption de l'eau dans laquelle on les plonge. Les sexes se trouvent sur des individus différens ; le canal digestif n'est pas toujours complètement

[1] *S. gigas.*

formé. Les mouvemens des proboscéphalés ne consistent presque qu'en des espèces d'ondulations, ou de gonflemens et d'affaissemens alternatifs qu'ils éprouvent continuellement.

FAMILLE DES ACANTHOCÉPHALÉS.

Trompe capitée, armée d'aiguillons recourbés ou de crochets cornés.

ECHINORHYNQUE. *Echinorynchus.* Corps un peu coriace, subcylindrique, ridé.

C'est à l'aspect de leur partie antérieure toute hérissée d'aiguillons, que ces apodes doivent leur nom, qui signifie museau épineux. Ces animaux vivent libres dans les intestins des vertébrés; ils n'y adhèrent qu'avec leur trompe. Plus de quarante espèces sont connues, parmi lesquelles la plus volumineuse, l'Échinorhynque du cochon[1], offre jusqu'à quinze pouces de longueur.

FAMILLE DES PROTÉOCÉPHALÉS.

Tête très-changeante; trompe sans aiguillons.

CARYOPHYLLÉE. *Caryophyllœus.* Corps continu ou ridé en travers.

La Caryophyllée des poissons[2] est la seule espèce connue; elle se trouve communément dans le canal intestinal du barbeau.

---

[1] *E. gigas.*   [2] *C. mutabilis.*

FAMILLE DES SIPONCULIDES.

Trompe très-longue, nue ou garnie de tubercules mous et papilleux.

SIPONCLE. *Sipunculus*. Bouche garniede papilles ; anus vers la moitié du corps.

Tous les apodes de ce genre sont marins ; ils habitent les fentes des rochers ou s'enfouissent sous le sable. Le Siponcle édule [1] est regardé, en Chine, comme un manger fort agréable ; on l'apprête avec de l'ail.

ORDRE DES MYZOCÉPHALÉS.

Corps ordinairement alongé, arrondi ou déprimé, à une ou plusieurs ventouses en arrière ; tête labiale ou en suçoir.

FAMILLE DES MONOCOTYLAIRES.

Corps à une seule ventouse en arrière.

Toutes les parties du globe nourrissent des monocotylaires ou sangsues. Presque tous ces apodes vivent dans l'eau douce ; il en est cependant qui habitent la mer. Leur nourriture est essentiellement animale ; ils sucent de préférence les humeurs des vertébrés ; mais ils ne dédaignent point de plus petites captures, et les limaçons, les planorbes, sont même parfois attaqués par ces vers.

[1] *S. edulis.*

PSEUDOBDELLE. *Pseudobdella.* Corps subcylindrique; bouche très-grande, à trois plis bifides;
cinq paires de faux yeux; anus fort grand, semi-
lunaire.

La Sangsue noire [1] est la seule qui compose ce groupe;
elle est à demi-terrestre, et sort fréquemment de l'eau
des mares pour aller à la chasse des vers de terre, dont
elle fait communément sa pâture. La voracité de cet
animal est extrême; M. Huzard en a vu un avaler un
lombric qui, ayant traversé partiellement le corps d'une
autre sangsue, en sortait par l'anus. On a trouvé jusqu'à
des os de poisson dans l'estomac de cette espèce, qui se
reconnaît à sa couleur, et en ce qu'elle ne se ramasse
pas comme la sangsue officinale, avec laquelle on la
trouve quelquefois mêlée.

IATROBDELLE. *Iatrobdella.* Corps déprimé à
anneaux très-distincts; cinq paires de faux
yeux; bouche très-petite, à trois mamelons
épais, armés de denticules nombreux et très-
pointus; anus extrêmement petit.

Dans ce groupe, est la Sangsue ou Iatrobdelle médi-
cinale [2], qui offre plusieurs variétés de coloration; elle
vit dans les eaux douces. Cette espèce se reproduit par
un cocon ovalaire composé de matière gélatineuse et
d'œufs, qu'on la voit déposer dans des trous de forme
conique qu'elle creuse le long des bords des ruisseaux
ou des marais qu'elle habite.

Cet animal n'a pas été mentionné par Aristote, et il
paraît qu'Hippocrate ignorait son usage médical, qui

1 *P. nigra.* De Blainv.   2 *I. medicinalis.*

est si considérable maintenant, que la seule ville de Paris en emploie, dans une année, jusqu'à trois cent mille, seulement pour ses hôpitaux.

FAMILLE DES POLYCOTYLAIRES.

Plusieurs ventouses ou suçoirs bordant le corps en arrière.

HEXACOTYLE. *Hexacotyla.* Corps ovale, déprimé, à trois paires de ventouses armées de deux crochets.

Ces apodes ont l'anus placé sur le dos vers la jonction du cou et du tronc. L'Hexacotyle du thon [1] vit en parasite sur les branchies de ce poisson.

[1] *H. thynni.*

~~~~~~

CLASSE XIV.

NÉMATOPODES.

Animaux invertébrés, subarticulés, recouverts par une coquille à plusieurs valves disposées circulairement.

Ces animaux vivent tous dans la mer; ils ont beaucoup de rapport avec les mollusques acéphaliens, par leur test calcaire protecteur; on ne leur découvre ni tête, ni yeux, ni tentacules; la bouche est pourvue de trois paires de mâchoires ou appendices cornés qui sont denticulés ou ciliés. L'appareil de la respiration se compose de branchies paires et latérales.

Les nématopodes possèdent des rudimens de membres consistant en espèces de cirrhes, d'une grande longueur, cornés, articulés et ciliés. La coquille de ces invertébrés se compose d'un nombre déterminé de pièces ou valves tantôt articulées immédiatement entr'elles, et d'autres fois écartées les unes des autres.

Les êtres de cette classe sont constamment adhérens aux corps sous marins gisant à peu de profondeur; on les découvre sur les rochers, les mollusques, les crustacés, les pieux des constructions, et même sur la charpente des vaisseaux, et leurs coquilles s'y trouvent
~~~~~~

fixées immédiatement, ou sont supportées à l'aide d'un pied charnu plus ou moins long.

FAMILLE DES LÉPADIENS.

Coquille à pédoncule charnu, comprimée, formée ordinairement de cinq valves principales, une dorsale et quatre latérales, et de pièces accessoires.

Les lépadiens s'attachent le plus souvent aux corps flottans, ou aux rochers que la marée découvre; ils sont carnassiers et se servent de leurs cirrhes pour attirer les petits animaux qui viennent à leur portée, et, il est probable, jusqu'à des crustacés, si l'on en juge par leurs vigoureuses mâchoires. Ils adhèrent communément aux vaisseaux, et toujours, ainsi que l'a remarqué Bruguière, aux endroits de ceux-ci où le courant étant plus rapide leur apporte une nourriture plus assurée.

PENTALÈPE. *Pentalepas.* Coquille à cinq valves principales, grandes, imbriquées.

On emploie comme comestible le Pentalèpe lisse [1], qui est un des plus communs et des plus forts, ainsi que quelques autres espèces, et on les regarde comme aphrodisiaques.

POLYLÈPE. *Polylepas.* Coquille à six valves principales, dont une ventrale; pédoncule squammeux.

Le Polylèpe vulgaire [2] est très-commun dans nos mers; il est aussi nommé *anatifère*, à cause d'une croyance ridicule qui rapportait que les maquereuses en naissaient; absurdité dont l'origine peut être expliquée par

[1] *P. lævis.*   [2] *P. vulgaris.*

une ressemblance que l'on veut voir entre la configuration des pièces de cette coquille et l'animal que nous avons cité.

FAMILLE DES BALANIDES.

Coquille sessile, ordinairement cylindroïde ou conique, à ouverture munie de valves.

Les animaux de ce groupe vivent solidement fixés sur les corps, et ils s'y déforment réciproquement par leur abondante reproduction ; le nom de *balanus* que les Romains leur donnaient venait de ce que l'on avait comparé leur forme à celle des fruits du chêne, et cette tradition est restée dans le vulgaire, qui les appelle encore *glands de mer*. Aujourd'hui, on n'en fait plus d'usage, mais on les servait sur les plus somptueuses tables de l'antiquité, et déjà Arétée les mentionne, et dit que ceux de l'Égypte étaient les plus succulens et les plus estimés.

Balane. *Balanus.* Coquille conique à six valves ; opercule pyramidal de quatre pièces triangulaires, articulées.

Les balanes vivent en société ; ils hérissent les rochers, et viennent même s'attacher, comme une croûte galeuse, au test des crustacés, qu'ils défigurent horriblement ; on en voit qui s'implantent sur les valves des mollusques ; d'autres ternissent la surface lisse des algues ; enfin, il en est qui croissent parmi les éponges et les madrépores. Ces nématopodes se procurent leurs alimens à peu près comme les lépadiens, en ouvrant leur opercule et en sortant leurs bras qu'ils agitent avec rapidité.

Le Balane tulipe[1], teint de rose vers son ouverture et marqué de lignes pourpres, se découvre dans nos mers ; il a plus d'un pouce de haut.

CORONULE. *Coronula.* Coquille à six pièces soudées ; point de trace de lame testacée à la région inférieure ; opercule inarticulé et plus ou moins horizontal.

La plupart de ces balanides se fixent sur les cétacés, s'enfoncent de plusieurs lignes dans leur peau, et pénètrent parfois jusque dans le lard des baleines. La Coronule des tortues[2] se multiplie abondamment sur ces reptiles.

[1] *B. tintinnabulum.* Lam.

[2] *C. testudinaria.*

CLASSE XV.

POLYPLAXIENS.

Animaux invertébrés, subarticulés, recouverts par une coquille de plusieurs valves situées longitudinalement.

Ces animaux sont alongés et déprimés ; l'abdomen est pourvu d'un pied musculaire qui leur sert à ramper ou à se fixer sur les roches marines, lieux qu'ils aiment de préférence. Le dos est recouvert par des pièces calcaires ou valves, étendues transversalement, et imbriquées les unes avec les autres, ou écartées.

Les polyplaxiens n'ont ni yeux, ni tentacules, ni mâchoires ; ils respirent à l'aide de branchies situées sous le bord de leur manteau. Celui-ci présente des tubercules ou des faisceaux de soies. Le cœur est situé en arrière sur le rectum ; l'estomac est membraneux et les intestins, fort longs, font de nombreuses circonvolutions, ce qui semble en rapport avec le régime de ces invertébrés que l'on pense être végétal.

Les polyplaxiens sont répandus dans presque toutes les mers. L'énergie avec laquelle ils se fixent aux rochers est si considérable, qu'on les déchire quelquefois plutôt que de les en arracher.

Ces animaux, dont l'organisation est tout-à-fait particulière, semblent faire le passage des céphalidiens à la classe des chétopodes et conduire ainsi aux articulés. Dans ces invertébrés, on ne trouve qu'un seul genre, encore assez incomplétement étudié, et dans lequel on compte plus de vingt-cinq espèces.

OSCABRION. *Chiton*. Caractères de la classe.

Ces êtres semblent avoir échappé à l'observation des anciens, car on ne trouve nullement les oscabrions mentionnés dans leurs œuvres. Les mœurs de ces animaux n'ont été que peu étudiées; les plus grosses espèces sont originaires des pays chauds, mais sur les plages qui bordent nos côtes, on en rencontre quelques petites dans les excavations des roches que la mer découvre, et on les voit se rouler en boule comme les cloportes, aussitôt qu'on les a arrachées à la surface sur laquelle elles adhéraient.

CLASSE XVI.

CÉPHALIENS.

Animaux non articulés, non rayonnés, à tête bien distincte.

Les céphaliens, les céphalidiens et les acéphaliens ayant de grands rapports d'organisation, et même se trouvant réunis dans la plupart des méthodes modernes, nous traiterons ici des généralités de ces trois classes, et nous désignerons souvent leurs divers animaux sous le nom collectif de *mollusques*, qu'on leur donne ordinairement.

Un caractère spécial à tous ces êtres, c'est que leur corps n'offre point d'articulations et que leur peau est extrêmement molle et adhère aux tissus sous-jacens ; son épiderme est ordinairement nul, et l'on n'y rencontre pas de poils, mais le test solide ou coquille qui protège la majorité des mollusques, en est quelquefois revêtu [1]. L'enveloppe cutanée de ces animaux étant assez communément plus étendue que les organes qu'elle recouvre, ou lui a donné le nom de *manteau*, parce qu'elle environne les parties internes de ces êtres, de la même manière que ce vêtement recouvre l'individu qui le porte.

[1] Hélices.

Les coquilles, pour la plupart, paraissent dépendre de la peau; elles sont feuilletées ou fibreuses; c'est une matière calcaire qui les compose, et elle contient, dans ses interstices moléculaires, de la substance animale; les lamelles de cette enveloppe solide des mollusques, sont toujours formées en dedans, de manière que les couches internes sont les plus nouvelles, mais dans quelques céphalidiens dont le manteau est vaste, la partie extérieure de la coquille est parfois exécutée la dernière et résulte d'une espèce d'exsudation de ce repli cutané [1]. La couche colorante de la peau de ces animaux est ce qui donne ordinairement la couleur que l'on remarque à la superficie des coquilles; les reflets nacrés ou irisés viennent, ainsi que l'ont prouvé des expériences, de la disposition physique des molécules.

La lumière qui colore tous les corps manifeste puissamment son influence sur les coquilles; c'est spécialement le côté de l'enveloppe calcaire qui reçoit son action directe qui se trouve revêtu des teintes les plus vives, ainsi qu'on peut le voir dans certaines bivalves fixées [2], où la face supérieure est beaucoup plus richement peinte que son opposée. Les mollusques qui vivent dans les cavités des corps où la lumière ne pénètre pas, sont totalement incolores [3], tandis que ceux qui reçoivent directement l'influence solaire et se traînent sur le sol à l'air libre, sont ornés d'une brillante coloration. L'épiderme plus ou moins épais que l'on voit à la superficie du test calcaire d'une certaine partie de ces animaux, se nomme *drap marin*.

Dans quelques mollusques univalves, on trouve, à

1 Cyprée.
2 Spondyles.

3 Pholades.

l'entrée de la coquille, un appendice calcaire ou corné que l'on appelle *opercule*, et qui est destiné à boucher l'orifice du test et à protéger l'animal ; Adanson le regardait, mais à tort, comme une seconde valve.

Dans les animaux dont l'histoire nous occupe, le sens du toucher réside à la superficie de parties que l'on nomme *tentacules*, qui environnent la région antérieure. La langue est fort distincte dans beaucoup de ces invertébrés, mais elle est tout-à-fait nulle dans d'autres [1], et chez les mollusques, où l'on ne découvre point d'appendice lingual, le sens n'existe pas.

L'aliment de ces animaux est assez fixe dans chaque genre, mais il varie beaucoup dans les diverses classes ; il est des mollusques qui ne subsistent que de rapines [2] ; d'autres dévorent les végétaux [3] soit à l'état frais, soit en putréfaction ; enfin, il en est qui se nourrissent probablement de cette multitude immense d'animalcules qui peuplent l'eau de la mer [4], et qu'ils paraissent diriger vers la bouché par les appendices qui l'environnent.

L'odorat ne semble exister que dans les mollusques céphaliens et céphalidiens ; les autres en sont dépourvus. Le siége de cette sensation n'est pas encore bien déterminé ; plusieurs naturalistes croient que toute la superficie de la peau molle de ces animaux peut odorer ; d'autres pensent que les mollusques aériens sont les seuls qui jouissent de l'olfaction, parce qu'on les voit choisir leurs alimens pendant les nuits les plus obscures [5], et que ce sens réside, chez eux, à l'orifice de la cavité pulmonaire ; mais il est certains céphaliens marins qui jouissent aussi de la faculté de sentir les émanations

[1] Acéphaliens.
[2] Cryptodibranches.
[3] Hélices.

[4] Acéphaliens.
[5] Limaces.

des corps, car Élien avait observé que l'odeur de la Rue (*Ruta graveolens*) faisait fuir les sèches.

Les yeux existent dans une grande partie des céphaliens et des céphalidiens, tandis qu'on n'en rencontre plus de traces dans les acéphaliens ; ils sont toujours au nombre de deux, et l'on y voit parfois un cristallin bien distinct. Souvent ces organes se trouvent portés sur une espèce de pédicule analogue aux tentacules, et dont ils occupent l'extrémité [1], ou bien ils sont situés sur le corps même de leur support [2]. La vue, qui est très-perçante chez les sèches, qui ont des yeux fort gros, est bien moins bonne dans les autres céphalés.

Beaucoup plus simplement exprimé, l'appareil auditif ne se trouve que dans les céphaliens où il consiste simplement en un petit sac sans ouverture au dehors, et qui est situé à la tête. Ces mollusques paraissent seuls entendre ; dans les autres, l'audition est tout-à-fait nulle.

Le système nerveux offre une disposition spéciale ; il se compose toujours d'une masse centrale ou cerveau, située au-dessus du tube digestif, puis de ganglions pour les appareils sensitifs qui existent, ainsi que pour les viscères et les organes de locomotion, et enfin de filets nerveux de communication. Le cerveau des mollusques céphalés est formé de deux lobes réunis ; ils communiquent avec les ganglions de la vision, et cet organe donne les différens nerfs qui se rendent aux tentacules, ainsi qu'aux lèvres. Il paraît n'exister communément que deux ganglions pour les viscères, l'un qui distribue ses filets à l'organe excitateur mâle, et est placé près de lui ; l'autre, qui fournit des ramilles au

1 Limaçons.	2 Rochers.

tube digestif, et est situé aux environs de la région stomacale. Dans les mollusques acéphaliens, le cerveau dégénère en une espèce de double ganglion ou de cordon aplati, situé sur l'œsophage; mais cet appareil sensitif est si peu développé, que long-tems on en a nié l'existence.

L'intelligence des mollusques est excessivement obtuse, principalement dans les dernières classes, car nous voyons dans les premiers groupes [1], un instinct assez développé, et les animaux qui s'y trouvent, tendent des embûches à leur proie et la surprennent par la ruse. On rencontre bien dans la mer des bancs immenses en longueur et en épaisseur, formés par des amas de coquilles; cependant ces agglomérations d'animaux n'indiquent pas qu'ils vivent en société, mais seulement que les circonstances favorables à leur propagation se trouvent dans ces endroits, car ces êtres n'ont jamais le moindre instinct social. Le tact est le sens le plus exquis chez eux, la mollesse de la peau laissant facilement impressionner les nerfs.

On ne trouve pas, dans les mollusques, d'appendices destinés spécialement à la locomotion; les déplacemens généraux sont le plus communément produits par des faisceaux musculaires; ceux-ci sont quelquefois plus serrés et plus épais à la partie inférieure de l'animal, et il en résulte une espèce de semelle à laquelle on donne le nom de *pied* [2]. La même dénomination est aussi appliquée à un organe de forme singulièrement variée, qui se trouve souvent au milieu de l'abdomen des acéphaliens, et qui est linguiforme et coloré dans les moules vulgaires.

1 Sèches.   2 Limaciens.

Certains mollusques bivalves adhèrent aux corps à l'aide d'un faisceau de filamens auquel on a donné le nom de *byssus;* celui-ci ne paraît être que des fibres musculaires desséchées, et dont le muscle conserve encore sa contractilité.

Le mode de transport de ces animaux est varié; les calmars nagent au moyen de replis de la peau qui se trouvent sur leur corps, et dont ils se servent même pour s'élancer un peu dans l'air. Quelques acéphaliens opèrent une espèce de natation en se servant de leurs coquilles bivalves, qu'ils ouvrent et ferment alternativement. Ceux qui vivent enfoncés dans le sable ou la vase peuvent se soustraire au lieu qu'ils habitent, à l'aide d'un mouvement brusque ou espèce de saut qu'ils accomplissent. Certains mollusques opèrent aussi des mouvemens assez vifs en chassant l'eau qui les distend [1]; enfin, d'autres rampent sur le sol au moyen de leur pied [2], dont les fibres se contractent successivement pour opérer un mouvement très-lent et continu.

La bouche offre d'assez nombreuses différences; les lèvres sont sujettes surtout à de grandes variétés; quelquefois elles s'alongent et forment une espèce de tube. Certains mollusques présentent des dents à l'entrée de la cavité buccale : celles-ci ne sont que rarement au nombre de deux [3]; ordinairement il n'y en a qu'une qui est diversement configurée et dentée [4], mais beaucoup de ces animaux n'offrent point de système solide à la bouche [5]. L'œsophage de quelques-uns peut se prolonger au-dehors ou rentrer à la volonté de l'animal;

1 Calmars, sèches.
2 Hélices.
3 Sèches.

4 Hélices.
5 Acéphaliens.

c'est la saillie de cet organe que l'on a nommée *trompe*.
L'estomac offre une cavité tantôt simple, tantôt multiple, et dans son intérieur on trouve quelquefois des
productions calcaires analogues à des dents [1].

Quoiqu'en général les mollusques paraissent assimiler
lentement les matériaux nutritifs, quelques-uns de ceux
qui vivent sur la terre mangent avec une avidité qui
fait présumer une grande activité digestive [2].

La circulation est complète dans tous les mollusques;
chez un certain nombre, on trouve un sinus dépourvu
de fibres contractiles, que l'on a comparé, à tort, à un
cœur, et qui reçoit le sang des veines et le transmet aux
branchies. Le véritable cœur se compose d'une oreillette quelquefois double [3], et d'un ventricule d'où naît
le système artériel qui va distribuer le sang à tout le
corps.

La structure et la situation des organes respiratoires
varient infiniment chez ces animaux; le plus souvent
ce sont des branchies pectinées, arbusculaires ou lamelleuses, qui agissent sur l'eau; d'autres fois on découvre
des cavités pulmonaires aériennes [4].

Un grand nombre de variétés se remarquent dans
l'appareil génital; chez beaucoup de mollusques, il
n'est composé que de la partie femelle [5]; chez d'autres,
les deux sexes sont distincts et se rencontrent sur le
même mollusque : deux modes différens qui font que
tous les êtres de la même espèce sont absolument semblables. Enfin, on trouve aussi de ces animaux dans
lesquels chaque sexe est porté par un individu différent.

1 Aplysies.   4 Hélices.
2 Hélices.   5 Acéphaliens.
3 Acéphaliens conchyfères.

Un ou deux ovaires et autant d'oviductes sont les seuls organes qui existent chez les femelles. Le sexe mâle se compose d'un appareil de sécrétion qui donne naissance à un canal excréteur replié diversement, puis d'un organe excitateur contractile, susceptible de s'alonger au dehors.

Beaucoup de mollusques sont ovipares ; leurs œufs ont des formes extrêmement variées ; on en voit de sphériques, d'ovalaires et de pédiculés ; tantôt ils se trouvent attachés isolément sous les eaux, d'autres fois ils sont réunis en grappes [1], ou bien on les découvre plongés dans une substance gélatineuse déposée sur les feuilles des plantes [2]. A quelques exceptions près [3], tous les céphalés sont ovipares ; ils produisent des œufs protégés par un enduit corné ou muqueux, et rarement revêtus de substance calcaire [4]. Tous les acéphaliens ont des petits qui sortent vivans de la coquille de la mère.

Dans ces animaux, il n'y a point de métamorphoses, et le petit, en naissant, ressemble à l'être qui lui donne le jour.

La plupart des mollusques vivent dans l'eau ; il en est qui habitent à l'air, et quelques-uns, mais en très-petit nombre, se trouvent même dans la terre [5], d'autres se plaisent au milieu des éponges, du bois [6] ou des pierres calcaires [7]. On en voit qui vivent dans des eaux dont la température et la composition s'éloignent considérablement de l'état ordinaire. Telles sont les espèces qui peuplent les flots bitumineux de la mer Morte

---

1 Sèches.
2 Limnées.
3 Paludines.
4 Limaciués.

5 Testacelles.
6 Tarets.
7 Pholades.

et celles qui résistent à des eaux thermales dont la température s'élève à quarante degrés. Durant les tems froids, les mollusques terrestres hivernent et se rassemblent en grand nombre dans les enfractuosités de la terre.

Les mollusques fournissent une abondance d'alimens à l'homme; quelques pauvres peuplades s'en nourrissent presque exclusivement pendant certaines saisons; leurs coquilles offrent au luxe des ornemens précieux, la nacre et les perles. Celles-ci paraissent dues à une maladie de l'animal; tantôt elles sont formées par un épanchement de la matière nacrée de la coquille, et lui adhèrent dans une certaine étendue, ou bien elles existent en liberté et semblent naître dans l'épaisseur du manteau. Ce sont ces dernières qui constituent les plus régulières et les plus belles du commerce. Redi, puis M. Bournon observèrent que les perles qui viennent dans le manteau contiennent toujours un grain de sable. Leur formation se conçoit facilement par l'introduction de ce petit corps dans cet organe de l'animal d'où émane la partie nacrée, et qui irrité par cette parcelle, dépose autour d'elle des molécules de nacre; cette perle naissante, devenant plus irritante à mesure qu'elle grossit davantage, elle se trouve incessamment revêtue de nouvelles couches. On dit même qu'en mettant un corps étranger dans quelques coquilles, il s'y forme un de ces bijoux précieux qui bientôt l'enveloppe. Les habitans de l'Inde et de la Chine, en passant des fils métalliques dans le test nacré des mollusques, cherchent ainsi à y produire des perles.

ORDRE DES BRACHIOCÉPHALÉS,

Tête pourvue de huit ou dix longs appendices tentaculaires ; branchies cachées.

Dans cet ordre, que l'on peut aussi nommer des *cryptodibranches* à cause de la disposition des branchies, le manteau est sacciforme, et il n'y a point de pied pour ramper ; la tête, très-volumineuse, supporte des yeux fort grands ; la bouche est garnie d'une paire de grosses dents cornées, qui ressemblent à un bec de perroquet.

FAMILLE DES OCTOBRACHIDÉS.

Huit grands appendices tentaculaires, garnis de ventouses musculaires.

POULPE. *Octopus.* Corps protecteur, dorsal nul.

Les poulpes sont des animaux d'une dimension quelquefois considérable ; les bras dont ils se servent pour nager et pour ramper au fond des mers, acquièrent assez d'extension pour être transformés en armes redoutables avec lesquelles ils saisissent et terrassent leurs proies, et on les a vus même en faire un terrible emploi contre l'homme ; car on rapporte que des nageurs éloignés du rivage se sont trouvés comme enchaînés subitement par ces appendices, et qu'ils ont péri au milieu du plus horrible supplice.

C'est un mollusque de ce genre que des naturalistes crédules et amis du merveilleux ont fait figurer ou ont décrit en lui donnant la dénomination de *poulpe colossal*, animal mentionné par Pline sous le nom de *polype monstrueux*, ou d'*arbre marin*, et auquel certains auteurs accordaient un développement immense et une force prodigieuse; ils le pensaient capable d'entraîner des vaisseaux dans les gouffres de la mer, et l'on a tout lieu de s'étonner que Denis de Montfort ait fait figurer, dans les œuvres de Buffon, un de ces poulpes énormes submergeant un navire. Le naturaliste romain dit que la tête d'un tel poulpe, qui fut tué après un long combat, pesait sept cents livres, et Élien rapporte un fait à peu près analogue.

L'Argonaute, cet intéressant mollusque dont Aristote, Élien, Oppien et Pline nous ont transmis l'histoire, et dont les poètes de l'antiquité ont célébré l'étonnante navigation, appartient à ce genre. Dans un mémoire plein d'intérêt, De Blainville a démontré, par des argumens incontestables, que le test calcaire que cet animal habite n'est pas construit par lui, mais qu'il y vit en parasite et change cette demeure à mesure qu'il grandit; ce qui le prouve, c'est qu'il n'y adhère par aucun lien, et qu'il peut l'abandonner quand il lui plaît, ainsi que les anciens l'avaient déjà observé, et que l'ont vu depuis Rumph et Cranch; on peut aussi remarquer que ses formes ne coïncident pas avec celles de sa coquille, et que les parties abritées sont d'une vivacité de coloration que l'on ne rencontre jamais dans les autres mollusques, par la raison que chez eux elles sont perpétuellement soustraites à l'influence de la lumière.

Ce singulier poulpe, qu'Aristote appelait *polype nautique*, était regardé, dans l'antiquité, comme ayant révélé aux hommes l'art de la navigation; il habite une coquille du genre *argonaute*; la spire figure la poupe de son espèce de nacelle, et c'est à l'aide de sa disposition

qu'il vogue à la surface des flots quand le tems est serein
et que la mer est calme. Quatre de ses tentacules lui
servent de rames; il les agite et les relève pour produire
sa translation; les deux qui sont plus larges sont étendues à l'air et figurent des espèces de petites voiles qu'il
offre au souffle du zéphir pour accélérer sa course. Mais
quand l'orage surprend le navigateur, ou qu'un oiseau
dévorant menace son existence, bientôt les voiles et les
rames sont resserrées, l'argonaute rentre dans sa coquille protectrice qu'il engloutit immédiatement sous
l'abîme, comme une frêle nacelle qui chavire, et on ne
le voit reparaître que quand le calme lui permet de reprendre son voyage avec sécurité.

FAMILLE DES DÉCABRACHIDÉS.

Dix appendices tentaculaires, deux beaucoup
plus longs; expansions natatoires latérales; corps
protecteur, dorsal solide.

CALMAR. *Loligo*. Nageoires n'occupant pas ordinairement toute la longueur du sac; lame dorsale
cornée, ensiforme.

Aristophane, Athénée et Apicius nous apprennent
que dans l'antiquité on mangeait certaines espèces de
calmars; aujourd'hui, cet usage s'est encore conservé
dans quelques contrées de l'Italie et dans plusieurs îles
de l'Archipel grec, où on les préfère aux sèches. Vers
les parages qui sont féconds en morues et où il se trouve
abondamment de ces mollusques, on les emploie quelquefois comme appât.

Sèche. *Sepia.* Corps déprimé ; nageoires s'étendant tout le long du corps ; pièce dorsale calcaire.

Les sèches ont, à l'intérieur du corps, une bourse qui contient une matière colorée en noir qu'elles rendent quand quelque danger les menace, et celle-ci, en s'étendant au milieu de l'eau, les enveloppe dans un nuage obscur qui effraie leur ennemi et les dérobe à sa vue. C'est avec ce fluide que l'on fait une couleur d'un brun foncé que les peintres nomment *sépia*, et elle se retire communément de la Sèche officinale [1] qui s'observe dans nos mers européennes. On pense que c'est également avec cette substance que les Chinois composent leur encre.

Le corps calcaire de ce céphalien, que l'on nomme vulgairement *os de sèche*, est employé à polir divers ouvrages, et on le donne aux oiseaux pour qu'ils s'aiguisent le bec. Les sèches abandonnent leurs œufs sur nos rivages, et leur forme, analogue à celle des grappes de la vigne, les a fait nommer communément *raisins de mer*.

ORDRE

DES LOBOCÉPHALÉS OU POLYTHALAMACÉS.

Coquille multiloculaire ; animal situé dans la première loge.

L'analogie seule a fait grouper les différentes familles qui entrent dans cet ordre, car, pour la plupart, on n'en connaît pas les animaux ; ceux-ci doivent résider dans la première loge de la coquille, quand cette der-

[1] *S. officinalis.* L.

nière ne se forme pas à l'intérieur de l'animal, comme cela paraît exister pour les cellulacés.

* *Polythalamacés à cloisons simples.*

BÉLEMNITE. *Belemnites.* Coquille conique, fusiforme, droite ou faiblement courbée, à cavité conique, dans laquelle sont empilées des cloisons simples.

L'ignorance où l'on était sur la nature de ces fossiles donna lieu aux plus singulières assertions. Les auteurs du moyen âge crurent voir en eux la *pierre de lynx* dont parlent Théophraste et Pline, et que ces naturalistes attribuaient à la solidification de l'urine de cet animal. Cette opinion s'est répandue dans le vulgaire chez lequel ces débris antédiluviens passent encore aujourd'hui pour avoir des vertus extraordinaires. De superstitieux savans du quinzième siècle, qui croyaient au sabbat, appelèrent les bélemnites chandelles des spectres ; d'autres, non moins épris de l'amour du merveilleux, pensaient que ces fossiles étaient des pierres tombées du ciel, et cette opinion est encore accréditée dans certaines contrées, où on les nomme *pierres fulminaires* ou *de tonnerre.*

Du reste, rien n'a varié comme l'origine qui était attribuée à ces coquilles que l'on regarda tour-à-tour comme des cristallisations minérales, des dents de poisson ou de reptile, et dont la vraie nature ne fut dévoilée que très-récemment. Les bélemnites, que l'on trouve par couches épaisses dans le sein de la terre, présentent des dimensions très-variables ; certaines espèces n'offrent que quinze à dix-huit lignes de longueur, tandis que d'autres atteignent jusqu'à deux pieds. Telle est la Bélemnite gigantesque [1].

Spirule. *Spirula.* Coquille symétrique, à cône spiral, régulier; tours de spire disjoins; siphon unique.

Une des espèces de ce genre est commune dans les cabinets, c'est la Spirule de Péron [2], que l'on désigne, à cause de sa forme, sous le nom de *cornet de postillon*.

Nautile. *Nautilus.* Coquille discoïde, très-peu comprimée, planorbe, non mamelonnée; cloisons à un ou deux siphons.

Les espèces de ce genre sont de grandes et belles coquilles; celle qui est la plus commune dans les collections, est le Nautile flambé [3], qui offre une brillante teinte nacrée en dedans, et présente extérieurement une croûte blanchâtre variée de flambes fauves qui lui ont valu son nom.

***. Polythalamacés à cloisons lobées ou persillées.*

FAMILLE DES ORTHOCÉRÉS.

Coquille droite ou légèrement arquée, conique, parfois comprimée; siphon unique, central ou marginal.

Baculite. *Baculites.* Coquille conique, extrêmement alongée, comprimée.

La forme très-alongée du test de ces mollusques, qui ne se trouvent qu'à l'état fossile, et le mode d'articulation de leurs différentes pièces, superposées et engrenées

1 *B. giganteus.* Schl.   3 *N. pompilius.* L.
2 *S. peronii.* Lcm.

les unes sur les autres, leur donnent quelque ressemblance avec la colonne dorsale des grands animaux, et
on a quelquefois pris leur moule pour des vertèbres,
dans les tems où l'observation s'appesantissait moins sur
les objets. La Baculite vertébrale [1] est une des espèces
les plus communes.

FAMILLE DES SCAPHITÉS.

Coquille enroulée dans une certainepartie de
son étendue, en forme de navette; animal inconnu.

SCAPHITE. *Scaphites.* Coquille finement striée;
cloisons très-reculées.

On trouve les scaphites dans la craie de la montagne
Sainte-Catherine de Rouen. La forme de ces mollusques
et les petites côtes de leur surface, les font prendre, par
les mineurs, pour des *sangsues pétrifiées.*

FAMILLE DES AMMONACÉES.

Coquille excessivement mince, discoïde, ordinairement comprimée; tous les tours de la spire
apparens; animal inconnu.

AMMONITE. *Ammonites.* Coquille comprimée,
cloisons très-sinueuses.

Ces coquilles, que l'on ne trouve qu'à l'état fossile,
semblent avoir dominé parmi les créatures qui attestent
les premiers âges de la vie sur la terre, et leur histoire
se lie intimement à la théorie du globe. Le test de ces
mollusques acquiert parfois des dimensions gigantesques; il en existe de cinq à six pieds de diamètre; on en

[1] *B. vertebralis.* LAM.

trouve si abondamment dans quelques pays, que l'on en garnit les routes; la côte Sainte-Catherine de Rouen en fournit une espèce en prodigieuse quantité[1]. Les anciens avaient remarqué les ammonites; l'ignorance les a souvent prises pour des serpens pétrifiés, et de là vient le nom de *serpens lapideus*, sous lequel on les voit quelquefois désignées. Ces fossiles sont l'objet d'un culte particulier sur les rivages du Gange, où l'Indien les consacre quelquefois à Brama.

FAMILLE DES TURRICULACÉS.

Coquille mince, cloisonnée, à spire turriculée; siphon subcentral; animal inconnu.

TURRILITE. *Turrilites.* Genre unique.

Dans les collections, on voit communément la Turrilite costulée[2]; ses formes toutes particulières la font remarquer; certaines localités en possèdent énormément; cette coquille se trouve dans les mêmes terrains que les ammonites.

APPENDICE.

CELLULACÉS.

Les corps crétacés rangés dans cet appendice ne paraissent pas avoir de rapports avec les véritables polythalames; beaucoup sont microscopiques et d'une extrême petitesse. On ne connaît pas encore les animaux qui les forment.

[1] *A. rothomagensis.*   [2] *T. costulata.*

FAMILLE DES SPHÉRULACÉS.

Coquille multiloculaire, de forme globuleuse.

Le corps calcaire sphéroïdal qui constitue les sphéru-
lacés est probablement contenu dans la région dorsale
de l'être qui le forme.

FAMILLE DES PLANULACÉS.

Coquille très-déprimée, non spirale; cloisons visibles à l'extérieur.

Cette section ne contient que les deux genres Rénu-
line et Pénérople.

FAMILLE DES NUMMULACÉS.

Coquille discoïde ou lenticulaire, à cloisons im-
perforées; spire non visible à l'extérieur.

Cette famille renferme des coquilles tantôt du diamètre d'une pièce de monnaie, ce qui les a fait nommer
pierres numismales, d'autres fois microscopiques. Par
leurs aggrégations, elles forment des montagnes dont
on emploie la substance pour les constructions, sous le
nom de *pierre de Laon*.

Les pyramides d'Égypte en sont entièrement bâties,
et Strabon, en voyant, dans les décombres de ces monumens, une grande abondance de ces coquilles à peu
près de la figure des lentilles, et voulant expliquer ce
fait, émit la singulière opinion, sans doute populaire
de son tems, que ces mollusques étaient formés par
les résidus pétrifiés des alimens des ouvriers, qui,
dans les tems anciens, se composaient souvent du

légume avec lequel la forme de ces corps cellulacés lenticulaires présente tant d'analogie.

FAMILLE DES CRISTACÉS.

Coquille fort aplatie, symétrique, à cloisons simples et entières, et à dernier tour fort grand.

Trois genres forment seulement cette petite famille; on leur donne les noms de Linthurie, d'Oréade et de Crépiduline.

FAMILLE DES TURBINACÉS.

Test turbiné; ouverture non symétrique; cloisons simples et entières.

Ce sont des coquilles microscopiques qui constituent ce groupe dans lequel on n'admet que les genres Rotalite et Cibicide.

CLASSE XVII.

CÉPHALIDIENS.

Animaux non articulés, non rayonnés, munis d'une tête, mais assez peu distincte.

La bouche de ces mollusques est presque constamment pourvue de dents. L'organe de la respiration est très-variable; celui de la génération est composé de deux sexes distincts, soit sur deux individus, soit sur un seul, ou enfin l'appareil reproducteur peut ne consister qu'en des organes femelles. Ce sont ces considérations qui forment la base des grandes divisions admises dans cette classe. Les généralités sur ces animaux ont été traitées au commencement de la classe précédente, nous y renvoyons pour tous les détails.

Le test qui protège le corps des céphalidiens est nommé *univalve* parce qu'il n'est formé que d'une seule pièce; il est toujours composé d'une loge unique; quelquefois son entrée est fermée par un appendice calcaire ou corné que l'on appelle *opercule*. Les coquilles prennent différens noms, suivant leur forme; pour ne nous arrêter qu'aux principales, nous dirons qu'on les désigne sous l'épithète d'*enroulées*, quand les tours de spire se touchent sans se pénétrer; de *turriculées*, quand la spire a plus de hauteur que de largeur et que les tours sont bien séparés et distincts ; de *rubanées*, si les circonvolutions de la spire sont plates. Par *ombilic*, on désigne un enfoncement qui est situé entre les tours ; par *columelle*, on entend la colonne centrale de la spire, dont la structure se prolonge souvent sur le bord gauche que l'on nomme, pour cette raison, *bord columellaire*.

CÉPHALIDIENS BISEXUELS DIOÏQUES.

Sexes mâle et femelle sur des individus différens.

ORDRE DES SIPHOBRANCHES.

Une ou deux branchies pectiniformes, dont la cavité offre supérieurement un canal tubulé.

FAMILLE DES SIPHONOSTOMES.

Coquille à orifice constamment prolongé en avant par un canal saillant et droit ; animal portant une bouche munie d'une trompe longue et extensible, armée de denticules crochus ; opercule corné, lamelleux, subimbriqué.

Les individus qui composent cette nombreuse famille sont carnassiers et marins ; ils se trouvent répandus dans toutes les eaux du globe.

Fuseau. *Fusus.* Coquille fusiforme, sans bourrelets ; columelle lisse ; bord extérieur tranchant, entier.

Le test de ces mollusques présente une forme élégante qui fait rechercher leurs nombreuses espèces, vivantes ou fossiles, pour l'ornement des cabinets. Le Fuseau quenouille [1] est un des mieux caractérisés, et se reconnaît à sa couleur blanche variée de roussâtre à ses extrémités.

PLEUROTOME. *Pleurotoma.* Coquille fusiforme, turriculée ; bouche canaliculée à bord droit, tranchant, entaillé.

On trouve un assez grand nombre de pleurotomes fossiles dans les environs de Paris, au milieu de terrains plus récens que la craie, mais les espèces vivantes ne viennent que des mers de l'Inde ; le nouveau monde n'en offre point.

PYRULE. *Pyrula.* Coquille pyriforme par l'abaissement de la spire ; ouverture ovale, grande ; bord columellaire excavé, l'extérieur tranchant.

La Pyrule melongène [2], qui est commune dans les cabinets, vient aux Antilles ; elle est zonée de brun et de blanc et armée de quelques grosses épines.

FASCIOLAIRE. *Fasciolaria.* Coquille fusiforme ; bouche terminée par un tube ; columelle plissée ; bord droit sans bourrelet.

Les moindres collections offrent la Fasciolaire tulipe [3], grande et belle coquille de cinq à six pouces de long et marbrée de blanc et de brun. Plusieurs espèces fossiles de ce groupe se trouvent à Grignon, près Paris.

TRITON. *Triton.* Coquille à bourrelets longitudinaux, non épineux, ne se correspondant pas.

C'est à ce genre qu'appartient l'une des plus belles coquilles univalves, le Triton émaillé [4], remarquable

[1] F. colus. Lam.
[2] P. melongena.
[3] F. tulipa.
[4] T. variegatum. Lam.

par ses dimensions et le brillant éclat de ses couleurs.
Ces mollusques étaient connus de nos devanciers, qui
leur donnaient le nom de *buccinum*, parce que l'on se
servait du test des grands individus en guise de trompette, et les poètes et les peintres en ont fait l'attribut
de certaines divinités marines. A l'exemple des anciens,
quelques peuplades indiennes font usage d'une espèce
de ce genre pour donner leur signal de guerre, et les
bergers africains emploient encore le triton nommé
vulgairement *trompette marine*, pour rassembler leurs
troupeaux.

RANELLE. *Ranella.* Coquille paraissant comprimée,
à un double bourrelet longitudinal de chaque
côté ; un sinus à la réunion postérieure des
bords buccaux.

Ces mollusques sont intermédiaires aux tritons et aux
rochers ; la Ranelle géante [1] est surtout remarquable
par le développement qu'elle acquiert.

ROCHER. *Murex.* Coquille hérissée de bourrelets
ordinairement longitudinaux, épineux ou
déchiquetés ; bord droit, à varices ; une lame
sur la columelle ; ouverture bien ovale.

Parmi les espèces de ce genre nombreux se remarque
le Rocher forte épine [2] que l'on nomme, dans le commerce, la *grande bécasse épineuse*, à cause de la finesse
de son bec chargé de piquans, et le Rocher feuille de
scarole [3], grande et belle coquille dont la bouche est
ornée de teintes roses.

Quelques-uns de ces mollusques sont édules, et le

[1] *R. gigantea.*
[2] *M. crassispina.*
[3] *M. saxatilis.* L.

Rocher fascié [1], regardé, par Fabius Columna, comme la pourpre des anciens, se mange sur les rivages de l'Italie, et fournit une si grande abondance de substance colorante, qu'il en tache les doigts et les linges de table.

FAMILLE DES ENTOMOSTOMES.

Coquille échancrée en avant, sans canal antérieur, ou à canal très-court, brusquement infléchi; opercule corné, unguiforme; animal analogue à celui de la précédente famille.

** Entomostomes operculés.*

CANCELLAIRE. *Cancellaria.* Coquille oviforme ou globuleuse, rugueuse; ouverture ovalaire échancrée ou subcanaliculée; bord droit tranchant; bord gauche presque droit, à deux ou trois plis.

L'opercule des cancellaires est corné; elles sont toutes marines, et l'on en trouve plusieurs espèces de fossiles en France, ainsi que dans d'autres pays de l'Europe.

POURPRE. *Purpura.* Coquille ovale, épaisse; dernier tour de spire fort grand; ouverture très-évasée; columelle aplatie, formant un canal court, inclus, échancré.

Les mœurs de ces mollusques sont absolument analogues à celles des buccins; vivant ordinairement dans les lieux rocailleux et sous l'abri des fucus, ils ne se nourrissent que de chair, et percent les coquilles bi-

[1] *M. trunculus.* L.

valves pour en dévorer les habitans. Ces animaux fournissent une substance colorée dont l'organe producteur
est une espèce de petit sac que l'on trouve dans tous les
siphobranches, et qui paraît être une sorte d'appareil
dépurateur, situé entre le rectum et le cœur.

Sous le nom de *pourpres*, Aristote mentionne déjà
les coquilles qui fournissaient au luxe des Romains cette
brillante couleur réservée pour la richesse seule, et pour
la splendeur des rois. Pline entre dans les plus grands
détails sur la pêche de ces mollusques et sur le moyen
d'en extraire la matière tinctoriale, tellement précieuse,
que celle qui servait à colorer, la double pourpre de
Tyr, que l'on préférait à Rome, coûtait plus de 1,000
deniers (900 francs) la livre. Oppien et Élien parlent
aussi des pourpres, mais en général les anciens ne nous
ont pas laissé assez de détails pour que nous puissions
apprécier exactement quels sont les animaux qu'ils désignaient sous ce nom, et qui leur donnaient une couleur aussi recherchée.

Les naturalistes modernes s'efforcèrent de débrouiller
ce point intéressant de la science. Au milieu d'une foule
d'opinions émises sur ce sujet, Rondelet semble s'être le
plus approché de la vérité, en pensant que le mollusque
qui fournissait la pourpre à l'antiquité est le *murex
brandaris* de Linnée, lequel est commun dans la Méditerranée; il contient une humeur colorante assez
abondante, en même tems qu'il se rapproche de la description d'Aristote et de Pline; telle est aussi l'opinion
de M. Cuvier.

Les efforts de M. Bory Saint-Vincent pour trouver
les coquillages qui donnent la couleur pourpre, ayant
été vains, en désespoir de cause il admit l'hypothèse

que les Tyriens extrayaient cette substance d'une espèce
de lichen [1], et que ce n'était que pour voiler leur secret
qu'ils disaient la tirer d'un animal ; mais on ne peut
admettre ces idées, quand on lit les longues descriptions
des anciens sur la manière d'extraire la liqueur colorante des pourpres et de l'appliquer sur les étoffes.

Nasse. *Nassa.* Coquille ovale, à spire médiocrement élevée ; bord interne ayant une large cal-
losité.

Ces coquilles ont la plus grande analogie avec les
buccins, dont elles ont été séparées ; on en trouve à la
fois à l'état fossile et à l'état vivant.

Concholépas. *Concholepas.* Coquille patelliforme,
à ouverture très-grande, ovale, échancrée en
devant ; opercule corné.

Cette petite division a été établie pour le seul Concholépas du Pérou [2], coquille brune de deux à trois
pouces de long, qui était naguère excessivement rare.

Licorne. *Monoceros.* Coquille subglobuleuse, à
bord droit, armé d'une corne conique, aiguë.

Ces coquilles sont extrêmement rapprochées des
pourpres ; le nom de *licorne*, que les collecteurs leur
donnaient depuis long-tems, avant qu'on eût créé ce
genre, venait de l'espèce de corne qui se trouve sur le
bord de l'ouverture.

Cérite. *Cerithium.* Coquille conique, très-alongée,
turriculée, tuberculeuse ; ouverture petite,
oblique ; bord droit tranchant ; opercule corné.

Ce groupe est un des plus nombreux en espèces con-

---

1 *Lichen roccella.* L.   1 *C. peruvianus.*

temporaines et fossiles, et, relativement à ces dernières, il mérite de fixer l'attention des géologues.

La Cérithe géante [1] est l'une de nos plus considérables coquilles fossilisées des environs de Paris ; on l'a trouvée vivante dans les parages de la Nouvelle-Hollande, ce qui nous démontre manifestement que notre sol offrait autrefois des conditions toutes différentes de celles que présente son état actuel.

La Cérithe télescope [2], assez répandue dans les collections, se distingue à sa couleur brun-noirâtre et à sa bouche quadrangulaire, chargée d'un gros pli.

Vis. *Terebra.* Coquille alongée, turriculée ; spire lisse, rubanée, très-aiguë ; ouverture large, ovale, fortement échancrée en avant ; bord droit, mince.

Dans ce groupe nombreux en sujets vivans ou fossiles, on peut distinguer, à sa couleur blanche et à ses maculatures brunes, la Vis tachetée [3], l'une des plus grandes que l'on connaisse.

Eburne. *Eburna.* Coquille lisse, à spire aiguë, dont les tours sont confondus, adoucis ; columelle calleuse, ombiliquée.

L'Eburne alongée [4], connue par les amateurs sous le nom d'*ivoire*, se distingue à son poli et à sa couleur analogue à celle de cette substance.

Buccin. *Buccinum.* Coquille turbinacée, ovale ; ouverture oblongue, échancrée ou subcanaliculée antérieurement ; columelle simple.

Les buccins subsistent dans toutes les mers ; ils sont

1 C. giganteum. 3 T. maculata. Emy.
2 C. telescopium. Lam. 4 E. glabrata.

extrêmement carnassiers. Aristote avait déjà remarqué qu'avec l'espèce de langue renfermée dans leur trompe, ils percent même les autres coquilles pour s'en nourrir. Ainsi que les pourpres, ces animaux fournissent une matière colorante, et, au rapport des écrivains, c'était à l'époque de la ponte que l'on pêchait les buccins destinés à la teinture; non seulement utiles à revêtir les étoffes d'un brillant éclat, ces animaux, étant édules, offrent encore à l'homme un aliment agréable.

Le Buccin ondé [1], qui acquiert plus de trois pouces de longueur, se vend communément dans les marchés de la Grande-Bretagne.

Casque. *Cassis.* Coquille aplatie en arrière, ou à spire peu saillante; ouverture étroite, longue, terminée antérieurement par un canal fort court, échancré et recourbé en arrière; columelle dentée ou plissée.

Certaines espèces ont une grande ressemblance avec la coupe d'un casque, et leur canal recourbé, rabattu en arrière en figure assez bien le cimier. Le Casque bonnet [2] est un des plus communs; il abonde dans les mers indiennes et se voit dans toutes les collections. Sa superficie est sillonnée; sa longueur peut avoir jusqu'à trois pouces; il est de couleur rouge-brun.

*** Entomostomes inoperculés.*

Harpe. *Harpa.* Coquille ovale, bombée, à côtes longitudinales, parallèles, formées par le bourrelet persistant du bord droit; spire courte.

Les belles et élégantes coquilles décorées du nom de

[1] *B. undatum.* L.   [2] *C. testiculus.*

harpe, sont naturelles aux pays chauds; elles doivent sans doute cette dénomination au rapprochement que l'on a établi entre leur figure et celle de l'instrument de musique de l'antiquité.

La Harpe commune [1] est celle dont l'accroissement est le plus considérable.

TONNE. *Dolium.* Coquille fort mince, globuleuse, à côtes transversales; bord droit, crénelé.

Toutes ces coquilles sont légères et très-ventrues; on ne découvre point de tubercules à leur superficie, et leur ouverture est échancrée antérieurement; elles ont souvent une taille assez volumineuse. Parmi ce groupe, qui appartient aux bassins maritimes équatoriaux, on doit remarquer la Tonne perdrix [2], qui est ombiliquée, à côtes peu saillantes, tachée de blanc sur un fond fauve, et qui se trouve dans les deux mondes.

FAMILLE DES ANGISTOMES.

Coquille à ouverture ordinairement très-étroite et très-longue, échancrée en avant; opercule ou non; animal analogue aux familles précédentes, à pied extrêmement grand.

* *Angistomes operculés.*

ROSTELLAIRE. *Rostellaria.* Coquille subdéprimée, turriculée, à spire conique, pointue; bord droit, digité ou non, se dilatant avec l'âge; ouverture ayant en avant un sinus continu à un canal pointu.

Trois espèces de ces animaux sont seulement connues

1 *H. ventricosa.* 2 *D. perdix.*

à l'état vivant ; on en trouve un plus grand nombre de fossiles.

La Rostellaire bec arqué [1] est une belle coquille fusiforme, dont l'extérieur est de couleur fauve-roussâtre. Les collecteurs la nomment *fuseau de Ternate*.

STROMBE. *Strombus.* Coquille épaisse, biconique, présentant en avant un canal recourbé, et un en arrière ; bord externe échancré pour le passage de la tête, se dilatant simplement, ou digité.

Ces coquilles sont les géans des univalves ; elles se trouvent dans les mers tropicales, font l'ornement des collections et encore de quelques gothiques salons. Le Strombe aile d'aigle [2] y est surtout préféré à cause de ses prodigieuses dimensions, ainsi que de la belle couleur rose de la bouche de sa coquille.

COLOMBELLE. *Columbella.* Coquille épaisse, turbinée, à spire courte, obtuse ; ouverture étroite et alongée, rétrécie par un renflement du bord droit et les plis de la columelle.

Ce genre ne renferme que peu d'espèces ; leurs mœurs sont probablement analogues à celles des buccins.

CONE. *Conus.* Coquille conique, à sommet en avant ; spire plate ou peu saillante, ouverture rectiligne, fort étroite, bord externe tranchant ; opercule corné, spiré.

Le nom vulgaire de *cornets* que ces coquilles portent, leur vient de la forme qu'elles affectent ; elles constituent, par la variété de leur couleur et leur brillant

---

[1] R. curvirostris.　　　　2 S. gigas. L.

poli, un des plus beaux ornemens des collections. Ces animaux se trouvent dans les plages maritimes des pays chauds, sur les fonds de sable à dix ou douze brasses de profondeur. Quoique nous possédions un assez grand nombre d'espèces fossiles sur notre sol, on n'en découvre que bien peu de vivantes dans nos mers.

Le Cone amiral[1] est une des coquilles les plus recherchées par les amateurs, à cause de la beauté que lui donne le jeu de ses taches blanches sur un fond fauve.

TARIÈRE. *Terebellum*. Coquille mince, luisante, subcylindrique, enroulée, comme tronquée antérieurement; columelle lisse; bord externe tranchant.

On ne connaît qu'une espèce vivante qui se pêche sur les côtes de l'Inde. La Tarière oublie[2] est fossile et se découvre à Grignon; sa figure rappelle la chose dont elle porte le nom.

** *Angistomes suboperculés.*

OLIVE. *Oliva*. Coquille subcylindrique, enroulée, lisse, épaisse; spire à sutures canaliculées; ouverture échancrée en avant; columelle renflée antérieurement, à stries obliques.

Les anciens connaissaient les coquilles de ce genre, qui, presque toutes, habitent les latitudes équatoriales; elles sont très-carnassières, car on les pêche à l'aide de lignes amorcées avec de la viande. Ce genre, infiniment nombreux, est composé d'espèces fort difficiles à distinguer, et qui ne sont souvent formées que sur des variétés

1 *C. amiralis.* L.   2 *T. convolutum.*

de coloris. Il serait à désirer que l'on trouvât, dans la configuration seule, les caractères spécifiques, ce serait un plus sûr moyen d'arriver à quelque chose d'exact. Une des plus communes est l'Olive tricolore[1].

MITRE. *Mitra.* Coquille turriculée, subfusiforme; spire pointue au sommet; ouverture triangulaire, très-échancrée antérieurement; columelle à plis obliques, plus gros en arrière; bord droit, tranchant.

Habitantes des contrées chaudes, les mitres disparaissent après avoir diminué successivement de volume, à mesure que l'on s'avance vers le nord, de manière que l'on n'en trouve déjà plus que de très-petites dans la Méditerranée. L'ancien bassin de Paris et les couches subappennines en présentent beaucoup à l'état fossile. Les teintes vives et variées qui enrichissent les mitres décèlent leur origine équatoriale. Telle est l'Épiscopale[2] distinguée à ses taches carrées, d'un rouge clair et brillant sur une robe blanche.

*** *Angistomes inoperculés.*

VOLUTE. *Voluta.* Coquille ventrue, à sommet mamelonné; ouverture fortement échancrée en avant; bord droit, ordinairement mousse et sans bourrelet; columelle à plis obliques, plus gros antérieurement.

Toutes les espèces sont marines et probablement carnassières; leur test calcaire, qui ne paraît jamais voilé de drap marin, se décore des plus vives couleurs, et est

1 *O. tricolor.* Lam. 2 *M. episcopalis.* L.

recherché avec empressement par les conchyliologistes.
Des détails curieux furent donnés par Adanson sur la
Volute éthiopienne ; sa bouche est supportée par une
longue trompe, et garnie de crochets dont l'animal se
sert pour perforer les coquilles des autres mollusques
et sucer leurs parties charnues. Cette belle espèce, que
l'on mange au Sénégal, acquiert parfois sept ou huit
livres de pesanteur.

La Volute impériale[1] est une des plus précieuses du
genre ; sa couronne épineuse, sa columelle rose et sa
grande taille la distinguent. La Volute musique[2] est
une des plus communes et elle est connue de tous les
curieux.

Quoiqu'on ne voie jamais les mollusques céphalidiens
prendre soin de leur progéniture, l'observateur que
nous venons de citer rapporte que la Volute gondole
recueille ses petits pendant un certain tems et leur
donne un abri dans son pied.

MARGINELLE. *Marginella.* Coquille ovale, polie, à
spire courte ou nulle ; ouverture étroite, à bord
droit, épaissi, rebordé en dehors ; columelle
à trois ou quatre plis obliques.

On ne découvre les marginelles que sur les plages
maritimes des pays chauds ; elles fréquentent les rochers
et surtout les endroits où les vagues déferlent avec plus
de violence.

PORCELAINE. *Cypræa.* Coquille ovoïde, vitreuse ;
ouverture très-étroite, linéaire, à bords droit
et gauche dentés.

Un grand nombre d'espèces viennent se placer dans

____
[1] *V. imperialis.* Lam.   [2] *V. musica.* L.

cette section ; leur brillant poli, l'élégante variété de leur couleur avaient fixé les regards de l'antiquité, et même, selon certains historiens, la beauté de ces coquilles leur valut les hommages d'un culte, et le nom de *conchæ veneris* qu'on leur donnait, décèle assez par quelle comparaison on les avait consacrées à la voluptueuse déesse ; les marins les désignent sous celui de *pucelage*, qu'Adanson introduisit même dans la science. La dénomination de *porcelaine*, adoptée par les naturalistes, retrace la ressemblance que leur brillant éclat présente avec nos vases faits en cette matière.

La Cyprée tigre [1] est aussi belle que commune ; elle est parfois employée à confectionner des tabatières ; les habitans d'Otahiti s'en servent pour boire.

La Porcelaine cauris [2] constitue la monnaie d'une grande partie des nègres de l'Afrique. Les brames de l'Inde s'en servent au lieu de jetons.

OVULE. *Ovula.* Coquille ovale, lisse, prolongée en tube aux deux extrémités ; bord columellaire non denté.

Ces mollusques aiment les mers de la zone torride ; quelques-uns, de petite taille, viennent seulement dans les nôtres.

L'Ovule navette [3], que sa forme a fait nommer ainsi, est extrêmement connue ; elle nous est apportée des Antilles. Sa couleur est blanche à l'extérieur, et d'un rouge-brun en dedans.

---

[1] *C. tigris.*
[2] *C. moneta.*

[3] *O. volva.*

ORDRE DES ASIPHOBRANCHES.

Animal à branchies pectiniformes, contenues dans une cavité dépourvue de tube; coquille de forme variable, constamment operculée.

FAMILLE DES GONIOSTOMES.

Coquille subplanorbique ou trochoïde; spire plus ou moins carénée; ouverture souvent presque quadrangulaire; base ordinairement plate, circulaire; bord droit, tranchant, anguleux; opercule corné; animal sans dent supérieure; langue en spirale; tête à deux tentacules à yeux à leur base.

CADRAN. *Solarium.* Coquille subplanorbique; ombilic denté; columelle nulle.

Le Cadran strié [1] présente un ombilic bien remarquable par sa profondeur et sa régularité.

TOUPIE. *Trochus.* Coquille trochoïde, à ouverture déprimée; columelle arquée, torse.

Une propriété bien singulière est celle que l'on remarque dans quelques coquilles de ce genre, qui collent à leur test, d'une manière inamovible, différens corps calcaires ou d'autres mollusques. Telle est, entre autres, la Toupie agglutinante [2], dont l'enveloppe solide se dérobe sous la dépouille des animaux qui la recouvrent.

[1] *S. perspectivum.*   [2] *T. agglutinans.*

FAMILLE DES CRICOSTOMES.

Coquille de forme variable, à ouverture presque circulaire ; opercule calcaire ou corné ; animal semblable à celui de la famille précédente.

SABOT. *Turbo.* Coquille conoïde, point carénée, ombiliquée ou non ; ouverture ronde, à bord externe non coudé au milieu.

Le Sabot pie [1], qui se fait remarquer par ses bariolures de blanc et de noir, est très-commun sur les rivages de l'Inde ; les collecteurs le connaissent sous le nom de *la veuve*. Nos côtes maritimes sont jonchées du Sabot des rivages [2], que les gens du peuple nomment vignot et qu'ils mangent après l'avoir fait cuire.

SCALAIRE. *Scalaria.* Coquille subturriculée, à côtes longitudinales ; ouverture ronde.

La Scalaire justement nommée précieuse [3] mérite seule d'être mentionnée à cause de sa beauté et de son prix ; car, il y a peu de tems, elle était encore si rare, que des individus parfaitement conservés ont été vendus jusqu'à 6,000 fr. ; aujourd'hui, ces coquilles sont d'une valeur très-peu élevée ; M. Bosc attribue leur diminution à ce qu'il s'en est trouvé dans la Méditerranée, tandis qu'anciennement elles venaient toutes de l'Inde et de la Chine.

Ces cricostomes, d'une couleur brun-clair avec des côtes blanches, ont ordinairement deux pouces et demi de long. Dans la collection de Catherine II, on en voyait un de plus de quatre pouces.

[1] *T. pica.*
[2] *T. littoreus.*
[3] *S. pretiosa.*

La Scalaire commune est très-répandue sur les rivages européens.

CYCLOSTOME. *Cyclostoma.* Coquille striée, à tours de spire arrondis, et à sommet mamelonné ; ouverture garnie d'un bourrelet ; opercule calcaire.

Ces mollusques vivent dans l'air ; on les découvre fréquemment en grande abondance sur les feuilles en putréfaction ou dans les trous des vieux arbres.

Le Cyclostome élégant [1] est celui que nous avons souvent l'occasion d'observer dans nos campagnes ; ce petit animal, orné de stries fines et longitudinales, est remarquable par sa manière de marcher, qui consiste à faire des espèces de pas ou d'enjambées.

PALUDINE. *Paludina.* Coquille épidermée, conoïde, à sommet mamelonné ; bords tranchans ; opercule corné.

Ces mollusques séjournent sur les plantes, et, comme l'indique leur nom, dans les marais et les fossés ; on en trouve aussi au milieu des rivières, et quelquefois dans les eaux salées de leur embouchure. Les paludines femelles présentent, dans leur appareil génital, une grande cavité à laquelle on a donné le nom de *matrice*, et où se développent et éclosent les œufs. Aussitôt après leur émission au dehors, les petits se mettent sur la coquille de la mère et y restent un certain tems.

La Paludine vivipare [2] est répandue dans toutes les parties de la France.

[1] *C. elegans.*   [2] *P. vivipara.*

Vermet. *Vermetus.* Coquille tubiforme, irréguliè-rement enroulée ou ployée, à bords tranchans.

C'est un des genres les plus singuliers par la configu-ration de sa coquille, que l'on a long-tems prise pour une serpule. L'opercule des vermets est corné.

FAMILLE DES ELLIPSOSTOMES.

Coquille de forme variable, ordinairement lisse, à ouverture ovale, longitudinale ou transversale, operculée.

Ampullaire. *Ampullaria.* Coquille globuleuse, ventrue, ombiliquée; ouverture orbiculaire, plus longue que large.

Les collecteurs ont nommé pompeusement *cordon bleu*, ou *dieu Manétou*, etc., etc., certaines ampullaires. En général ces univalves vivent dans les eaux douces des terres tropicales.

Mélanie. *Melania.* Coquille épidermée, ovale, ordinairement turriculée; ouverture ovale; bord droit, s'évasant antérieurement; oper-cule corné.

Ces coquilles sont palustres et fluviatiles; toutes se trouvent colorées en noir ou d'une teinte très-rembru-nie, c'est ce qui leur a valu le nom qu'elles portent, qui signifie *noir*. Les espaces intertropicaux de l'Amé-rique et de l'Asie sont leur séjour de prédilection. L'une d'elles, la Mélanie tiare [1] a une chair fortement amère, et est regardée, dans quelques pays, comme guérissant radicalement l'hydropisie.

[1] *M. amarula.*

FAMILLE DES HÉMICYCLOSTOMES.

Coquille subglobuleuse ou semiglobuleuse; ouverture demi-circulaire; bord columellaire droit, tranchant, septiforme; animal presque globuleux, à pied très-grand.

NATICE. *Natica.* Coquille ampullacée, ombiliquée; columelle rectiligne, calleuse; bord droit, lisse intérieurement; opercule calcaire ou corné.

Les natices sont nombreuses et de couleur assez variée; toutes sont marines et viennent à la fois dans les plages polaires et tropicales.

La Natice mamelle[1], par sa blancheur d'émail et sa forme analogue au mamelon d'un sein, se signale à la première vue.

NÉRITE. *Nerita.* Coquille semi-globuleuse, non ombiliquée; columelle dentée; opercule calcaire.

Ce genre habite les eaux marines ou fluviatiles, au milieu des fucus ou des plantes palustres, et même, au rapport de quelques naturalistes, les individus qui le composent, malgré leur respiration évidemment aquatique, peuvent abandonner l'eau par momens, et vivre sur les végétaux des localités humides, à l'instar des céphalidiens terrestres.

La Nérite polie[2] et la Nérite saignante[3], qui doit son nom à sa bouche teinte de sang, sont fort communes. C'est aussi dans cette coupe que se trouvent une foule de petites coquilles décorées avec une délicatesse extrême et imitant, par leurs lignes tremblées ou leurs taches

1 *N. mamilla.* Lam.   3 *N. peloronta.* L.
2 *N. polita.* Lam.

régulières, les plus charmans dessins de nos étoffes d'indiennes : le peintre-fabricant pourrait trouver d'heureuses inspirations sur ces êtres fragiles. Telle est la Nérite parée ou fluviatile [1] que la Seine nourrit dans ses eaux.

FAMILLE DES OXYSTOMES.

Coquille conoïdale, très-mince ; bord droit tranchant ; columelle droite, saillante en avant ; opercule nul.

JANTHINE. *Janthina.* Genre unique.

On trouve, sous le pied des jantines, une masse vésiculeuse qui remplace l'opercule et empêche l'animal de ramper, mais le laisse flotter avec facilité en faisant l'effet d'une vessie hydrostatique. La plus anciennement connue est la Janthine commune [2], que l'on trouve dans toutes les mers, et qui s'environne d'une petite atmosphère violette aussitôt qu'on la saisit. On rencontre ces oxystomes par bandes à la surface de l'eau où ils sont phosphoriques pendant les ténèbres.

CÉPHALIDIENS BISEXUELS MONOÏQUES.

Mollusques hermaphrodites à accouplement nécessaire.

** Organes de la respiration non symétriques.*

ORDRE DES PULMOBRANCHES.

Organes respiratoires aériens, tapissant une cavité dont l'orifice est à droite ; bouche à une dent supérieure ; opercule nul.

Ces animaux respirent l'air, ce qui les rend presque

1 *N. fluviatilis.*   2 *J. communis.* Lam.

tous terrestres ; ceux qui vivent dans l'eau viennent à
sa surface pour absorber le fluide atmosphérique ; aussi
sont-ils obligés de n'habiter que des lieux peu profonds.
Tous sont phytophages.

FAMILLE DES LIMNACÉS.

Coquille mince, à bord externe constamment
tranchant ; animal à deux tentacules coniques ou
sétacés ; yeux sessiles.

LIMNÉE. *Limnea.* Coquille conique, mince, turriculée, à spire pointue, à bords désunis, le
gauche avec un pli oblique.

Ce sont des mollusques qu'il nous est souvent loisible
d'observer dans nos eaux douces ; ils rampent avec facilité à leur superficie, ainsi que sur les herbes. A cause de
leur respiration aérienne, il faut qu'ils viennent souvent à la surface du liquide. Dans la saison de leurs
amours, on rencontre ces céphalidiens accouplés, un
grand nombre à la fois et formant sur les mares une
sorte de chaîne par leur réunion ; leurs œufs sont ces
masses gélatineuses qui se voient sur le limbe des feuilles
submergées des végétaux aquatiques, et dans lesquelles,
à certaine époque, on aperçoit la petite coquille s'agiter. La Limnée stagnale [1] est la plus commune.

PHYSE. *Physa.* Coquille très-lisse, ovale ou globuleuse, mince et fragile, à spire saillante, souvent senestre.

Les individus de ce genre sont peu nombreux ; ils
vivent dans les eaux douces et nagent avec facilité ;

[1] *L. stagnalis.*

leur ponte se compose d'un petit nombre d'œufs réunis en masse glaireuse.

La Physe des mousses[1] est une petite coquille indigène, de couleur fauve, qui se voit sur les plantes ou dans les rivières.

ANCYLE. *Ancylus.* Coquille conique, ovale, à sommet pointu, incliné en arrière et un peu à droite ; bord entier et évasé.

Les coquilles des ancyles sont analogues à celles des patelles ; aussi la plupart des zoologistes allemands et anglais les rangent dans ce genre, mais leurs animaux en diffèrent beaucoup. Ces mollusques ne se voient que dans l'eau douce, et quand la chaleur a desséché les marais qui les recèlent, ils restent, sans périr, sous la vase, en attendant le retour des pluies ; de manière que leur existence est presque amphibie. C'est sur les pierres, les roseaux ou les autres plantes aquatiques, qu'on les découvre communément.

L'Ancyle fluviatile[2], comme toutes ses congénères, vient dans nos contrées.

PLANORBE. *Planorbis.* Coquille discoïde, souvent senestre ; spire enfoncée.

La forme enroulée de ces céphalidiens les avait fait confondre anciennement, par quelques naturalistes, avec les ammonites ; mais celles-ci en sont bien différentes par leurs cloisons. Les planorbes affectent les zones boréales et tempérées, et on les rencontre communément dans les marais de l'Europe, où ils forment des cordons en s'accouplant mutuellement et en grand nombre à la fois, à la surface des eaux des étangs.

1 *P. hypnorum.*   2 *A. fluviatilis.*

Le Planorbe corné [1] est commun chez nous, et se décèle à la direction senestre de sa coquille et à sa couleur brun-verdâtre à l'état vivant.

FAMILLE DES AURICULACÉS.

Coquille épaisse, à ouverture plus large en avant; columelle dentée ou plissée; animal à tentacules renflés au sommet; yeux sessiles.

AURICULE. *Auricula.* Coquille épaisse, ovale, à spire courte, obtuse; columelle à deux ou trois dents; bord droit épaissi et rebordé.

Par une anomalie notable, les auricules, qui semblent organisées pour vivre dans la mer, se rencontrent cependant plus souvent sur la terre que dans l'eau, mais elles reviennent fréquemment à celle-ci dont elles ne peuvent s'éloigner sans danger.

FAMILLE DES LIMACINÉS.

Coquille globuleuse, ovale, discoïde, turriculée ou puppacée; sommet mousse; ouverture ronde, semi-circulaire, ovale ou anguleuse, mais jamais échancrée; animal à yeux pédiculés.

AMBRETTE. *Succinea.* Coquille très-mince, transparente, à spire très-peu enroulée; ouverture excessivement grande.

Ce sont de petits mollusques que nous trouvons communément sur les bords humides de nos mares. Telle est l'Ambrette amphibie [2].

1 *P. corneus.* Lam.   2 *S. amphibia.*

Bulime. *Bulimus.* Coquille ovale, oblongue, à ouverture sans dentelures, et à bord droit rebordé en dehors.

Les plus grands bulimes viennent dans le midi; leur génération offre cela de particulier que les œufs sont fort gros, et qu'ils sont pourvus d'une enveloppe calcaire.

Agathine. *Achatina.* Coquille ordinairement subturriculée, à sommet mamelonné; bord droit, tranchant; columelle à extrémité antérieure tronquée.

Les agathines ne paraissent être qu'un sous-genre qui a les plus grands rapports avec les hélices, et elles en sont principalement distinguées par la tronquature de leur columelle. Ce sont les plus grosses coquilles terrestres connues; elles sont ordinairement embellies des plus vives couleurs; quelques-unes ont même été nommées *rubans*, à cause de la vivacité de leurs zones colorées.

D'après M. de Férussac, les limaçons extraordinaires de Solite; qui pouvaient contenir quatre-vingts quadrans, et dont parlent Pline et Varron, n'étaient que des agathines; mais ces quadrans n'étaient pas, comme on l'a dit, des mesures de capacité dont la somme équivalait à plus de sept pintes de liquides mais bien des quarts d'as, monnaie romaine, qui, du tems de Varron, égalait à peine notre pièce d'un sou.

Clausilie. *Clausilia.* Coquille subcylindrique, fusiforme, à dernier tour plus petit que le précédent; ouverture à bords réfléchis en dehors; au moins un pli à la columelle.

Ce sont de petits mollusques, qui, pour la plupart,

se trouvent en Europe, et principalement sur les rivages méditerranéens. On en voit aussi aux environs de Paris.

MAILLOT. *Puppa.* Coquille cylindracée, à sommet très-obtus; spire à dernier tour plus étroit; des plis à la columelle et au bord droit.

Ce sont de très-petites coquilles terrestres qui vivent cachées au milieu des mousses, des localités humides, et que l'on peut recueillir facilement.

HÉLICE. *Helix.* Coquille le plus souvent globuleuse, quelquefois planorbique ou conoïde, point turriculée; ouverture oblique, plus large que longue.

Le nombre des mollusques renfermés dans cette coupe, leurs couleurs variées, leur abondance dans les lieux où nous vivons, les dégâts qu'ils y causent, ou les services que l'on peut en tirer, les firent remarquer dans tous les siècles; aussi, les écrits d'Aristote, de Pline et de Dioscoride en font une mention assez détaillée. Les Romains faisaient leurs délices de certaines espèces, et ils les élevaient dans des parcs en les nourrissant avec du vin cuit et de la farine, pour les rendre plus exquis; on les rapportait, pour cela, des lieux lointains; les plus estimées étaient celles que produisaient la Sicile et l'Afrique. Plusieurs peuples en mangent encore aujourd'hui après les avoir fumées.

L'hermaphrodisme des hélices, ou limaçons, comme on les nomme vulgairement, avait, depuis long-tems, frappé les contemplateurs de la nature, car l'ancien nom qu'on leur donnait, par un rapprochement ingénieux, signifie *homme* et *femme*; mais ce ne fut que récemment que l'anatomie de leurs organes sexuels fut traitée avec soin. Quoique chaque limaçon possède les deux sexes, et qu'il soit en même tems mâle et femelle, il faut un accouplement pour que les germes soient fécondés. C'est vers le printems que ce rapprochement a lieu ; alors ces mollusques se réunissent en couples, et ils paraissent s'exciter mutuellement à l'acte de la procréation en se piquant avec une espèce de dard calcaire quadrangulaire, qui est sécrété, à l'époque des amours, dans une poche musculaire particulière qui se retourne pour le faire saillir, et l'on dit que ces animaux s'enfoncent si profondément cet aiguillon, qu'il reste ou se rompt dans la peau de l'individu qui le reçoit ; ce qu'il y a de certain, c'est qu'on ne le retrouve plus vers la ponte, et qu'à l'époque du rut, il s'en reproduit un nouveau ; les organes se gonflent considérablement pendant la jonction, qui dure environ douze heures.

Les limaçons pullulent dans les quatre parties du monde ; les localités humides sont celles où ils se réunissent de préférence chez nous et pendant l'été ; car, durant la saison froide, ils s'enfoncent dans la terre ou sous les murailles et l'écorce des arbres, et là, chacun d'eux abrite ses parties charnues dans sa coquille, dont il bouche momentanément l'entrée avec un opercule mucoso-calcaire qu'il exsude. La France seule en possède une soixantaine d'espèces.

L'Hélice chagrinée [1], vulgairement nommée *jardinière*, est malheureusement trop abondante dans nos potagers.

L'Hélice némorale [2], appelée *livrée* par le monde, à cause de sa couleur jaune-clair avec des bandes brunes,

[1] *H. aspersa*. Lin.　　　　[2] *H. nemoralis*. L.

est fort commune dans les champs et les forêts ; tandis que l'Hélice vigneronne [1], nommée encore *grand escargot*, qui est plus grosse, et d'une couleur uniforme roussâtre, avec des bandes pâles effacées, se rencontre dans les vignes : c'est elle que l'on mange encore dans quelques provinces, ou que l'on vend dans les marchés pour faire des sirops ou des bouillons.

LIMACE. *Limax.* Mollusque nu, demi-cylindrique ; peau formant un écusson sur le dos, contenant souvent des rudimens de coquille ; orifice pulmonaire au côté droit du bouclier.

Les limaces furent très-anciennement connues, et les naturalistes qui succédèrent à l'antiquité, étudièrent avec soin leur anatomie et leurs mœurs. Rapprochées des vers par quelques-uns, ce sont ces derniers qui ont véritablement apprécié leur analogie en les rangeant près des hélices dont elles ne diffèrent réellement que fort peu. Elles abondent en Europe, et se trouvent aussi dans l'Amérique septentrionale ; mais ces mollusques ne paraissent pas pouvoir supporter la température des zones équatoriales. Les limaces ne sont aucunement utiles, et elles commettent de grands dégâts dans les jardins, en attaquant les jeunes poussés des plantes. Deux espèces sont surtout connues parmi nous : la Limace rouge [2], que Swammerdam nommait *agreste*, parce qu'elle se trouve plus communément dans les bois, et la Limace grise [3], appelée par lui *domestique*, qui est répandue dans les jardins qui environnent les habitations.

[1] *H. pomatia.* L.
[2] *L. rufus.* L.
[3] *L. cinereus.* L.

ORDRE DES CHISMOBRANCHES.

Respiration aquatique ; branchies pectinées, situées dans une cavité du dos ; bouche dépourvue de dents.

SIGARET. *Sigaretus.* Coquille interne, subauriforme, incolore, très-déprimée ; ouverture ample ; spire latérale aplatie ; manteau échancré en avant.

Ce genre est peu nombreux en espèces. Le Sigaret déprimé [1], qui se trouve dans nos mers, à l'état vivant, se découvre aussi fossilisé en France, près de Bordeaux et dans les faluns de la Touraine.

ORDRE DES MONOPLEUROBRANCHES.

Organes respiratoires branchiaux situés au côté droit du corps et recouverts par le manteau ; souvent coquille plane.

FAMILLE DES SUBAPHYSIENS.

Coquille ou non ; organes de la génération peu ou point distans et sans sillons intermédiaires.

PLEUROBRANCHE. *Pleurobranchus.* Coquille grande, ovale, concave et convexe en sens opposé, à bords tranchans, membraneux.

Ces mollusques, dont les mœurs sont encore peu connues, sont marins, et fréquentent les rivages de la France et de l'Angleterre.

[1] *S. haliotoidens.*

FAMILLE DES APLYSIENS.

Coquille interne ou nulle ; corps entier ; quatre tentacules auriformes ; bouche verticale ; orifices génitaux plus ou moins distans, réunis par un sillon.

APLYSIE. *Aplysia.* Coquille plus ou moins calcaire ; pied s'élargissant en appendice natatoire.

Quelques espèces de ce genre furent connues des premiers naturalistes ; ils les désignaient sous le nom de *lièvres marins*, sans doute à cause de leurs tentacules, qui ressemblent aux oreilles de ces rongeurs, et ils leur prêtaient des propriétés fabuleuses, qui, probablement, prirent naissance d'une liqueur rouge abondante, que ces mollusques font exsuder de leur peau lorsqu'on les tourmente. Pline, Élien, Dioscoride et Apulée, regardaient les aplysies comme vénéneuses.

L'Aplysie dépilante [1], qui abonde dans la Méditerranée, transsude une mucosité blanchâtre et fétide que l'on dit produire des vomissemens, et à laquelle Linnée attribuait la propriété de faire tomber les poils de la peau. Ces céphalidiens nagent avec facilité, à l'aide des expansions membraneuses qui bordent leur corps de chaque côté ; mais ils ne rampent que lentement. Sur nos côtes maritimes, on les nomme quelquefois *limaces de mer*.

---

[1] *L. depilans.* L.

FAMILLE DES PATELLOÏDES.

Coquille patelloïde, extérieure, extrêmement déprimée ou tout-à-fait plate ; animal très-mince.

OMBRELLE. *Ombrella*. Coquille calcaire, épaisse, non symétrique, à sommet à peine sensible.

Ces mollusques rampent avec leur pied, et les bords de leur test sont extrêmement tranchans ; la forme de la coquille rend cette petite coupe remarquable.

FAMILLE DES ACÈRES.

Coquille interne, externe ou nulle ; animal à corps globuleux, bi-parti ; tête peu distincte ; tentacules nuls ou rudimentaires.

BULLE. *Bulla*. Coquille globuleuse ou cylindrique, mince ; animal à pied élargi antérieurement, natatoire.

Ces céphalidiens ont la faculté de nager en pleine eau ; ils se tiennent ordinairement sur les fonds sableux et se nourrissent de testacés que leur estomac, garni à l'intérieur de petits osselets, digère en les triturant en partie ; quelques-uns rendent une liqueur purpurine analogue à celle des aplysies. Les vieux auteurs désignaient ces coquilles sous le nom d'*œufs marins*, probablement à cause de leur forme et de leur fragilité. Les plages de la France offrent une Bulle que l'on nomme l'*oublie* ou la *gaufre roulée* [1].

[1] *B. lignaria.*

*** Organes respiratoires symétriques.*

ORDRE DES APOROBRANCHES.

Animal à appendices natatoires pairs et latéraux, dépourvu de pied proprement dit.

FAMILLE DES THÉCOSOMES.

Coquille mince, transparente, ou étui cartilagineux. Animal pourvu de deux ailes natatoires.

HYALE. *Hyalæa.* Coquille cornée, fendue latéralement, bombée en dessous, plane en dessus.

Ce genre se rapproche des bulles, et les animaux qui s'y trouvent rangés ont des mouvemens qui leur sont analogues, et ils nagent comme elles. La Hyale cornée[1] présente une petite coquille jaunâtre, translucide; on la découvre sur les côtes de France.

FAMILLE DES GYMNOSOMES.

Animal alongé, subconique, à deux faisceaux de suçoirs tentaculaires à la bouche; coquille nulle.

CLIO. *Clio.* Corps oblong, branchies en réseau vasculaire, tapissant les nageoires.

Le Clio boréal[2] est surtout remarquable parce qu'il fourmille dans les parages polaires, et que, malgré son extrême petitesse, il constitue une des plus essentielles parties de l'alimentation du colosse des mers, la baleine.

---

[1] *H. cornea.* Lam.   [2] *C. borealis.* L.

34*

FAMILLE DES PSILOSOMES.

Animal à corps comprimé latéralement, plus haut que large, comme lamelleux.

PHYLLIROÉ. *Phylliroe.* Genre unique.

Le Phylliroé bucéphale[1] est la seule espèce qui soit connue; elle n'a qu'un pouce ou deux de long et vient de la Méditerranée.

ORDRE DES POLYBRANCHES.

Animal nu, à branchies rameuses ou en lanières.

FAMILLE DES TÉTRACÈRES.

Quatre tentacules; branchies en forme de lanières ou de cirrhes.

GLAUCUS. *Glaucus.* Animal lacertiforme, se prolongeant en queue; appendices natatoires, digités, disposés par paires latéralement; tentacules très-courts.

Un seul petit mollusque, élégamment décoré, compose ce genre; il vit dans presque toutes les zones; sa queue est d'un bleu magnifique, avec une bordure argentée. On ne le trouve qu'à la haute mer, où il nage le dos renversé et avec une grande vélocité, quand le tems est beau. Le Glaucus de Forster, tel est son nom spécifique.

[1] *P. bucephalum.*

FAMILLE DES DICÈRES.

Deux tentacules rétractiles situés dans une sorte de gaîne; branchies rameuses.

Théthys. *Thethys.* Tête portant un grand voile demi-circulaire, frangé; bouche édentée; branchies alternativement inégales et sur une seule ligne de chaque côté du dos.

On n'a que très-peu observé ces animaux; on pense qu'il n'en existe qu'une seule espèce, la Théthys léporine [1], qui a jusqu'à huit pouces de longueur, et se voit dans la Méditerranée.

ORDRE DES CYCLOBRANCHES.

Animal nu, à branchies anales ordinairement rameuses; peau tuberculeuse.

Doris. *Doris.* Bouche en trompe; anus dorsal, entouré des branchies; orifices des organes génitaux réunis.

Ces animaux sont essentiellement destinés à ramper; ils vivent dans la mer, sur les localités rocailleuses et abondantes en fucus. La configuration des Doris les avait fait ranger précédemment à côté des limaces avec lesquelles elles ont bien certaines analogies de formes, mais dont on devait les distinguer par leur respiration, qui est tout-à-fait différente de celle de ces mollusques terrestres, ainsi que par leurs mœurs.

[1] *T. leporina.*

ORDRE DES INFÉROBRANCHES.

Branchies lamelleuses, situées sous les bords du manteau ; corps nu, plus ou moins tuberculeux.

PHYLLIDIE. *Phyllidia.* Corps assez bombé ; tête cachée sous le manteau.

Il ne se trouve ici que peu de sujets, et leurs mœurs ont été très-imparfaitement étudiées.

ORDRE DES NUCLÉOBRANCHES.

Coquille fort mince, ne contenant qu'une petite partie de l'animal, qui est alongé, à branchies en lanières, formant un nucléus sur le dos ; peau comme gélatineuse.

FAMILLE DES NECTOPODES.

Une ou plusieurs nageoires abdominales.

CARINAIRE. *Carinaria.* Coquille symétrique, très-mince, hyaline, un peu comprimée, à sommet recourbé en arrière.

La coquille la plus précieuse des collections est la Carinaire vitrée [1] ; trois ou quatre individus seulement en sont connus en Europe, et le plus remarquable par son poli et ses magnifiques reflets opalins se voit dans les galeries du Muséum d'histoire naturelle de Paris ; le prix de ces coquilles s'élève à 3,000 francs. Leurs animaux paraissent transparens comme le cristal ; on ne les rencontre à la surface de la mer que dans les momens de calme, et souvent ils sont mutilés.

[1] *C. vitrea.* Lam.

FAMILLE DES PTÉROPODES.

Un appendice natatoire en forme d'aile de chaque côté du corps.

ARGONAUTE. *Argonauta.* Coquille naviculaire, symétrique, mince, transparente, à double carène; ouverture carrée en avant; bords minces.

L'analogie de la coquille place ce genre ici, car on n'a aucune notion sur son mollusque, et, comme nous l'avons dit, le poulpe qui l'occupe n'est point son architecte, il en est seulement le ravisseur, et s'en empare probablement après avoir dévoré son habitant naturel. Pline semble avoir entrevu ce fait en rapportant que l'animal de l'argonaute peut quitter sa coquille pour venir paître à terre. Si l'on ne peut admettre cette dernière assertion, au moins cela prouve que ce grand homme savait que ce parasite n'adhère par aucun lien à sa demeure, et qu'il peut en sortir ou en changer à volonté.

Le test calcaire de l'Argonaute papyracée [1] est connu sous le nom vulgaire de *nautile papyracé;* il acquiert de six à huit pouces de longueur, et se trouve dans la Méditerranée; il existe aussi dans la mer des Indes, et les pêcheurs de l'île d'Amboine regardent même comme un présage heureux de pouvoir en trouver.

Les fossiles de ce genre sont extrêmement rares; Montfort, qui en décrit plusieurs espèces de la côte Sainte-Catherine et des carrières de Caumont, près Rouen, leur donnait le nom d'*argonautites.*

[1] *A. argo.* L.

CÉPHALIDIENS UNISEXUELS.

Sexe femelle seulement; individus se suffisant pour la reproduction ; coquille univalve, ordinairement non enroulée, inoperculée.

ORDRE DES CIRRHOBRANCHES.

Animal cylindriforme, à branchies filamenteuses, cervicales ; coquille symétrique, subtubuleuse, faiblement conique, transpercée.

DENTALE. *Dentalium.* Coquille en cône excessivement alongé, légèrement courbée; un orifice arrondi à chaque extrémité.

La forme du test des mollusques de cette section les a fait comparer à des défenses d'éléphant en miniature, et de là vient leur nom. Les habitudes des dentales sont très-imparfaitement connues; elles paraissent préférer les rivages sablonneux et vivre dans une situation verticale, et plus ou moins enfoncées dans la vase. Quelques naturalistes croient que l'animal peut même abandonner sa coquille et qu'il n'y adhère pas; d'autres supposent que quand il vient à changer de place, il emporte avec lui son test calcaire, mais sa pesanteur, comparée à la faiblesse de l'animal, doit s'opposer à cette translation.

Ces mollusques sont plus communs dans les mers des pays chauds ; cependant on en rencontre aussi de vivans sur nos rivages. Les couches marines les plus nouvelles de l'Italie et de la France en offrent de fossiles. L'état de la surface des tubes, qui se trouve tantôt parfaitement polie et d'autres fois striée ou anguleuse, pourrait offrir de bonnes subdivisions pour ce genre nombreux.

La Dentale lisse [1], qui est polie et blanche, habite l'Océan européen et la Méditerranée.

ORDRE DES CERVICOBRANCHES.

Appareil respiratoire dans une cavité située sur le cou et ouverte en avant ; tête à deux tentacules ; yeux sessiles.

FAMILLE DES RÉTIFÈRES.

Organe respiratoire en réseau vasculaire, situé au plafond de la cavité antérieure.

PATELLE. *Patella.* Coquille conique, symétrique, à sommet antérieur, entier ; bord horizontal tranchant, complet.

Le nom de ces mollusques leur vient des Latins qui les comparaient à de petits plats (*patella*) ; les naturalistes de la renaissance des lettres les désignèrent sous la même dénomination, qui fut ensuite adoptée dans la science. Les patelles affluent sur les rivages de la mer alternativement submergés ou découverts par les flots ; c'est ordinairement sur les rochers où les vagues se brisent avec plus de violence qu'on les rencontre en plus grande quantité, et si l'on considère leur forme en cône, l'adhérence qu'elles peuvent contracter avec les masses calcaires des plages, dans lesquelles elles se creusent des cavités, on trouvera, dans leur structure, les moyens de résister à la violence des élémens. Peut-être aussi la disposition des organes respiratoires des

---

[1] *D. entalis.* L.

patelles, à la fois aériens et aquatiques, comme l'a démontré De Blainville, est-elle en rapport avec leur genre d'existence. Ces mollusques se trouvent toujours dans les lieux garnis de fucus, ce qui ferait soupçonner qu'ils sont herbivores; quoi qu'il en soit, on a découvert de la matière crétacée dans leur estomac. Le nombre de ces rétifères est considérable, leur patrie paraît être principalement le cap de Bonne-Espérance; là, se trouvent les plus beaux. C'est aussi de ce pays que vient la Patelle cuillère, dont les Hottentots et les soldats anglais se servent pour manger la soupe. Sur nos côtes, la misère a transformé en aliment la Patelle vulgaire[1] qui est de moyenne grandeur, de couleur brune, et garnit tous les endroits hérissés de roches.

FAMILLE DES BRANCHIFÈRES.

Deux branchies pectinées, grandes, égales.

FISSURELLE. *Fissurella.* Coquille conique, symétrique, perforée au sommet; empreinte musculaire en fer à cheval.

Les animaux de cette coupe sont assez semblables aux patelles, mais leurs branchies pectinées et leur coquille perforée les en différencient. On mange, sur les rives de la Méditerranée, la Fissurelle grecque[2], que l'on nomme vulgairement *oreille de saint Pierre.*

EMARGINULE. *Emarginula.* Coquille à sommet entier; bord antérieur fendu; empreinte musculaire en fer à cheval ouvert en arrière.

Une espèce d'Émarginule vit dans nos mers.

[1] *F. vulgata.*   [2] *F. græca.* Gm.

ORDRE DES SCUTIBRANCHES.

Organes respiratoires essentiellement aquatiques; coquille subspirée ou simplement recouvrante.

FAMILLE DES OTIDÉS.

Branchies situées sur le côté gauche.

HALIOTIDE. *Haliotis.* Coquille auriforme, déprimée, nacrée, recouvrante, perforée de trous parallèles au bord gauche.

On rencontre les haliotides dans toutes les mers; elles vivent et rampent sur les rochers, où on les découvre parfois en immense quantité, et où elles s'attachent, à l'instar des patelles, au moyen de leur large pied ambulatoire. Ces coquilles sont recherchées pour l'ornement des cabinets, à cause des beaux reflets irisés qui se manifestent sur leur surface nacrée interne, car l'extérieure est ordinairement fort vilaine et rongée par les vers marins. On les nomme, dans certains pays, *oreilles de mer*, d'après la grossière ressemblance qu'on leur a trouvée avec la conque auditive de quelques animaux. Ces mollusques, à cause de leurs parties charnues, qui sont considérables, et de leur abondance, servent de nourriture aux pauvres habitans des côtes maritimes; les pêcheurs les emploient même parfois pour amorcer leur lignes. Enfin, quelques espèces fournissent des perles qui sont estimées des amateurs, à cause du brillant éclat qui les revêt.

L'Haliotide commune[1] est très-répandue sur nos grèves.

1 *H. tuberculata.*

FAMILLE DES CALYPTRACIENS.

Branchies situées sur l'origine du dos ; coquille coniforme, peu ou point spirée, à bords réunis.

CALYPTRÉE. *Calyptræa.* Coquille subrégulière, conoïde ; cavité présentant une languette verticale enroulée en cornet ou en fer à cheval.

Les naturalistes avaient remarqué ces coquilles, et ils les désignaient sous les noms de *lépas à appendices*, de *bonnets chinois* ou de *dragons*. Cette coupe contient peu d'espèces vivantes ; une d'elles vient dans la Méditerranée, mais nos terrains nous en offrent plusieurs de fossilisées.

La Calyptrée équestre [1] est celle que les amateurs connaissent sous les noms de *cloche* ou de *sonnette*.

CRÉPIDULE. *Crepidula.* Coquille irrégulière, déprimée ou comprimée, ovale, à dos ordinairement convexe ; cavité partagée par une lame horizontale.

Ces univalves ont été séparées des patelles, avec lesquelles on les confondit primitivement. La cloison ou lame horizontale que l'on trouve dans la coquille des crépidules est placée entre les viscères et la partie postérieure du pied. Ces mollusques se voient à l'état vivant et fossile ; les collecteurs leur donnent le nom de *sandales*. Ils habitent les bords des mers et adhèrent sur les récifs qui en forment le fond. La Crépidule épineuse [2], nommée *retorte épineuse* par les collecteurs, est la plus grande que l'on connaisse ; elle vient du Pérou.

[1] *C. equestris.* [2] *C. aculeata.*

CABOCHON. *Capulus.* Coquille épidermée, irrégulière, conique, à sommet incliné en arrière;
ouverture arrondie; empreinte musculaire en
fer à cheval ouvert en avant.

Ce sont de petites coquilles qui se trouvaient anciennement confondues avec les patelles; elles se découvrent
dans les mers des pays chauds; quelques-unes sont
fossiles.

CLASSE XVIII.

ACÉPHALIENS.

Animaux inarticulés, non rayonnés, à tête non distincte; appareils sensoriaux nuls; sexe femelle seulement.

Les mollusques renfermés dans cette grande section sont essentiellement aquatiques, et ils vivent dans la mer ou dans les eaux lacustres ou fluviatiles; aussi, chez eux la respiration s'opère toujours à l'aide de branchies. Leur corps est ordinairement comprimé, et protégé par deux pièces calcaires. Ne jouissant souvent d'aucune locomotion, ils sont forcés de subsister d'animalcules ou de substance en dissolution, que l'agitation de l'eau met en contact avec leur bouche sans trace de dents, organes qui étaient si inutiles pour la nature de leurs alimens.

Dans les acéphaliens, l'appareil génital ne se compose que du sexe femelle; on ne découvre point d'organes mâles, soit sur les individus porteurs de ce sexe, soit sur d'autres, ainsi que nous l'avons dit dans les détails que nous avons donnés sur les animaux mollusques, au commencement de la classe des céphaliens.

Les deux battans calcaires qui protègent le corps des acéphaliens sont nommés *valves*. De Blainville appelle *valve droite* celle qui occupe la droite de l'animal marchant devant l'observateur, et *valve gauche* celle qui se trouve du côté opposé. Le test est dit *équivalve* si les deux battans calcaires sont de même dimension et de même forme ; *inéquivalve* si une des valves est autrement faite que son opposée.

La charnière est l'endroit où les deux valves se réunissent ; on la dit *similaire*, si, sur chaque valve, elle est pareille ; *dissimilaire*, si le contraire a lieu. Les éminences qui s'y trouvent prennent le nom de *dents* ; celles-ci sont appelées *cardinales* quand elles se découvrent sous le sommet de la coquille ; les *dents latérales* sont celles qui siègent en avant ou en arrière du sommet ; la *lunule* est une surface déprimée située en avant du sommet de la coquille, qui, en cet endroit, a quelquefois une structure particulière.

ORDRE DES PALLIOBRANCHES.

Animal à branchies à la face interne du manteau ; bouche à deux appendices branchiformes, ciliés, extensibles ; coquille bivalve.

LINGULE. *Lingula.* Coquille épidermée, déprimée, alongée, tronquée en avant, portée sur un très-long pédoncule.

La Lingule anatine [1], qui vient des Moluques, est la seule que l'on connaisse ; elle est verte, et sa forme alongée l'a fait comparer au bec du canard. Le pédoncule fibro-gélatineux qui supporte cette rare coquille et l'attache aux corps sous-marins, n'a pas moins de quatre ou cinq pouces de long.

---

1 *L. anatina.*

TÉRÉBRATULE. *Terebratula.* Coquille inéquivalve ;
une valve à sommet saillant, perforé, l'autre
munie d'une petite charpente osseuse à l'intérieur.

Le trou que l'on remarque à ces coquilles, sur le
sommet de la grande valve, sert au passage d'un pédicule charnu à l'aide duquel ces mollusques se suspendent aux rochers ou aux touffes madréporiques ; ils sont
extrêmement communs ; plus de deux cents espèces ont
été reconnues, par M. Defrance, à l'état de pétrification,
dans toutes les créations marines, depuis les terrains
les plus anciens jusqu'aux plus récens. L'Océan nous
offre encore des térébratules vivantes, mais en bien
faible quantité, en comparaison des innombrables
débris antédiluviens qu'on en retrouve à chaque pas.

ORDRE DES RUDISTES.

Coquille épaisse ; valves irrégulières ; charnière
nulle ; impression musculaire nulle.

SPHÉRULITE. *Spherulites.* Coquille orbiculaire inéquivalve, inéquilatérale, irrégulièrement foliacée à l'extérieur.

M. Deshayes rapproche les sphérulites des *cames*, et
ne considère ce que l'on a nommé *birostre* que comme
un moule fait sur la partie interne d'une coquille de
ce genre dont l'animal a disparu, et, en reconstrui-
sant l'individu, selon lui, on trouve deux impressions
musculaires, puis une charnière à deux dents.

ORDRE DES LAMELLIBRANCHES.

Branchies formées de quatre larges lames demi-circulaires; coquille bivalve, munie d'un ligament et de muscles.

FAMILLE DES OSTRACÉS.

Coquille irrégulière, lamelleuse, inéquivalve, inéquilatérale ; articulation édentule; empreinte musculaire unique.

ANOMIE. *Anomia.* Coquille adhérente, très-irrégulière ; valve inférieure plus plate, divisée en deux branches formant un trou ovale.

Ces mollusques attachent leurs coquilles extrêmement irrégulières, sur les huîtres ou d'autres conchifères ; on en découvre aussi d'adhérentes aux polypiers et même aux crustacés; elles y sont si fortement ancrées, qu'elles ne s'en détachent jamais, et meurent constamment à la place qui les vit naître. Toutes les anomies ont un test mince, transparent et décoré de reflets fort vifs : telle est, entr'autres, celle qui est nommée Pelure d'oignon [1], que l'on mange sur nos côtes océanes ou méditerranéennes, et qui est préférée aux huîtres dans quelques pays.

PLACUNE. *Placuna.* Coquille fort mince, translucide, plate ; charnière interne, formée de deux crêtes en V, entrant dans une double fente ; impression musculaire unique.

Ce sont de grandes coquilles qui se trouvent dans les mers de l'Inde, et comme elles sont excessivement minces, vitrées et presque planes, leur transparence les

[1] *A. ephippium.*

fait employer, par les Chinois et les habitans des Philippines, à la place de carreaux de vitre.

HUITRE. *Ostrea.* Coquille grossièrement feuilletée ; valve droite plus grande, se prolongeant en talon avec l'âge ; ligament inséré dans une pétite fossette.

C'est par erreur que Pline avançait qu'il y a des huîtres dans l'eau douce : toutes vivent dans la mer, le long des rivages. Il est probable qu'elles ne se nourrissent que d'animaux microscopiques ou de molécules animales dispersées dans l'eau et apportées à l'ouverture buccale par le manteau. Les huîtres se plaisent sur les plages peu profondes ; on en trouve partout d'immenses amas qui encombrent les côtes, et telle est l'heureuse fécondité de ces mollusques, qu'ils ne paraissent pas diminuer, malgré la prodigieuse consommation que l'on en fait sur les tables, depuis tant de siècles.

Les Grecs en mangeaient déjà, et leurs écailles servirent, pendant un tems, pour les suffrages populaires ; de là vient le nom d'*ostracisme*. Les Romains parurent surtout leur trouver un goût exquis ; ils les savouraient en les couvrant de glace, et, dans le tems où leur luxe faisait contribuer toute la terre connue à la splendeur de leurs banquets, ils en tiraient jusque des Dardanelles, de Venise et d'Angleterre, mais les plus estimées étaient celles que l'on engraissait dans le lac Lucrin, après que Sergius Orata, dont notre reconnaissance doit révérer la mémoire, eut le premier enseigné l'art de les parquer.

C'est de la baie de Cancale, située dans la Manche, que nous vient pricipalement l'Huître comestible [1], que l'on

[1] *O. edulis.* L.

mange avec le plus de plaisir, et qui est la plus abondante.
Le Pied de cheval[2], qui est plus gros, n'est pas moins
employé chez nous.

Ces ostracés se pêchent en raclant le fond de la mer
avec une drague, ensuite on les dépose dans un parc
pour les rendre plus savoureux. Dans quelques pays,
les huîtres s'attachent aux branches des mangliers, et
il suffit simplement de couper celles-ci pour en emporter plusieurs centaines à la fois. La verdeur de ces
mollusques est due à un état particulier que contractent
les parties molles, et elle est occasionnée, selon quelques
naturalistes, par une maladie de l'animal, et selon d'autres, par l'absorption d'une sorte de ver microscopique[3].

GRYPHÉE. *Gryphœa.* Coquille finement lamellée,
ordinairement libre, très-inéquivalve; valve
inférieure à sommet recourbé en crochet, la
supérieure très-petite.

Presque toutes ces coquilles sont fossiles et se trouvent
dans les anciennes couches calcaires et schisteuses.

FAMILLE DES SUBOSTRACÉS.

Coquille compacte, non feuilletée, auriculée ou
subauriculée, équivalve ou inéquivalve, ordinairement subrégulière, et côtelée du sommet aux bords.

SPONDYLE. *Spondylus.* Coquille inéquivalve, épaisse,
adhérente, hérissée, subauriculée; valve droite
beaucoup plus excavée et ayant un prolongement triangulaire; charnière à deux longues
dents sur chaque valve.

Les amateurs donnent à ces coquilles la dénomina-

2 *O. hippopus.* Lam.   3 *Vibrio tripunctatus.*

tion d'*huîtres épineuses*, à cause des nombreuses pointes qui hérissent leur surface ; c'est un des groupes qui contribuent le plus à l'ornement des collections. Presque tous ses individus viennent des mers des pays chauds : la seule Méditerranée en présente chez nous ; la Manche et l'Océan, qui bordent nos côtes, ne nous en offrent plus, mais on en trouve plusieurs espèces fossiles sur le sol de la France.

Le Spondyle pied d'âne [1], qui est coloré en rouge-violacé et armé d'épines ligulées, tronquées, est produit par la Méditerranée.

Peigne. *Pecten.* Coquille libre, régulière, inéqui-valve, à charnière auriculée, édentule ; test à côtes ordinairement rayonnées, simples.

On ne sait pourquoi les naturalistes grecs et latins avaient comparé les coquilles de ce genre, à l'instrument qui sert à soigner la chevelure, et pour quelle raison leurs successeurs, à la rénovation des lettres, les admirent sous le nom par lequel elles sont encore connues maintenant. Il est peu de genres qui soient plus féconds et plus universellement répandus que celui-ci, dont les individus sont naturellement doués de formes élégantes et ornés de couleurs vives. Ces mollusques habitent les bords de la mer, surtout la surface des sables ; on dit que ceux qui ne sont point ancrés par un byssus se meuvent avec assez de vîtesse en ouvrant et fermant alternativement leurs valves avec rapidité, et l'on rapporte même que, par cette espèce de vol, ils peuvent parvenir à la super-ficie de l'eau.

Suivant M. Defrance, ce genre, dont on connaît

[1] *S. gaederopus.* L.

beaucoup d'espèces vivantes, en offrirait encore un plus grand nombre de fossiles ; quelques-unes sont réputées alimentaires : tel est le Peigne à côtes rondes [1], que les marins mangent souvent.

Le Peigne de saint Jacques [2] est très-commun dans la Méditerranée ; la superstition en faisait l'ornement des pélerins qui se rendaient à Saint-Jacques de Compostelle. Les malheureux se servent souvent de sa valve inférieure comme d'un petit plat, parce qu'elle va facilement sur le feu.

LIME. *Lima.* Coquille ovale, subéquivalve et sub-auriculée, baillante ; charnière édentule ; impression musculaire tripartite.

L'ouverture baillante du test de ces mollusques donne passage à un byssus dont les filets, selon Draparnaud, servent à réunir des fragmens de coquilles, ou des grains de sable pour en former une sorte de loge, dans laquelle l'animal peut se mouvoir un peu. Ces bivalves s'observent à une certaine profondeur, sur les rivages de presque toutes les mers.

La Lime commune [3], qui est comestible, vient dans la Méditerranée.

HOULETTE. *Pedum.* Coquille subtriangulaire, à sommets arrondis, inégaux, écartés ; valve droite échancrée en avant, la gauche entière ; charnière édentule.

La mer Rouge recèle la Houlette spondyloïde [4], l'unique qui soit connue. Le nom générique de cette coquille précieuse et rare, vient de la ressemblance que

---

1 *P. maximus.* Lam.

2 *P. jacobœus.* Lam.

3 *L. squamosa.*

4 *P. spondyloideum.*

les marchands ont voulu lui trouver avec le fer qui termine l'arme du berger.

FAMILLE DES MARGARITACÉS.

Coquille irrégulière, subéquivalve, noire ou cornée ; charnière édentule ; une impression musculaire subcentrale ; animal à pied canaliculé, offrant souvent un byssus.

MARTEAU. *Malleus.* Coquille difforme, ordinairement en T, et très-auriculée ; charnière linéaire, échancrée pour le byssus.

Le nom de ces coquilles vient de leur forme qui se rapproche en effet de celle d'un marteau ; on n'en connaît que six espèces, qui sont des mers de l'Inde, et dont la plus répandue, quoique rare, est le Marteau vulgaire [1].

AVICULE. *Avicula.* Coquille feuilletée, nacrée ; charnière rectiligne, ordinairement auriculée, quelquefois subdentée ; une échancrure antérieure pour le byssus.

L'Avicule mère-perle [2] est célèbre, parce qu'elle nous fournit les plus belles perles orientales. Ces coquilles vivent attachées aux rochers, à peu près comme les moules, et elles paraissent presque aussi fécondes qu'elles ; car, malgré la pêche que l'on en fait depuis un tems immémorial, on ne voit pas que leur masse se tarisse. Il en existe des bancs à Ceylan, à la hauteur de Condatchy, et dont l'étendue en longueur est de plus

1 *M. vulgaris.*   2 *A. margaritifera.*

de dix lieues ; on les exploite avec ordre , et des lois forcent à pêcher, chaque saison, ces mollusques dans des parages différens , pour ne pas détruire leur race précieuse. Dans la baie de Condatchy, toutes les barques en font la pêche , mais seulement dans les premiers mois de l'année ; elles partent en masse pour le banc à la même heure et à un signal donné, puis on les rappelle par un coup de canon. Chaque embarcation contient dix rameurs et dix plongeurs ; ceux-ci, habitués dès l'enfance à ce métier, peuvent rester sous l'eau jusqu'à cinq ou six minutes de tems ; ils s'y enfoncent à l'aide d'une lourde pierre dont ils saisissent la corde avec les doigts du pied droit, en même tems qu'ils passent dans ceux-ci le fil qui doit donner le signal de les remonter, quand ils ont rempli de coquilles perlières un sac suspendu à leur cou. Au retour des embarcations, les propriétaires de la pêche en font déposer le produit dans un puits, et l'on en extrait les perles quand l'animal est mort. On choisit les plus belles, et les malheureux recueillent ensuite le rebut.

Ne se bornant pas à nous offrir ses richesses, l'avicule que nous mentionnons est encore un aliment dont on fait usage dans les Indes, au rapport d'Aldrovande ; une autre espèce est comestible vers la Méditerranée [1]. Le nom des avicules vient de leur ressemblance avec un oiseau, quand leurs valves sont ouvertes, et les amateurs les nomment souvent, à cause de cela, *hirondelles*. Les anciens connaissaient celle qui produit les perles, sous les noms de *concha indica margaritifera* et de *mater unionum*.

[1] *A. hirundo.*

FAMILLE DES MYTILACÉS.

Coquille régulière, équivalve, inéquilatérale; charnière édentule; ligament dorsal linéaire; animal à pied linguiforme, avec un byssus en arrière.

MOULE. *Mytilus.* Coquille ovalaire ou subtriangulaire, fermante, un peu échancrée inférieurement; sommet antérieur courbé; quelquefois deux dents rudimentaires à la charnière; deux impressions musculaires, une très-petite; crochets presque droits, pointus.

Les coquilles de ce genre vivent agglomérées les unes contre les autres dans des lieux constamment submergés ou dans ceux que la mer découvre; elles se nourrissent probablement d'animaux microscopiques. C'est ordinairement dans l'eau salée qu'elles se trouvent, mais il y a aussi des moules d'eau douce. Dans tous les pays où ces mollusques abondent, l'homme les utilise pour son alimentation; dans quelques saisons de l'année ils occasionnent parfois des accidens assez graves et surtout effrayans, dont on a voulu diversement expliquer la cause, et que M. de Beunie, dans un mémoire du *Journal de Physique*, attribue à l'ingestion du frai d'étoiles de mer, dont les moules font usage, et dans lequel les petites astéries viennent à se développer; cet observateur a vu que ces jeunes zoophytes étaient également très-vénéneux pour différens animaux qu'il en avait nourris.

On recueille les Moules comestibles [1] sur les rochers des côtes de l'Océan, où elles se suspendent en grappes;

1 *M. edulis.*

on les met ensuite parquer, et on les soigne avec art pour leur communiquer une saveur plus agréable, et multiplier ces inépuisables coquillages qui se reproduisent sans cesse, malgré l'énorme consommation que nous en faisons, les oiseaux qui les mangent ou les autres mollusques qui les détruisent.

JAMBONNEAU. *Pinna.* Coquille cunéiforme, fibreuse, à sommet baillant; une seule impression musculaire; crochets droits.

La structure fibreuse des jambonneaux est un caractère que l'on ne rencontre dans aucune autre coquille vivante, et c'est à cette disposition qu'ils doivent de se casser avec autant de facilité. Ces mollusques habitent dans des endroits peu profonds de la mer, où ils sont ancrés à l'aide d'un byssus long et soyeux; en général, ils aiment les eaux calmes, et la Méditerranée s'en montre féconde. Sur les plages siciliennes, on les pêche pour la nourriture, et dans ces contrées et sur quelques bords de l'Italie, on fabrique encore des gants et des bas avec la soie du byssus, et on les vend aux voyageurs comme objets de curiosité; mais dans l'ancienne Italie, on faisait des étoffes d'une couleur aussi inaltérable que brillante avec cette substance, et dans ces tems récens, un industriel ingénieux vient même d'offrir aux regards du public une pièce d'étoffe légère et souple, uniquement fabriquée avec la soie de ce volumineux mollusque.

La Pinne noble ou hérissée[1], qui se reconnaît aux écailles roulées en tube qui l'ornent, est une des plus abondantes en matière soyeuse; aussi, des économistes

1 *P. nobilis.* L.

ont-ils proposé récemment de se procurer des fils tex-
tiles en élevant de ces jambonneaux et en les parquant
comme les huîtres.

FAMILLE DES POLYODONTES OU ARCHACÉS.

Coquille équivalve; charnière formée de dents
sériales, souvent lamelleuses, s'engrenant réciproquement, similaire de chaque côté; animal pourvu
d'un pied très-volumineux.

Cucullée. *Cucullæa.* Coquille naviculaire, très-
ventrue; charnière linéaire, complètement
droite, à dents terminales beaucoup plus longues que les autres, et obliques.

Le peu d'espèces qui composent ce groupe offrent
des valves généralement épaisses, surtout parmi celles
qui sont fossiles; mais ce que ces coquilles ont de remarquable, c'est qu'au lieu d'avoir des impressions
musculaires déprimées, comme cela a lieu ordinairement, celles-ci constituent des saillies qui ont quelquefois la forme d'une languette.

La Cucullée crassatine [1], qui est fossile et se trouve
près de Beauvais, offre des stries transversales très-
fortes sur une de ses valves, et sur l'autre elles sont
longitudinales, ce qui ferait croire que l'on a affaire à
deux espèces, si l'on ne connaissait cette particularité.

Arche. *Arca.* Coquille naviculaire, inéquilatérale,
ordinairement baillante, à sommets écartés;
charnière rectiligne, dentée transversalement.

Les arches ont souvent leur test recouvert par un

[1] *C. crassatina.*

épiderme velu. Elles doivent probablement le nom qu'elles portent à leur forme qui, dans certaines espèces, imite à peu près la carène d'un vaisseau. Ces mollusques vivent sur les plages rocailleuses ; quelques-uns viennent dans la Méditerranée.

L'Arche de Noë [1], type du genre, sert d'aliment aux Arabes, qui la mangent crue. En Italie, on l'emploie aussi aux mêmes fins, mais en la faisant cuire.

PÉTONCLE. *Pectunculus.* Coquille lenticulaire, sub-équilatérale ; charnière courbe, close ; sommets distans.

Presque toutes les mers nourrissent ces coquilles, et il s'en trouve de fossiles dans les terrains tertiaires.

Le Pétoncle flammulé [2], caractérisé par ses taches fauves, angulaires, sur un fond blanc, vit sur les côtes de la Méditerranée, où il est commun.

NUCULE. *Nucula.* Coquille subtriquètre, équivalve, inéquilatérale ; charnière similaire, en ligne brisée vers le sommet, à dents aiguës, nombreuses.

Les valves des nucules sont épaisses ; ce sont des mollusques de petite dimension qui habitent la plupart des mers, et que l'on rencontre aussi à l'état fossile dans les couches antérieures à la craie.

On pense que la Nucule nacrée [3], fossile que l'on trouve à Grignon, est l'analogue d'une espèce vivante de la Manche [4].

[1] *A. Noæ.* L.
[2] *P. pilosus.* Lam.
[3] *N. margaritacea.* L.
[4] *Arca nucleus.* L.

Trigonie. *Trigonia.* Coquille ordinairement trigone ; charnière à deux lames crénelées pénétrant entre quatre lames crénelées du côté
opposé.

Le sédiment inférieur européen fournit beaucoup de
ces coquilles ; mais, à l'état vivant, on n'en connaît
qu'une espèce rarissime, la Trigonie pectinée [1], dont le
faciés se rapproche des bucardes, et dont l'extérieur est
brun-verdâtre et l'intérieur plaqué de nacre.

FAMILLE DES SUBMYTILACÉS.

Coquille libre, souvent nacrée, équivalve, à charnière lamelleuse et à deux grandes impressions musculaires ; byssus nul ; animal à pied très-grand,
locomoteur.

Mulette. *Unio.* Coquille ordinairement très-épaisse,
nacrée, à sommet rongé ; charnière à une dent
lamelleuse sous-ligamentaire, et à une double
dent dentelée irrégulièrement sur la valve gauche, et simple sur la droite.

La partie interne de ces coquilles offre une couche
épaisse de nacre, et le nom d'*unio*, qui veut dire perle,
leur a sans doute été donné parce que, dans certaines
contrées, on en extrait ces bijoux précieux. Une de celles
qui en fournissent le plus chez nous, est la Mulette
margaritifère, ou Moule perlière [2], qui se trouve dans
presque tous les fleuves d'Europe, principalement dans
ceux du nord ; les perles qu'on en obtient sont assez
réputées, surtout celles des mulettes du lac Tay, en

[1] *T. pectinata.* Lam.   [2] *U. margaritifera.*

Écosse. On peut même en déterminer la formation arti-
ficielle en perçant la coquille sur le mollusque vivant,
comme l'avait fait Linnée dans quelques rivières de la
Suède; mais les perles qui se produisent par ce moyen
sont irrégulières; aussi, le gouvernement de ce pays
fut-il obligé d'abandonner des établissemens nommés
perlières, qu'il avait fait instituer et où l'on pratiquait
ce procédé, pour forcer ces bivalves à donner plus de
perles.

La Mulette des peintres[1], recouverte à l'intérieur
d'une nacre argentée et brillante, se trouve dans les
rivières de notre patrie, et la Mulette littorale[2] est
commune dans la Seine; mais c'est principalement au
fond des fleuves et des lacs de l'Amérique septentrionale que les espèces de ce genre abondent, et qu'elles se
présentent avec des formes plus majestueuses.

ANODONTE. *Anodonta.* Coquille ovale ou arrondie,
ordinairement mince, auriculée et fermante;
charnière édentule à une lame.

Elles se trouvent exclusivement dans les eaux douces
des mares, des lacs et des rivières où la vase abonde;
puis s'enfoncent dans celle-ci pendant la saison froide,
et même dans l'été, quand l'eau qui les recouvrait vient
à se vaporiser. Ces animaux marchent à l'aide d'un pied
musculeux linguiforme, avec lequel ils tracent dans
la vase un sillon qui décèle leur route. Quelques espèces
d'anodontes produisent aussi des perles. Les coquilles
de ce groupe sont peu nombreuses; quelques-unes
acquièrent un volume assez considérable, et on les
mange, mais leur chair est fade. La coloration des valves

---

[1] *U. pictorum*, Lam.   [2] *U. littoralis.*

est ordinairement d'un vert-brunâtre, et souvent elles sont, comme celles des mulettes, rongées au sommet par un animal parasite encore inconnu. Durant l'hiver, on trouve, dans les lames branchiales de ces mollusques, des milliers de petits vivans, revêtus d'une mince coquille, qu'à l'aide d'une loupe, on peut déjà voir s'ouvrir et se fermer.

L'Anodonte des cygnes [1] est une belle espèce de six pouces de long, qui se rencontre dans les marais de notre pays.

L'Anodonte des oies, ou Moule des étangs [2], est très-commune dans la vase de nos rivières.

FAMILLE DES CAMACÉS.

Coquille régulière ou irrégulière, libre ou adhérente, à sommets plus ou moins contournés en spirale; deux empreintes musculaires ordinairement réunies par une ligule; animal à pied de forme variable; bords du manteau frangés.

CAME. *Chama.* Coquille inéquivalve, adhérente, à sommets inégaux, contournés; charnière dissemblable, à une seule dent lamelleuse, grossière, arquée, subcrénelée, répondant à une fossette.

Formé par des coquilles ordinairement lamelleuses à leur surface, ou bien épineuses, ce genre prodigue ses espèces aux mers australes; on en rencontre de fossiles. Les cames se découvrent communément à une petite profondeur, adhérant aux rochers, aux polypiers pierreux, ou bien unies entr'elles par leurs valves, et

1 *A. cygnea.*   2 *A. anatina.* Lam.

d'une manière si intime, qu'on les brise quelquefois plutôt que de les enlever, cette adhérence, en défigurant les espèces, les rend souvent très-difficiles à distinguer. Les naturalistes de l'antiquité avaient mentionné les cames, mais on ne sait au juste ce qu'ils comprenaient sous ce nom, et c'est en vain que les régénérateurs des sciences ont voulu l'expliquer. Leur test feuilleté les rapproche des huîtres, au premier aspect, mais la charnière présente de suite les plus grandes différences. Ces coquilles offrent souvent une coloration vive sur leur valve supérieure, tandis que l'inférieure est, au contraire, pâle, ou même seulement blanche.

La Came feuilletée [1], dont la teinte varie du rouge-pourpre au jaune, est commune dans les cabinets; c'est elle que les amateurs nomment *gâteau feuilleté*; elle vient à la fois dans la Méditerranée et les deux Indes.

TRIDACNE. *Tridacna.* Coquille placée sur les côtés de l'animal, triangulaire, équivalve, inéquilatérale, très-épaisse; lunule baillante ou close; charnière dissemblable, à deux dents comprimées, inégales.

De Blainville ayant observé que la lunule, qui se trouve sur les tridacnes jeunes, pouvait se fermer complètement avec l'âge, et qu'alors elles se présentaient comme les hippopes de Lamarck, leur a réuni celles-ci, et n'en a fait qu'un seul groupe sous le nom de *tridacne*. L'animal de ces coquilles est placé dans son test d'une manière fort remarquable; il y est retourné, et l'enveloppe calcaire paraît située sur ses côtes, de manière

---

[1] *C. lazarus.* L.

que le dos de celui-ci correspond au bord ventral de celle-là.

Les tridacnes sont les géans des coquilles ; on en découvre qui ont jusqu'à cinq pieds de longueur, et dont le poids du test s'élève à plus de cinq cent cinquante livres. Dans une collection, j'en ai vu une que quatre hommes vigoureux avaient peine à soulever de terre. On dit que l'animal en est si volumineux, que cent personnes peuvent y trouver leur repas ; mais ce dernier fait est sans doute exagéré, et l'on aura augmenté les dimensions de l'animal, d'après celles que peut offrir son enveloppe calcaire.

C'est la Tridacne justement nommée gigantesque [1], qui acquiert les proportions les plus prodigieuses ; elle se trouve dans les mers de l'Inde ; là ces mollusques sont suspendus aux rochers par un byssus tendineux, extrêmement fort, et l'on emploie quelquefois la hache pour le couper dans les pays où ces animaux sont recueillis pour l'alimentation, ainsi que cela a lieu aux Moluques.

C'est probablement cette coquille, commune dans les parages de l'Inde, que Pline mentionne d'après les historiographes d'Alexandre, lorsqu'il rapporte que dans les mers de ce pays il y a des huîtres qui ont un pied de long. Les tridacnes sont aussi connues sous le nom de *bénitiers*, à cause de l'emploi auquel on les consacre dans quelques églises, où elles servent à contenir l'eau sainte, comme on peut le voir encore dans la basilique de Saint-Sulpice de Paris, où il s'en trouve deux valves qui furent données à François I.er par la république de Venise.

1 *T. gigas.* Lam.

ISOCARDE. *Isocardium.* Coquille cordiforme, très-bombée et régulière, équivalve, inéquilatérale, à sommets divergens, recourbés fortement en avant en spirale.

Les collections n'en renferment que deux espèces : l'une est excessivement rare, et vient des Indes ; l'autre, très-commune, se trouve dans la Méditerranée ; elle est nommée, par les naturalistes, Isocarde globuleuse[1], et par les amateurs, *bonnet de fou*, ou *cœur-de bœuf*, ou encore *cœur à volute*.

Dans la couche remarquable de fossiles qui se trouve vers la limite du Plaisantin et du Parmesan, et dans laquelle on découvre le plus grand nombre de coquilles antédiluviennes que l'on puisse rapporter à des analogues vivant actuellement dans nos mers, on observe une isocarde fossile, qui paraît être tout-à-fait identique avec l'isocarde globuleuse ; et une particularité tout aussi remarquable, c'est que l'analogue de cette espèce se trouve aussi dans des terrains de l'Amérique.

FAMILLE DES CONCHACÉS.

Coquille ordinairement régulière et close, équivalve, à charnière engrenée ; deux impressions musculaires réunies par une ligule ; animal à manteau prolongé en deux tubes, muni d'un pied.

BUCARDE. *Cardium.* Coquille cordiforme, bombée, côtelée du sommet aux bords, qui sont engrenés ; charnière à huit dents, les moyennes côniques, les latérales larges, écartées.

Le nom vulgaire de *cœur* ou de *cardium*, que l'on

[1] *I. globosa.*   [2] *T. pectinata.*

donne à ces coquilles, leur vient de leur forme que l'on a comparée à celle de cet organe ; elles vivent sous le sable et se meuvent à l'aide de leur pied. L'espèce la plus intéressante parmi celles qui se trouvent sur les côtes d'Europe est le Bucarde comestible [1] vulgairement nommé *coque*, qui présente un rayonnement de vingt-six côtes ; elle se mange sur les côtes de la Hollande, de l'Angleterre, et à Naples.

DONACE. *Donax.* Coquille subtrigone, très-inéquilatérale, l'un des côtés comme tronqué, beaucoup plus court.

Ces mollusques restent enfoncés sous le sable, environ à un demi-pied de profondeur, et quand on vient à les découvrir, ils sautent à l'aide de leur pied et s'élancent à dix ou douze pouces de distance. Il est des localités où les donaces sont tellement abondantes, que les couches les plus superficielles étouffent les vieilles qui sont au-dessous. Certaines espèces sont comestibles ; telle est, au Sénégal, la Donace alongée [2], qui est lisse et blanche extérieurement et violette en dedans.

TELLINE. *Tellina.* Coquille mince, ordinairement comprimée, quelquefois baillante, à un pli flexueux, constant sur le côté postérieur ; dents latérales écartées, et souvent aplaties.

Ces animaux vivent dans le sable, et leurs coquilles sont revêtues de brillantes et vives couleurs, surtout dans les contrées les plus favorisées par la lumière. On en trouve partout ; une des espèces les plus remarquables, est la Telline soleil levant [3], que ses rayons rouges

---

1 C. edule.
2 D. elongata.

3 T. radiata. L.

et jaunes sur un fond blanc poli, ont fait nommer ainsi, parce qu'ils imitent les rayons divergens de cet astre lorsqu'il dissipe les nuages du matin.

Lucine. *Lucina.* Coquille orbiculaire, à dents latérales distantes, pénétrant entre des lames de l'autre valve; au milieu, deux dents ordinairement rudimentaires.

On voit des lucines dans presque toutes les mers; ou les trouve sous le sable; elles s'y enfoncent ou s'élèvent à volonté pour faire sortir les tubes qui terminent leur manteau en arrière.

La Lucine réticulée [1], qui est blanche et a des dents cardinales très-fortes, se trouve sur les rivages de la Bretagne. Nous découvrons, en France, plusieurs espèces fossiles.

Cyclade. *Cyclas.* Coquille épidermée, ovale; charnière similaire, complexe, à deux dents latérales écartées.

Ces coquilles vivent dans les eaux douces des deux mondes; presque toutes sont petites et diaphanes; leur épiderme est vert ou brun, et leurs crochets ne sont nullement écorchés.

La Cyclade cornée [2], qui a quatre à cinq lignes de longueur, et dont le bord est jaunâtre, est commune dans nos étangs et nos mares.

Mactre. *Mactra.* Coquille subtrigone, inéquilatérale, parfois bâillante; dents cardinales en V; dents latérales lamelleuses; ligament interne.

Les mactres n'offrent point des couleurs tranchées;

---

[1] *L. reticulata.*   [2] *C. cornea.*

elles vivent dans les mers chaudes et même dans le nord; elles sont ordinairement enfoncées dans la vase ou le sable, sur les plages peu distantes des embouchures des fleuves. La Mactre géante [1] se distingue à son plus grand développement et à la dimension de sa fossette ligamentaire.

VÉNUS. *Venus.* Coquille close, adermique, souvent côtelée longitudinalement; dents latérales nulles, cardinales deux, trois ou quatre, rapprochées et convergentes.

Cette coupe offre une foule d'espèces communes dans toutes les mers; une centaine vient sur nos côtes; vivant peu profondément dans le sable, elles en sortent assez facilement pour ramper à l'aide de leur pied. Quelques observateurs disent même qu'elles peuvent nager en ouvrant et fermant alternativement leurs valves. Ces mollusques, dont le test est peint de teintes douces et variées, que rehausse l'éclat du poli, forment un des plus beaux ornemens des collections. Certaines vénus lithophages percent les pierres des digues qu'on élève dans la mer, et se creusent un domicile dans leur intérieur.

La Vénus à verrues [2], dont la surface calcaire est recouverte de tubercules, se mange dans quelques lieux de l'Europe.

VÉNÉRUPE. *Venerupis.* Coquille transverse, très-inéquilatérale, un peu baillante; charnière à deux dents sur une valve et trois sur l'autre, ou trois sur chacune d'elles.

Le nom de Vénérupe, qui signifie *vénus des rochers,*

1 *M. gigantea.* Lam.　　　　2 *V. verrucosa.*

indique une particularité de la vie de ces mollusques qui se plaisent en effet au milieu des écueils. Tel est la Vénérupe perforante [1] que l'on trouve sur les côtes de la France et de l'Angleterre, dans les fentes des rochers, et même, selon certaines personnes, jusque dans leur substance calcaire.

FAMILLE DES PYLORIDÉS.

Coquille ordinairement régulière et équivalve, baillante aux deux bouts ; charnière à dents s'effaçant insensiblement ; animal à manteau prolongé en arrière en deux tubes longs ; pied fort petit.

ANATINE. *Anatina.* Coquille ovale, alongée, très-baillante et inéquilatérale, mince, translucide ; charnière édentule, à chaque valve une petite lame saillante en dedans, soutenant le ligament.

Plusieurs de ces bivalves habitent nos côtes. L'Anatine rupicole [2] se trouve parmi les brisans qui environnent La Rochelle, et l'Anatine tronquée dans la Manche.

MYE. *Mya.* Coquille ovale, épidermée ; charnière dissemblable, à une grosse lame à la valve gauche, et une fossette à la droite.

Ces pyloridés vivent enfoncés dans le sable ou la vase de l'embouchure des rivières ou dans les anses des bords de la mer. Il n'y en a qu'un petit nombre à l'état vivant.

La Mye des sables [3], qui est d'un blanc sale ou jaunâtre, est commune dans la Manche.

1 *V. perforans.*
2 *A. rupicola.*
3 *M. arenaria.*

Sanguinolaire. *Sanguinolaria.* Coquille ovale, très-comprimée, à peine baillante, équivalve, subéquilatérale, arrondie aux deux extrémités; charnière à une ou deux dents cardinales.

Quatre espèces vivantes sont seulement connues dans cette coupe, dont le nom vient de la couleur rouge de la plus commune.

La Sanguinolaire soleil couchant [1] est une belle coquille d'environ quatre pouces de long, radiée de blanc et de rouge.

Solen. *Solen.* Coquille cylindroïde, à extrémités tronquées, extrêmement inéquilatérale, épidermée, à bords presque complètement droits et parallèles; charnière à une ou deux dents.

Ces coquilles étaient connues des Grecs, et déjà ils leur donnaient le nom de *solen*, qui signifie, dans leur langue, canal ou tuyau; elles se creusent des trous dans le sable, à peu de distance des rivages, mais jamais ces mollusques ne les tapissent de substances calcaires. Ces excavations ont un à deux pieds de profondeur, et l'animal qui s'y trouve, la tête tournée vers le fond, se borne à les parcourir de haut en bas ou dans le sens contraire. La forme de ces pyloridés rend improbable qu'ils sortent jamais de leur demeure. Cependant, ils peuvent y rentrer quand on les en a expulsés. Aristote avance que les solens entendent les sons que l'on produit près d'eux, et qu'alors ils se cachent totalement dans leur trou, mais il est probable qu'ils ne perçoivent que l'ébranlement transmis sur les cirrhes qui terminent leurs tubes, ce qui les engage à s'enfoncer dans leur demeure, et c'est

[1] *S. occidens.*

plutôt le tact qui est impressionné dans ce cas, qu'une véritable audition, puisque ces acéphaliens manquent d'organes pour cette sensation.

Les solens sont employés par les pêcheurs pour amorcer leurs lignes; quelquefois les pauvres en mangent. Ils sont connus sous le nom vulgaire de *manche-de-couteau*. On les capture, dit-on, en mettant du sel dans leurs trous découverts par la marée basse, d'autres fois en plongeant un instrument en fer dans ceux-ci.

Le Solen sabre [1], qui est un peu arqué, de couleur blanche, avec un épiderme brun, est commun dans toutes nos mers.

SAXICAVE. *Saxicava.* Coquille épaisse, subrégulière, cylindroïde, à extrémités obtuses; charnière édentule, ou à une dent rudimentaire.

Les mollusques de ce genre, ainsi que l'indique leur nom, perforent les rochers et vivent dans les pierres calcaires. De Blainville pense qu'ils les creusent par un léger mouvement de rotation, dont l'action est facilitée à l'aide du ramollissement préalable de la substance pierreuse, par le contact du mucus qui s'exhale du pied de l'animal. Ces mollusques sont de très-petite taille, et leur test est blanc. La Saxicave gallicane [2] habite les côtes de la Manche; on la trouve dans les rochers calcaires, ainsi que dans le test des huîtres.

GASTROCHÈNE. *Gastrochœna.* Coquille très-mince, cunéiforme, équivalve, très-inéquilatérale, fort baillante en avant et en bas; charnière édentule; articulation droite, linéaire.

Ce sont des animaux qui percent les polypiers et que

1 *S. ensis.*　　　　　2 *S. gallicana.*

l'on trouve au milieu des madrépores; quelques-uns se découvrent même dans les roches.

Le Gastrochène modioline [1] est une fragile et petite coquille qui habite nos côtes océanes.

Arrosoir. *Aspergillum.* Coquille ovale, peu alongée, striée, équivalve, recouvrant très-peu l'animal, qui est dans un tube calcaire, claviforme, ouvert par sa petite extrémité, terminé de l'autre par un disque convexe, percé de trous.

Ces animaux avaient été classés, par Linnée, parmi les serpules. Ils représentent assez bien le bout de l'instrument de jardinage dont ils portent le nom; leurs tubes sont rares et recherchées par les amateurs, qui les paient un haut prix.

L'arrosoir de Java [2] est le mieux connu; il acquiert presque huit pouces de longueur. On ne trouve point de fossiles appartenant à ce groupe.

FAMILLE DES ADESMACÉS.

Coquille ordinairement oblongue, blanche, baillante aux deux extrémités; charnière sans engrenage ni ligament corné; des pièces calcaires accessoires aux valves; animal n'étant pas tout-à-fait recouvert par le test.

Pholade. *Pholas.* Coquille ovale, mince, équivalve, très-inéquilatérale; contact incomplet des valves; un appendice en forme de cuilleron, recourbé en dedans de chaque valve; pièces calcaires accessoires ou nulles.

Pline avait mentionné une espèce de pholade sous le

1 *G. modiolina.*   2 *A. javanum.*

nom de *concha longa*, mais ces bivalves térébrantes ne furent réellement bien connues que récemment. Elles vivent enfoncées dans le sable, l'argile ou la pierre, où elles se font des cavités, ce qu'on a peine à concevoir en voyant les formes gracieuses de ces coquilles, leur délicatesse et les séries de pointes fines qui hérissent régulièrement leur surface externe. Le séjour de ces mollusques au milieu des masses calcaires, a même été un problème pour les zoologistes; les uns y expliquaient leur introduction par le frottement; d'autres, en considérant que la coquille se fût plutôt cassée que d'entamer le roc, croyaient qu'une liqueur qu'exhalent ces adesmacés était acide, et qu'elle se combinait avec la substance calcaire en formant ce limon noirâtre que l'on trouve dans le trou de ces animaux, et qui imprègne la pierre. Telle est l'hypothèse de M. Fleuriau de Bellevue, qui avance que cette exsudation doit même la lumière qu'elle produit dans les ténèbres, à l'acide phosphoreux qu'elle contient; mais cette théorie n'est nullement admissible, car le principe chimique agirait également sur le test de l'animal en le détruisant. Quelquefois le trou habité par ces mollusques est tapissé d'un tube calcaire, comme l'a vu M. Ch. Desmoulins sur des espèces fossiles, ce qui contribue à montrer les rapports des tarets avec les pholades, si bien entrevus par De Blainville, qui les groupa dans la même famille.

Quelques pholades viennent sur les rivages de France; on les mange dans certaines localités. On en trouve beaucoup dans les colonnes du temple de Jupiter Sérapis, qui sont baignées par la mer de l'Italie. On rapporte que l'antiquité les révérait, et M. Desmarest père pense que ce monument, dont les flots inondent continuellement les parvis, était destiné à élever les objets d'un culte aussi singulier.

Quelques coquilles de ces adesmacés, trouvées près de Paris, sont venues éclairer la géologie; elles s'étaient creusé des loges dans des morceaux roulés de calcaire d'eau douce à lymnées, ce qui donne une induction du long séjour que l'eau marine a dû faire pour former les derniers dépôts du bassin de Paris.

Le nom de *dail* a aussi été donné aux mollusques de ce genre. La Pholade datte, que l'on nomme aussi Dail commun [1], est une des plus abondantes dans nos mers; elle acquiert jusqu'à quatre à cinq pouces de longueur.

Taret. *Teredo.* Coquille annulaire, valves anguleuses, tranchantes en avant; un cuilleron interne considérable; un tube cylindrique, droit ou flexueux, plus ou moins distinct de la substance où vit l'animal.

Le cuilleron de ces mollusques leur sert de levier locomoteur; aussi funestes que répandus, ils occasionnent les plus grands préjudices à l'homme, en détruisant les constructions en bois formées dans la mer, ou bien en attaquant les vaisseaux et les perforant avec tant de rapidité, qu'ils en ont quelquefois même occasionné le naufrage. Les mœurs et les habitudes des tarets ont fait le sujet d'intéressantes remarques; on a vu qu'ils formaient d'abord un trou un peu horizontal à peine visible, puisqu'en grandissant, ils se dirigeaient ensuite en bas, la tête inférieurement située, toutefois en étant obligés de dévier plus ou moins de la ligne droite, car il paraît qu'ils cherchent à s'éviter, ce qui est tout le contraire des

[1] *P. dactylus.*

pholades qui transpercent leurs semblables quand elles les rencontrent sur leur direction. C'est avec les valves térébrantes et limantes de leur coquille que les tarets creusent leur fatale demeure ; cela devient évident lorsqu'on observe la structure de ces organes, et il leur suffit parfois d'un tems très-court pour ronger le bois et le transformer en une espèce d'éponge fragile. En 1731, ces mollusques détruisirent une grande portion des digues de la Zélande, dont la rupture complète aurait entraîné l'inondation d'une partie de la Hollande, située beaucoup au-dessous du niveau de la mer.

C'est en vain que l'on a cherché des moyens pour s'opposer aux ravages du Taret commun [1] qui se trouve malheureusement dans toutes les mers d'Europe ; le seul est de doubler les constructions en cuivre. On dit que, par une bien faible compensation, cet animal constitue un manger délicat, dont on fait quelquefois usage sur certaines côtes de l'Océan.

FISTULANE. *Fistulana.* Coquille annulaire ou très-courte, ni tranchante ni anguleuse en avant ; pourvue d'un cuilleron considérable ; tube claviforme, épais.

Ces mollusques ont des mœurs analogues aux tarets ; on les trouve dans le bois, le sable, les pierres, et même dans les coquilles des autres animaux de leur classe. On ne connaît que quatre espèces vivantes qui nous viennent des plages maritimes intertropicales. Nous en avons de fossiles en France.

[1] *T. navalis.* L.

ORDRE DES HÉTÉROBRANCHES.

Animal ordinairement cylindroïde, à branchies diversement configurées ; test calcaire nul.

FAMILLE DES ASCIDIENS.

Animal adhérant par l'extrémité buccale ; système cutané rugueux, épais ; branchies en réseau.

** Ascidiens simples.*

ASCIDIE. *Ascidia.* Corps ovale, conique, cylindroïde ou claviforme ; le siphon postérieur entouré de tentacules.

Molina rapporte qu'une espèce d'ascidie sert de nourriture dans quelques pays ; qu'on la fait sécher, et que, dans cet état, elle est expédiée et vendue dans les lieux lointains.

*** Ascidiens agrégés.*

BOTRYLLE. *Botryllus.* Corps ovale, aplati, adhérant, par sa face dorsale, aux corps marins, et par ses côtés avec d'autres individus de la même espèce, de manière à simuler un animal complexe.

Ces animaux sont agglomérés en masse sur les fucus ou sur d'autres mollusques. Quelques espèces se groupent en affectant une forme circulaire ; tel est le Botrylle de la Méditerranée[1]. Ces acéphaliens semblent avoir une existence commune, analogue à celle des zoophytes ; mais ce qui éloigne cette idée de rapprochement, c'est qu'à certaine époque de la vie les individus nagent et

[1] *B. mediterraneus.*

vivent isolés, comme l'ont observé MM. Audouin et Milne Edwards, et que, quand on irrite l'orifice externe de l'un de ces animaux, il se contracte seul.

FAMILLE DES SALPIENS.

Animaux libres ou adhérens, cylindroïdes, à enveloppe externe épaisse, subcartilagineuse, percée de deux ouvertures distantes et presque terminales.

** Salpiens simples.*

BIPHORE. *Salpa.* Corps cylindracé, tronqué, à enveloppe cartilagineuse, ouvert aux deux bouts.

Ce qu'il y a de remarquable dans les biphores, c'est que, pendant long-tems, ils vivent et flottent réunis en longs rubans, comme ils étaient dans l'ovaire ; ils sont tous marins et ne se rencontrent que loin des terres ; pendant la nuit, ces mollusques sont phosphorescens et forment de longs chaînons de feu à la surface des flots, dont ils paraissent le jouet ; car, malgré qu'ils puissent opérer une petite locomotion en chassant l'eau qu'ils ont introduite dans leur corps, ce moyen est bien peu efficace pour les soustraire aux ondulations de la mer. On trouve beaucoup de biphores dans la Méditerranée.

*** Salpiens agrégés.*

PYROSOME. *Pyrosoma.* Corps fusiforme, gélatineux, réuni par sa partie moyenne à d'autres individus, et formant avec eux un cylindre creux, hérissé extérieurement.

La cavité cylindrique que forment les agrégations de

pyrosomes n'est ouverte que par une seule extrémité. On les trouve flottant librement dans la mer. Nul être marin ne jette, pendant la nuit, des reflets phosphores-cens plus éclatans que ces mollusques, desquels émanent des teintes enflammées, qui s'irisent diversement en passant, d'une manière subite, du rouge au bleu d'azur, ou aux autres couleurs du spectre solaire. Les pyrosomes nagent par les contractions ou les dilatations du cylindre creux que forme la réunion de leurs animaux.

CLASSE XIX.

SUBANNÉLIDAIRES.

Animaux invertébrés, articulés ou non, dépourvus de membres et subrayonnés.

Presque tous les vers qui se trouvent dans l'intérieur des animaux appartiennent à cette classe. Le corps des subannélidaires peut présenter des articulations [1] ou en être tout-à-fait dépourvu ; leur peau est molle et muqueuse; chez ces animaux, on ne découvre plus d'appareils de sensation et aucunes traces d'yeux ni de langue. Le système digestif apparent dans quelques subannélidaires, ne s'aperçoit nullement dans d'autres; la respiration s'opère par la peau.

Presque tous les individus de cette classe vivent constamment dans les fluides des différens animaux, c'est pourquoi on les nomme communément *vers intestinaux :* on ne connaît d'exception que pour un fort petit nombre [2]. La plupart des animaux ont présenté de ces vers ; c'est en général dans les mammifères qu'ils sont le plus communs ; les invertébrés en offrent beaucoup plus rarement. Il n'est presque pas de tissu et de

[1] Ténia.   [2] Planaires.

cavité des premiers où l'on n'en ait trouvé ; l'on en voit jusque dans les muscles, et il en est même qui vivent sous la boîte osseuse du crâne, au milieu de la substance cérébrale.

Le séjour des subannélidaires et la structure de leur bouche, privée de toute espèce de dents, font naturellement supposer que leur nourriture est fluide et de nature animale. Dans quelques vers intestinaux chez lesquels le canal digestif n'existe plus ou est réduit à l'état vasculaire [1], la nutrition paraît être due à une simple absorption par la peau.

L'appareil reproducteur des subannélidaires est assez varié ; ils ont un très-grand nombre d'œufs, qui sont rejetés au-dehors par un orifice disposé à cet effet, ou qui peuvent être émis par une simple rupture [2].

La génération des vers intestinaux est encore un mystère pour nous ; en voyant ces animaux se produire dans l'intérieur des tissus, et même au milieu des cavités osseuses, des observateurs ont pensé que l'existence de ces êtres ne pouvait être due qu'à une génération spontanée, et parmi eux, l'helminthologiste Bremser a soutenu cette opinion avec talent. D'autres naturalistes, et l'on doit citer Pallas à leur tête, ont cru que les germes des vers entraient dans le corps des animaux soit avec les alimens et surtout avec les boissons, soit avec l'air, et qu'ils passaient par le tissu vasculaire pour se développper dans un organe quelconque, quand ils y trouvaient les circonstances nécessaires ; mais des expériences dans lesquelles on a nourri, pendant un tems très-long, des animaux uniquement avec du lait et des vers intestinaux, contredisent cette assertion, car

---

[1] Ligules.　　　　　　[2] Ténia.

chez eux, l'on ne vit point de ces vers se développer.

Certains savans prétendirent que les vers intestinaux étaient puisés, à l'état vivant, dans l'eau par les animaux chez lesquels on les trouve, et que la différence qu'ils offrent avec les vers aquatiques tient à des modifications imprimées par le nouveau milieu qu'ils habitent; mais cela n'est pas admissible quand on songe que ces subannélidaires ont une structure entièrement différente des apodes, et d'ailleurs pourraient-ils vivre en changeant si subitement de température?

Comme on a quelquefois découvert des vers dans les intestins des fœtus, quelques observateurs ont prétendu qu'ils se transmettaient par la génération : telle est l'opinion du savant Brera; mais on ne peut admettre qu'il se trouve de leurs germes dans l'atome de sperme qui suffit pour féconder un animal; et d'ailleurs certains vers, ne se reproduisant dans une même famille que très-rarement, il faudrait supposer que ces germes ont passé plusieurs générations sans éclore. Enfin, quelques naturalistes croient que ces animaux se transmettent par l'allaitement, supposition qui n'est guère plus admissible, puisqu'un grand nombre de poissons et d'autres êtres qui ne sont point allaités, n'en présentent pas moins des vers intestinaux, et que l'on en découvre même chez des insectes qui ne voient le jour que quand depuis long-tems leurs parens sont morts.

ORDRE DES APOROCÉPHALÉS.

Tête peu ou point distincte, sans pores; corps très-mou, inarticulé; canal intestinal complet ou non.

Ces subannélidaires ne vivent jamais dans les animaux; presque tous sont aquatiques; leur corps est en général plat en dessous et convexe en dessus; on ne distingue point chez eux de ventouses locomotrices, et ils ne se transportent d'un lieu à un autre qu'en glissant à la surface des corps.

FAMILLE DES TÉRÉTULARIÉS.

Corps cylindriforme; canal digestif complet.

LOBILABRE. *Lobilabrum.* Bouche fort grande, à deux lèvres bilobées.

Cette petite division a été établie pour le Lobilabre des huîtres [1]; c'est un ver de deux ou trois pouces de longueur, qui se forme un tube avec des grains de sable, qu'il applique sur la surface de la coquille du mollusque comestible dont il porte le nom.

FAMILLE DES PLANARIÉS.

Corps très-déprimé; canal digestif incomplet, à un seul orifice.

PLANAIRE. *Planaria.* Corps ordinairement plus large en avant; bouche située sous l'abdomen; estomac ramifié.

Les eaux douces de nos contrées et les mers qui bornent la France, offrent de ces animaux; quelques-uns sont terrestres et probablement forcés de rechercher les lieux humides et ombragés. Les mœurs des êtres qui composent cette division sont peu connues; ils rampent d'une manière analogue aux limaçons, en laissant derrière eux une trace argentée.

---

[1] *L. ostrearium.*

La Planaire brune [1], qui est veinée de noir, est commune dans toutes les mares de notre pays.

ORDRE DES POROCÉPHALÉS.

Extrémité antérieure pourvue d'un pore ou d'une ventouse; corps sans traces d'articulations; canal intestinal incomplet.

Les porocéphalés ont assez l'aspect des sangsues, à cause de leur ventouse antérieure; quelques-uns de ces animaux en présentent aussi une seconde en arrière, et alors le rapprochement devient encore plus frappant, mais celle-ci est située un peu plus en avant que celle des apodes auxquels nous les comparons; comme eux, ils se transportent à l'aide de ces appendices aspirans.

Les porocéphalés habitent l'intérieur des animaux; on en trouve dans beaucoup de mammifères, dans certains oiseaux de proie; dans les reptiles et les poissons.

Fasciole. *Fasciola.* Corps à deux ventouses, une antérieure, l'autre inférieure.

Ce groupe contient un nombre considérable d'espèces dont les plus grandes atteignent à peine un pouce. Ces subannélidaires, désignés, par quelques naturalistes, sous le nom de *distome*, se meuvent comme les sangsues et le pore qu'on observe chez eux dans la région du ventre, leur sert à se fixer à la surface des organes qu'ils habitent.

La Fasciole hépatique [2], nommée aussi *douve du foie*, se découvre communément dans les conduits et la vésicule biliaire de beaucoup de mammifères, surtout dans ceux

____

[1] *P. fusca.*   [2] *F. hepatica.*

37 *

des bœufs, des chèvres, des chevaux, des cochons, des lièvres et des moutons, auxquels elle produit des hydropisies mortelles; on la rencontre aussi chez l'homme. Les douves qui séjournent dans les conduits biliaires les élargissent quelquefois d'une manière surprenante, et bientôt ils se trouvent revêtus d'une mucosité abondante qui s'épaissit avec le tems, et se change en une substance osseuse, cassante, qui, quand on dissèque l'organe, forme autant de véritables tubes solides.

ORDRE DES BOTHROCÉPHALÉS.

Tête distincte, pourvue de fossettes; corps composé d'articulations; ni bouche ni anus.

Le canal digestif des botrocéphalés est vasculaire et communique à l'extérieur par des pores; chacune des articulations du corps de ces vers est pourvue d'un appareil génital unisexuel; ils vivent principalement dans l'intérieur des animaux vertébrés.

FAMILLE DES POLYRHYNQUES.

Extrémité antérieure portant deux ou quatre appendices armés ou non.

FLORICEPS. *Floriceps.* Renflement antérieur garni de quatre longs tentacules armés de crochets.

Ces vers se trouvent dans les poissons; on les découvre dans le péritoine ou dans l'épaisseur des divers organes abdominaux; le turbot et le merlan en offrent assez souvent.

FAMILLE DES MONORHYNQUES.

Renflement céphalique à trompe unique, ordinairement armée de crochets.

Ténia. *Tænia.* Corps extrêmement alongé et déprimé, à articles bien distincts; renflement
céphalique à quatre ventouses et à un ou deux
cercles de crochets; des pores latéraux.

Ces vers intestinaux se rencontrent très-communément dans les voies digestives. On trouve quelquefois des
ténias sur lesquels il sort, du pore génital, un très-petit
appendice que l'helminthologiste Rudolphi regarde
comme un organe mâle. Quelques auteurs ont pensé que
les orifices qui se trouvent sur les parties latérales du
corps, étaient destinés à absorber la nourriture. L'excessive longueur de ces animaux et l'extrême petitesse
des conduits par lesquels l'aliment doit passer pour
atteindre leur extrémité postérieure, qui est plus développée que l'autre, semblent donner une probabilité à
cette hypothèse que vient encore réconforter la facilité
qu'ont les ténias de se fixer avec force, par ces pores, aux
parois intestinales; cependant, le rapport direct des
ovaires avec les canaux naissant de ces pores latéraux,
et le défaut d'anastomons de ces vaisseaux avec ceux qui
viennent de la tête et parcourent la longueur de l'animal, doivent faire penser que ces pores appartiennent
seulement aux organes reproducteurs.

Les articulations des ténias, qui sont chargées d'œufs,
se détachent du corps de ceux-ci avec une extrême
facilité, et l'on en trouve des fragmens quand on ouvre
des animaux qui contiennent de ces vers, ou bien on en

découvre dans leurs excrémens, et c'était à ces portions séparées de ces vers, que des observateurs superficiels donnèrent le nom de *vers cucurbitains*, en les prenant pour des êtres particuliers.

Le Ténia de l'homme [1] est appelé *ver solitaire* bien improprement, car, contre l'opinion vulgairement répandue, il s'en trouve souvent plusieurs dans l'intérieur du corps; c'est la cavité des intestins grêles des Européens qui recèle cette espèce; on en rencontre aussi très-souvent chez les Égyptiens. On n'a que des données inexactes sur la longueur de cet entomozoaire; les ténias de vingt-quatre pieds ne sont pas rares, et la collection du savant helminthologiste Bremser n'en possède pas de plus longs. Dans les dissertations de Copenhague, il est question d'un de ces animaux qui avait huit cents pieds de longueur; mais il est à présumer que l'on s'est trompé dans cette évaluation, cár un semblable ver aurait rempli toute la capacité intestinale. Ce qui a souvent enduit en erreur les anciens médecins, sur les dimensions que peut acquérir le ténia, c'est qu'ils pensaient que tous les fragmens rendus par les personnes qui en étaient affectées appartenaient au même individu. Le médecin Dehaen en fit rendre dix-huit à une femme de trente ans, dans l'espace de quelques jours. Selon Bremser, il n'est pas essentiel que l'on obtienne la tête des ténias pour guérir les malades qui en ont dans leurs intestins. Cet observateur assure que sur plusieurs centaines de personnes qu'il a traitées et guéries, quatre-vingt-dix-neuf sur cent n'ont jamais rendu la partie céphalique de ce ver.

[1] *T. solium.*

CYSTICERQUE. *Cysticercus.* Corps vésiculaire ; tête à quatre suçoirs, surmontée d'une trompe à deux couronnes de crochets.

Les cysticerques se trouvent contenus dans une poche particulière. La tête de ces vers ressemble beaucoup à celle des ténias. C'est à leur présence qu'est due une maladie dégoûtante nommée *ladrerie*, dont les cochons sont quelquefois attaqués et dont l'homme n'est pas toujours exempt. On rapporte qu'un soldat présentait de ces subannélidaires dans presque tous les muscles de son corps ; les anatomistes en ont découvert jusque dans le plexus choroïde du cerveau. Toutes les espèces décrites se rencontrent dans les mammifères non carnassiers.

Le Cysticerque du tissu cellulaire [1] est celui qui affecte l'homme et qui produit l'infirmité des cochons, dont nous venons de parler.

On confondait anciennement sous le nom d'*hydatides* les cysticerques et différens genres de vers vésiculaires qui s'en rapprochent, et se développent dans les tissus ou les cavités des animaux ; aussi, il serait difficile de savoir au juste quelles sont les espèces que plusieurs de nos devanciers ont observées. Le médecin Laennec dit avoir vu de ces vers vésiculaires qui pouvaient contenir dix pintes de liquide. En général, aucun tissu ne paraît être à l'abri des hydatides. L'illustre médecin Morgagni en a trouvé dans le cœur et dans la moelle ; d'autres disent que certains malades en ont quelquefois rendu en toussant. L'anatomiste Ruisch a vu un foie qui était rempli de ces vers, et l'on a eu l'occasion d'en découvrir qui s'étaient développés dans l'intérieur du tibia.

1 *C. cellulosæ.*

CŒNURE. *Cœnurus.* Corps vésiculaire, à plusieurs têtes, à quatre suçoirs et à une couronne de crochets.

Une maladie connue des vétérinaires, sous le nom de *tournis* ou de *vertige*, est produite par le Cœnure des moutons [1] qui affecte différentes parties du cerveau de ces ruminans et occasionne des symptômes différens selon son siége. Il peut acquérir la grosseur d'un œuf.

FAMILLE DES ANORHYNQUES.

Tête dépourvue de tentacules et de trompe.

BOTHRIOCÉPHALE. *Bothriocephalus.* Corps déprimé, fort alongé, ténioïde; tête à deux fossettes latérales; articles du corps nombreux et sans pores latéraux.

Presque tous ces vers intestinaux vivent dans les poissons; ils ont une si grande analogie avec les ténias, que beaucoup d'auteurs les ont confondus ensemble.

Le Bothriocéphale de l'homme [2] ne s'observe que rarement chez les Français et les Anglais, mais on peut découvrir fréquemment ce parasite sur les habitans de la Suisse et de la Russie. Sa longueur ordinaire est de trois à sept mètres.

[1] *C. cerebralis.* Bren.   [2] *B. latus.*

CLASSE XX.

—

CIRRHODERMAIRES.

Animaux rayonnés, à peau épaisse, molle ou calcaire, toujours pourvue de suçoirs tentaculiformes.

La présence des éminences épineuses qui se voient sur la peau de beaucoup d'animaux de cette section lui avaient fait donner le nom de *classe des échinodermaires*; mais comme cette particularité n'est pas générale, et que l'organe cutané est quelquefois très-lisse [1], il vaut mieux désigner cette classe par la dénomination que nous avons adoptée, et qui retrace le caractère fondamental de tous ses êtres, qui est d'offrir à leur superficie cutanée des suçoirs en forme de tentacules, et disposés irrégulièrement ou par séries longitudinales.

La peau des cirrhodermaires est quelquefois solidifiée par des pièces calcaires [2]; leur canal digestif peut être complet et offrir une bouche et un anus, ou ne présenter qu'une seule ouverture. C'est par un orifice unique ou multiple que les organes génitaux émettent au-dehors le produit de la conception.

Tous ces animaux vivent dans l'eau. Généralement peu utiles à l'homme, quelques-uns cependant sont comestibles, et, dans certaines contrées, les pauvres

[1] Holothuries.   [2] Oursins.

habitans des rivages, en pêchent pour se substanter, faute d'un meilleur aliment.

ORDRE DES HOLOTHURIDES.

Corps alongé, mou ; suçoirs tentaculiformes, très-extensibles, ordinairement nombreux ; canal diges-tif complet ; organe génital à un seul orifice.

HOLOTHURIE. *Holothuria.* Forme variable, aplatie, subprismatique, fusiforme ou vermiforme.

Malgré que les holothuries se trouvent en grand nombre dans la Méditerranée, on ne connaît encore que très-imparfaitement leurs mœurs. Ces animaux, que les anciens nommaient *pudenda marina*, à cause de la ressemblance grossière qu'ils ont avec l'organe sexuel de l'homme, se tiennent dans la profondeur de la mer, ou fréquentent ses bords ; les flots les apportent quelquefois sur la plage. Ils peuvent s'attacher aux rochers à l'aide de leurs suçoirs, et se soustraire ainsi à la tourmente des vagues, ou s'enfoncer dans la vase. Quand ils sont irrités, ils se contractent si énergiquement, qu'ils en déchirent et vomissent leurs intestins. Les pauvres habitans des environs de Naples mangent des holothuries. Celles-ci nagent assez bien et paraissent être carnivores.

ORDRE DES ECHINIDES.

Corps ovale ou circulaire, revêtu de plaques calcaires polygonales, portant des épines solides ; canal intestinal complet ; ovaires s'ouvrant au sommet.

Les cirrhes tentaculiformes des échinides se font jour

à travers l'enveloppe solide de ces animaux, par des séries de pores que l'on y remarque, et qui se dirigent plus ou moins régulièrement du sommet à la base.

Les cirrhodermaires de cet ordre sont parfaitement rayonnés, et comme ils paraissent tous hermaphrodites, il est probable qu'on n'observe aucune jonction chez eux.

Les échinides fossiles abondent dans les diverses couches de la terre; les Romains pensaient que les masses solides qu'ils forment tombaient du ciel avec les pluies, ou qu'elles étaient lancées par la foudre; Pline dit qu'on les prit quelquefois pour des œufs de crapaud transformés en substance pierreuse. Rumphius et Gesner croyaient encore, de leur tems, que plusieurs échinides fossilisés étaient les résultats de phénomènes météoriques, et ce fut le médecin Agricola qui fit entrevoir le premier leur véritable origine.

FAMILLE DES EXCENTROSTOMES.

Bouche édentée, située vers l'extrémité antérieure.

On ne connaît pas les mœurs des excentrostomes; beaucoup se trouvent à l'état fossile; ceux que l'on observe vivans sont constamment enfoncés dans le sable, et ils paraissent se nourrir seulement des matières animales qui s'y trouvent mêlées, car leur canal intestinal est constamment rempli de sable fin; les piquans qui les entourent sont quelquefois presque aussi fins que des poils de mammifères, et sont couchés et dirigés d'un même côté.

SPATANGUE. *Spatangus.* Corps ovale, cordiforme, plus large et ayant un sillon en avant ; test mince ; anus au-dessus du bord.

On trouve de ces animaux dans les mers qui bornent notre patrie. Tout ce que nous venons de dire sur l'état vivant des excentrostomes s'applique à ce genre, car le suivant ne se voit qu'à l'état fossile.

ANANCHITE. *Ananchites.* Corps ovale; bouche située inférieurement au bord.

La craie des environs de Paris renferme d'innombrables quantités de l'Ananchite ovale [1]; on en voit surtout dans les terrains de Mantes et de Meudon.

FAMILLE DES PARACENTROSTOMES ÉDENTÉS.

Bouche sans dents, subcentrale, antérieure.

Presque tous les êtres contenus dans les différens genres de cette famille ne se trouvent qu'à l'état fossile et habitent principalement la craie, cependant on en découvre aussi dans les couches antérieures et postérieures à cette formation.

NUCLÉOLITE. *Nucleolites.* Corps ovale ou cordiforme, plus large et avec un large sillon en arrière; ambulacres se continuant jusqu'à la bouche.

Les espèces de ce genre sont de petite taille et ne se trouvent qu'à l'état fossile.

[1] *A. ovatus.*

FAMILLE DES PARACENTROSTOMES DENTÉS.

Bouche dentée, subcentrale, dans une échancrure régulière.

CLYPÉASTRE. *Clypeaster.* Corps irrégulier, très-déprimé, à bords épais; épines très-petites.

La bouche de ces animaux se trouve au fond d'une sorte d'entonnoir; des piliers solides, dirigés du haut en bas, s'observent dans l'intérieur du test.

Le Clypéastre rosacé [1] nous est rapporté des mers de l'Inde, et est extrêmement commun dans les collections.

SCUTELLE. *Scutella.* Corps subcirculaire, excessivement déprimé, à bords presque tranchans.

Les mers des pays éloignés sont les seules qui paraissent posséder des scutelles à l'état vivant, surtout celle de l'Inde; on en trouve aussi de fossiles.

FAMILLE DES CENTROSTOMES.

Corps ovale ou circulaire; bouche centrale; sommet médian.

OURSIN. *Echinus.* Corps circulaire; bouche à cinq dents pointues, portées sur un appareil compliqué; anus supérieur, central; tubercules portant les épines non perforés.

On compte un nombre considérable de ces animaux à l'état vivant; les terrains antérieurs et postérieurs à la craie nous en offrent de fossiles. On pêche des oursins

[1] C. rosaceus. Lam.

à d'assez grandes profondeurs dans la mer; on en voit aussi fréquenter les crevasses des rochers qui hérissent ses bords. Tous ces échinides sont voraces; plusieurs espèces se découvrent dans nos parages, et la Méditerranée en contient d'assez belles.

L'Oursin commun [1] est du volume d'une grosse pomme; il est tout couvert de piquans courts, rayés et violets. A l'époque où ses ovaires sont développés, ce qui a lieu vers le printems, on le mange dans les pays où il est abondant, tels qu'aux environs de Brest.

ORDRE DES STELLÉRIDES.

Corps déprimé, flexible, à circonférence divisée en angles aigus prolongés en rayons; canal digestif dépourvu d'anus; ovaire s'ouvrant près de la bouche.

La peau des animaux de cette division possède aussi des incrustations calcaires; mais, malgré cela, elle est toujours flexible, ce qui n'a point lieu dans les échinides, où les plaques osseuses cutanées sont unies par leurs bords.

FAMILLE DES ASTÉRIDES.

Corps déprimé, polygonal, stelliforme ou multilobé; rayons à plusieurs rangées de suçoirs et à un sillon à la partie inférieure; un tubercule madréporiforme sur le dos.

ASTÉRIE. *Asterias.* Corps stelliforme, pentagonal.

Ces cirrhodermes sont nommés vulgairement *étoiles de mer*, à cause de leur forme. Leurs mouvemens sont lents; ils s'opèrent à l'aide de leurs suçoirs tentaculi-

[1] *E. edulis.*

formes; cependant, il en est qui nagent avec vîtesse en agitant leurs rayons.

Toutes les astéries sont carnivores; elles se nourrissent de vers et de mollusques. Les diverses mers de l'Europe en possèdent dans leurs eaux, mais les plus volumineuses espèces viennent des contrées intertropicales; on en connaît qui sont presque microscopiques, tandis que d'autres ont jusqu'à un pied et demi de diamètre. Il s'en rencontre souvent sur le sable, à la marée descendante, et l'on en observe qui grimpent sur les rochers et se suspendent aux voûtes des grottes que la marée inonde. On trouve de ces animaux à l'état fossile dans les terrains de dépôt.

L'Astérie rougeâtre [1] est tellement commune sur certaines côtes de France, qu'on en ramasse pour la répandre sur la terre, en guise de fumier.

Certains auteurs, comme nous l'avons dit, ont attribué les qualités malfaisantes des moules au frai des astéries que ces mollusques mangent.

FAMILLE DES ASTÉROPHIDES.

Corps discoïde à circonférence pourvue d'appendices serpentiformes, squammeux, sans sillon inférieur.

OPHIURE. *Ophiura.* Corps à cinq rayons simples et très-grêles, à épines latérales.

Ces stellérides nagent et marchent souvent avec la plus grande facilité, et on les voit agiter leurs appendices avec vîtesse. Les mers d'Europe contiennent de ces animaux.

1 *A. rubens.*

FAMILLE DES ASTÉRENCRINIENS.

Corps régulier, cupuliforme, libre ou adhérent, à cinq rayons articulés, simples ou divisés; cavité viscérale ayant un grand orifice béant à l'extrémité d'une espèce de tube.

ENCRINE. *Encrinus.* Corps membraneux, fixé, bursiforme, porté sur une longue tige articulée, à articles pentagonaux, percés d'un trou.

Les fossiles qui se trouvent dans ce genre et ceux que l'on y rapportait anciennement, et qui, maintenant, doivent se ranger dans des divisions voisines, reçurent différens noms de la crédulité de nos devanciers, et qui sont fondés sur de superstitieuses idées. C'est ainsi qu'on les nommait des *grains de rosaires*, des *larmes de géans*, des *pierres de fées*, des *pierres étoilées*, et ces vestiges diluviens donnaient lieu à une foule d'hypothèses : des savans voulaient y voir des stalactites, d'autres, des vertèbres de poisson; enfin, quelques-uns les ont comparés à des plantes, d'où leur vient le nom de *lis pierreux*, qui leur a été donné dans quelques livres.

CLASSE XXI.

ARACHNODERMAIRES.

Animaux rayonnés, subgélatineux, libres, couverts d'une peau extrêmement fine.

Ces animaux sont libres; la substance presque gélatineuse qui les forme est revêtue d'une peau si ténue et si fine, qu'il est de ces êtres où celle-ci peut à peine se distinguer; le tube digestif est extrêmement simplifié, et se borne à un estomac pourvu d'un seul orifice; les ovaires, qui sont disposés radiairement, s'ouvrent dans cet organe.

Les arachnodermaires sont presque constamment de forme circulaire, et ordinairement hémisphérique, ce qui a valu à leur corps le nom d'*ombrelle*. La circonférence de celui-ci est pourvue de cirrhes tentaculiformes, de structure diverse, et sa face inférieure, entièrement nue dans quelques individus, est pourvue, dans d'autres, d'appendices ou de suçoirs de configuration extrêmement variée, que les zoologistes ont décorés du nom de *bras*.

La mer est le seul séjour des arachnodermaires; il s'en trouve à toutes les profondeurs et dans tous les climats; mais ces animaux semblent préférer les contrées les plus échauffées par un soleil ardent, et là, ils se découvrent, dans certaines circonstances, en amas si prodigieux à la surface de l'eau, qu'ils en retardent la marche des vaisseaux. Leur force motrice ne consiste qu'en de simples mouvemens des bords de l'ombrelle ; elle ne leur permet pas de résister à la plus faible impulsion des courans.

L'époque de la reproduction des arachnodermaires est le printems ; alors leurs ovaires se gonflent, en se colorant d'une manière remarquable, et ils s'aperçoivent à travers la transparence de l'animal, puis les petits sont émis au dehors par la bouche. La durée de la vie de ces êtres est inconnue ; leurs dimensions sont variées ; il en est qui arrivent jusqu'à deux pieds de diamètre, mais il y en a beaucoup d'espèces microscopiques.

On prétend que ces animaux produisent une sorte d'irritation de la peau de ceux qui les touchent, mais ce fait n'a pas paru sensible à quelques observateurs.

ORDRE DES PULMOGRADES OU MÉDUSAIRES.

Corps circulaire, gélatineux, privé de soutien solide à l'intérieur.

On suppose que c'est à ces animaux que les anciens donnaient le nom de *poumons marins*, qui leur est encore accordé par quelques peuples des bords méditerranéens ; des naturalistes modernes les ont quelquefois appelés *cardiogrades*, à cause de leur mode de translation, qui paraît tenir à des mouvemens de dilatation et de contraction analogues à ceux du cœur des animaux des classes élevées.

Rhizostome. *Rhizostoma.* Corps hémisphérique, lobé ou festonné à sa circonférence ; huit appendices inférieurs considérables ; bouche divisée en quatre.

Le professeur Cuvier pense que les rhizostomes se nourrissent par la succion des ramifications de leur masse pédonculaire ou de leurs tentacules, opinion que n'ont point admise MM. Péron et Lesueur, auxquels on doit un grand travail sur ces arachnodermaires.

Le Rhizostome bleu [1] est extrêmement commun dans la Manche, et sa taille est des plus considérables ; souvent la mer, en baissant, le laisse à découvert sur le sable ou dans les fentes des récifs.

ORDRE DES CIRRHIGRADES.

Corps ovale ou circulaire, gélatineux, soutenu par une charpente solide, et pourvu inférieurement de cirrhes tentaculiformes très-extensibles.

Porpite. *Porpita.* Corps membraneux, circulaire ; cirrhes tentaculaires extérieurs ciliés.

Les porpites ne se rencontrent qu'en haute mer ; elles ne sont pas complètement enfoncées dans l'eau ; une belle espèce, colorée en bleu, vient dans la Méditerranée.

[1] *R. Cuvieri.*

CLASSE XXII.

ZOANTHAIRES.

Animaux rayonnés, floriformes, libres ou fixés; canal intestinal à une seule ouverture, celle-ci entourée de tentacules creux.

Tous les animaux rassemblés dans ce groupe ont une disposition qui rappelle la corolle des plantes; aussi, les a-t-on souvent, en les comparant à celles-ci, nommés *fleurs animales*.

Les zoanthaires ont le corps circulaire, régulier, et toujours tronqué aux deux extrémités qui ressemblent ordinairement à deux sortes de disques; l'une de ces extrémités, postérieure ou inférieure, sert à fixer l'animal, et même un peu à ramper, dans quelques individus libres; l'autre extrémité, ou la bouche, offre une vaste ouverture environnée le plus ordinairement d'un grand nombre de cirrhes tentaculaires creux, simples dans la plupart, mais quelquefois ramifiés et disposés circulairement sur un ou plusieurs rangs.

Le tissu de ces animaux semble partout identique. L'appareil digestif est simplement creusé dans leur parenchyme, et il est formé par une vaste cavité stomacale, très-rapprochée de la bouche.

Les êtres de cette classe présentent une grande mollesse, mais il en est chez lesquels les mailles du corps sont remplies par un dépôt considérable de substance calcaire qui, en s'accroissant, forme ces masses pierreuses, de volume et de configuration si variés, que l'on nomme *polypiers*, et qui tantôt sont ramifiées à la manière d'un végétal, et figurent des espèces d'arbrisseaux, et tantôt sont composées de lames ou de plaques.

Ce sont spécialement les contrées les plus chaudes du globe qui nourrissent les zoanthaires ; on en trouve, il est vrai, dans toutes les mers, mais les plus magnifiques polypiers nous viennent de l'Inde et de l'Amérique méridionale.

Tous ces animaux sont marins ; ils préfèrent les eaux calmes et les baies peu profondes, où la lumière les anime de rayons plus abondans.

On a souvent eu l'occasion de voir que les actiniens sont éminemment carnassiers, et qu'ils saisissent et attirent dans leur estomac, à l'aide de leurs tentacules, divers animaux, tels que des petits poissons, des crustacés, des méduses ou des mollusques, qui viennent à passer près d'eux, et ils les engloutissent rapidement. De Blainville suppose qu'il en est de même pour tous les autres zoanthaires.

La génération se fait à l'aide de gemmes globuleux, qui sont émis par la bouche et vont ailleurs s'accroître ; ce mode, qui a été observé dans beaucoup de zoanthaires, dont la masse charnue est considérable [1], a probablement lieu aussi pour ceux d'un volume moins apparent, qui forment les polypiers ; mais il est probable que les zoanthaires peuvent aussi se reproduire par une sorte d'extension de leur tissu qui donne naissance à

[1] Actinies.

un animal nouveau semblable à la mère, et qui se détache d'elle quand il peut vivre seul, comme on le voit chez les actinies.

FAMILLE DES ZOANTHAIRES MOUS OU ACTINIENS.

Corps mou et contractile, sans nulles parties solides.

ACTINIE. *Actinia.* Corps cylindrique, quelquefois pédiculé, fixé par sa base ; tentacules buccaux simples, obtus, disposés sur plusieurs rangs.

Quand les actinies sont ouvertes, elles ressemblent, sous l'eau, à des fleurs nuancées des plus vives couleurs ; c'est cet éclat qui les fait nommer, dans beaucoup d'endroits, *anémones de mer :* en effet, les plages, qui en offrent beaucoup et de diverses teintes, quand le soleil brille et qu'elles sont épanouies, paraissent comme jonchées de ces fleurs. Les actinies sont tellement fixées aux rochers, qu'on les rompt quelquefois plutôt que de les en détacher ; certains observateurs pensent que cette adhérence a lieu par une substance visqueuse qui émane de l'animal ; d'autres croient que c'est en faisant le vide que les anémones marines se collent si intimement aux surfaces.

Toutes les mers nous offrent des actinies ; on les rencontre souvent à sec pendant la basse marée ; nos côtes en présentent en abondance. En Grèce et dans le midi de la France, on les emploie comme aliment. Dicquemare avait proposé de se servir de ces animaux en guise de baromètres pour indiquer le beau et le mauvais tems, parce qu'ils ont l'habitude de s'ouvrir quand le jour doit être serein, et qu'ils sont fermés pendant les momens d'orage.

L'Actinie rousse [1] est excessivement commune dans la Manche.

Beaucoup d'actinies rampent sur les rochers à l'aide de leur pied, comme l'a observé Réaumur, ou en se servant de leurs tentacules; il en est même qui peuvent nager au moyen de ces derniers organes; elles ont une force de reproduction très-remarquable; quand on leur coupe certaines parties, on en voit bientôt repousser de semblables, et l'on remarque même de ces zoanthaires, qui, après avoir été coupés longitudinalement, forment bientôt un animal complet de chacune de leurs moitiés.

FAMILLE DES ZOANTHAIRES CORIACES.

Animaux rapprochés et quelquefois soudés, encroûtés ou solidifiés par des corps étrangers, et formant, par la dessiccation, une sorte de polypier coriace.

ZOANTHE. *Zoanthus.* Corps alongé, conique, plus large en haut; pédoncule naissant sur une sorte de racine commune.

Ces animaux offrent, dans leur bouche, une disposition à peu près semblable à ce que l'on remarque dans les actinies, mais ils diffèrent d'elles par l'espèce de racine rampante ou de large plaque sur laquelle ils sont implantés en société.

FAMILLE DES ZOANTHAIRES CALCAIRES.

Animaux simples ou agrégés, contenant dans leur tissu une grande quantité de matière calcaire disposée par cellules lamelleuses.

Cette division, à laquelle on peut aussi donner le nom

[1] *A. rufa.*

de *famille des madrépores*, parce qu'elle renferme les êtres désignés sous cette dénomination par les naturalistes, est formée d'animaux qui offrent, après leur dessiccation, une masse de nature calcaire à laquelle on donne le nom de *polypier*, et qui peuvent être considérés comme de véritables actinies, dans le parenchyme desquelles il s'est déposé de la substance pierreuse.

Quelques naturalistes modernes pensent que les agglomérations pierreuses de ces zoanthaires se produisent avec une telle activité, qu'en un tems assez court elles hérissaient de rochers dangereux des parages de la mer dans lesquels les vaisseaux naviguaient, peu de tems avant, en sécurité ; cette opinion a été combattue dans ces derniers tems. Quoi qu'il en soit, ces polypiers n'en forment pas moins des amas énormes au fond des eaux, et, dans certains pays privés de chaux, on emploie les madrépores pour y suppléer, et même on en extrait des masses solides pour construire les maisons. Forskal dit que toutes celles de la ville de Djidda ont été élevées avec des blocs que les habitans vont tailler à même les agglomérations madréporiques des rivages de la mer Rouge, et ce naturaliste ajoute que l'on en retire des morceaux qui ont jusqu'à vingt-cinq pieds. Mon ami Paul-Émile Botta a observé que toutes les habitations d'une ville des îles Sandwich étaient entièrement construites avec la substance calcaire d'immenses bancs de madrépores qui se trouvent dans ses environs.

Les polypiers, par leur accroissement énorme en rehaussant le fond des mers, paraissent avoir pu changer la figure de la superficie de l'ancienne terre, et dans quelques formations antédiluviennes, ces animaux semblent avoir prédominé, ainsi que le démontrent les amas de calcaire à polypiers de la Normandie.

Comme les zoanthaires constituent une famille où se rangent une fôule immense d'individus, il est utile d'y admettre trois groupes principaux pour pouvoir s'y reconnaître. Le premier, que l'on peut nommer des *madréphyllies*, renferme tous les zoanthaires dont les cellules sont toujours garnies de lamelles, et sur un polypier n'étant presque jamais arborescent ; le second, ou les *madrastrées*, offre aussi des polypiers qui ne sont que très-rarement ramifiés, et dont les cellules sont communément stelliformes ; enfin le troisième, ou les *madréporés*, contient les zoanthaires dont le polypier est arborescent, à loges sublamelleuses, et présentant constamment des pores dans les intervalles des cellules.

* *Madréphyllies.*

FONGIE. *Fungia.* Animal simple, déprimé, orbiculaire, fort gros ; polypier formé d'une grande quantité de lames rayonnées, partant d'un seul centre.

Les individus vivans de ce genre viennent presque tous dans les mers de l'Inde ; d'après des observations récemment faites, on a vu que l'animal des fongies enveloppe entièrement le polypier calcaire, et qu'il adhère aux roches par sa partie inférieure. Ces zoanthaires sont à ceux de leur famille ce que sont les mollusques à coquille interne aux mollusques à test extérieur.

La Fongie limace [1], qui nous vient de l'Océan des

[1] *F. limacina.*

Indes orientales, est très-commune dans les collections, où on la nomme *limace de mer*. Quelques espèces de ce genre sont aussi appelées vulgairement *bonnet de Neptune* et *champignons de mer pétrifiés*.

** *Madrastrées.*

Astrée. *Astræa.* Tentacules ordinairement courts; polypier plat, hémisphérique ou globuleux, à cellules stellées.

Les loges de substance calcaire des astrées sont garnies de lamelles radiaires partant d'un même centre et formant, par leur réunion, une surface stellifère; ce n'est que fort rarement que ces polypiers sont rameux ou dendroïdes; on en trouve sur les deux continens; beaucoup sont à l'état fossile.

*** *Madréporés.*

Madrépore. *Madrepora.* Animal à douze tentacules simples; polypier arborescent, à loges saillantes, substelliformes.

Ces zoanthaires sont plus abondans au sein des mers tropicales que partout ailleurs. Le Madrépore abrotanoïde[1], qui se voit dans tous les cabinets, paraît être celui qui forme ces récifs dangereux qui hérissent les bas-fonds de la mer Rouge et de l'Océan indien. Ce qu'il y a de certain, c'est que beaucoup d'îles de leurs parages reposent sur des polypiers, et que quelques-unes de leurs plus hautes montagnes sont également composées de ces animaux.

[1] *M. abrotanoides.*

CLASSE XXIII.

POLYPIAIRES.

Animaux rayonnés, simples ou agrégés, à tentacules filiformes, simples, peu nombreux et sur un seul rang; polypier de nature variée ou nul, jamais lamellifère.

Les polypiaires offrent un aspect plus ou moins floriforme quand leurs tentacules sont épanouis. Ces animaux vivent tantôt libres et isolés, d'autres fois groupés sur des polypiers de nature très-dissemblable qui se composent soit de substance dure et calcaire [1], soit de substance molle et comme cornée [2]. Cette diversité dans la structure de la demeure des animaux de cette classe, fait supposer qu'il doit exister entr'eux d'assez grandes différences d'organisation, ce qui empêche de bien assurer que plusieurs polypiaires n'appartiennent point à la classe précédente.

De Blainville a admis quatre coupes dans les polypiaires : dans la première, qu'il nomme *polypiaires pierreux*, on trouve ceux de ces animaux qui se forment une habitation solide ou calcaire, souvent arborescente, et qui sont contenus dans des cellules fort petites ; dans

[1] Milléporés.   [2] Flustres.

la seconde , appelée *polypiaires membraneux* , les animaux habitent des cellules membraneuses, rarement calcaires, appliquées et rangées dans un ordre déterminé; enfin, la troisième, qui porte le nom de *polypiaires nus* , contient ceux de ces animaux qui sont libres, très-contractiles, creusés d'une cavité stomacale simple, et qui se reproduisent par gemmes extérieurs, qui poussent et s'élèvent sur leurs tissus, et constituent bientôt des êtres nouveaux.

Presque tous les individus qui nous occupent vivent dans la mer; quelques-uns seulement habitent les eaux douces.

* Polypiaires pierreux.

FAMILLE DES MILLÉPORÉS.

Polypier polymorphe, fixé, à cellules dépourvues de lamelles, de cannelures ou de stries.

ALVÉOLITE. *Alveolites.* Cellules anguleuses, alvéoliformes, prismatiques, courtes.

Presque tous les polypiers de ce genre sont fossiles, et par l'agglomération de leurs cellules, ils forment des couches calcaires réticulées, encroûtantes.

FAMILLE DES TUBULIPORÉS.

Polypier fixé, à cellules agrégées, tubuleuses, à ouverture arrondie, terminale ou oblique.

La réunion des cellules de ces polypiers est peu solide, et l'animal que chacune d'elles possède, y est contenu comme dans un petit fourreau; cette famille renferme beaucoup d'individus qui ne sont connus qu'à l'état fossile.

*** Polypiaires membraneux.*

FAMILLE DES OPERCULIFÈRES.

Animal pourvu d'un opercule corné, destiné à fermer sa cellule.

MYRIAPORE. *Myriapora.* Animal terminé par une trompe évasée; polypier calcaire, fixé, à branches rondes, à cellules simples, ovales.

Les animaux qui construisent ces polypiers ont un grand nombre de tentacules simples; la substance calcaire n'offre que des pores très-fins.

Le Myriapore tronqué [1] est très-commun dans tous les cabinets des curieux; c'est dans la Méditerranée qu'il vit.

Quand les pores de ces polypiers ne sont pas apparens, dit Cuvier, ils sont nommés *nullipores.* De Blainville pense que ceux-ci ne sont que des concrétions et non des polypiers; ce savant exprime cependant que l'on pourrait concevoir que les nullipores ne sont que des polypiers morts et dont le tems a rempli les cellules.

RÉTÉPORE. *Retepora.* Animal à tentacules simples et filiformes; polypier subcalcaire, membraniforme, perforé, formant une espèce de réseau.

Les cellules des rétépores ne sont visibles qu'à l'intérieur seulement; on n'est pas certain que les petits animaux qui les forment soient pourvus d'un opercule.

Le Rétépore dentelle marine [2], que les amateurs nomment *manchette de Neptune,* vient dans l'Océan d'Europe.

[1] *M. truncata.* L.   [2] *R. cellulosa.*

FAMILLE DES CELLARIÉS.

Animal hydriforme, à opercule nul; polypier crétacé ou membraneux, à cellules ovales, aplaties, à
ouverture bilatérale.

FLUSTRE. *Flustra.* Polypier foliacé, flexible, fixé, à
cellules très-plates, disposées en quinconces.

Une production que son aspect fait confondre avec
les fucacées, la Flustre foliacée[1], se trouve sur les plages
des mers d'Europe.

FAMILLE DES SERTULARIÉS OU PHYTOÏDES.

Animal hydriforme; polypier corné, subarticulé,
à cellules tubuleuses, se continuant en tube commun, contenant une espèce de moelle.

SERTULAIRE. *Sertularia.* Polypier fistuleux, à cellules urcéolées, et disposées obliquement par
paires.

Souvent aussi la disposition rameuse de la partie
solide de ces animaux les a fait prendre pour des végétaux; les sertulaires s'attachent sur les corps marins;
les coquilles en offrent souvent à leur surface.

*** *Polypiaires nus.*

HYDRE. *Hydra.* Corps oblong; cirrhes tentaculaires fort longs.

La découverte de ces intéressans animaux est due au
micrographe Leuvenhoeck; plus tard, des savans les

----

[1] *F. foliacea.*

regardèrent comme des végétaux : Trembley, qui s'est immortalisé en étudiant ces faibles créatures avec une patience admirable, a fixé toutes les incertitudes à cet égard. Les hydres ressemblent exactement à un doigt de gant dont la base coupée serait surmontée d'appendices filiformes. Ces animaux ont une force vitale extraordinaire ; quand on les a retournés, leur peau externe, devenue interne, fait fonction de cavité digestive, et l'animal ne semble pas s'en apercevoir ; mais ce qui est beaucoup plus extraordinaire encore, c'est que, lorsque l'on coupe en deux ou en un plus grand nombre de morceaux un hydre, chaque fragment ne tarde pas à se transformer en un polype complet, analogue à celui dont il vient.

Les hydres se reproduisent par des espèces de bourgeons qui poussent à la surface de la mère et s'en détachent quand ils ont acquis un assez grand accroissement pour vivre seuls et constituer des individus distincts.

Ces animaux sont très-voraces ; ils saisissent et enchaînent, à l'aide de leurs tentacules, tous les petits êtres qui viennent à passer près d'eux, et les introduisent dans leur cavité digestive ; bientôt après, ils en rejettent tout ce qui n'est pas susceptible de leur être assimilé. On voit quelquefois de ces polypiaires avaler des proies plus grosses qu'eux et jusqu'à de très-petits poissons, et alors ils se dilatent considérablement pour recevoir leur capture. La gloutonnerie des hydres est telle, que quand deux de ces animaux ont saisi un ver chacun par une extrémité, si l'un d'eux ne lâche prise, celui qui est plus robuste avale l'autre avec le ver qu'il tient. Il arrive souvent aux hydres d'engloutir leurs bras en même tems que la proie qu'ils ont saisie, mais ils sont bientôt rendus intacts. Ces polypiaires se meuvent à l'aide de leurs tentacules auxquels ils font faire l'office de pieds.

L'Hydre verte[1] est commune dans nos ruisseaux; elle a trois à quatre lignes de longueur.

[1] *H. viridis*, Gm.

CLASSE XXIV.

ZOOPHYTAIRES.

Animaux rayonnés, pourvus d'une simple couronne de tentacules pinnés.

L'organisation des zoophytaires paraît calquée sur
celle des classes précédentes ; il en est qui se rapprochent
de l'aspect de certaines actinies. Quelques animaux de
cette division sont simples, mais la plupart se trouvent
réunis sur une souche vivante commune, et y sont ce
que les bourgeons sont aux rameaux de l'arbre qui les
produit ; ils ont une existence susceptible de devenir
indépendante, mais ils n'en restent pas moins, pour cela,
en relation avec la tige. C'est cette analogie qui a engagé
De Blainville à réserver à cette classe le nom de *zoophytaires*, qui signifie animaux-plantes, et peut exprimer
que ces êtres, comme le dit ce professeur, jouissent de
toutes les facultés de l'animalité, mais qu'ils sont liés
entr'eux par une partie commune vivante.

Cette classe ne renferme qu'un petit nombre d'êtres ;
on les a groupés en deux familles, les tubiporés et les
coraux, dont le caractère repose sur la réunion ou la
séparation des animaux qui les composent. Les mœurs
et la structure de quelques-uns, principalement de

ceux de la seconde famille, ont été étudiées dans ces tems derniers avec le plus grand soin.

FAMILLE DES TUBIPORÉS.

Animal à huit tentacules pinnés ; polypier calcaire ou coriace, à cellules cylindriques à ouverture arrondie.

TUBIPORE. *Tubipora.* Polypier à tube calcaire, cylindrique, se réunissant en masse.

La belle couleur rouge du Tubipore pourpre [1] le fait recueillir par tous les marins qui naviguent sur les côtes de l'Inde, et ses échantillons ornent la plupart des galeries.

FAMILLE DES CORALLAIRES.

Animaux à huit tentacules saillans ; polypier arborescent, à axe solide, calcaire ou corné, entouré d'une croûte gélatino-crétacée.

CORAIL. *Corallium.* Animal polypiforme ; polypier dendroïde, inarticulé, dont l'axe est entièrement pierreux et plein, la surface striée, recouverte par une écorce charnue.

Le Corail rouge [2] est l'unique espèce de ce genre. La masse arborescente de ce polypiaire avait, par sa beauté, attiré les regards de nos ancêtres. Déjà célébré dans les chants d'Orphée, les Grecs lui donnèrent le nom de *korallion*, qui signifie j'orne la mer, parce qu'ils considéraient cette production comme une des plus belles qui décorent les flots. Pline prêtait au corail quelques propriétés médicinales ; on en plaçait, de son tems,

---

[1] *T. purpurea.*   [2] *C. rubrum.* Lam.

dans le berceau des enfans pour éloigner les maladies
qui attaquent le jeune âge ; mais c'était surtout comme
objet de luxe qu'il était déjà précieux dans l'antiquité ;
les devins, les aruspices en portaient des ornemens, parce
qu'ils croyaient qu'il était agréable aux dieux, et les Gau-
lois en décoraient leurs glaives et leurs casques. Maintenant encore de superstitieuses idées se rattachent à
cette substance, et les musulmans déposent des grains
de corail dans le cercueil de leurs parens, pour éloigner
d'eux les génies infernaux.

Quoique bien anciennement connue, cette production resta long-tems sans que sa nature fût exactement
appréciée. L'illustre botaniste Tournefort, trompé par
la forme arborescente du corail, le rangeait parmi les
plantes, et des savans, en décrivant les animaux qui
animent ses branches, n'avaient voulu y voir que les
fleurs de ce prétendu végétal.

Ce précieux polypier vient dans la Méditerranée et
la mer Rouge ; le corail qui croît sur les côtes de France
paraît avoir la plus belle couleur ; selon son degré de
beauté, il est nommé *écume de sang*, *fleur de sang*,
ou encore *premier*, *second* et *troisième sang*. On le
pêche à une profondeur qui varie de cent à deux cents
mètres ; en général, la lumière a la plus grande influence
sur son accroissement, et celui-ci a lieu d'autant plus
lentement qu'il y est moins exposé.

Isis. *Isis*. Écorce molle, très-épaisse ; polypier arborescent, fixé, à pièces calcaires séparées par
des intervalles cartilagineux.

Les différentes mers du globe fournissent des isis ; on
en trouve jusque sur les bords de l'Islande ; certains

sauvages les regardent comme un remède universel, et en font usage dans toutes leurs maladies.

Gorgone. *Gorgonia.* Polypier dont l'axe est solide, entièrement corné, dendroïde et largement fixé; cellules mamelonnées ou non, éparses dans une écorce charnue ou crétacée.

Placés parmi les végétaux par les zoologistes anciens, ces polypiers, par l'élégance de leur forme et l'éclat de leur coloris, attirèrent l'attention des restaurateurs des sciences qui découvrirent les animaux qui en sont les architectes, mais, faute d'observations rigoureuses, ils prirent ceux-ci pour des fleurs, et ce ne fut que long-tems après que la véritable nature de ces êtres fut reconnue. On trouve des gorgones dans tous les cabinets, ils sont communément rapportés par les navigateurs, et certaines espèces forment de beaux et vastes éventails jaunes.

FAMILLE DES PENNATULAIRES.

Animaux polypiformes, libres ou adhérens, à huit tentacules pinnés; axe central ayant une forme fixe, solide, enveloppé par une peau charnue, ordinairement épaisse.

Pennatule. *Pennatula.* Support terminé par un renflement alongé; animaux supportés sur des ailerons latéraux.

Les animaux de ce genre, comme tous ceux de la même famille, ont quelque ressemblance de forme avec les plumes des oiseaux ; c'est de là qu'est venu leur nom. Les pennatules flottent librement dans la mer et nagent par la contraction simultanée de leurs polypes. Ces zoophytaires répandent ordinairement une lumière phosphorescente pendant les ténèbres; on en découvre dans la plupart des mers.

FAMILLE DES ALCYONAIRES.

Animaux polypiformes, à huit tentacules; polypier composé d'une masse charnue, irrégulière, sans axe calcaire ou corné.

ALCYON. *Alcyonium.* Animal à tentacules simples, filiformes; polypier arborescent, fixé, encroûtant.

Ces animaux affectent des formes très-variées; ils abondent dans toutes les mers et préfèrent les endroits abrités des courans.

L'Alcyon main de mer¹ se découvre communément sur toutes nos plages. On le trouve aussi sur le littoral de l'Angleterre et de la Hollande; souvent il est implanté sur les huîtres et les galets. Quelques espèces de ce genre sont fossiles.

—¹ *A. digitatum.*

CLASSE XXV.

AMORPHOZOAIRES.

Corps organisés, fibroso-gélatineux, sans forme déterminée, à animaux non distincts.

Les êtres renfermés dans cette section sont évidemment des animaux ; des observateurs ont constaté leurs mouvemens et les ont vus se contracter, ils ont remarqué que leurs pores semblent alors palpiter sous l'influence du tact.

Toutes les mers nourrissent des amorphozoaires, mais l'étude des genres de ces animaux est difficile, parce que l'on n'a pas pu bien les caractériser à cause de la variabilité de leurs formes et de leurs tissus, et que, chez ces êtres, on ne découvre aucun organe qui puisse servir de point de comparaison. C'est dans les pays les plus chauds que l'on en rencontre davantage ; la Méditerrancé en fournit une immense quantité, et l'on en connaît aussi un grand nombre à l'état fossile.

Les amorphozoaires sont des corps plus ou moins élastiques ou friables auxquels on ne peut assigner de forme précise ; la masse fibreuse qui les compose, renferme des acicules calcaires et une espèce de gélatine dans

laquelle on n'a encore pu observer rien qui se rapproche de l'organisation des polypes; on voit, à sa surface, des cellules vastes, mais qui ne contiennent point
d'animaux distincts.

EPONGE. *Spongià.* Corps mou, multiforme, irrégulier, privé de spicules et composé d'une sorte
de squelette de filamens subcartilagineux anas-
tomosés.

On a long-tems douté de la place que devaient occuper les éponges dans la classification des êtres animés de
la nature. Parmi les anciens, les uns les regardaient
comme des animaux, d'autres, comme des êtres mixtes
servant de domicile à de très-petits individus qui les
habitaient ou s'en éloignaient à volonté. Enfin, il y avait
des naturalistes qui les considéraient comme des plantes,
et cette dernière opinion, adoptée par Tournefort et
différens botanistes. compte encore quelques partisans.

Ces animaux sont très-diversiformes, et la configuration qu'ils affectent leur a fait donner une foule de
noms, tels que ceux de *gant de Neptune*, de *trompette
de mer*, de *manchons* ou de *cierges;* leur tissu est également très-varié, les uns sont durs et fragiles, les autres
sont mous et élastiques; on en voit qui s'élèvent jusqu'à cinq pieds.

Ce sont les mers des tropiques qui nous donnent une
plus grande abondance de ces animaux; dans le nord,
on n'en rencontre aucun. C'est principalement dans les
endroits où la mer est calme qu'ils s'établissent; ils
viennent dans les lieux que la marée ne découvre
jamais, et on va les pêcher en plongeant à plusieurs
brasses; dans différens pays, les femmes elles-mêmes

sont employées à leur recherche, et dans quelques îles, une jeune fille amasse sa dot en éponges. On en compte plus de deux cent cinquante espèces; quelques-unes sont assez colorées pour que les femmes du port de Suez s'en servent en guise de fard, et rehaussent avec elles le coloris de leur figure.

L'Éponge commune[1], qui est d'un si fréquent usage chez nous, se pêche dans la Méditerranée. On l'a préconisée pour la guérison des scrophules et du goître; elle a même été regardée comme un puissant remède contre cette dernière maladie. L'action médicatrice des éponges dans ces affections doit être due à l'iode qu'elles contiennent et dont on a reconnu l'efficacité pour dissoudre différentes tumeurs.

TÉTHIE. *Tethium.* Corps subglobuleux, charnu, subéreux, soutenu par un grand nombre d'acicules siliceux? divergens.

Des auteurs disent avoir observé des mouvemens fort remarquables de dilatation et de contraction sur une espèce de la Méditerranée, la Téthie orange[2], et Donati parle aussi de mouvemens de rotation opérés par l'animal entier, mais qui n'auraient pas lieu dans tous les âges.

[1] *S. communis.*　　　[2] *T. lyncurium.*

APPENDICE TERMINAL.

Dans la grande division des animaux rayonnés, nous n'avons pas traité des Physogastres, des Béroés ni des Diphyes, parce que ce sont de véritables êtres binaires, et que, par cela même, leur place devient indécise.

Au-delà des animaux que nous avons décrits précédemment, certains naturalistes rangent encore quelques êtres qu'ils croient appartenir au grand règne qui a fait le sujet de ce traité, mais leur existence est controversée par plusieurs zoologistes, et les uns les relèguent avec les végétaux, tandis que d'autres pensent qu'ils doivent être tout-à-fait exclus de la série des êtres organisés; enfin, quelques personnes en classent un certain nombre dans un règne intermédiaire que les naturalistes italiens ont, depuis long-tems, essayé de former.

Les êtres placés sur les confins du règne animal, et qu'on a désignés sous le nom d'*infusoires*, de *microscopiques*, ou encore de *microzoaires*, appartiennent à des classes bien différentes, les uns étant formés d'une manière très-complète et possédant des organes de circulation; d'autres, étant exprimés avec la plus extrême simplicité. Aussi, selon le savant professeur dont nous adoptons la méthode, les uns doivent se placer parmi les entomostracés, les autres avec les ascaridiens ou dans d'autres familles plus ou moins élevées. Enfin, quelques uns pourraient bien n'être que le jeune âge d'animaux susceptibles de métamorphoses, ou des gemmules qui, comme celles des éponges et des gorgones, ont la faculté de se mouvoir en tournoyant.

Les psycodiaires de certains auteurs ne sont, d'après De Blainville, que des polypes ou des plantes; enfin, ce savant n'admet pas les animalcules que l'on a dit exister dans la semence des différens êtres de l'échelle zoologique, et que l'on a même prétendu voir jusque dans celle des insectes; il croit que ces zoospermes ne sont point des animaux, et, selon lui, l'existence de ces prétendus êtres trouverait son origine dans une illusion microscopique, et, d'après des expériences nombreuses répétées pendant plusieurs années par ce naturaliste, il pense, avec MM. Raspail et Dutrochet, que ce ne sont que des particules d'une nature et d'une densité différentes qui se trouvent dans le sperme et sont mises en mouvement lors de son expulsion.

Enfin, les coralines, que plusieurs zoologistes rangent parmi les polypiers, doivent être reportées parmi les végétaux, selon De Blainville et R. Brown, malgré leur composition chimique qui se rapproche de celle du règne animal.

FIN.

TABLE

DES NOMS FRANÇAIS.

A.

B.

C.

D.

E.

F.

G.

H.

I.

J.

K.

L.

M.

Q.

R.

S.

T.

FIN DE LA TABLE DES NOMS FRANÇAIS.

D.

Dasypus.	56	Diomedea.	177
Delphinorynchus.	59	Dipus.	79
Delphinus.	57	Dolium.	509
Dentalium.	536	Donax.	562
Dermestes.	329	Doris.	583
Dicotyles.	94	Draco.	210
Didelphis.	111	Dytiscus.	320
Diodon.	294		

E.

Eburna.	507	Emys.	196
Echeneis.	273	Encrinus.	592
Echidna.	116	Engraulis.	252
Echinus.	589	Ephemera.	386
Echinorynchus.	471	Eques.	262
Elater.	331	Equus.	91
Elephas.	82	Erinaceus.	31
Emarginella.	538	Esox.	245
Emberiza.	152	Exocetus.	257

F.

Falco.	131	Flustra.	606
Fasciolaria.	502	Forficula.	352
Fasciola.	579	Formica.	399
Felis.	47	Fringilla.	152
Filaria.	468	Fulica.	174
Fissurella.	538	Fulgora.	364
Fistularia.	256	Fungia.	601
Fistulana.	571	Fusus.	501
Floriceps.	580		

G.

Galeopithecus.	24	Gavialis.	206
Galeruca.	347	Gecarcinus.	433
Gallus.	157	Gecko.	208
Gammarus.	449	Geotrupes.	323
Gasterosteus.	262	Glaucus.	532
Gastrochœna.	567	Gobius.	272

M.

T.

U.

V.

X.

Z.

FIN DE LA TABLE DES NOMS LATINS.

DÉCAPODES.

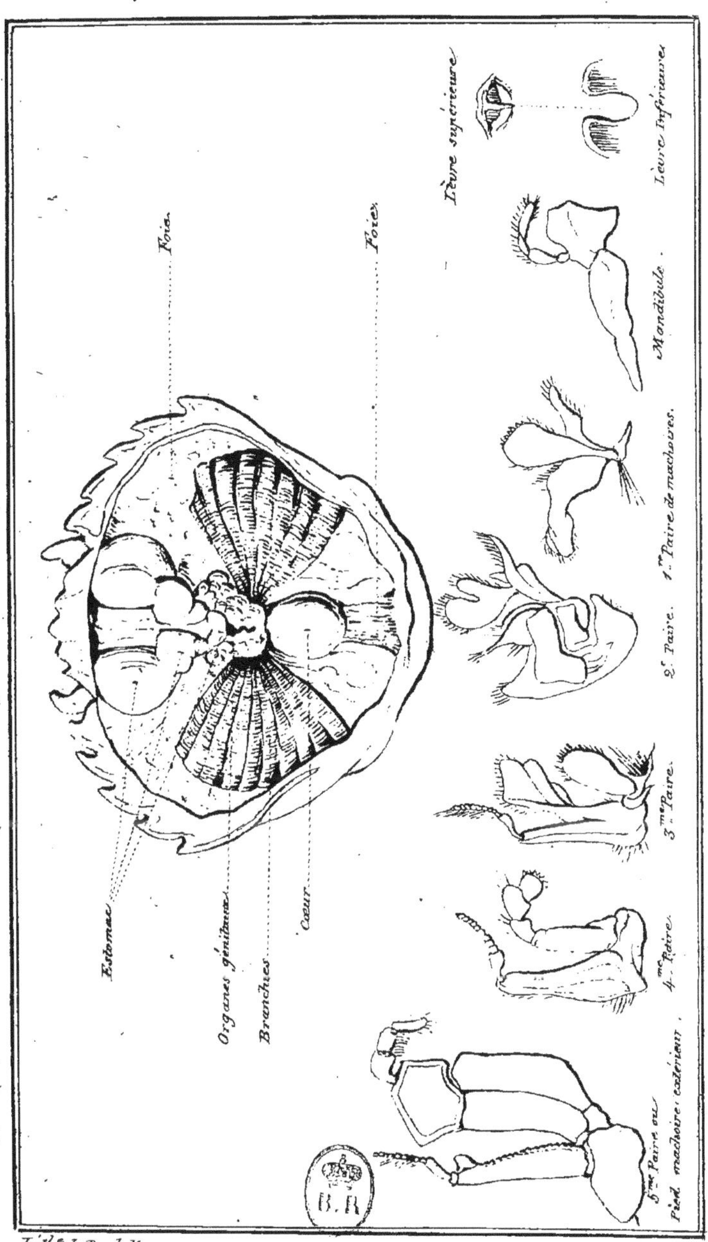

Lith. de Berdalle.

DÉCAPODES.

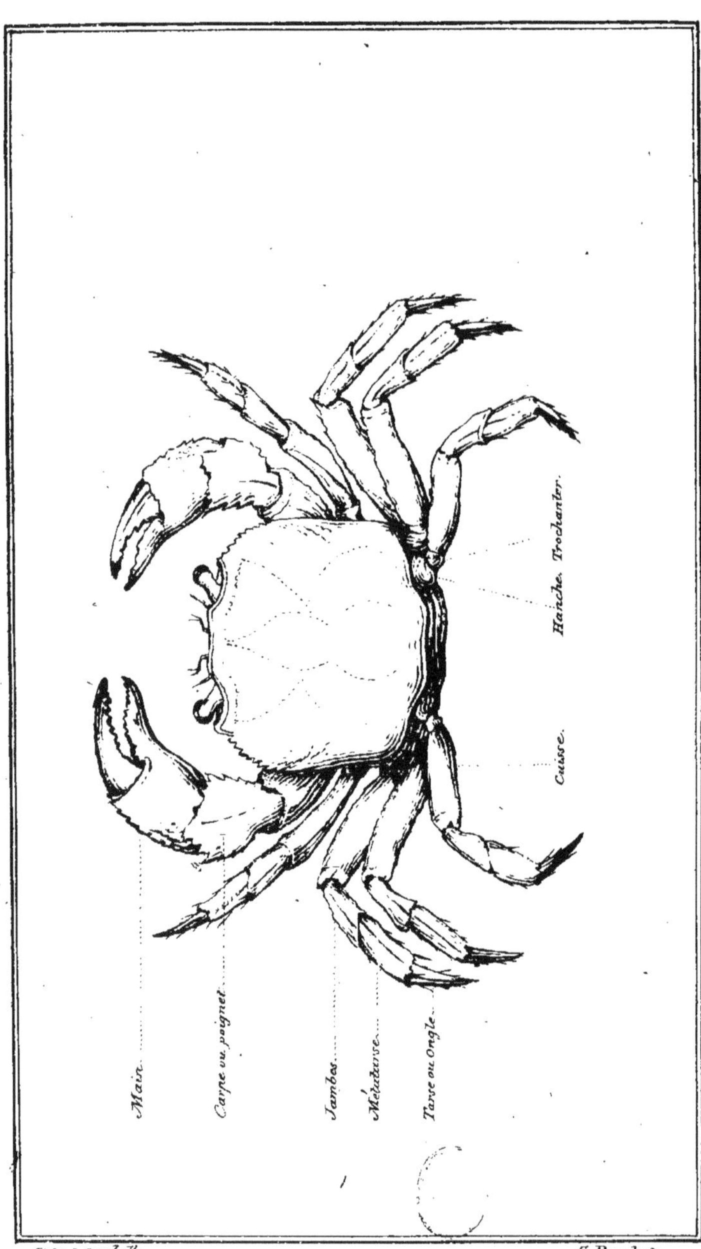

Lith.ᵉ de Berdalle.

F. Pouchet.

INSECTES.

Bouches d'Insectes broyeurs.

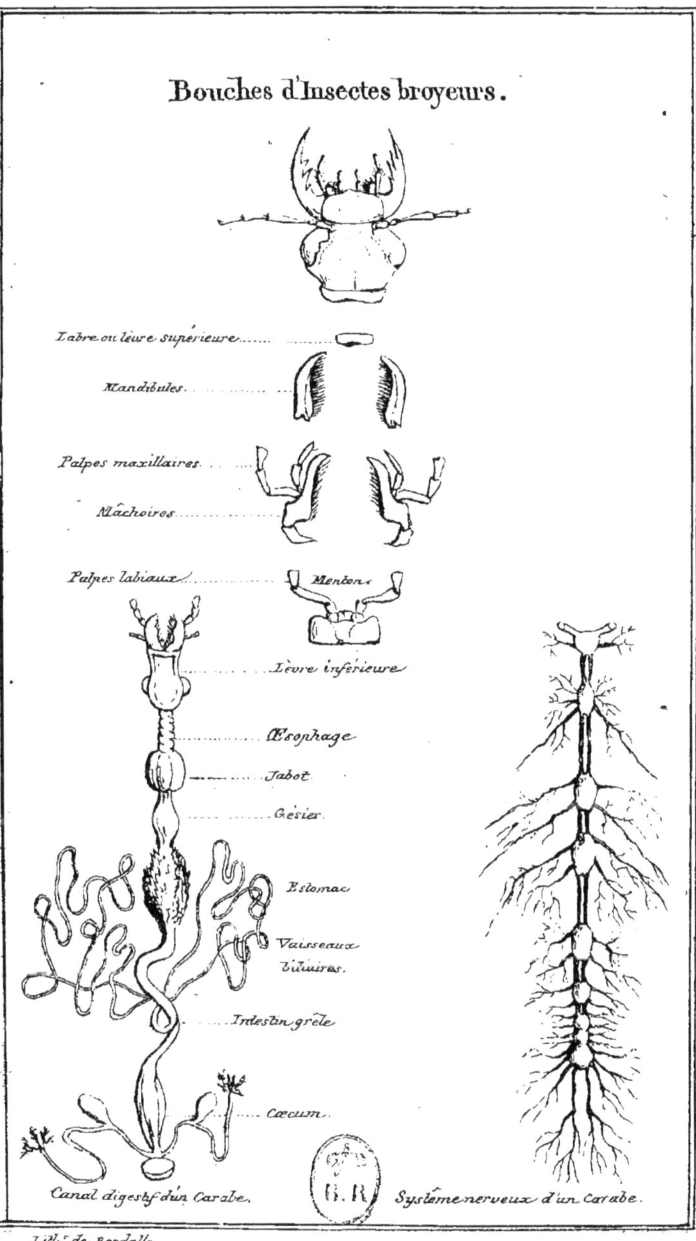

Canal digestif d'un Carabe.

Système nerveux d'un Carabe.

Lith.e de Berdalle

INSECTES.

Formes aquatiques.

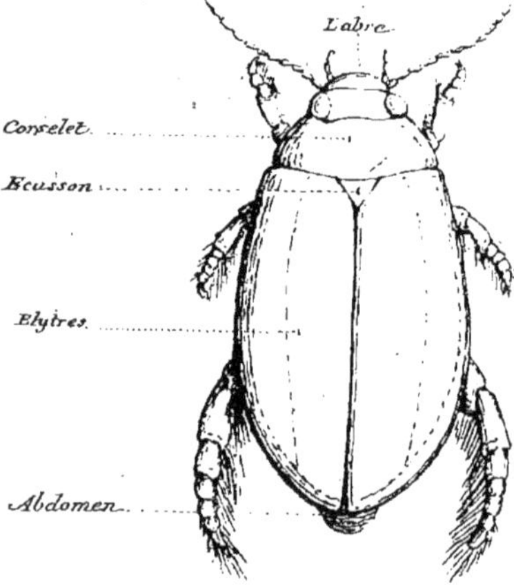

Formes terrestres.

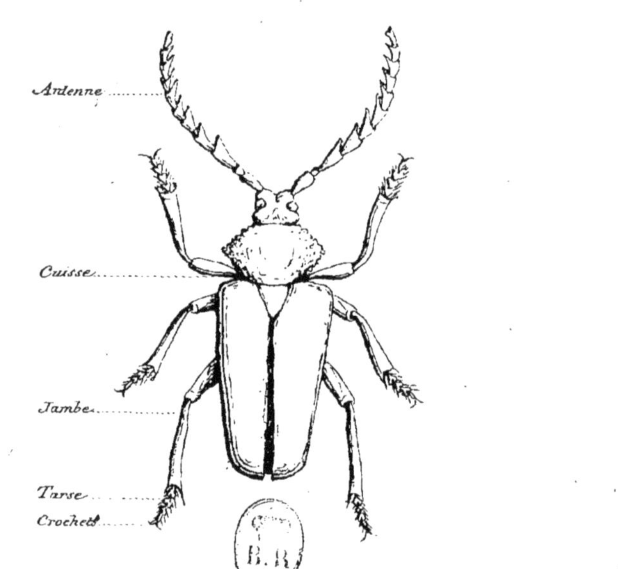

Lith.e de Berdalle.

MOLLUSQUES.

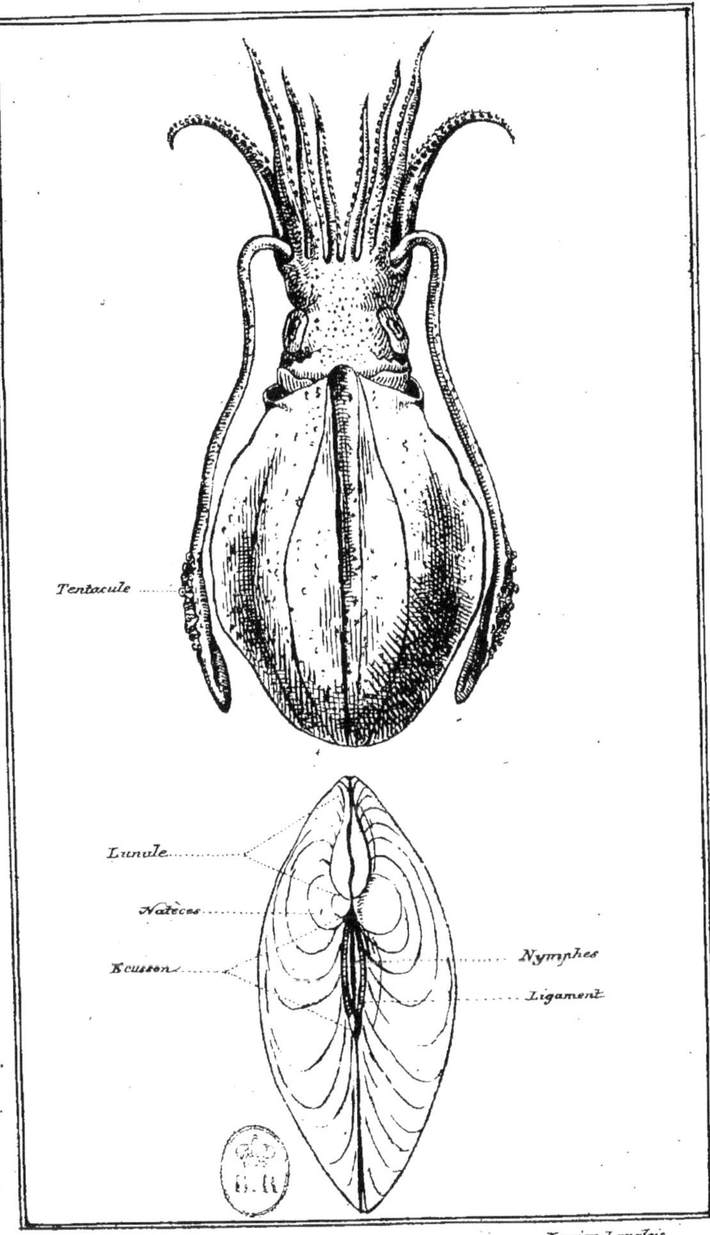

Lith.ᵉ de Bardelle.   Lucien Langlois.

MAMMIFÈRES.

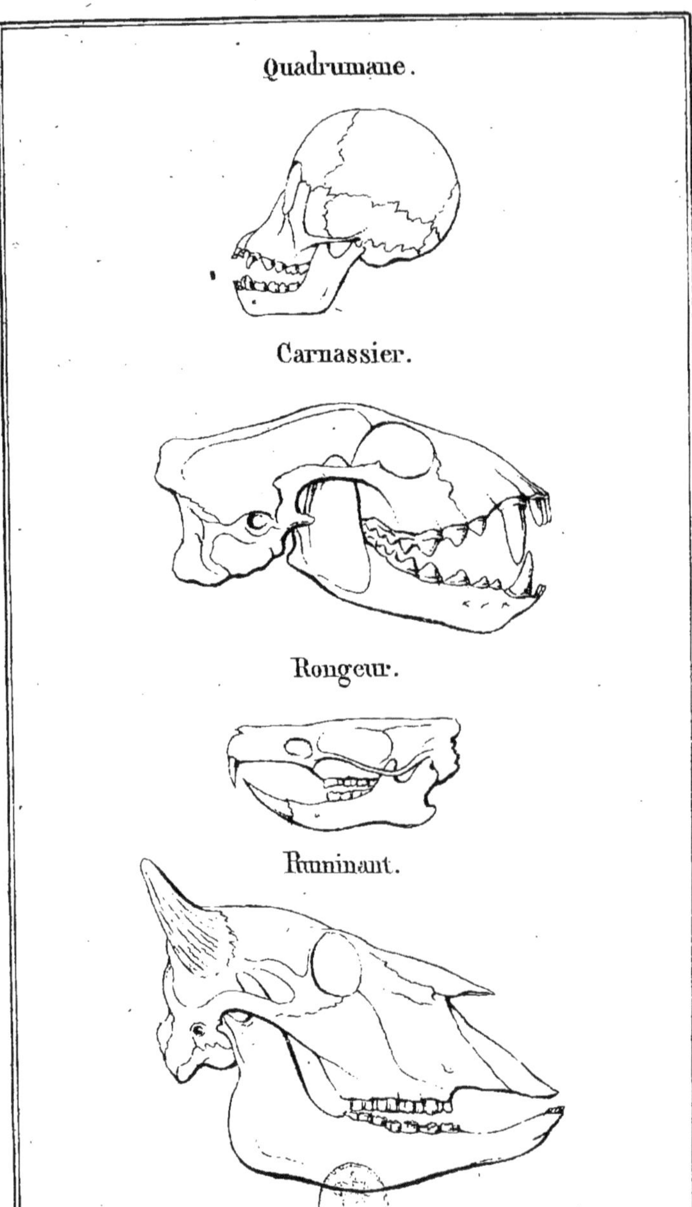

Lith.e de Berdalle.

F. Pouchet.

MOLLUSQUES.

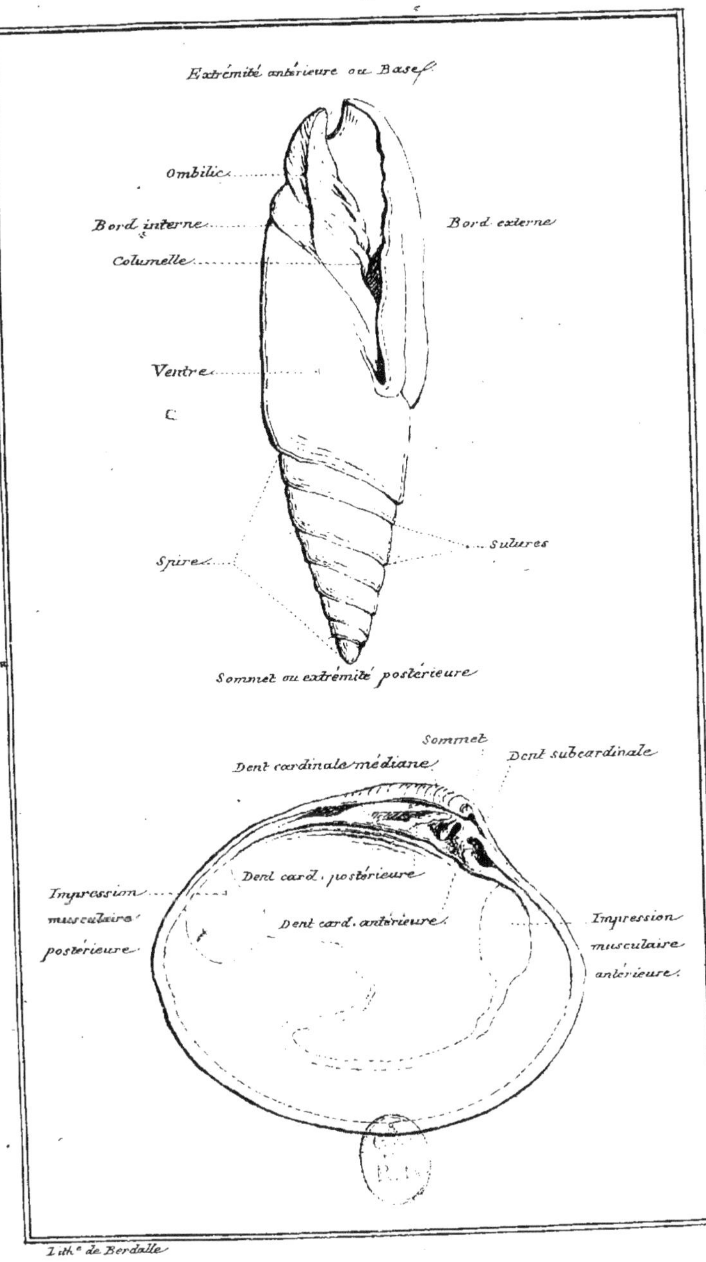

Lith.e de Berdalle

POISSONS.

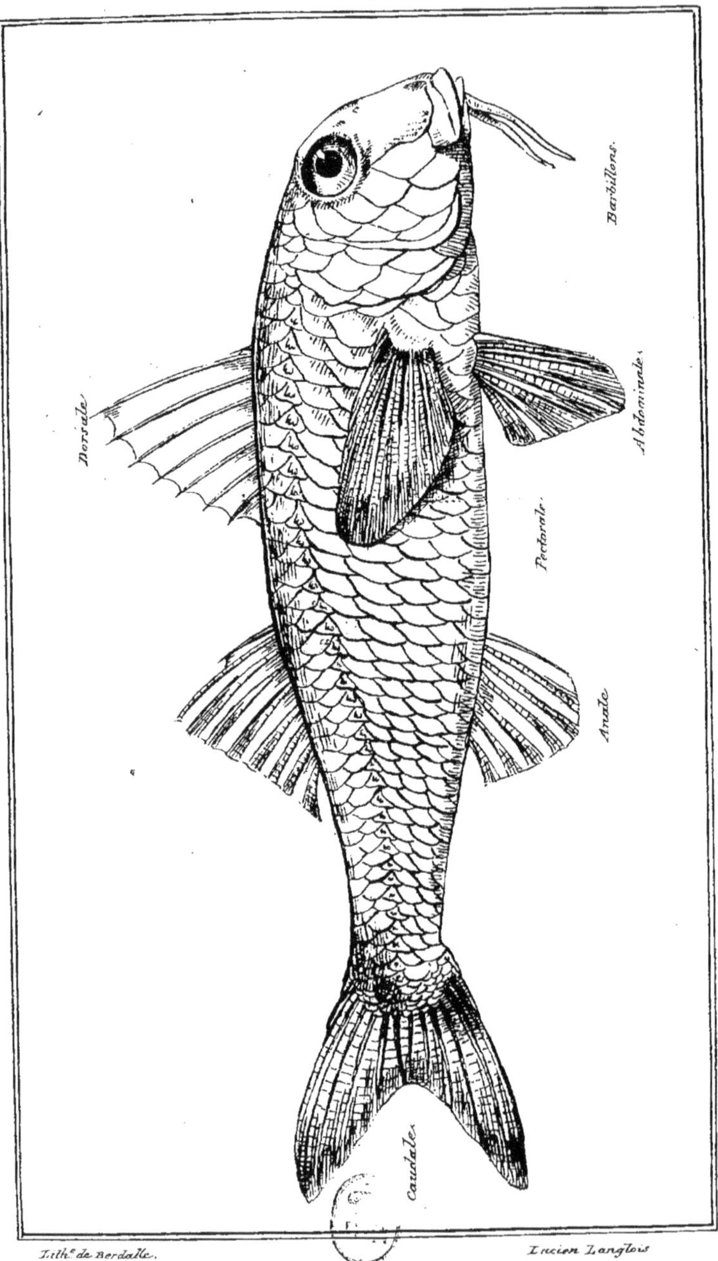

Lith. de Berdalle.

Incion Langlois

1

www.ingramcontent.com/pod-product-compliance
Ingram Content Group UK Ltd.
Pitfield, Milton Keynes, MK11 3LW, UK
UKHW022048120726
13694UKWH00001B/31